Gerhard Walliser u.a.

Elektronik
im Kraftfahrzeugwesen

Elektronik im Kraftfahrzeugwesen

Steuerungs-, Regelungs- und Kommunikationssysteme

em. Prof. Dipl.-Ing. Prof. h. c. (YU) Gerhard Walliser

Dipl.-Ing. Fritz Bärnthol
Dipl.-Ing. Rüdiger Bartz
Dr. Torsten Betram
Dipl.-Ing. Stephan Bolz
Dr.-Ing. Jürgen Bortolazzi
Dipl.-Ing. Hartmut Bruns
Dipl.-Ing. (FH) Rolf Endermann
Dipl.-Ing. Reidar Fleck
Dipl.-Ing. Gerhard Frey
Dr.-Ing. Frank Frühauf
Dipl.-Ing. Otto Glöckler
Dipl.-Ing. Wilhelm Goldbrunner
Dipl.-Ing. (TU) Uwe Günther
Dipl.-Ing. Reinhold Jurr
Dipl.-Ing Andreas Kellner
Dipl.-Ing. Heinz-Jürgen Koch-Dücker
Dr.-Ing. Peter Konhäuser
Dipl.-Ing. Karl Kühner
Dr. Günter Lugert
Dipl.-Ing. Ines Maiwald-Hiller
Dr.-Ing. Hans-Jörg Mathony
Dipl.-Päd. Georg Maurer

Dipl.-Ing. Rudi Müller
Dipl.-Ing. Dieter Nemec
Dipl.-Ing. Gerhard Nöcker
Prof. Dipl.-Ing. Mathias Oberhauser
Dr.-Ing. Lutz Paulsen
Dr.-Ing. Axel Pauly
Dr.-Ing. Willibald Prestl
Gerhard P. Rist
Dr.-Ing. Thomas Sauer
Prof. Dipl.-Ing. Erich Schindler
Dipl.-Ing. Thomas Schrüllkamp
Dr.-Ing. Michael Spielmann
Dipl.-Ing. Stephan Steinhauer
Dr. Pio Torre Flores
Dipl.-Ing. Oliver Tschernoster
Prof. Dipl.-Ing. Hermann Vetter
Prof. Dr.-Ing. Henning Wallentowitz
Dr. Michael Walther
Dipl.-Inf. Thomas Weber
Ing. (grad.) Reinhold Weible
Dipl.-Ing. Markus Wimmer
Gerhard Zacharias

4. Auflage

Mit 365 Bildern und 14 Tabellen

TAE

Kontakt & Studium
Band 437

Herausgeber:
Dr.-Ing. Michael Mettner
Technische Akademie Esslingen
Weiterbildungszentrum
Dipl.-Ing. Elmar Wippler, expert verlag
Begründet von
Prof. Dr.-Ing. Dr.h.c. Wilfried J. Bartz

Bibliografische Information Der Deutschen Bibliothek

Die Deutsche Bibliothek verzeichnet diese Publikation
in der Deutschen Nationalbibliografie;
detaillierte bibliografische Daten sind im Internet über
http://dnb.ddb.de abrufbar.

Bibliographic Information published by Die Deutsche Bibliothek

Die Deutsche Bibliothek lists this Publication
in the Deutsche Nationalbibliografie;
detailed bibliographic data is available in the Internet at
http://dnb.ddb.de .

ISBN 3-8169-2372-0

4. Auflage 2004
3., völlig neu bearbeitete Auflage 2002
2., neu bearbeitete und ergänzte Auflage 1997
1. Auflage 1994

Bei der Erstellung des Buches wurde mit großer Sorgfalt vorgegangen; trotzdem können Fehler nicht vollständig ausgeschlossen werden. Verlag und Autoren können für fehlerhafte Angaben und deren Folgen weder eine juristische Verantwortung noch irgendeine Haftung übernehmen.
Für Verbesserungsvorschläge und Hinweise auf Fehler sind Verlag und Autoren dankbar.

© 1994 by expert verlag, Wankelstr. 13, D-71272 Renningen
Tel.: +49 (0) 71 59-92 65-0, Fax: +49 (0) 71 59-92 65-20
E-Mail: expert@expertverlag.de, Internet: www.expertverlag.de
Alle Rechte vorbehalten
Printed in Germany

Das Werk einschließlich aller seiner Teile ist urheberrechtlich geschützt. Jede Verwertung außerhalb der engen Grenzen des Urheberrechtsgesetzes ist ohne Zustimmung des Verlags unzulässig und strafbar. Dies gilt insbesondere für Vervielfältigungen, Übersetzungen, Mikroverfilmungen und die Einspeicherung und Verarbeitung in elektronischen Systemen.

Herausgeber-Vorwort

Bei der Bewältigung der Zukunftsaufgaben kommt der beruflichen Weiterbildung eine Schlüsselstellung zu. Im Zuge des technischen Fortschritts und angesichts der zunehmenden Konkurrenz müssen wir nicht nur ständig neue Erkenntnisse aufnehmen, sondern auch Anregungen schneller als die Wettbewerber zu marktfähigen Produkten entwickeln.

Erstausbildung oder Studium genügen nicht mehr – lebenslanges Lernen ist gefordert! Berufliche und persönliche Weiterbildung ist eine Investition in die Zukunft:
– Sie dient dazu, Fachkenntnisse zu erweitern
  und auf den neuesten Stand zu bringen
– sie entwickelt die Fähigkeit, wissenschaftliche Ergebnisse
  in praktische Problemlösungen umzusetzen
– sie fördert die Persönlichkeitsentwicklung und die Teamfähigkeit.

Diese Ziele lassen sich am besten durch die Teilnahme an Lehrgängen und durch das Studium geeigneter Fachbücher erreichen.

Die Fachbuchreihe *Kontakt & Studium* wird in Zusammenarbeit zwischen dem expert verlag und der Technischen Akademie Esslingen herausgegeben.

Mit ca. 600 Themenbänden, verfasst von über 2.400 Experten, erfüllt sie nicht nur eine lehrgangsbegleitende Funktion. Ihre eigenständige Bedeutung als eines der kompetentesten und umfangreichsten deutschsprachigen technischen Nachschlagewerke für Studium und Praxis wird von der Fachpresse und der großen Leserschaft gleichermaßen bestätigt. Herausgeber und Verlag freuen sich über weitere kritisch-konstruktive Anregungen aus dem Leserkreis.

Möge dieser Themenband vielen Interessenten helfen und nützen.

Dr.-Ing. Michael Mettner　　　　　　　　　　　　　　Dipl.-Ing. Elmar Wippler

Autoren-Vorwort

Seit im Jahre 1969 von Hoff, oder im Jahre 1970 von Hyatt, der Mikroprozessor erfunden wurde und damit die Mikroelektronik Eingang in technische Prozesse gefunden hat, wird von der dritten technischen Revolution gesprochen.

Die daraus resultierenden Entwicklungen haben zuerst den Maschinenbau und danach auch die Fahrzeugtechnik entscheidend beeinflußt. Ausdruck dafür sind auch die zahlreichen einschlägigen Kongresse und Tagungen, wie z.b. der vom VDI seit 1984 in zweijährigem Rhythmus in Baden-Baden veranstaltete Kongreß „Elektronik im Kraftfahrzeug".

Die neuen Möglichkeiten, die durch die Mikroelektronik in den fahrzeugtechnischen Entwicklungen gegeben waren, mußten sich folgerichtig auch in der Hochschulaus- und weiterbildung widerspiegeln. So wurden z.b. vom Fachbereich Fahrzeugtechnik (FZ) an der Fachhochschule Esslingen – Hochschule für Technik (FHTE) – seit dem Jahre 1986 das Aufbaustudium „Maschinenbau/Informatik" als Studiengang (MA) sowie seit dem Jahre 1987 zusammen mit der Technischen Akademie Esslingen (TAE) als berufsbegleitender Studienkurs (MX) und ab dem Jahre 1993 der Studienschwerpunkt „Fahrzeug-Mechatronik" im Studiengang „Fahrzeugtechnik/Karosserie und Mechatronik" angeboten. Die Dipl.-Ing.(FH) Aufbaustudiengänge wurden im Jahre 1999 in die MSc Aufbaustudiengänge „Automotive Engineering", mit Wahlrichtung „Mechatronics", und „Information Technology and Automation Systems" übergeführt. Zusätzlich veranstaltet der Fachbereich FZ seit 1995 das Esslinger Forum Kfz-Mechatronik. Dieses Forum mit Ausstellung ist für Experten und behandelt einmal im Jahr ein spezielles Thema. Im Jahre 2000 war dies „Systemvernetzung". In 2001 ist „Der intelligente Reifen" das Thema.

Die gleiche Zielrichtung hat der TAE-Lehrgang „Elektronik im Kraftfahrzeugwesen", der erstmals im Februar 1988 durchgeführt wurde. Dieser Lehrgang wird seither in laufend aktualisierter Form angeboten, und er wird auch zukünftig im Zweijahresrhythmus, jeweils zwischen den Terminen des Kongresses in Baden-Baden, stattfinden.

Der achte Lehrgang fand am 24. bis 26. Januar 2000 statt. Diese dritte Auflage des Buches „Elektronik im Kraftfahrzeugwesen" lehnt sich an diesen Lehrgang an, und die Buchautoren waren im wesentlichen auch die Lehrgangsdozenten.

Die Lehrgänge „Elektronik im Kraftfahrzeugwesen", mit dem Untertitel „Steuerungs-, Regelungs- und Kommunikationssysteme", und damit auch dieses Buch, wenden sich hauptsächlich an Ingenieure und Techniker, die im Bereich des Kraftfahrzeugwesens in Entwicklung, Versuch, Fertigung, Verkauf und Service elektronische Geräte und Systeme entwickeln, planen, betreuen, benützen und warten, bzw. bei der Entwicklung von Fahrzeugkomponenten die Möglichkeiten der Elektronik zu berücksichtigen haben. Es zeigt den derzeitigen Stand der Kfz-Elektronik-Technik auf und wirft einen Blick in ihre Zukunft.

Um dies möglichst umfassend zu tun, gliedern sich die Lehrgänge und dieses Buch in die Abschnitte Einführung, Allgemeines, Antriebsstrang, Sicherheit, Komfort, Kommunikation und Zukunftsentwicklungen.

Prof. Dipl.-Ing. Prof. h. c. (YU) Gerhard Walliser

Inhaltsverzeichnis

		Einführung	1
1		**Allgemeines**	**5**
1.1		Steuern und Regeln im Kraftfahrzeug	5
		Zusammenfassung	5
		W. Goldbrunner	
1.1.1		Einleitung	5
1.1.2		Elektronische Dämpfkraftregelung EDCC	8
		M. Spielmann	
1.1.2.1		Einleitung	8
1.1.2.2		Grundlagen	8
1.1.2.3		Systembeschreibung	11
1.1.2.4		Kennfeld Verstelldämpfer	12
1.1.2.5		Steuergerät	13
1.1.2.6		Literaturverzeichnis	14
1.1.3		Aktive Wank-Stabilisierung Dynamic Drive	15
		R. Bartz, F. Bärnthol, H. Bruns, R. Jurr, M. Wimmer	
1.1.3.1		Anforderungen an ein aktives Fahrwerk	15
1.1.3.2		Systembeschreibung	16
1.1.3.2.1		Aktiver Stabilisator	16
1.1.3.2.2		Ventilblock mit integrierten Sensoren	16
1.1.3.2.3		Steuergerät	18
1.1.3.2.4		Zusammenwirken der Komponenten	19
1.1.3.3		Funktionsbewertung	20
1.1.3.3.1		Quasistationäre Kreisfahrt	20
1.1.3.3.2		Gewobbelter Lenkwinkelsinus	22
1.1.3.3.3		Subjektive Systembewertung	23
1.1.3.4		Zusammenfassung	24
1.1.3.5		Literaturverzeichnis	24
1.1.4		Adaptive Cruise Control ACC	25
		W. Prestl, T. Sauer, O. Tschernoster	
1.1.4.1		Einführung	25
1.1.4.2		Die ACC Funktion	25
1.1.4.2.1		Grundfunktion	25
1.1.4.2.2		Möglichkeiten und Systemgrenzen	26
1.1.4.2.3		Funktionsauslegung und Systemphilosophie	27
1.1.4.3		Systembeschreibung	28
1.1.4.3.1		ACC Sensor-Steuergeräteeinheit	28
1.1.4.3.1.1		Radarsensorik Analogkomponente	28

1.1.4.3.1.2	Radarsensorik Digitalkomponente	29
1.1.4.3.2	Digitale Motorelektronik DME/DDE	31
1.1.4.3.3	Getriebesteuerung AGS	31
1.1.4.3.4	Dynamische Stabilitäts Control DSC	31
1.1.4.3.5	Bedienelemente	32
1.1.4.3.6	Instrumenten-Kombination	32
1.1.4.4	Systemfunktionen	33
1.1.4.4.1	Spurzuordnung, Objektselektion	33
1.1.4.4.2	Längsregelfunktionen	34
1.1.4.4.2.1	Geschwindigkeits- und Abstandsregelung	34
1.1.4.4.2.2	Kurvendynamikregelung	34
1.1.4.4.2.3	Beschleunigungsregelung und Stellerkoordination	35
1.1.4.5	Systemsicherheit	35
1.1.4.5.1	Sicherheitskonzept bei verteilter Funktionalität	35
1.1.4.5.2	Überwachungsmaßnahmen	35
1.1.4.5.3	Abschaltkonzept bei verteilter Funktionalität	36
1.1.4.6	Literatur	37
1.1.5	Elektronisches Bremsen Management EBM	38
	R. Müller	
1.1.5.1	Schlupfregelsysteme	39
1.1.5.2	Stabilitätsregelsysteme	40
1.1.5.3	Assistenzsysteme	43
1.1.5.4	Servosysteme	43
1.1.5.5	Servicefunktionen	43
1.1.6	Active Front Steering (AFS)	45
	R. Fleck, A. Pauly	
1.1.6.1	Einführung	45
1.1.6.2	Aufgaben/Ziele aktiver Vorderradlenksysteme	46
1.1.6.3	Stand der Technik	47
1.1.6.3.1	Aktive Servolenkungen	47
1.1.6.3.2	Überlagerungslenkungen (ÜL)	49
1.1.6.3.3	Kombination Überlagerungslenkung/Aktive Servolenkung (Steer-by-Wire-System mit manuellem Lenkanteil)	50
1.1.6.3.4	Steer-by-Wire Systeme ohne manuellem Lenkanteil	51
1.1.6.4	Systemauswahl	53
1.1.6.5	AFS Systembeschreibung	55
1.1.6.5.1	Allgemeiner Aufbau	55
1.1.6.5.2	Regelungskonzept	56
1.1.6.5.2.1	Lenkwinkelregelung	57
1.1.6.5.2.2	Lenkmomentenregelung	58
1.1.6.6	Zusammenwirken von AFS und DSC (ESP)	58
1.1.6.7	Beispiele aus dem Fahrversuch	61
1.1.6.7.1	Variable Lenkübersetzung: Slalomkurs	61
1.1.6.7.2	Störungskompensation: Bremsung auf μ-split-Fahrbahn	62
1.1.6.7.3	Gierratenregelung: Fahrspurwechsel in Kombination mit einem Reibwertsprung (Eis $\to$ Schnee)	64 / 64
1.1.6.8	Zusammenfassung	66
1.1.6.9	Literaturverzeichnis	67

1.1.7	Sicherheit der Elektronik im Kraftfahrzeug W. Goldbrunner, K. Kühner	68
1.1.7.1	Historie	69
1.1.7.2	Entwicklungsprozess sicherheitsrelevanter Systeme	69
1.1.7.3	Fertigung	70
1.1.7.4	Sicherheit im Fahrbetrieb	71
1.1.7.5	Fehlerspeicher/Diagnose an Feldfahrzeugen	71
1.1.7.6	Systemüberprüfung an Feldfahrzeugen	72
1.1.7.7	Fazit	72
1.1.8	Ausblick W. Goldbrunner	73
1.1.8.1	Literatur	73
1.2	**Kfz-spezifische integrierte Schaltungen** U. Günther	**74**
1.2.1	Einleitung	74
1.2.2	Randbedingungen für ASICs im Kfz	76
1.2.3	Einsatzbereiche für ASICs im Kfz	79
1.2.4	Integrierte Bauelemente und Schaltungstechnik	82
1.2.5	IC-Gehäuse für Kfz-Anwendungen	85
1.2.6	Schlußbemerkungen	85
1.3	**Vernetzung der Elektronik im Kfz** H.-J. Mathony	**86**
	Kurzfassung	86
1.3.1	Einleitung	86
1.3.2	Controller Area Network	87
1.3.3	Subnetze	92
1.3.4	X-by-wire Systeme	93
1.3.5	Multimedia/Telematik	96
1.3.6	OSEK/VDX	98
1.3.7	Zusammenfassung und Ausblick	101
1.3.8	Literaturhinweise	102
1.4	**Geregelte Fahrwerke** H. Wallentowitz, T. Schrüllkamp	**103**
1.4.1	Einleitung	103
1.4.2	Fahrwerksentwicklung	104
1.4.3	Aufgaben einer Fahrwerksregelung	110
1.4.4	Fahrwerksregelung beim Bremsen und Antreiben	110
1.4.5	Fahrwerksregelung zur Verbesserung des Fahrkomforts	111
1.4.5.1	Adaptive Dämpfersteuerung	120
1.4.5.2	Semiaktive Dämpferregelung	122
1.4.5.3	Aktive Federung	123
1.4.6	Fahrwerksregelung zur Kurshaltung	128
1.4.6.1	Hinterradlenkung	128
1.4.6.2	Zukünftige geregelte Vorderradlenksysteme	130
1.4.6.3	Wankstabilisierungssystem Dynamic Drive (BMW 7er 2001)	132

1.4.7	Zusammenfassung	134
1.4.8	Literaturhinweise	135
1.5	**Hardware-in-the-Loop Simulation**	**136**
	G. Frey	
	Zusammenfassung/Summary	136
1.5.1	Entwicklungstendenzen im Automobilbereich	136
1.5.2	Werkzeuge für den Systementwurf	138
1.5.3	Entwurfsprozess	140
1.5.4	Simulations-Bus	141
1.5.5	Hardware-in-the-Loop Simulation	142
1.5.6	Steuergerätetest	143
1.5.7	Leistungsmerkmale	144
1.5.8	Ausblick	144
1.5.9	Literatur	144
1.6	**Aufbau moderner Steuergeräte – im Bereich Antriebsstrang – Derzeitiger Stand und Zukunft**	**145**
	S. Bolz, G. Lugert	
1.6.1	Einleitung	145
1.6.2	Motor- und Getriebetechnik	146
1.6.3	Diagnosesystematik	146
1.6.4	Elektromagnetische Verträglichkeit (EMV)	147
1.6.4.1	Störfestigkeit	147
1.6.4.2	Störaussendung	147
1.6.4.3	Maßnahmen zum EMV-gerechten Steuergerätedesign	148
1.6.5	Steuerungselektronik	149
1.6.6	Anforderungen an die elektronischen Steuergeräte	150
1.6.6.1	Funktionalität und Integration	151
1.6.6.1.1	Mechanische Integration	151
1.6.6.1.2	Schaltungsintegration	152
1.6.6.2	Verlustleistung, Einbauort, Mechanikkonzept	155
1.6.6.2.1	Einbauort und Wärmeabfuhrkonzepte	155
1.6.6.2.2	Gehäusetechnologien	157
1.6.6.2.3	Substrattechnologien	159
1.6.6.2.4	Steckertechnologien	161
1.6.7	Entwicklungsstrategien	161
1.6.8	Allgemeine Trends	162
1.6.9	Schlussbetrachtung	163
1.6.10	Referenzen	163
2	**Antriebsstrang**	**164**
2.1	**Steuerung für Ottomotoren**	**164**
	O. Glöckler	
	Zusammenfassung	164
2.1.1	Vom Maybach-Vergaser zu integrierten Motorsteuerungssystemen	165
2.1.2	Entwicklungsstand heutiger Einspritzsysteme	174

2.1.2.1	Kraftstoffversorgung	174
2.1.2.2	Sensoren	176
2.1.2.3	Stellglieder	178
2.1.2.4	Elektronisches Steuergerät	178
2.1.2.5	EGAS	180
2.1.2.6	Abgasreinigung	181
2.1.2.7	Module	182
2.1.2.8	Onboard-Diagnose	182
2.1.2.9	Gesamtsystem Motorsteuerung	184
2.1.3	Motorsteuerung der Zukunft	185
2.1.3.1	Weiterentwicklung des Lambda=1-Konzepts	185
2.1.3.2	Übergang zu extremen Magerkonzepten mit Schichtladung	187
2.1.3.3	Systemverknüpfungen	188
2.1.3.4	Ausblick	188
2.2	**Diesel-Motor-Regelung**	**189**
	A. Kellner	
2.2.1	Einleitung	189
2.2.2	Komponenten eines Common Rail Systems	190
2.2.2.1	Common Rail Einspritzsystem	190
2.2.2.2	Sensoren	194
2.2.2.3	Sonstige Aktoren	194
2.2.2.4	Steuergerät	195
2.2.3	Funktionen	196
2.2.3.1	Steuerung der Einspritzmenge und des Einspritzbeginns	196
2.2.3.2	Hochdruckregelung	198
2.2.3.3	Abgasrückführung	199
2.2.3.4	Ladedruckregelung	199
2.2.3.5	Laufruheregelung/Mengenausgleichsregelung	200
2.2.3.6	Ruckeldämpfung	200
2.2.4	Überwachung	201
2.2.4.1	Fehlerermittlung	201
2.2.4.2	Fehlerbehandlung	201
2.2.5	Service	202
2.2.6	Zusammenfassung	203
2.2.7	Literaturhinweise	203
2.3	**Die Steuerung des Antriebstrangs bei Nutzfahrzeugen**	**204**
	L. Paulsen	
2.3.1	Einleitung	204
2.3.2	Vollautomatische Lastschaltgetriebe	204
2.3.2.1	Prinzipbeschreibung	204
2.3.2.2	Elektroniksteuerung	206
2.3.2.3	Die Hardware der Getriebeelektronik	208
2.3.2.4	Die Software der Getriebeelektronik	209
2.3.2.4.1	Die Initialisierungsphase	209
2.3.2.4.2	Das Hauptprogramm	210
2.3.2.4.3	Die Notfahrfunktion	211

2.3.2.4.4	Der Sicherheitsanteil der Software	211
2.3.3	Elektronisch gesteuerte Schaltgetriebe	212
2.3.3.1	Anforderungen	212
2.3.3.2	Aufbau der EPS	213
2.3.3.3	Funktionsweise der EPS	214
2.3.4	Elektronisch gesteuerte Trockenkupplungen	216
2.3.4.1	Anforderungen	216
2.3.4.2	Aufbau	216
2.3.4.3	Software	218
2.3.4.3.1	Selbsttest	219
2.3.4.3.2	Input-Modul	219
2.3.4.3.3	Fehlererkennungs- und -bewertungsmodul	219
2.3.5	Elektronische Antriebssteuerung	219
2.3.5.1	Prinzipbeschreibung	219
2.3.5.2	Bedienungs- und Steuerungskonzept	221
2.3.5.2.1	Stationäre Fahrt	222
2.3.5.2.2	Anfahren und Rangieren	222
2.3.5.2.2.1	Regelung der Motordrehzahl über den Kupplungsweg	222
2.3.5.2.2.2	Regelung der Motordrehzahl über das Motormoment	223
2.3.5.2.2.3	Regelverfahren der elektronischen Antriebsteuerung	224
2.3.5.2.3	Gangwechsel	226
2.3.5.3	Notfahrfunktionen und Sicherheitskonzept	227
2.3.6	Ausblick	228
2.3.7	Literatur	228
3	**Sicherheit**	**229**
3.1	**Aktive Fahrsicherheitssysteme – ABS/ASR/ESP**	**229**
	H. J. Koch-Dücker	
3.1.1	Zusammenfassung	229
3.1.2	Einleitung	229
3.1.3	Kräfte und Momente an Fahrzeug und Rad	230
3.1.4	Prinzip der ABS-Regelung	235
3.1.5	Systembeschreibung des Bosch-ABS, -ASR und -ESP	236
3.1.6	Ausgeführte Systeme	244
3.1.7	Ausblick	249
3.1.8	Schrifttum	249
3.2	**Nutzfahrzeug-Bremsanlagen**	**251**
	G. Rist	
3.2.1	Forderungen an die Bremsanlage	251
3.2.1.1	Bremsleistung	252
3.2.1.2	Energie (Wärmeenergie)	253
3.2.1.3	Radbremse	253
3.2.2	Antiblockiersystem (ABS)	254
3.2.2.1	Kraftschluß zwischen Reifen und Fahrbahn	254
3.2.2.2	ABS-Komponenten	255
3.2.2.3	Regelprinzip	255

3.2.2.4	Warn- und Informationseinrichtungen	257
3.2.3	Antriebsschlupfregelung (ASR)	258
3.2.3.1	Regelprinzip	258
3.2.4	Elektronisch geregeltes Bremssystem (EBS)	259
3.2.4.1	Komponenten	260
3.2.4.2	Regelung	260
3.2.4.3	Kompatibilität	261
3.2.4.4	Anhängersteuerung	262
3.2.4.5	Systemüberwachung	262
3.2.5	Zusammenfassung	264
3.2.6	Literaturliste	265
3.3	**Servicekonzept für Eigendiagnose-Auswertung**	**266**
	D. Nemec, R. Endermann	
3.3.1	Einleitung und Obersicht	266
3.3.2	Service-Prüfkonzept mit Motortestern	267
3.3.2.1	Prüfgeräte-Konfiguration	268
3.3.3	Eigendiagnoseüberwachung und	269
	On Board-Eigendiagnoseauswertung	
3.3.3.1	Möglichkeiten und Grenzen	269
3.3.3.2	Diagnoseauswertung	270
3.3.3.2.1	Beispiel Blinkcode	270
3.3.4	Eigendiagnoseauswertung mit Service-Prüfgeräten	270
3.3.4.1	Diagnose-Schnittstelle	271
3.3.4.2	Service-Auswertegeräte	272
3.3.5	On Board Diagnose (OBD) in USA und Europa	272
3.3.5.1	Wer sind CARB, OBD, SAE und ISO?	272
3.3.5.2	Die OBD I	272
3.3.5.3	Von OBD I zu OBD II	273
3.3.5.4	OBD II und Diesel	273
3.3.5.5	Die europäische On Board Diagnose	273
3.3.5.6	Die Kommunikation zwischen Fahrzeug und	273
	Testgerät über diese genormte Schnittstelle	
3.3.5.7	Beispielablauf mit dem Testgerät KTS500	274
4	**Komfort**	**277**
4.1	**Mechanische und hydraulische Systemelemente**	**277**
	M. Oberhauser	
	Überblick	277
4.1.1	Aufgabe von Fahrzeuggetrieben	277
4.1.1.1	Getriebe als Kennungswandler	278
4.1.1.2	Verbrauchs- und abgasoptimale Belastung	282
4.1.2	Föttinger-Wandler als Anfahrelement	284
4.1.2.1	Aufbau und Funktion	284
4.1.2.2	Kennlinien	285
4.1.3	Leistungsübertragung über Planetengetriebe	286
4.1.3.1	Einzelplanetensatz	286

4.1.3.2	Gekoppelte Planetensätze	288
4.1.4	Hydraulik	290
4.1.4.1	Schaltelemente	290
4.1.4.2	Hydraulikblock	290
4.1.5	Literatur	291
4.2	**Elektronische Getriebesteuerung –**	**292**
	System und Funktionen	
	H. Vetter	
	Überblick	292
4.2.1	Einführung	292
4.2.2	Grundfunktionen einer elektronischen Getriebesteuerung	293
4.2.3	Systemübersicht	293
4.2.4	Schaltpunktsteuerung	295
4.2.4.1	Schaltkennlinien	295
4.2.4.2	Adaptive Schaltpunktsteuerung	297
4.2.4.3	Wandlerkupplung	297
4.2.5	Optimierter Schaltvorgang	298
4.2.5.1	Motoreingriff	298
4.2.5.2	Drucksteuerung	298
4.2.6	Adaption an Fahrstil und Fahrsituation	299
4.2.7	Elektronisches Steuergerät	300
4.2.7.1	Blockschaltbild	300
4.2.7.2	Sicherheitskonzept	301
4.2.8	Ausblick	302
4.2.9	Literatur	303
4.3	**Aktive Fahrzeugfederung**	**304**
	F. Frühauf	
4.3.1	Einleitung	304
4.3.2	Historie der Aktiven Federung:	
	vom 2-Massen-Modell zum Serienprodukt	
4.3.3	Die aktive Federung, ein klassisches	
	‚mechatronisches' Fahrzeugsystem	307
4.3.4	Gegenüberstellung der Fahrwerkskonzepte	308
4.3.5	S-Klasse Coupé mit Active Body Control	313
4.3.6	Ausblick	314
4.3.7	Literatur	315
4.4	**Heizung- und Klimaregelung**	**316**
	R. Weible	
4.4.1	Der Mensch im Mittelpunkt der Fahrzeugklimatisierung	316
4.4.2	Bedienoberfläche	318
4.4.2.1	Bedienteil und Klimasystem	318
4.4.2.2	Bedienelemente und Ergonomie	319
4.4.2.2.1	Gestaltung	319
4.4.2.2.2	Produktklinik	321

4.4.2.3	Bedienung in Fahrzeugen mit Zentral-Bildschirm	322
4.4.3	Klimatisierungssystem	323
4.4.4	Klimaregler	324
4.4.4.1	Grundstruktur einer Regelung	325
4.4.4.2	Der Mensch als Regler	325
4.4.4.3	Regelungsphilosophie	328
4.4.4.4	Klima- und Reglersimulation	331
4.4.5	Ausblick	334

5	**Kommunikation**	**335**
5.1	**Mobilität**	**335**
	G. Zacharias, G. Maurer	
5.1.1	Mobilfunk im Überblick	335
5.1.2	Funktelefone – Entwicklung in Deutschland, Kurzcharakterisierung	336
5.1.3	Netzinfrastruktur	339
5.1.4	Wie entwickelt sich GSM zu UMTS?	341
5.1.5	Ausblick	347
5.2	**Verkehrstelematik**	**349**
	P. Konhäuser	
5.2.1	Einleitung	349
5.2.2	Verkehrstelematik	350
5.2.2.1	Definition	350
5.2.2.2	Nutzen, Potenziale, Handlungsebenen	351
5.2.2.3	Basis- und Schrittmachertechnologien	352
5.2.2.3.1	Basistechnologien	352
5.2.2.3.2	Schrittmachertechnologien	352
5.2.2.4	Verkehrszustände	353
5.2.3	Anwendungsfelder	355
5.2.4	Trend: Von der Technologie zur Dienstleistung	359
5.2.5	Ausblick: Der Weg zum „Telematischen Fahren"	361
5.2.6	Fazit	361
5.2.7	Literatur	362

6	**Zukunftsentwicklung**	**363**
6.1	**Intelligente Sensorik**	**363**
	E. Schindler	
6.1.1	Einleitung	363
6.1.2	Die Meßkette in der Meßgerätetechnik	364
6.1.3	Die Meßkette im mechatronischen System – Anforderungen an die Sensorik	367 367
6.1.4	Zusätzliche Anforderungen an die Sensorik im Kfz-Einsatz	369
6.1.4.1	Funktionalität	369
6.1.4.2	Umgebungsbedingungen	371
6.1.4.3	Sicherheit und Verfügbarkeit	372

6.1.4.4	Diagnose	374
6.1.5	Definition „Intelligenter Sensor"	374
6.1.6	Zusammenfassung	375
6.1.7	Literatur	375
	Zusammenfassung/Summary	376

6.2 Cartronic als Ordnungskonzept für den Systemverbund   **376**
– Analyse mechatronischer Systeme im Kraftfahrzeug
M. Walther, P. Torre Flores, T. Bertram

6.2.1	Einleitung	376
6.2.2	Strukturelemente der CARTRONIC Funktionsarchitektur	379
6.2.2.1	Stand der Technik	379
6.2.2.2	Definition CARTRONIC	380
6.2.2.3	Strukturierungsregeln für die Funktionsarchitektur	380
6.2.2.4	Modellierungsregeln für die Funktionsarchitektur	384
6.2.3	Beispiele der Funktionsarchitektur	389
6.2.3.1	Beispiel 1: Verfeinerung der Komponente „Antrieb"	389
6.2.3.2	Beispiel 2: Verfeinerung der Komponente „Fahrzeugbewegung"	390
6.2.4	Zusammenfassung und Ausblick	395
6.2.5	Literatur	397

6.3 Entwicklung der Kfz-Elektronik – Schwerpunkt Software   **398**
J. Bortolazzi, S. Steinhauer, T. Weber

6.3. 1	Einleitung	398
6.3.2	Software-Architekturen, Gleichteilekonzepte und Standardisierung von Software	399
6.3.2.1	Standardisierung	399
6.3.2.2	Wettbewerbsdifferenzierende Funktionen	400
6.3.3	Prozeßgestaltung an der Schnittstelle Hersteller/Zulieferer	401
6.3.3.1	Aufbau des DaimlerChrysler Software-Qualitäts-	403
	und Lieferantenmanagementsystems	403
6.3.3.1.1	SW-Qualitätsmanagement	403
6.3.3.2	SW-Lieferantenmanagement	404
6.3.4	Aktuelle Software Engineering Methoden	405
6.3.4.1	Prozesse, Methoden und Tools zur Entwicklung verteilter Funktionen	405
6.3.4.2	Autocodegenerierung für Regelsysteme	411
6.3.4.3	Maßnahmen zur Sicherstellung des Reifegrads bei Know-How und Prozessen	412
6.3.5	Weiteres Vorgehen	413
6.3.6	Literatur	413

Sachregister   **414**

Einführung
G. Walliser

Im Jahre 1986 wurde das Automobil 100 Jahre alt. Schon vorher meinten viele, daß die Entwicklung des Automobils so weit fortgeschritten sei, daß wirklich Neues kaum erwartet werden könne. In Wirklichkeit befindet sich die Automobilentwicklung durch die Elektronik weiterhin in einer umwälzenden Phase.
Die Tabelle im Bild 1 prognostizierte die prozentuale Marktdurchdringung der Elektronik im Automobil im Bereich Komfort und Sicherheit. Dieser Trend und der Siegeszug der KFZ-Elektronik wird sich fortsetzen. Das Bild 2 beschreibt den aktuellen und vermuteten Stand der Generationen der Kraftfahrzeug-Elektronik vom Jahr 1960 bis 2010. Die Generation IV ist geprägt von „PROMETHEUS" (PROGRAMME FOR A EUROPEAN TRAFFIC WITH HIGHEST EFFICIENCY AND UNPRECEDENTED SAFETY).

Die Elektronik hat schon weit über 200 Funktionen des Autos von der Mechanik und der Elektromechanik übernommen und häufig überhaupt erst möglich gemacht. Ein Beispiel dafür war das Antiblockiersystem ABS und dessen Ausrüstungsgrad im Jahr 1991: ABS hatten weltweit 20 % der Autos, in den USA 26 %, in Europa 19 %, in der BRD 40 % und in Japan 20 %. Weltweit waren also schon damals 17 Millionen Personenkraftwagen mit ABS ausgerüstet.

Durch den Einsatz von weit mehr als 50 Sensoren und über 60 Steuer- und Regelgeräten, die mit Hilfe von Mikrorechnern, deren Rechnerleistung weiter extrem ansteigen wird, realisiert sind, wurde die Qualität des Autos enorm gesteigert und der Fahrer stark

	Für Komfort und Sicherheit – prozentuale Marktdurchdringung der Elektronik im Automobil		
	1992	*2000*	*prozentualer Zuwachs*
Servolenkung	5	42	+740
Getriebe	5	25	+400
Türverschlüsse	21	78	+271
Klimaanlagen	18	58	+222
Stoßdämpfer	22	64	+190
Bremssystem	30	75	+150
Anzeigeinstrumente	23	52	+126
Diagnose-Einheiten	32	72	+125
Motorsektor	80	90	+ 13

Bild 1: Riesiger Wachstumsmarkt:
Der eigentliche Siegeszug der Elektronik beginnt erst
(Quelle: Automobil-Elektronik, 09/91)

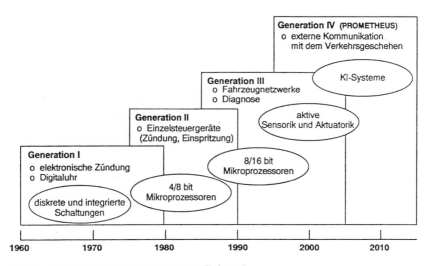

Bild 2: Generationen der Kraftfahrzeug-Elektronik
(Quelle: K. Stamm: Automobil-Elektronik, 11.89)

entlastet. Beispielsweise seien hier genannt die Senkung des Kraftstoffverbrauchs und die Gebiete Umweltschutz und Fahrsicherheit. Erreicht werden sollen ein Flottenverbrauch von 5 l/100km, und der Kohlenwasserstoffausstoß soll in den nächsten Jahren von 0,36 g/Meile in 1992 auf 0,06 g/Meile gesenkt werden. Es kann heute schon gesagt werden, daß das Auspuffgas eines Motors keine schlechtere Qualität hat, als die angesaugte Luft.

Zur Zeit entfallen je nach Ausrüstungsgrad bis zu 30 % der Herstellkosten eines Personenkraftwagens auf die Bereiche Elektrik und Elektronik. Dieser Kostenanteil wird sich nach den Schätzungen von Fachleuten auf über 30 % erhöhen.

Kein Teilbereich des Autos bleibt schon heute von der weiter zunehmenden Elektronifizierung ausgespart, um sowohl die inneren Abläufe des Fahrzeugs stärker zu automatisieren und zu optimieren (hier seien genannt die Antriebs-, die Fahrwerks- und die Karosserieelektronik) als auch den Wirkungsverbund Straßenverkehr (d.h. das Zusammenspiel Fahrer, Fahrzeug und Umwelt) durch die Kommunikationselektronik an eine humanere, sichere und ökonomischere Zukunft heranzuführen.

Zur Gegenwart und Zukunft der Automobilelektronik gehören:

Die Elektronik im Auto und um das Auto herum muß dem Menschen nützen, sie muß sicher sein, und das Auto darf durch die Elektronik nicht unzuverlässig werden. Hierfür müssen *Eigendiagnose* der Elektronik, *Fehlerspeicherung, Fehlerfrüherkennung* und entsprechende *Servicekonzepte* eingeführt werden, dabei darf aber die deutliche Verbesserung der Servicepersonalschulung und der Kundenbetreuung nicht vernachlässigt werden, und das Prinzip „Vermeiden vor Verwerten vor Vernichten" muß an erster Stelle stehen. Der Fachbereich FZ an der FHTE hat entsprechend reagiert und vor einigen

Jahren den Studienschwerpunkt „Fahrzeug-Service und Kundenbetreuung" mit großer finanzieller und ideeller Unterstützung aus der Industrie eingeführt.

Das 3. Jahrzehnt der Elektronik in der 115-jährigen Geschichte des Automobils ist geprägt durch folgende Merkmale:

1. Umfang, Komplexität und Nutzen der Elektronik nehmen zu.
2. Mechanik wird mehr und mehr durch Elektronik ergänzt oder sogar ersetzt.
3. Höher integrierte, „selbstlernende intelligente" Systeme finden Eingang.
4. Voneinander unabhängige Einzelsysteme werden durch vereinheitlichte, aufeinander abgestimmte Modularsysteme abgelöst.
5. Am Prüfstand vorprogrammierte Steuerungen werden zunehmend durch geschlossene Regelkreise ersetzt, die jeden Augenblickszustand erfassen und optimieren. Immer wichtiger werden deshalb Sensorik, Aktuatorik und Mikroprozessor. Da Sensoren Geld kosten und manchmal eine Messung kaum oder gar nicht möglich ist, wird vermehrt der Aufbau von sogenannten Zustandsbeobachtungsregelungen erfolgen, um damit Hardware durch Software zu ersetzen.
6. Anstelle herkömmlicher Kabel und Stecker werden immer mehr Bus-Systeme eingeführt. Dadurch werden sowohl Kosten gespart und eine höhere Ausfallsicherheit erzielt als auch ein schnellerer Informationsaustausch zwischen den verschiedenen elektronischen Baugruppen erzielt. Heute haben Fahrzeuge der Oberklasse über 60 Mikrocomputer, 80 Verstellmotoren, 500 Steckverbindungen, 3000 Kontaktstellen und 3000 m Kabellängen. Bei den Kosten durch Elektrik/Elektronik sind die Verkabelungskosten mit ca. 40 % beteiligt, wobei davon 70 % Steckerkosten sind. Bis zu 60 % aller Ausfälle von KFZ-Elektronik entstehen durch Mängel der Verbindungstechnik.
7. Werkstätten, Fahrzeughersteller und Einzelfahrzeuge, d.h. Kunden, bilden ein *Datenverbundsystem*.

Die immer stärker aufkommende *Integration von Maschinenbau und Elektronik zur Mechatronik* ergibt weiterhin faszinierende Möglichkeiten.

Die Elektronik im KFZ ist eine große Herausforderung für alle Wissenschaftler, Ingenieure und Techniker im Bereich des Kraftfahrzeugwesens. Durch die Mikroelektronik können häufig Steuerfunktionen durch Regelungen ersetzt werden. Dies erfordert ein verstärktes und übergreifendes Systemdenken. Experimentelles Vorgehen muß vermehrt durch Simulationen ersetzt werden. Diese setzen eingehende Analysen und Synthesen der Regelsysteme voraus. Also müssen mathematische Modelle der zu regelnden Systeme definiert werden, die Meß- und Stellgrößen sind festzulegen, Sensoren und Aktuatoren zu beschaffen, die Regelziele müssen vorgegeben werden, und das Regelgesetz ist zu finden. Bei vielen Entwicklungsvorhaben hat man schon Mühe beim Definieren eines mathematischen Modells. Manchmal scheitert noch die Realisierung einer Regelung am fehlenden Sensor oder Aktuator. Ein klassisches Beispiel für einen noch ausstehenden marktfähigen Sensor war die Abstandsmessung bei der als Sicherheitseinrichtung erstrebenswerten Fahrzeugabstandsregelung. Diese ist nun bei Oberklassefahrzeugen optional vorhanden. Grundsätzlich muß bei einer Automatisierung bedacht werden, daß beim Zusammenwirken des zu automatisierenden Systems mit der Steuer- oder Regeleinrichtung ein *neues* Gesamtsystem entsteht, bei dem im normalen Betrieb wichtige und eventuell gefährliche Eigenarten des Teilsystems nicht ständig spürbar bleiben und deshalb kritische Zustände plötzlich und unerwartet auftreten können, wie z.B. mangelnde Haftung zwischen Reifen und Straßenoberfläche bei Glatteisbildung im Falle von automatisch geführten Fahrzeugen.

Die Elektronik wird bei steigender Komplexität die Entwicklungszeit eines Fahrzeugs weiter reduzieren, wenn Strategie, Prozeß, Tools und Mitarbeiter optimal zusammenwirken. Das sorgenfreie Auto der Zukunft kann nur durch vernetzte Elektronik realisiert werden. Die Elektronik wird der Motor sein für höhere Sicherheit, Ökologie und Komfort. Bei erforderlicher Fahrzeug-Infrastruktur sind die zukünftigen Schwerpunktthemen: Sicherheit, Verbrauch/Ökologie, Kommunikation/Information, einfache Bedienung/MMI, Lichttechnik und Komfort.

Zusätzlich zu den technologischen Neuerungen wirken die Herausforderungen des internationalen Markts, natürlich auch im Bereich der Automobilindustrie. Darauf und auf die oben angedeuteten technischen Herausforderungen müssen sich nicht nur die deutsche Industrie, sondern auch ihre Hochschulen in noch höherem Maße einstellen.

Einen kleinen Beitrag dazu soll die Neuauflage dieses Buchs liefern. Außerdem soll es eine Aussage von Experten aus der Automobilindustrie beleuchten, die da lautet:

Das Automobil im zweiten Jahrzehnt dieses Jahrtausends
hat mit dem heutigen kaum noch Ähnlichkeit.

1 Allgemeines

1.1 Steuern und Regeln im Kraftfahrzeug

Zusammenfassung
W. Goldbrunner

Der folgende Beitrag gibt einen kurzen Abriß über den derzeitigen Entwicklungsstand auf dem Gebiet aktiver Systeme im Fahrzeugbau. Spezielles Augenmerk wird dabei auf den Fahrwerksektor gelegt, wo anhand der wichtigsten Systeme deren wesentliche Wirkungsweise beschrieben wird. Aufgezeigt wird, welche Systemansätze zur Darstellung komplexer Fahrwerksregelsysteme verwendet werden und welche Verbesserungspotenziale damit erreichbar sind. Anhand konkret realisierter Beispiele werden die Grenzen der klassischen und die Möglichkeiten der modernen Regelung erkennbar. Diese Systeme bedienen sich unterschiedlicher Möglichkeiten wie Mehrgrößen-Zustandsregelung, robuster und adaptiver Regelkonzepte sowie „Fuzzy-Logic". Die Erhöhung der Komplexität der Einzelsysteme und die steigende Zahl derartiger Steuer- und Regelsysteme im Gesamtverbund erfordern hohen Aufwand zur Sicherstellung der Zuverlässigkeit und der Qualität.

1.1.1 Einleitung

Moderne Kraftfahrzeuge weisen im Gegensatz zu ihren Vorläufern hochkomplex vernetzte mechatronische Systeme auf. Die Einführung dieser Systeme wurde letztendlich durch die rasante Entwicklung im Bereich der Mikroelektronik und Computertechnik mit gleichzeitiger Bereitstellung leistungsfähiger Software-Entwicklungswerkzeuge maßgeblich begünstigt.

Beachtenswert ist, dass die leistungsfähigen elektrischen und elektronischen Produkte mittlerweile einen wertmäßigen Anteil von bis zu 40 % an den Kosten eines Kraftfahrzeuges ausmachen. Die Bedeutung der Elektronik und der mit ihr verbundenen Regelungssysteme für die verschiedenen Fahrzeugkategorien ist somit nachdrücklich erbracht worden.

Die Meilensteine der Systementwicklung im Kraftfahrzeug [1] waren in der Vergangenheit überwiegend auf dem Gebiet der Antriebstechnik nachzuweisen. Systeme, die der Fahrwerksregelung zuzuordnen sind, traten erst mit dem Aufkommen des Anti-Blockier-Systems ABS in zunehmend höherer Anzahl auf, Bild 1.1.1.1.

Einführung	Beispiele für Systeme
1886	Ungesteuerte Glührohrzündung
1902	Magnetzündung (fester Zündzeitpunkt)
1910	Mechanische Zündzeitpunktverstellung (Fliehkraft)
1928	Vergaser mit Beschleunigerpumpe
1931	Lastabhängige Zündzeitpunktverstellung (Unterdruck)
1936	Kühlerthermostat
1959	Elektronische Transistorzündung
1967	Elektronische Benzineinspritzung
1976	Elektronische Lambdaregelung für Katalysator
1978	ABS
1979	Digitale Motorelektronik
1984	Elektrohydraulische Steuerung Automatgetriebe
1985	Antriebsschlupfregelung
1985	Elektronisches Gaspedal/Drosselklappe
1985	Eigendiagnose / Ersatzwert / Notlauf
1986	Elektronische Dieseleinspritzung
1987	Elektronische Dämpfer Control
1988	Elektronisch geregelte Aktive Hinterachskinematik
1990	DSC Dynamic Stability Control
1993	Xenon Licht
1994	Satelliten Navigationssystem
1996	Elektronische Stabilitätsregelung über aktiven Bremseneingriff
1998	Elektronische Diesel Direkteinspritzung über Magnetventile (Common Rail)
1998	Elektronisches Bremsen Management (EBM)
1999	Elektronische Benzindirekteinspritzung
2001	Valvetronik (Elektromechanische Ventilhubsteuerung)
2001	Elektromechanische Feststellbremse

Bild 1.1.1.1: Systementwicklung für Kraftfahrzeuge

Heute befinden wir uns in einer Phase, in der neben den motortechnischen Entwicklungen vor allem den Aspekten Längs-, Quer- und Vertikaldynamik höchste Aufmerksamkeit geschenkt wird und entsprechende Systeme in grosser Zahl verfügbar gemacht wurden.

Ständig steigende Anforderungen an Fahrsicherheit und Komfort haben die bedarfs- und situationsgerechte Anpassung des Fahrwerks zu einem der Schwerpunkte in der Entwicklung heutiger Fahrzeuge werden lassen. Die Potentiale der diversen Aktuatoren und der zugehörigen Systeme [1] im Hinblick auf die unterschiedlichen Anforderungen des Fahrzeugbetriebs sind in Bild 1.1.1.2 niedergelegt worden.

Komponenten / Systeme >	Achsen	Lenkung	Bremse	Reifen	DSC	AFS	EDC	Luftfeder
Anforderungen								
Beschleunigen			O	●	●			
Lenken	O	●	O	●	●	●		
Bremsen	O		●	●	●			
Richtungsstabilität	●	●	●	●	●	●	O	
Kurvenstabilität	●	●	●	●	●	●	●	O
Bremsverhalten	●	O	●	●	●	O	O	
Fahrsicherheit	●	●	●	●	●	●	O	O
Bedienungskomfort		●	●	O	●	●		
Fahrkomfort	●	O		O		O	O	●
Schwingungskomfort	●	●		O			●	●
Geräuschkomfort	O			O			●	

Bild 1.1.1.2: Potenzialmatrix, Einfluss aktiver Systeme: groß ●, klein O [1]

Achsen, Lenkung, Bremse und Reifen setzen hinsichtlich der Anforderungen naturgemäß unterschiedliche Schwerpunkte. Aus diesen Komponenten basierende Regelungssysteme sind überwiegend den Kategorien Fahrsicherheit (DSC, AFS) oder Komfort zuzuordnen (EDC, Luftfeder).

Der Reifen als das wichtige Bindeglied zwischen Fahrbahn und Fahrzeug hätte theoretisch das größte Potenzial sämtliche fahraktiven Anfordrungen ideal zu erfüllen, verschließt sich bis heute allerdings einer einfach zugänglichen Regelungsmöglichkeit.

Im folgenden wird an einigen ausgewählten Beispielen der Fahrwerksregelung aufgezeigt, mit welchen Konzepten und mit welchen Methoden die verschiedenen Anforderungen erfüllt und die auftretenden Zielkonflikte bewältigt werden können.

Es werden Systeme betrachtet, die sowohl der Vertikaldynamik wie auch der Quer- und Längsführung zugeordnet werden können. Neben einer kontinuierlichen Dämpferregelung (EDCC) beschäftigen sich die nachfolgenden Ausführungen mit einem System zur Wankstabilisierung (Dynamic Drive), einer Überlagerungslenkung (AFS) sowie Systemen aus dem Assistenzumfeld (ACC) und der Bremsenregelung (EBM).

Literaturverzeichnis

[1] Gerhard Walliser: Elektronik im Kraftfahrzeugwesen, Band 437,
[2] neubearbeitete Auflage, 1994, Expert Verlag.

1.1.2 Elektronische Dämpfkraftregelung EDCC

M. Spielmann

1.1.2.1 Einleitung

Moderne Fahrwerke sollen dem Kunden einen höheren Fahrkomfort, mehr Fahrsicherheit und eine bessere Agilität sowie besseres Handling bieten. Da passive 'konventionelle' Fahrwerke nur einen Kompromiß bezüglich der obigen Ziele bieten können, d.h. 'sie lassen sich sportlich oder komfortabel aber nicht sportlich und komfortabel abstimmen', arbeiten alle Automobilhersteller an 'intelligenten Fahrwerkssystemen', die den Zielkonflikt gänzlich oder nahezu aufheben sollen.

Das 'intelligente Fahrwerk' soll einen ausgewogenen Kompromiß zwischen funktionellen Vorteilen und dem erforderlichen technischen Aufwand bieten. Bei den 'intelligenten Feder-Dämpfer-Systemen' finden elektronische Verstelldämpfer-Systeme eine zunehmende Marktverbreitung, da sie im Gegensatz zu aktiven Systemen [1, 2] einen ausgewogeneren Kompromiß bieten können. BMW führte als erster europäischer Hersteller ein elektronisches Verstelldämpfer-System – EDC – im 6'er 1987 [3] ein. Dieses 3-stufige Verstelldämpfer-System wurde seit seiner Markteinführung kontinuierlich optimiert und wird im 7'er und 5'er BMW erfolgreich eingesetzt.

Eine neue Generation elektronischer Verstelldämpfersysteme, die den bisherigen Stand nochmals erheblich verbessert, bietet BMW 2001 im neuen 7er an. BMW bezeichnet diese EDC-Generation mit „Electronic Damper Control system with Continously working damping valves".

1.1.2.2 Grundlagen

Eine primäre Aufgabe der EDC besteht in der Erhöhung des Komforts. Einen guten Einblick in die grundsätzliche Wirkung der EDC läßt sich anhand des Bildes 1.1.2.1 geben. Es zeigt das Leistungsspektrum der vertikalen Aufbaubeschleunigung eines Fahrzeugs für eine weiche und eine harte Kennung des Dämpfers, die jeweils fest beim Befahren der Teststrecke eingestellt waren.

Das linke Bild zeigt die beiden Spektren für eine 'typisch schlechte Landstraße' und das rechte Bild die Spektren für eine Autobahn mit kleinen Anregungen. Das Leistungsspektrum der Aufbaubeschleunigung des Fahrzeugs ist ein in der Literatur bekanntes Maß für Komfortbewertung [4]. Je kleiner diese Amplituden der Spektren sind um so weniger störende Schwingungen erfahren die Insassen beim Befahren der Straßen, d.h. kleinere Spektren bedeuten mehr Komfort. Dieses Kriterium ist natürlich nicht das einzige objektive Komfortkriterium, es macht aber die grundsätzliche Komfortfunktion der EDC transparent.

Betrachten wir zunächst die Spektren der schlechten Landstraße – Bild 1.1.2.1 links. Für Anregungen im Aufbaufrequenzbereich – 0.3 bis 1.5 Hz – liefert die harte Dämpferkennung geringere Spektralanteile, ist also in diesem Frequenzbereich komfortabler. Betrachtet man den höherfrequenten Bereich – 1.8 bis 30 Hz, so führt die weiche Dämpfer-

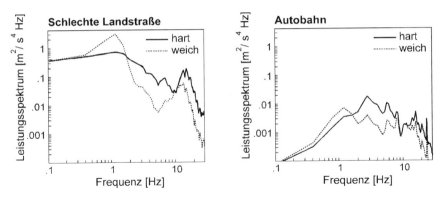

Bild 1.1.2.1: Leistungsspektrum der Aufbaubeschleunigung für unterschiedliche Fahrbahnbeschaffenheiten und hart/weich-Variation der Dämpfereinstellung

kennung zu kleineren Spektralanteilen und ist somit für diese Anregungsfrequenzen komfortabler.

Bekanntlich erzeugen sehr weiche Dämpferkennungen zu große Radlastschwankungen und zu große Radbeschleunigungen, welche wiederum negativen Einfluß auf die Fahrsicherheit als auch auf das Isolationsverhalten sowie die Akustik haben. Diese Radbeschleunigungen im Bereich der Radeigenfrequenz stellen eine weitere Kenngröße für die 'frequenz-selektive' Dämpferregelung dar, dies soll aber hier nicht näher behandelt werden.

Betrachten wir die Spektren in Bild 1.1.2.1 rechts so sieht man, daß für Autobahnfahrten besonders weiche Kennungen zu einem komfortablen Isolationsverhalten führen. Besonders deutlich wird dies im Frequenzbereich 2 – 5 Hz, dem sogenannten Sitzreitfrequenzbereich. Dieser Frequenzbereich tritt gerade bei guten Straßen mit kleinen Unebenheiten dominant in den Vordergrund und wird stark von den Reibungskräften des Fahrwerks und der Dämpferkennung bestimmt.

Bisher ist die grundsätzliche Komfortfunktion der EDC, d.h. welche Kennung ist unter welchen Bedingungen zu wählen, ausschließlich im Frequenzbereich diskutiert worden. Im realen Fahrbetrieb treten alle Frequenzanteile mit unterschiedlichen Amplituden *zeitgleich* überlagert auf. Aus regelungstechnischer Sicht benötigt eine EDCC eine 'frequenz-selektive' Zustandsbeobachtung im Zeitbereich, d.h. zu jedem Zeitpunkt müssen die relevanten Zustandsgrößen aus den Meßsignalen geschätzt und deren Amplitudenanteile in den genannten Frequenzbereichen ermittelt werden.

Kennt man schließlich zu jedem Zeitpunkt den Amplitudenanteil, so kann man über Kennfelder oder Fuzzy-Regeln eine Zuordnung zum erforderlichen Dämpfkoeffizienten oder Dämpfkraft oder Ventilstrom des Kennfeldverstelldämpfers angeben. Relevante Zustandsgrößen sind dabei Rad- und Aufbaubeschleunigung sowie Rad- und Aufbaugeschwindigkeit. BMW bezeichnet die Zustandsschätzung auch mit virtueller Sensorik und den regelungstechnischen Ansatz als 'frequenz-selektive Regelung'.

Neben diesem Ansatz gibt es als weiteren die sogenannte 'Skyhook-Regelung', die eine phasenrichtige, aufbaufrequente Regelung eines Kennfelddämpfers verspricht. Da sie nur als aufbaufrequente Regelung sinnvoll ist, läßt sie sich in eine ' frequenzselektive ' Regelung gut einbinden. Das Prinzip der 'Skyhook-Regelung' wurde zunächst bei aktiven Fahrzeugfederungen eingesetzt [5] und hat sich in realisierten Systemen bewährt [6]. Weitere Anwendungen der Skyhook-Regelung bei Verstelldämpfersystemen sind in [7] und [8] beschrieben.

Die Grundidee der idealen Skyhook-Regelung soll anhand von Bild 1.1.2.2 links oben gezeigt werden. Um die Beschleunigung der Aufbaumasse m_{Aufbau} ideal zu reduzieren, muß dem Aufbau eine der Aufbaugeschwindigkeit v_{Aufbau} proportionale und entgegengerichtete Kraft $F_{sky,ideal}$ aufgeprägt werden [5]. Die Kraft F_{sky} stützt sich dazu an einem Inertialsystem – dem Skyhook – ab.

Den Übergang von der Skyhook-Regelung hin zur semi-aktiven Skyhook-Regelung, wie sie BMW nun bei der EDCC einsetzt, verdeutlicht Bild 1.1.2.2 links unten. Die Skyhook-Kraft F_{sky} wird über den Kennfelddämpfer zwischen Aufbau- und Radmasse eingeleitet; dies hat, im Unterschied zum oberen Bild, neben der Aufbaukraft auch eine Radkraft zur Folge. Da die Skyhook-Dämpfkraft die Aufbaumasse beruhigen soll, beschränkt sich die theoretische Betrachtung ausschließlich auf aufbaufrequente Bewegungen. In diesem Fall soll der Kennfelddämpfer die Skyhook-Kraft F_{sky} bestmöglich approximieren. Bild 1.1.2.2 rechts soll dieses anhand von Zeitsignalen beim Befahren einer Bodenwelle veranschaulichen.

Bild 1.1.2.2 rechts oben zeigt die Zeitverläufe von Dämpfergeschwindigkeit sowie Aufbaugeschwindigkeit und unten die Kraft einer komfortoptimierten aktiven Federung $F_{sky,aktiv}$ sowie die Dämpfkraft eines passiven Dämpfers F_{passiv} und eines geregelten Kennfelddämpfers F_{EDCC}. Die Kraft $F_{sky,aktiv}$ besitzt als dominanten Anteil die Skyhook-

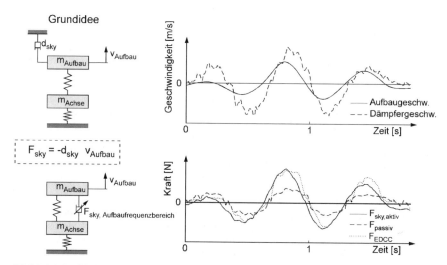

Bild 1.1.2.2: „Skyhook" – Regelungsprinzip

Kraft F_{sky}. Immer dann, wenn die Dämpfergeschwindigkeit mit der Skyhook-Kraft $F_{sky,aktiv}$ gleiche Phasenlage hat und nicht Null ist, läßt sich diese Kraft prinzipiell durch einen Kennfelddämpfer realisieren.

Eine Beschränkung ist dann nur noch durch die realen Kennfeldgrenzen des EDCC-Dämpfers gegeben. Man erkennt an Bild 1.1.2.2 rechts unten, daß der EDCC-Dämpfer die Kraft $F_{sky,aktiv}$ – soweit es die Kennfeldgrenzen zulassen – sehr gut approximiert. Die Kraft F_{passiv} des passiven Dämpfers zeigt hingegen größere Abweichungen gegenüber dieser Kraft.

Die Approximation der Kraft $F_{sky,aktiv}$ erfolgt über virtuelle Sensorik und beeinflußt wesentlich die Güte von F_{EDCC}. Die Kombination aus Skyhook-Regelung und frequenzselektiver Regelung bezeichnet BMW mit 'frequenzselektiver Skyhook-Reglerlogik'. Da zudem weitere parameteradaptive Algorithmen zur Unterdrückung von Toleranzstreuungen, z.B. Streuungen der Dämpfercharakteristiken, im EDCC realisiert sind nennt BMW die EDCC-Logik auch 'parameter-adaptive frequenz-selektive Skyhook-Regelung mit virtueller Sensorik'.

1.1.2.3 Systembeschreibung

Das Bild 1.1.2.3 zeigt die Komponenten der EDCC. Sie besteht aus:

- vier Aluminium Verstelldämpfern mit integrierten kontinuierlich einstellbaren Ventilen,
- einem Steuergerät,
- drei Vertikalbeschleunigungssensoren – zwei am Vorder- und einer am Hinterachsdom,
- einem Lenkwinkelsensor und
- zwei Raddrehzahlsignalen der ABS-Sensoren der Vorderachse.

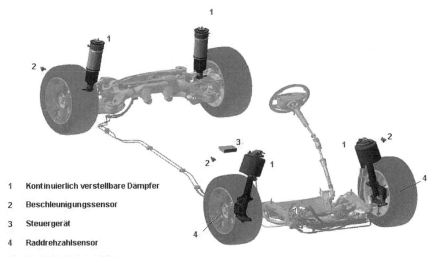

1 Kontinuierlich verstellbare Dämpfer
2 Beschleunigungssensor
3 Steuergerät
4 Raddrehzahlsensor

(zusätzlich Signale über CAN-Bus)

Bild 1.1.2.3: EDCC Komponenten

Das Steuergerät verarbeitet diese Sensorinformationen über Tiefpaß-, Bandpaß-, Hochpaßfilter und spezielle Zustandsbeobachter und generiert aus dem momentanen Fahrzustand über eine adaptive, frequenz-selektive Skyhook-Regelung die elektrischen Ströme der Vorderachs- und Hinterachsventile. Eine aufwendige Energieversorgung, wie sie bei aktiven Systemen [1, 2, 3]1 erforderlich ist, benötigt die EDCC nicht; sie liefert aber viele funktionelle Vorteile dieser aktiven Systeme.

1.1.2.4 Kennfeld Verstelldämpfer

Ausführungsbeispiele des Kennfelddämpfers für die aktuelle 7'er Vorder- und Hinterachse sind in Bild 1.1.2.4 dargestellt. Das Regelventil ist jeweils im unteren Bereich der Kolbenstange des Dämpfers integriert. Beim Ein- und Ausfedern wird dieses Ventil wechselseitig durchströmt. Dabei ergibt sich der Volumenstrom jeweils aus der momentanen Dämpfergeschwindigkeit mulipliziert mit der jeweils in Zug- bzw. Druckrichtung wirkenden Ringfläche des Dämpfers.

Abhängig vom Volumenstrom und dem elektrischen Strom erzeugt das Regelventil einen Druckabfall zwischen der unteren und oberen Kolbenseite. Dieser Druckabfall bewirkt eine Kraftänderung an der Kolbenstange. Die elektrische Zuleitung für das integrierte Regelventil erfolgt über die hohle Kolbenstange. Neben dem steuerbaren Druckregelventil ist axial in Parallelschaltung ein Bodenventil angeordnet, dessen primäre Aufgabe die Realisierung der minimalen Druckstufen Kennlinie darstellt. Die minimale Zugstufenkennlinie wird primär durch ein zum Druckregelventil seriell geschaltetes, konventionelles Kolbenventil (Zusatzventil) erzeugt.

Die Kennfelddämpfer mit integriertem Regelventil bieten folgende Vorteile: Die kompakte integrierte Ventilanordung kann an das Basisfahrwerk leicht angepaßt werden. Dies be-

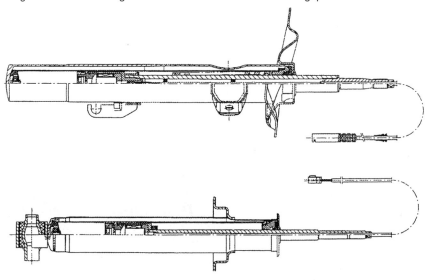

Bild 1.1.2.4: Typische Beispiele des kontinuierlich einstellbaren Dämpfers von Sachs

deutet, es ist in einem Ein- oder Zweirohrdämpfer ohne große Änderungsmaßnahmen und kostengünstig realisierbar. Leichtbaudämpfer, z.b. aus Aluminium, die bei BMW bereits eingesetzt werden, können problemlos und kostengünstig mit dieser Technologie ausgerüstet werden. Diesen Vorteilen stehen folgende Nachteile gegenüber: Aufgrund der hydraulischen Randbedingungen erhält man Grenzen für die Abstützung in der Dämpferdruckstufe und somit eine Einschränkung der maximalen Druckstufenspreizung. Man benötigt eine ausreichende Baulänge für die Unterbringung der zusätzlichen Fixlängen des Ventilkörpers und des Kabelabgangs. Für BMW überwiegen die Vorteile eines integrierten Regelventils, so daß dieser Weg, der schon beim derzeitigen EDC gewählt wurde, konsequent beim EDCC weitergeführt wird.

1.1.2.5 Steuergerät

Das EDCC-Steuergerät ist mit einem HC12 – Rechner von Motorola ausgerüstet. Wesentlichen Leistungsdaten sind nachfolgend aufgeführt:

- RAM 4kByte
- ROM 128kByte
- CAN-Interface
- zwei PWM a 150kHz
- 10Bit A/D-Wandler.

Die im Dämpfer eingesetzten kontinuierlich steuerbaren Magnetventile können mit einem Strom von 0-2 Ampere beaufschlagt werden. Bei einem Nennwiderstand von 2 Ohm bei 20 Grad Celsius ist die achsweise Reihenschaltung zweier Magnetventile möglich. Zur Reduzierung der Verlustleistung im Steuergerät muß eine getaktete Stromregelung eingesetzt werden.

Da sich aus EMV-Gründen eine direkte Taktung des Stromes verbietet, werden im EDCC wie schon bei den Vorläufersystemen zwei Schaltregler mit einer Taktfrequenz von ca. 150kHz im Steuergerät integriert. Die Ansteuerung der Schaltregler wird direkt von PWM-Kanälen der CPU abgeleitet. Die Stromregelung wird durch Messung der Ventilströme und Anpassung des Pulsweitenverhältnis mittels einer mit 200Hz laufenden Softwareroutine durchgeführt.

Zum Schutz des Steuergerätes gegen Überströme an den Schalttransistoren werden diese durch eine elektronische Sicherung geschützt. Der sichere Zustand des Systems ist der stromlose Zustand der Magnetventile. Eine Interrupt gesteuerte Watchdog-Überwachung sichert hierzu den Schaltregler gegen SW-Deadlocks. Ein Highside-Schalter zur Versorgung der Magnetventile ermöglicht das Eintreten in den sicheren Zustand, selbst wenn ein Schaltregler einen Kurzschluß aufweisen sollte.

Die zur Anpassung des Reglers an unterschiedliche Fahrzeugtypen notwendigen Parameter werden während der Fertigung des Fahrzeugs am Band programmiert.
Die Raddrehzahlsignale werden von gepufferten Ausgängen des DSC-Systems abgegriffen und über Komparatorschaltungen auf die Event-Processing-Array-Struktur (EPA) des verwendeten HC12 Mikrocontrollers geführt.

Um die für den EDCC-Algorithmus geforderte hohe Meßgenauigkeit bei geringer Störempfindlichkeit der Umdrehungsgeschwindigkeit zu erreichen, wird eine kombinierte Frequenz- und Periodenmessung realisiert, bei der sich die Teilungsfehler des Meßrades und der Signaljitter der Meßstrecke einfach kompensieren lassen.

Der Lenkraddrehwinkel wird je nach Fahrzeugkonfiguration von einem potentiometrischen Drehwinkelsensor direkt analog gemessen und bewertet oder als plausibilitätsgeprüftes Signal direkt vom Powertrain-Bus (CAN) gelesen.

Die Aufbaubeschleunigung des Fahrzeugs wird von drei mikro-mechanischen Beschleunigungssensoren gemessen und vom Steuergerät mittels 10Bit-Analog/Digital-Wandler erfaßt.

1.1.2.6 Literaturverzeichnis

[1] Fukushima N., Fukuyama k.: Nissan Hydraulic Active Suspension. Fortschritte der Fahrzeugtechnik 10, Aktive Fahrwerkstechnik Braunschweig 1991
[2] Tanaka H., Inoue H., Iwata H.: Development of a vehicle integrated control system. FISITA '92, London, 1992
[3] Hennecke D., Zieglmeier F., Baier P.: Anpassung der Dämpferkennung an den Fahrzustand eines PKW. VDI-Bericht 650: Reifen, Fahrwerk, Fahrbahn; Hannover, 1987
[4] Mitschke M.: Dynamik der Kraftfahrzeuge. Springer Verlag Berlin, 1972
[5] Karnopp D.: Active Damping in Road Vehicle Suspension Systems. Vehicle System Dynamics, v. 12, 1983, pp. 291-311
[6] Konik D., Hillebrecht P., Jordan B., Ochner U., Zieglmeier F.: Active Hydro-pneumatic Suspension − functional improvements, demonstrated by objective and subjective test drive results. AVEC' 92, Yokohama, 1992
[7] Emura J., Kakizaki S., Yamaoka F., Nakamura M.: Development of the Semi-Active Suspension System based on the Sky-Hook Damper Theory; SAE, Detroit, Michigan, 1994
[8] Scheerer H., Römer M.: Luftfederung mit adaptivem Dämpfersystem im Fahrwerk der neuen S-Klasse; 7.Aachener Kolloquium Fahrzeugtechnik; 1998

1.1.3 Aktive Wank-Stabilisierung Dynamic Drive
R. Bartz, F. Bärnthol, H. Bruns, R. Jurr, M. Wimmer

1.1.3.1 Anforderungen an ein aktives Fahrwerk

Sicherheit muss ein Fahrwerk bieten können, dazu soll es gleichzeitig komfortabel und sportlich sein. Mit der Erfüllung dieser Anforderungen sollen die Insassen solcher Fahrzeuge die Freude am Fahren im wahrsten Sinne des Wortes ‚erfahren'. Diese Anforderungen sind jedoch gegensätzlicher Natur.

Daher bemüht sich der Fahrwerksentwickler immer, einen ausgewogenen Kompromiss zwischen sportlicher und komfortabler Abstimmung der passiven Komponenten – entsprechend dem Charakter des Fahrzeugs – zu finden. Ein alter Traum der Fahrwerksentwickler besteht in der Auflösung der Zielkonflikte durch intelligente aktive oder semiaktive Fahrwerkssysteme [1-7].

BMW arbeitet seit Mitte der '80-er Jahre intensiv an aktiven Fahrzeugfederungen, um einerseits den Kundennutzen der ‚fliegenden Teppiche' und andererseits deren Aufwand an Gewicht und Energieverbrauch bewerten zu können. Schnell zeigte sich dabei, dass nicht alles technisch Machbare aus ökologischen Gesichtspunkten angemessen ist [8,9]. Eine weitere Erkenntnis war: Einen exzellenten Kompromiss zwischen Kundennutzen und Aufwand bietet ein Baukastensystem verschiedener aktiver und semiaktiver Feder- und Dämpfersysteme.

Verschiedene Realisierungen aktiver Federungssysteme wurden eingehend in BMW Versuchsträgern erprobt, abgestimmt und von einer Vielzahl von Personen subjektiv beurteilt. Alle Beurteilungen führten zu einer Gemeinsamkeit: Die Funktion der aktiven Wankstabilisierung und die Funktion der Optimierung des Eigenlenkverhaltens wurde in Summe als der größte Fortschritt bewertet.
Dabei war es wichtig, dass sich die Bewertung nicht auf geübte Fahrer und Versuchsfahrer beschränkte, sondern auch eher nicht trainierte Fahrerinnen und Fahrer mit einbezog. Folglich begrenzte sich die folgende Entwicklungsaktivität auf eine optimale Realisierung dieser zwei signifikanten Verbesserungen.

Das ‚Dynamic Drive' ist das Ergebnis dieser Entwicklung. Es stellt ein gewichts- und energieoptimiertes aktives Fahrwerkssystem dar. Dynamic Drive realisiert eine aktive Wankstabilisierung und ein optimales Eigenlenkverhalten durch eine fahrzustandsabhängige Verteilung der Stabilisierungsmomente zwischen Vorder- und Hinterachse.

Das Handling und die Agilität werden hierdurch deutlich verbessert und führen so zu einer Neudefinition der ‚Freude am Fahren' in einer BMW typischen Art. Neben diesen dominanten Funktionsvorteilen, die bei der Namensgebung ‚Dynamic Drive' Pate standen, bewirkt es einen subjektiven wie auch objektiven Gewinn an Fahrsicherheit und an Aufbauschwingkomfort, letzteres in besonderem Maße bei Geradeausfahrt beziehungsweise sehr geringen Querbeschleunigungen.

1.1.3.2 Systembeschreibung

Das Dynamic Drive besteht aus zwei aktiven Stabilisatoren, einem Ventilblock mit integrierten Sensoren, einer Tandempumpe, einem Querbeschleunigungssensor, einem Steuergerät sowie aus weiteren Versorgungskomponenten wie Ölbehälter mit Filter und Ölstandsgeber, Kühler, Schläuche, Halter, Leitungen [11,12]. An Vorder- und Hinterachse sind in den mechanischen Stabilisatoren drehende hydraulische Aktuatoren integriert. Diese sogenannten *aktiven Stabilisatoren* stellen das Kernelement des Dynamic Drive dar. Sie wandeln Druck in ein Torsions- sowie über die Anbindung in ein Stabilisierungsmoment um.

Den Druck erzeugen zwei elektronisch geregelte Druckregelventile, so dass

- die Wankbewegung des Fahrzeugaufbaus bei Kurvenfahrt minimiert bzw. gänzlich beseitigt,
- eine hohe Agilität und Zielgenauigkeit über dem gesamten Geschwindigkeitsbereich erreicht und
- ein optimales Eigenlenk- sowie ein gutmütiges Lastwechselverhalten erzeugt wird.Andererseits sind die Aktuatoren drucklos bei Geradeausfahrt beziehungsweise sehr geringen Querbeschleunigungen, so dass
- die Drehfederrate des Stabilisators die Grundfederung nicht verhärten kann und
- die Kopierbewegung des Fahrzeugaufbaus reduziert wird.

1.1.3.2.1 Aktiver Stabilisator

Der aktive Stabilisator besteht aus dem Schwenkmotor und den am Schwenkmotor montierten Stabilisatorhälften mit aufgepresster Wälzlagerung. Die Schwenkmotorwelle und das Schwenkmotorgehäuse sind jeweils mit einer Stabilisatorhälfte verbunden.

Bild 1.1.3.1 zeigt den aktiven Stabilisator verbaut in der Hinterachse sowie ein Schnittbild des Schwenkmotors. Der aktive Stabilisator hat drei Funktionen zu erfüllen:

- Der Schwenkmotor wandelt den sogenannten ‚Aktivdruck' proportional in ein Torsionsmoment um, das er in die Stabilisatorhälften einleitet. Die so tordierten Stabilisatorhälften leiten über die Anbindung das aktive Wankstabilisierungsmoment um die Fahrzeuglängsachse ein.
- Der Schwenkmotor entkoppelt die Stabilisatorhälften, so dass bei Druck 1 bar kein Moment in die Karosserie eingeleitet wird.
- Bei Systemausfall (Fail-Safe Zustand) erzeugt der Vorderachsstabilisator über die interne Leckage des Schwenkmotors eine ausreichende Dämpfkraft, mit der ein untersteuerndes Fahrverhalten wie beim konventionellen passiven Fahrwerk erzeugt wird.

1.1.3.2.2 Ventilblock mit integrierten Sensoren

Der Ventilblock (Bild 1.1.3.2) beinhaltet elektrisch ansteuerbare Proportional-Druckregelventile für den Vorder- und Hinterachs-Stabilisator, die die sogenannten ‚Aktivdrücke' einstellen, sowie ein elektrisch ansteuerbares Richtungsventil, das die Richtung des Hoch-

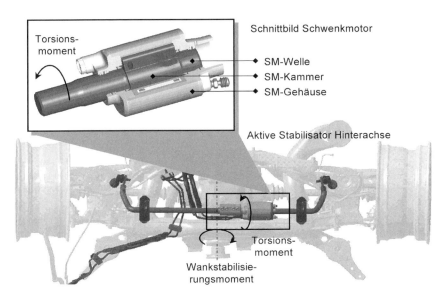

Bild 1.1.3.1: Aktive Stabilisator Hinterachse und Schnittbild des Schwenkmotors

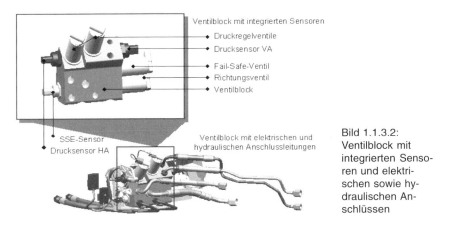

Bild 1.1.3.2: Ventilblock mit integrierten Sensoren und elektrischen sowie hydraulischen Anschlüssen

drucköls (Aktivdrücke) und des Tankdrucköls für Rechts- bzw. Linkskurven vorgibt. Daneben sind noch Rückschlagventile und ein elektrisch ansteuerbares Fail-safe-Ventil im Ventilblock integriert. Zwei Drucksensoren jeweils für den Vorderachs- bzw. Hinterachs-Stabilisator sowie ein Schaltstellungserkennungs-Sensor (SSE- Sensor) für das Erkennen der Position des Richtungsventils sind weitere Komponenten des Ventilblocks.

Der Ventilblock erfüllt folgende Hauptfunktionen:

- Bedarfsgerechte Teilung des Pumpenölvolumenstroms zu den Schwenkmotoren, mit Bevorzugung des Vorderachsschwenkmotors.
- Realisierung eines ausreichend schnellen Aufbaus der Aktivdrücke des Hochdrucköls für den Vorder- und Hinterachsschwenkmotor über eine hydromechanische und eine überlagerte elektrische Regelung.
- Minimierung und Kompensierung der von Unebenheiten der Fahrbahn eingeleiteten Druckänderungen über die schnelle hydromechanische Druckregelung,.
- Sicherstellen der Richtung des Volumenstroms (Links-/Rechtskurve) über ein Richtungsventil und Erkennen dessen Position über einen Sensor der Schaltstellungserkennung (SSE).
- Fail-Safe-Stellung im stromlosen Zustand: Der Hinterachsschwenkmotor wird kurzgeschlossen und mit der Tankleitung verbunden. Das Fail-Safe-Ventil sperrt den Vorderachsschwenkmotor so dicht wie möglich ab, wobei eine Nachsaugmöglichkeit aus der Tankleitung über zwei Rückschlagventile sichergestellt wird. Den Systemdruck begrenzt das Fail-Safe-Ventil.

1.1.3.2.3 Steuergerät

Das Steuergerät des Dynamic Drive erfasst die Eingangssignale (Sensoren, CAN-Signale), prüft deren Plausibilität und führt logische sowie mathematische Verknüpfungen durch. Als Ausgangsgröße werden die Spulen der Magnetventile angesteuert. Im Fall eines Systemfehlers werden die Ausgänge in einen sicherheits-unkritischen Zustand geschaltet. Die Versorgung erfolgt über die Bordnetzspannung im Bereich 9-16V. Das Steuergerät wird über eine statische Weckleitung aktiviert.

Neben den analogen Sensorsignalen Druck Vorderachskreis, Druck Hinterachskreis, Position Schaltstellungserkennung und Querbeschleunigung sowie dem digitalen Signal

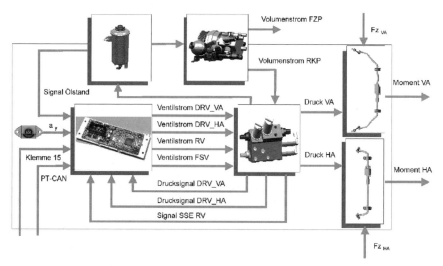

Bild 1.1.3.3: Zusammenwirken der Dynamic Drive Komponenten

Ölstandsgeber werden die weiteren Eingangsdaten über den Powertrain- CAN eingelesen. Hierzu zählen Lenkwinkel, DSC- Querbeschleunigung, Gierwinkelgeschwindigkeit, Fahrgeschwindigkeit und Motordrehzahl. Alle diese Eingangssignale werden gegenseitig auf Plausibilität geprüft.

Zu den Ausgängen zählen neben Highside- und Lowside- Treibern der vier Magnetventile auch die Versorgung der vier Sensoren. Alle elektrischen Versorgungsausgänge sind gegenseitig entkoppelt, so dass ein Kurzschluss an einem Sensor die anderen nicht beeinflussen kann. Jeder Ausgang der vier Magnetventile ist mit einer Strommessung versehen, um eine Stromregelung zu gewährleisten. Diese Strommessung dient für alle Ventile zur Überwachung von Kurzschlüssen und Unterbrechungen.

Im Fall der Druckregelventile führt sie zudem zu einer präziseren und schnelleren Druckeinstellung (Druckregelkreis). Die Strommessung der einzelnen Spulenströme ist doppelt ausgelegt, um Messfehler aufgrund von Toleranzen oder Fehlern der Bauteile auszuschließen und werden permanent auf Plausibilität gegenseitig geprüft. Zusätzliche Ausgangsgrößen des Dynamic Drive werden über den Powertrain-CAN gesendet und hierdurch anderen Steuergeräten zur Verfügung gestellt.

1.1.3.2.4 Zusammenwirken der Komponenten

Anhand der Ein- und Ausgangsgrößen lässt sich das Zusammenwirken der Komponenten und damit das Funktionsprinzip des Dynamic Drive erkennen (Bild 1.1.3.3). Das Hauptregelsignal des Systems ist die Querbeschleunigung a_y, die vom Querbeschleunigungssensor gemessen wird. Daneben werden über den PT-CAN Signale zur Quer- und Längsdynamik ausgewertet, um eine bessere und robustere Information zur Querdynamik sicherzustellen.

Aus diesem berechneten Querdynamiksignal werden die einzustellenden Ventilströme für den Ventilblock ermittelt. Zur Regelung der Ventilströme gibt das Steuergerät eine Spannung (PWM) aus, und der gemessene Ventilstrom wird zur Regelung rückgemessen. Dies ist in Bild 1.1.3.3 durch einen vereinfachten Signalfluss der Ventilströme der Magnetventile dargestellt.

Der Ventilblock stellt die Drücke über die Druckregelventile (DRV) in den aktiven Stabilisatoren ein und gibt über das Richtungsventil (RV) die Drehrichtung zur Wankkompensation vor. Die aktiven Stabilisatoren verdrehen sich entsprechend und erzeugen die aktiven Wankstabilisierungsmomente an der Vorder- (VA) und Hinterachse (HA). Das Fail-Safe Ventil (FSV) ist im beschriebenen Funktionsbetrieb des Dynamic Drive bestromt.

Die aktiven Stabilisierungsmomente sind fast unabhängig einstellbar bis auf folgendes: Das aktive Moment bzw. der aktive Druck der Vorderachse ist immer größer oder gleich dem aktiven Moment bzw. dem aktiven Druck der Hinterachse. Hierdurch wird ein übersteuerndes Fahrverhalten systemseitig weitgehend vermieden.

Die gemessenen Drücke am Ventilblock für den Vorder- und Hinterachsstabilisator sowie die Schaltstellungserkennung des Richtungsventils (Signal SSE RV) werden dem Steuergerät zurückgemeldet. Dieses prüft anhand dieser Signale die Funktionalität der Hydromechanik des Dynamic Drive.

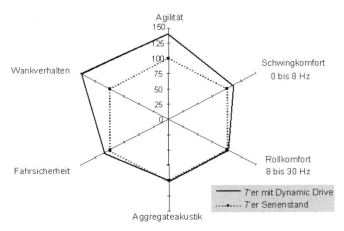

Bild 1.1.3.4: Spinnendiagramm Funktionsziel 'Dynamic Drive'

Die Energieversorgung erfolgt über eine motorangetriebene Tandempumpe. Dynamic Drive und Lenkhilfe besitzen einen gemeinsamen Ölbehälter und Ölkühler. Im Ölbehälter ist neben einem Ölfilter ein Ölstandsaufnehmer in Form eines Reedschalters verbaut, der bei einem Absinken des Ölstands unter den Minimalstand im Behälter dies dem Steuergerät signalisiert.

1.1.3.3 Funktionsbewertung

Bild 1.1.3.4 zeigt anhand eines Spinnendiagramms das Funktionsziel eines Fahrzeugs mit konventionellen Stabilisatoren und einem mit Dynamic Drive. In den Kriterien Abrollkomfort, Akustik und Fahrstabilität bei einem harten Systemfehler (Fail safe – Zustand des Dynamic Drive) sollten die bekanntlich guten passiven BMW Fahrwerkseigenschaften realisiert werden.

In den Dynamik-Kriterien Agilität und Wankverhalten sollten sehr signifikante und in den Kriterien Schwingkomfort sowie Fahrsicherheit – im direkten Vergleich – deutlich erfahrbare Steigerungen erreicht werden.

Das Verbesserungspotential der Dynamik-Kriterien Agilität und Wankverhalten wird im folgenden anhand von Messergebnissen von quasistationären und dynamischen Fahrmanövern beschrieben.

1.1.3.3.1 Quasistationäre Kreisfahrt

Bei dem Standardmanöver ‚quasistationäre Kreisfahrt' wird das Fahrzeug auf einer Kreisbahn langsam beschleunigt, so dass alle Querbeschleunigungszustände nahezu stationär angefahren und die Größen Lenkraddrehwinkel, Querbeschleunigung und Wankwinkel gemessen werden.

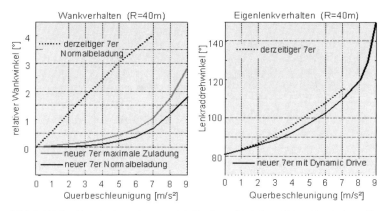

Bild 1.1.3.5: Ergebnisse der quasistationären Kreisfahrt (R = 40 m) eines Prototyps des neuen 7er mit Dynamic Drive für zwei Beladungszustände und des derzeitigen 7er bei Normalbeladung

Für dieses quasistationäre Manöver sind die in Bild 1.1.3.5 dargestellten Funktionen objektive Bewertungskriterien für das Wank- und Eigenlenkverhalten. Es zeigt die Funktion des Wankwinkels über der Querbeschleunigung sowie des Lenkwinkelbedarfs über der Querbeschleunigung des Fahrzeugs für einen Kreis mit einem Radius von 40m.

In Bild 1.1.3.5 ist ein Prototyp des neuen 7er mit Dynamic Drive für zwei Beladungszustände dargestellt (Normalbeladung, Maximalbeladung). Als Referenz ist der derzeitige 7er ohne Dynamic Drive bei Normalbeladung dargestellt.

Der neue 7er mit Dynamic Drive baut bei Normalbeladung bis 0.3 g keinen relativen Wankwinkel auf; Bei 0.6 g beträgt der Wankwinkel ca. 0.3° und bei 0.8 g ca. 1.3°. Infolge der Zuladung erhöht sich der Wankwinkel, wie dies auch von passiven Fahrwerken bekannt ist. Bei maximaler Zuladung beträgt der Wankwinkel bei 0.6 g ca. 0.65° und bei 0.8 g ca. 1.7°. Das passive Fahrwerk im derzeitigen 7er baut schon bei kleinen Querbeschleunigungen und bei Normalbeladung deutliche Wankwinkel auf: 1.8° bei ca. 0.3 g, über 4° ab 0.7g.

Der Wankwinkelverlauf des neuen 7er mit Dynamic Drive ist harmonisch bis in den Grenzbereich gestaltet. Dabei ist der Bereich bis ca. 0.6 g so ausgelegt, dass nur sehr kleine Wankwinkel auftreten. Die Abstimmung des Dynamic Drive im Bereich hoher Querbeschleunigung größer als 0.6 g soll dem Fahrer über den bevorstehenden Grenzbereich informieren. Hierfür ist der kontinuierlich steigende Wankwinkelgradient eine gute Information.

Diese Grenzbereichsanzeige – die den Fahrer nicht verunsichert – weist darauf hin, dass die physikalischen Grundgesetze auch mit Dynamic Drive nicht außer Kraft gesetzt sind und eine angemessene Kurvengeschwindigkeit anzustreben ist.

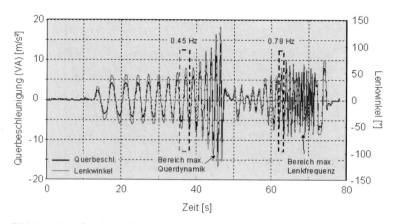

Bild 1.1.3.6: Querbeschleunigung (VA) und Lenkwinkel über die Zeit; v = 80 km/h

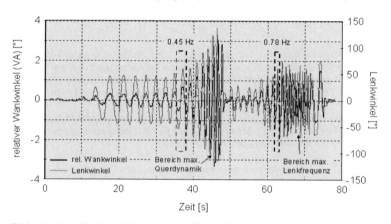

Bild 1.1.3.7: Relativer Wankwinkel (VA) und Lenkwinkel über die Zeit; v = 80 km/h

Der Verlauf des Lenkwinkels über der Querbeschleunigung im neuen 7er macht deutlich, dass der neue 7er mit Dynamic Drive im unteren Querbeschleunigungsbereich ein eher neutrales Fahrverhalten hat, das mit wachsendem Querbeschleunigungsniveau in ein untersteuerndes Fahrzeugverhalten übergeht.

1.1.3.3.2 Gewobbelter Lenkwinkelsinus

Einen guten Einblick in die dynamischen Eigenschaften des Dynamic Drive im Fahrzeug können verschiedene dynamische Fahrmanöver liefern. Insbesondere der gewobbelte Lenkwinkelsinus bei konstanter Fahrgeschwindigkeit ist hier zu nennen.

In Bild 1.1.3.6 ist die Querbeschleunigung des Aufbaus an der Vorderachse, in Bild 1.1.3.7 der Wankwinkel zwischen Aufbau und der Vorderachse über der Zeit für dieses Fahrmanöver aufgetragen. Als Referenz dient jeweils der Lenkraddrehwinkel über der Zeit.

Somit zeigen beide Abbildungen jeweils das Eingangssignal des Fahrers (Lenkraddrehwinkel) und die zeitlich erste Reaktion des Fahrzeugs darauf (Quer- und Wankbewegung der Karosserie an der Vorderachse). Diese erste Fahrzeugreaktion ist im unmittelbaren Blickfeld von Fahrer und Beifahrer und kann subjektiv gut wahrgenommen werden.

Das Fahrmanöver wurde bei konstanter Fahrgeschwindigkeit v=80 km/h von einem versierten Versuchsfahrer auf dem BMW Messgelände auf einer 2-spurigen geraden Straße mit einem Prototyp des neuen 7er mit Dynamic Drive durchgeführt. Es ist als extremes dynamisches Manöver zu bewerten, das im öffentlichen Straßenverkehr nicht auftritt, aber die Leistungsgrenzen der dynamischen Eigenschaften von Systemen aufdecken kann.

In der Zeitspanne bis ca. 46 s hat der Fahrer zunächst die Lenkfrequenz und Lenkamplitude bis in den dynamischen Grenzbereich von über 1 g Querbeschleunigung an der Vorderachse gesteigert. Anschließend nach einer kurzen Beruhigungsphase hat er die Lenkfrequenz bis zum maximal Möglichen gesteigert (bei kleinerem Querbeschleunigungsniveau von ca. 0.5 g bis 0.7 g).

Als Resümee dieser Analyse der dynamischen Eigenschaften des Dynamic Drive bleibt festzuhalten: Lenkbewegungen im kundenrelevanten Frequenzbereich (von 0 bis 0.52 Hz) führen zu keiner verzögerten Wankkompensation – sogar wenn man die zeitlich schnellste Fahrzeugreaktion der Karosserie an der Vorderachse betrachtet. Bei höheren Lenkfrequenzen (z. B. 0.78 Hz) treten Phasenverzüge auf, die selbst bei Extremmanövern keine Verdopplung der Wankwinkelamplitude der stationären Charakteristik bewirken. Bei maximaler dynamischer Querbeschleunigungsamplitude von 1.3 g tritt eine Wankwinkelamplitude von nur ca. 3° auf.

1.1.3.3.3 Subjektive Systembewertung

Die dargestellten objektiv messbaren Ergebnisse zum quasistationären und dynamischen Verhalten des Dynamic Drive im neuen 7er drücken sich subjektiv in einem ‚direkten angenehmen' Fahrverhalten und einer enormen Zielgenauigkeit bei der Kurshaltung aus.
Die Zielwerte in den Kriterien Agilität, Wankverhalten, Schwingkomfort bis 8 Hz und Fahrsicherheit sind erreicht worden. Deren Wahrnehmbarkeit im Fahrzeug ist beeindruckend für alle Fahrzeuginsassen.

Das erreichte hohe Niveau der vertikaldynamischen Fahrzeugstabilisierung (Karosserieruhe) der Fahrzeuge mit Dynamic Drive ist auch für Fondinsassen deutlich erlebbar. Der subjektive Gewinn an Fahrsicherheit, die 'Leichtfüßigkeit' und Zielgenauigkeit bei Lenkmanövern setzt Maßstäbe in der Fahrwerkstechnik. Fahrer und Beifahrer adaptieren diese neuartigen Funktionen schnell und betrachten sie als vollkommen natürlich.

1.1.3.4 Zusammenfassung

BMW hat mit Dynamic Drive seinen Baukasten der aktiven und semiaktiven Feder-Dämpfersysteme komplettiert. Neben den Systemen Niveauregulierung auf Basis von Luftfederungen [14] und elektronischen Verstelldämpfern [4], die beide primär den Schwingkomfort der Fahrzeuge steigern, bietet BMW im neuen 7er mit Dynamic Drive das optimale Handling und Agilitätssystem an.

Dynamic Drive führt zu einer neuartigen BMW typischen markenprägenden Produkteigenschaft und stellt auf dem BMW Markenwert 'Dynamik' einen revolutionären Fortschritt dar. Dynamic Drive bietet dabei einen ausgewogenen Kompromiss zwischen technologischem Aufwand und erfahrbarem Kundennutzen.

1.1.3.5 Literaturverzeichnis

[1] Scheerer H., Römer M.: Luftfederung mit adaptivem Dämpfungssystem im Fahrwerk der neuen S-Klasse, 7. Aachener Kolloquium Fahrzeugtechnik; Aachen 1998.
[2] Automotive Engineering Industrial: The ABC's of Body Control, Seite 60-68, Juli 1999.
[3] Honnecke D., Zieglmeier F., Baier P.: Anpassung der Dämpferkennung an den Fahrzustand eines PKW; VDI-Bericht 650: Reifen, Fahrwerk, Fahrbahn; Hannover; 1987.
[4] Konik D.; Bauer W.; Huber K.; Jordan B.; Kölbel S.; Scharf J.; Schopp S.; Wimmer M.: Electronic Damping Control with Countinously working damping valves (EDCC); AVEC '96, Aachen 1996.
[5] Fukushima N., Fukuyama K.: Nissan Hydraulic Active Suspension, Fortschritt der Fahrwerkstechnik 10, Aktive Fahrwerkstechnik, Braunschweig 1991.
[6] Tanaka H., Inoue H., Iwata H.: Development of a vehicle integrated control system, FISITA '92, London, 1992.
[7] Keith P.; Pask M.; Burdock W.:The development of ACE for Discovery II, SEA-paper No. 00PC-60, 1998.
[8] Hillebrecht P.; Konik D.; Pfeil D.; Wallentowitz H.; Zieglmeier F.: Active suspension: striking a balance between customer benefit and technological rivalry, FISITA 92, London, 1992.
[9] Konik D.; Hillebrecht P.; Jordan B.; Ochner U.; Zieglmeier F.: Active Hydropneumatic Suspension – functional improvements demonstrated by objective and subjective driving test results, AVEC '92 ,Yokohama, 1992.
[10] Williams D.; Wright P.: Vehicle suspension arrangements, Group Lotus Car Companies, EP 0 142 947 of 23.10.1984.
[11] Konik D.; Bartz R.; Bärnthol F.; Bruns H.; Wimmer M.: Dynamic Drive – the New Active Roll Stabilization System from the BMW Group – System Description and Functional Improvements. AVEC'2000, Ann Arbor, Michigan USA, 2000.
[12] Konik D.; Bartz R.; Bärnthol F.; Bruns H.; Wimmer M.: Dynamic Drive – das neue aktive Wankstabilisierungssystem der BMW Group. 9. Aachner Kolloquium Fahrzeug- und Motorentechnik 2000. Aachen, 2000.
[13] Fassbender A.: Theoretische und experimentelle Untersuchungen an saugseitigen Widerstandssteuerungen, Dissertation 1995, RWTH Aachen.
[14] Zieglmeier F.: Die Luftfederung als Niveauregulierung – Logik und Sicherheitskonzept, Haus der Technik: ,Aktive Fahrwerkstechnik, Essen, 1995.
[15] Stöcker H.: Taschenbuch der Physik , Harri Deutsch Verlag, Frankfurt 1993, ISBN 3-8171-1319-6.
[16] Konik D.; Bartz R.; Bärnthol F.; Bruns H.;Held G.; Webers K.; Zieglmeier F.: Dynamic Drive – das neue Wankstabilisierungssystem der BMW Group. Stoßdämpfer, Federung und weitere Systemkomponenten für sicheres Fahrverhalten, Haus der Technik, Essen, 2001.

1.1.4 Adaptive Cruise Control ACC
W. Prestl, T. Sauer, O. Tschernoster

1.1.4.1 Einführung

BMW bietet mit der Aktiven Geschwindigkeitsregelung, Active Cruise Control, seit 2000 in der 7´er Baureihe ein innovatives Fahrerassistenzsystem an, das dem Fahrer als Ergänzung der Geschwindigkeitsregelung eine neue Komfortfunktion in Form einer Abstandsregelfunktion zur Verfügung stellt. Gerade in den immer häufiger auftretenden Fahrsituationen mit dichtem Verkehr auf Autobahnen und Bundesstraßen, wird dem Fahrer damit Unterstützung in der Feinregulierung von Geschwindigkeit und Abstand angeboten, was zu seiner Entlastung und Steigerung der Souveränität führt.

Mit der Einführung von ACC wurde gleichzeitig ein wichtiger Schritt hin zu einer neuen Kategorie von Regelsystemen getan, die nicht nur Informationen aus dem Fahrzeug selbst für Regelungsfunktionen verwenden, sondern durch neuartige Sensoren auch Informationen aus dem weiteren Fahrzeugumfeld für Assistenzfunktionen in der Fahrzeugführung heranziehen.

Die Systemphilosophie, -auslegung und Technik von im allgemeinen Sprachgebrauch als *Adaptive Cruise Control (ACC)* bezeichneten Systemen wird im folgenden am Beispiel des BMW Systems beschrieben, das in enger Zusammenarbeit mit der Robert Bosch GmbH entwickelte wurde.

1.1.4.2 Die ACC Funktion

1.1.4.2.1 Grundfunktion

Die wesentliche Funktionserweiterung zu einer konventionellen Geschwindigkeitsregelung (Cruise Control, CC) resultiert aus der Sensierung vorausfahrenden Verkehrs. Damit ergeben sich zwei System-Grundzustände, zwischen denen ACC selbständig situationsabhängig wechselt: Frei- und Folgefahrt, s. Bild 1.1.4.1.

In Freifahrt, wenn kein vorausfahrendes Fahrzeug erkannt wird, regelt ACC wie bei der CC eine vom Fahrer vorgewählte Wunschgeschwindigkeit konstant ein. In Folgefahrt, mit langsamerem vorausfahrendem Fahrzeug in der eigenen Spur, wird auf dessen Geschwindigkeit und einen adäquaten Abstand geregelt. Im Gegensatz zur CC wird bei ACC für mäßige Komfortverzögerungen zur Geschwindigkeitsanpassung auch aktiv die Bremsanlage des Fahrzeugs herangezogen.

Diese Basisfunktionen lassen weiten Raum für die Systemgestaltung. Die konkrete Ausführungsform wird wesentlich von den Möglichkeiten und Grenzen der Systeme erster Generation bestimmt.

Bild 1.1.4.1: ACC System Grundzustände

1.1.4.2.2 Möglichkeiten und Systemgrenzen

ACC Systeme verfügen mit ihrer Abstandssensorik (s. Kapitel 0) im Vergleich zum Fahrer, der Abstände und insbesondere Relativgeschwindigkeiten vorausfahrender Fahrzeuge nur sehr unzureichend schätzen kann, innerhalb ihres beschränkten Detektionsbereiches über wesentlich präzisere Messdaten zur feinfühligen Regelung des Abstands zum Vorausfahrenden.

Die bloße Verkehrsobjekt-Sensierung ist jedoch nicht ausreichend zur Situationsinterpretation, wie sie die ACC Funktion erfordert. Zur Interpretation müssen die Objektdaten, d.h. Position und Geschwindigkeit, in Bezug zum eigenen Fahrvorhaben gebracht werden, um ihre Relevanz für die ACC Regelung zu bewerten.

Soll also z.B. Bild 1.1.4.2 eine Abstandsregelung auf das linke oder rechte Fahrzeug erfolgen? Da kein Wissen über das zukünftige Verhalten aller beteiligten Fahrzeuge vorhanden ist, wird von der Hypothese ausgegangen, dass Fahrzeuge dann für eine Regelung relevant sind, wenn sie sich in der eigenen Fahrspur befinden.

Die *Spurzuordnung* der Objekte ist damit eine zentrale Funktion in ACC Systemen. Der Stand der Technik erlaubt generell keine exakte vorausschauende Fahrspurbestimmung, statt dessen ist man auf eine Vorausschätzung (Fahrspurprädiktion), basierend auf dem aktuellen fahrdynamischen Zustand, angewiesen.

Der gefahrene Kurvenradius wird dabei etwa für die nächsten 2-4s weiterhin als gültig für den Spurverlauf angenommen, was auf Autobahnen und gut ausgebauten Landstraßen fast immer zutrifft. Grundsätzlich ist aber, insbesondere bei instationären Situationen,

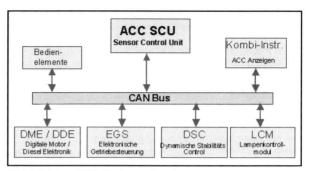

Bild 1.1.4.3: ACC Systemverbund

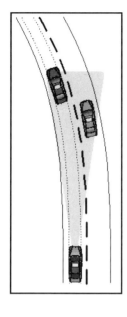

Bild 1.1.4.2:
Objekt/
Spurzuordnung

Bild 1.1.4.4:
ACC Sensor
Control Unit
Robert Bosch GmbH
b*h*t=90*120*95 mm³
m = 500g

z.B. Geraden/Kurvenübergängen, von Unsicherheiten in der Objekt/Spurzuordnung auszugehen. Gerade auch detektierte stehende Objekte neben der Fahrspur, die zahlreich entlang jeder Straße vorhanden sind (Verkehrszeichen, Baken, parkende Fahrzeuge), können damit fälschlicherweise der eigenen Fahrspur zugeordnet werden.

Um fehlerhafte Reaktionen auszuschließen, die gerade bei Standzielen besonders hart ausfallen würden, müssen Standziele deshalb für die Längsregelfunktionen weitgehend ignoriert werden. Neben dem limitierten Sichtfeld ist damit die beschränkt zuverlässige Situationsinterpretation die wichtigste Systemgrenze von ACC Systemen.

1.1.4.2.3 *Funktionsauslegung und Systemphilosophie*

Aufgrund dieser Situation sind ACC Systeme eindeutig als Komfortsysteme einzustufen, die den Fahrer in einem weiten Situationsraum sinnvoll unterstützen, ihm jedoch nie die Verantwortung für die Fahrzeugführung abnehmen können oder wollen. Der Fahrer bleibt immer voll in der Verantwortung für die Fahraufgabe.

Um ihm dies auch aus der Funktion heraus begreifbar und erlebbar zu machen, ist eine bewusste Limitierung (insb. der Verzögerungsfähigkeit) Bestandteil der Auslegungsphilosophie des Systems. Damit wird sichergestellt, dass die Funktionsgrenzen, an denen die Übernahme der Fahrzeug-Längsführung durch den Fahrer erforderlich ist, für ihn in der Systemnutzung häufig erlebbar und leicht erlernbar sind.

Ferner ist es notwendig, die Eingriffe des Systems in die Längsdynamik des Fahrzeuges generell zu begrenzen (ca. -2.5 m/s² bis +1m/s²), um nicht situationsgerechte Regeleingriffe an den Funktionsgrenzen für den Fahrer, der die Regelung in jeder Situation durch Gas oder Bremse konfliktfrei übersteuern kann, leicht beherrschbar zu halten.

Primäre Sicherheitsfunktionen, wie z.b. Kollisionswarnung, die eine sichere Situationsbewertung erfordern, sind mit ACC Systemen 1. Generation nicht realisierbar und damit auch nicht Bestandteil der BMW ACC Funktion.

1.1.4.3 Systembeschreibung

Zur sicheren, komfortablen, zuverlässigen und wirtschaftlichen Darstellung der ACC Funktion im Fahrzeug ist ein komplexer Systemverbund notwendig, der hohe Anforderungen an die Fahrzeuginfrastruktur stellt. Bild 1.1.4.3 zeigt einen Überblick über die wesentlichen Elemente des Gesamtsystem, wie es in der BMW 7´er Baureihe realisiert ist:

ACC als Gesamtsystem ist ein hochvernetztes System mit verteilten Funktionen in verschiedenen Partnersystemen. Dies stellt hohe Anforderungen an den Entwicklungsprozess, hat aber auch tiefgreifende technische Konsequenzen, z.B. hinsichtlich sicherer Vernetzung aller beteiligten Systeme über den 500 kBaud CAN-Bus, dem Gesamtsystem-Sicherheitskonzept und dem Diagnosekonzept.

1.1.4.3.1 ACC Sensor-Steuergeräteeinheit

Das BMW ACC System verfügt mit der von der Robert Bosch GmbH zugelieferten Sensor-Steuergeräteeinheit (Sensor Control Unit, SCU) über das derzeit weltweit kleinste und leichteste integrierte ACC Gerät, s. Bild 1.1.4.4.

Die vollintegrierte Lösung bringt Package-, Kosten- und Zuverlässigkeitsvorteile gegenüber verteilten Systemen mit separatem Sensor-Frontend und ACC Steuergerät.

Die ACC SCU übernimmt im Systemverbund die volle ACC Längsregelfunktion (Abstands- Geschwindigkeits- und Beschleunigungsregelung) sowie die CAN-Kommunikation mit den Partnersystemen, alle Diagnose- und Selbsttestfunktionen und beinhaltet ebenso die im folgenden beschriebenen Sensorikkomponenten und -funktionen des ACC Radarsensors. Der Radarsensor gliedert sich in 2 Elektronikkomponenten: einen Analogteil, den sogenannten Radartranceiver, und einen Digitalteil, in dem die Signalauswertung erfolgt.

1.1.4.3.1.1 Radarsensorik Analogkomponente

Im Analogteil befinden sich Sender und Empfänger. Ein Gunn-Oszillator erzeugt das Sendesignal von ca. 76 GHz (Wellenlänge $\cong$ 4 mm), das über eine Streifenleitungsantenne abgestrahlt wird. Eine dielektrische Linse fokussiert dabei den Strahl, so dass die Ausleuchtungszone die Form von 3 Kegeln hat, wobei einer in Fahrtrichtung zeigt und die beiden anderen horizontal um +/- 2.5° versetzt sind.

Das reflektierte Signal wird von der gleichen Antenne aufgenommen, die auch zum Senden dient. Für die 3 Teilstrahlen gibt es jeweils einen eigenen Empfangskanal. Über ein spezielles Hochfrequenzbauteil werden Sender- und Empfangssignale voneinander getrennt. Anschließend werden die Empfangssignale mit dem Gunn-Oszillatorsignal gemischt. Es entstehen dabei Zwischenfrequenzsignale (ZF), deren Frequenzen gleich den Differenzen aus Empfangsfrequenzen und Oszillatorfrequenz sind. Diese 3 ZF-Signale werden verstärkt und digitalisiert.

Sendefrequenz	76 GHz – 77 GHz
mittlere Sendeleistung	1 mW
Frequenzhub	200 MHz
Abstandserfassungsbereich	2 m – 170 m
Relativgeschwingkeitserfassungsbereich	+/- 60 m/s
Winkelerfassungsbereich, horizontal	+/- 4°
Strahlbreite, vertikal	+/- 2°

1.1.4.3.1.2 Radarsensorik Digitalkomponente

Die beiden Prozessoren der digitalen Signalverarbeitungseinheit steuern den Radarsender, d.h. sie aktivieren den Sender alle 100 msec (= 1 Meßzyklus) für eine Dauer von ca. 10 msec und geben auch die Frequenzmodulation vor. Ihre Hauptaufgabe jedoch ist die Auswertung der ZF-Signale aus dem Radarempfänger mit folgenden Teilaufgaben (s.a. Übersicht Bild 1.1.4.5):

– Zieldetektion: Abstand und Relativgeschwindigkeit

Radare bestimmen den Abstand zu einem detektierten Ziel über die Laufzeit der reflektierten Welle: Abstand = Gesamtweg / 2 = Laufzeit*Lichtgeschwindigkeit / 2.

Das FMCW (Frequency Modulation Continuous Wave)-Radar misst diese Laufzeit indirekt über die Differenzfrequenz zwischen dem Sendesignal, dessen Frequenz zeitlich

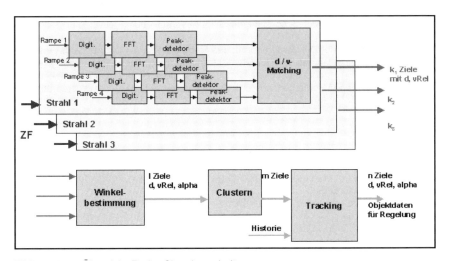

Bild 1.1.4.5: Übersicht Radar Signalverarbeitung

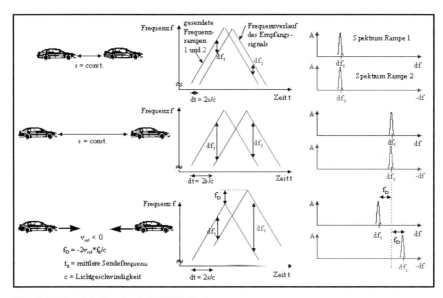

Bild 1.1.4.6: Arbeitsprinzip FMCW-Radar

linear ansteigt (Bild 1.1.4.6: Rampe 1) bzw. abfällt (Rampe 2), und dem Empfangssignal. Dazu wird eine Spektralanalyse der ZF-Signale durchgeführt.

Liegt keine Relativgeschwindigkeit zwischen Radar und Ziel vor, so ist die Differenzfrequenz (Peak im Spektrum) direkt proportional zum Zielabstand. Im allgemeinen kommt es aber durch die Relativbewegung zu einer Dopplerverschiebung des Empfangssignals.

Durch Einbeziehung der Differenzfrequenz aus Rampe 2 können der Abstands- und der Relativgeschwindigkeitsanteil voneinander getrennt werden. Diese Betrachtung gilt jedoch nur für 1 Ziel. Mehrzielfähigkeit wird durch weitere Frequenzrampen mit unterschiedlichen Frequenzgradienten erreicht. Dieser Verarbeitungsschritt wird parallel für alle 3 Kanäle durchgeführt.

– Winkelbestimmung

Aus den Signalstärken für die 3 Antennenkeulen wird der Winkel in Bezug auf die Radarachse berechnet. Dazu ist in jedem Sensor das Antennendiagramm abgelegt, das für einen Punktstreuer über den gesamten Winkelerfassungsbereich die Empfangstärken für jede Antennenkeule angibt.
Im Messbetrieb werden die Empfangsstärken eines detektierten Ziels mit dem Antennendiagramm verglichen. Der Winkel, an dem die gemessenen und abgelegten Werte am besten übereinstimmen, wird dem Ziel zugewiesen.

– *Clustering und Tracking*

Fahrzeuge, insbesondere LKWs, haben mehrere Radarstreuzentren. Das Radar detektiert deshalb eine Reihe von Zielen, die zusammengefasst werden müssen. Dies ist Aufgabe des Clusterings. Dabei muss verhindert werden, dass Streuer von unterschiedlichen Objekten einander zugewiesen werden. Dies erreicht man dadurch, dass nur solche Ziele einem Objekt zugeordnet werden, deren Abstand und Winkel innerhalb einer Clusterzelle liegen und die die gleiche Relativgeschwindigkeit haben.

Für jedes Objekt, das aus dem Clustering hervorgeht, wird von Messzyklus zu Messzyklus eine Trajektorie gebildet, d.h. die Objektdaten werden zeitlich gefiltert und somit geglättet. Damit ist es auch möglich, über einzelne Messaussetzer hinweg die Objektdaten zu prädizieren.

Diese Objektliste mit den Größen Abstand, Relativgeschwindigkeit und Winkel eines jeden Objekts wird schließlich der Regelungseinheit übergeben.

Neben dieser eigentlichen Detektionsaufgabe führt die Radarsignalverarbeitung eine Vielzahl von Selbstüberwachungsaufgaben aus. Fehlfunktionen können somit ausgeschlossen werden.

1.1.4.3.2 Digitale Motorelektronik DME/DDE

Im ACC Systemverbund ist der Fahrzeugmotor für die Beschleunigungsregelung des ACC ein Momentenstellglied. Die ACC Momentenanforderungen werden an eine Momentenschnittstelle weitergegeben, die für die Digitale Motorelektronik DME und Digitale Diesel Elektronik DDE der BMW Motoren entwickelt wurde. Motor und Steuergerät wirken dabei als intelligentes Stellsystem, das die ACC Anforderungen umsetzt und sowie Daten über den aktuellen Betriebszustand des Motors, z.B. abgegebenes Kupplungsmoment bereitstellt.

1.1.4.3.3 Getriebesteuerung AGS

ACC wird vorzugsweise in Verbindung mit Automatikgetriebe eingesetzt, da der Betrieb einen weiten Geschwindigkeitsbereich umfasst und somit Gangwechsel im Regelbetrieb erforderlich sind. Die adaptiven Getriebesteuerungen AGS vom BMW wurden um spezielle ACC Schaltkennfelder und weitere ACC spezifische Logikfunktionen erweitert, um ein zu allen ACC Betriebszuständen passendes Schaltverhalten darstellen zu können. Darüber hinaus liefert die Getriebesteuerung Daten über die aktuelle Gangstufe und den Wandlerzustand für die ACC Längsregelung in der ACC SCU (s. a. Kap. 1.1.5).

1.1.4.3.4 Dynamische Stabilitäts Control DSC

Die Dynamische Stabilitäts Control DSC von BMW stellt alle für ACC relevanten fahrdynamischen Größen, insbesondere die Geschwindigkeits-, Beschleunigungs- und Gierraten-Informationen für Längsregelung und Spurprädiktion zur Verfügung.

Andererseits wirkt das System als Bremsaktuator für ACC Verzögerungsanforderungen in den Fällen, in denen das Motorschleppmoment nicht zur Verzögerung ausreicht. DSC stellt eine Verzögerungsschnittstelle und eine der ACC Längsregelung unterlagerte Verzögerungsregelung ECD (Electronically Controlled Deceleration) zur Verfügung, die über das DSC Hydraulikaggregat Bremsdruck aufbauen und den vom ACC angeforderten Verzögerungsverlauf einstellen kann. Für den Fall der aktiven Verzögerung werden über das Lampenkontrollmodul LCM auch die Bremsleuchten aktiviert.

1.1.4.3.5 Bedienelemente

Die Bedienung des BMW ACC erfolgt sehr ähnlich der konventionellen Geschwindigkeitsregelung über Bedienelemente für Aktivierung/Deaktivierung, Wiederaufnahme, Wunschgeschwindigkeitsinkrement und -dekrement in 10 km/h Schritten sowie einer Feineinstellung mit + 1km/h. Aktiver Regelbetrieb ist im Geschwindigkeitsbereich von 30-180 km/h möglich, s. Bild 1.1.4.7.

Im aktiven Regelbetrieb kann die Einstellung des Wunschabstandes in 4 Abstandsstufen erfolgen, die zeitlichen Abständen von ca. 2,5s – 2,0s – 1,4s -1,0s entsprechen. Standardeinstellung bei Systemaktivierung ist in Anlehnung an die Empfehlung „Halber Tacho" (1,8 s) die Stufe mit ca. 2,0-s-Abstand.

1.1.4.3.6 Instrumenten-Kombination

Die Instrumenten-Kombination stellt mit seinen ACC spezifischen Anzeigen einen wesentlichen Bestandteil der Mensch Maschine Schnittstelle dar.

Kennzeichnendes Element der ACC Anzeigeumfänge sind eine permanente Wunschgeschwindigkeitsanzeige durch einen grafischen Marker an der Tachometerskala (Pfeil) sowie ergänzend eine digitale Wunschgeschwindigkeitsanzeige. Um den Fahrer jederzeit die Systemzustände Freifahrt / Folgefahrt unterscheidbar zu machen, ist eine prägnante Folgefahrtanzeige durch ein grafisches Fahrzeugsymbol realisiert, das in Folgefahrt ausgefüllt oder in Freifahrt leer erscheint. Zusammen mit einer permanent sicht-

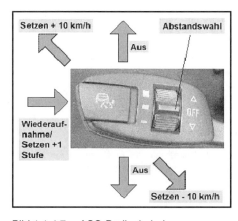

Bild 1.1.4.7: ACC Bedienhebel   Bild 1.1.4.8: ACC Anzeigeumfänge

baren Abstandswahlanzeige ergibt sich damit ein sinnreiches und intuitiv ablesbares Gesamtanzeigebild, s. Bild 1.1.4.8.

Besonders in der Lernphase im Umgang mit ACC kann es für den Fahrer hilfreich zum Erlernen der Systemgrenzen sein, in Situationen, in denen eine stärkere Verzögerung, als die bewusst limitierte Systemverzögerung erforderlich ist, die Notwendigkeit eigenen Bremsens in Form einer Übernahmeinformation anzuzeigen.

Dies geschieht durch Wechselblinken der Anzeigeumfänge im Kombiinstrument mit einer auffallenden Warngrafik und optionalem akustischen Signal. Die Versuchspraxis zeigt allerdings, dass die vom Fahrer sehr sensibel wahrgenommene beginnende Verzögerung (kinesthetisches Feedback) die Fahreraufmerksamkeit sehr zuverlässig auf die Verkehrssituation lenkt, so dass insbesondere ACC-erfahrene Nutzer diese Übernahmeinformation in der Regel nicht benötigen.

1.1.4.4 Systemfunktionen

1.1.4.4.1 *Spurzuordnung, Objektselektion*

Eine zentrale ACC Funktion ist die Vorausberechung der wahrscheinlichsten eigenen Fahrtrajektorie, um zu entscheiden, ob sensorisch erfasste Fahrzeuge der eigenen Fahrspur zuzuordnen sind: Weiterhin ist zwischen Frei- und Folgefahrt zu unterscheiden. Die Güte der Spurzuordnug bestimmt damit wesentlich die Systemwahrnehmung des Fahrers hinsichtlich Spontaneität, Stabilität und Zuverlässigkeit der Objekterfassung und erzielter Regelreichweite.

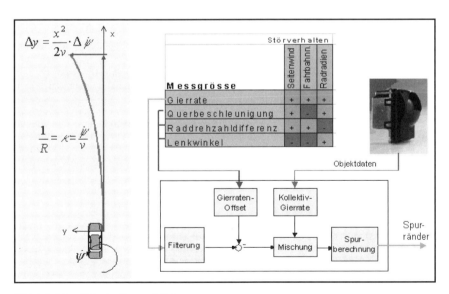

Bild 1.1.4.9: Prinzip Spurprädiktion

Funktionsprinzip ist das Fortschreiben einer als quasistationär angenommenen Spurverlaufskrümmung in die Zukunft, s. Bild 1.1.4.9. Ein geeignetes Krümmungsmaß ergibt sich primär aus der gemessenen Gierrate, gestützt durch Lenkwinkel- und Querbeschleunigungsinformationen. Korrekturen durch Beobachtung der relativen Bahnbewegungen fahrender oder stationärer Objekte können ferner unterstützend in der Spurprädiktion wirken.

Auf Basis der vorausberechneten Spur kann dann entschieden werden, ob vom Radarsystem gemessene Objekte ausreichend präzise und stabil in einem geometrischen Raum, der typischerweise dem Spurverlauf entspricht, liegen, um als regelrelevante Objekte für eine Abstandsregelung akzeptiert zu werden.

1.1.4.4.2 Längsregelfunktionen

Die wichtigsten ACC Längsregelfunktionen sind Geschwindigkeits-, Abstands-, Kurvenregelfunktionen sowie die Regelung der Aktuator Stelleingriffe.

1.1.4.4.2.1 Geschwindigkeits- und Abstandsregelung

Ist aus der Objektselektion kein Objekt für eine Abstandsregelung erkannt, so befindet sich ACC im *Freifahrtmodus*. Die Regelaufgabe beschränkt sich darauf, die Fahrerwunschgeschwindigkeit konstant und ohne Regelabweichung einzuregeln. Da der Fahrer in ACC Systemen abweichend von CC-Sytemen eine Wunschgeschwindigkeitsanzeige besitzt, ist es notwendig, die Geschwindigkeit so einzuregeln, dass die Tachonadel mit der vorgewählten Geschwindigkeit deckungsgleich wird, d.h. in den Geschwindigkeitsregelkreis ist eine Information über die tatsächlich angezeigte Tacho-Geschwindigkeit einzubringen.

Die Abstandsregelung im *Folgefahrt*-Modus zielt darauf, den Geschwindigkeitsverlauf des Vorausfahrenden nachzubilden und dabei gleichzeitig einen situationsgerechten Abstand einzuregeln, der vom Fahrer typischerweise als zeitlicher Abstand im Bereich von 1 – 2,5 Sekunden gewählt werden kann, konstant zu halten. Der absolute Abstand d_{soll} in m ist damit geschwindigkeitsproportional $t*v$.

Unter Berücksichtigung der subjektiven Fahrererwartung an Komfort und natürlichem Regelempfinden ist der Abstandsregler ein nichtlineares Regelgesetz, das aus Soll-/Ist-Abstand, Relativ- und Eigengeschwindigkeit geeignete Sollbeschleunigungs-/Verzögerungswerte für quasistationäre Folgesituationen wie auch für transiente Annäherungssituationen generiert.

1.1.4.4.2.2 Kurvendynamikregelung

Da ACC Sensoren geometrische Sichtfeldbeschränkungen haben, werden bei kleineren Kurvenradien (typ. R<500m) Objekte aus dem Sichtfeld verloren und es erfolgt ein Übergang Folge- / Freifahrt. Um die Auswirkungen dieses aus Fahrersicht systematischen Fehlverhaltens zu minimieren, wird abhängig von erkannten geometrischen Bedingungen bei denen eine Zielverfolgung im Sensorsichtfeld in eingestellter Abstandsstufe nicht mehr möglich ist, eine Beschleunigungsbegrenzung durchgeführt, damit keine unkomfortablen oder unkontrollierbaren Fahrzeugreaktionen erfolgen. Das Maß der Beschleunigungsbegrenzung ist abhängig vom querdynamischen Zustand des Fahrzeuges und reicht bis in den negativen Bereich (Schleppmomentverzögerung) des Fahrzeuges.

1.1.4.4.2.3 Beschleunigungsregelung und Stellerkoordination

Die von den oben beschriebenen Funktionen vorgegebene Beschleunigung (bipolar: Verz.- u. Beschl.) muss in geeignete Aktuatoransteuerungen umgesetzt werden. Unter Berücksichtigung der aktuellen Antriebsstrang-Konfiguration (Gang, Schaltzustand, Wandlerzustand) können die aktuell am Fahrzeug angreifenden Fahrwiderstände (Luft-, Roll-, Steigungswiderstände, Wirkungsgrade) geschätzt werden. Diese werden einem Beschleunigungsregler als externe Störungen aufgeschaltet, so dass sich letztendlich der Kraftbedarf am Fahrzeug für das Erreichen der Sollbeschleunigung ergibt. Wiederum unter Berücksichtigung des Antriebsstrang Zustandes kann dann entschieden werden, ob und mit welcher Motor-Sollmomentenanforderung die Wunschbeschleunigung eingestellt werden kann, oder ob auf eine lokale Verzögerungsregelung im Bremssystem umzuschalten ist.

1.1.4.5 Systemsicherheit

Aus technischer Sicht sind trotz Komfortcharakter der ACC Funktion hohe Anforderungen an das Sicherheitskonzept zu stellen, da die Aktuatoreingriffe, die ACC von den Partnersystemen Motor und Bremse anfordert, Sicherheitsrelevanz besitzen. Daraus resultiert nicht nur die Forderung nach Eigensicherheit der Teilsysteme sondern auch, dass Fehler im Gesamtsystemverbund erkannt werden und als Folge daraus der Verbund in einen sicheren Abschaltzustand übergeführt wird.

1.1.4.5.1 Sicherheitskonzept bei verteilter Funktionalität

Die Kommunikation zwischen ACC und den Partnersteuergeräten erfolgt über den Fahrzeug-CAN-Bus. Dieser eignet sich aufgrund seiner Hardware- und Protokoll-Eigenschaften hervorragend für die Übertragung sicherheitsrelevanter Informationen.

Darüber hinaus wurde die Schnittstelle so gestaltet, dass die Aktuatorsteuergeräte das anfordernde Steuergerät (ACC) auf dessen Aktivität und auf Plausibilität seiner Sollwerte (durch redundante Übertragung) überwachen können.

1.1.4.5.2 Überwachungsmaßnahmen

Voraussetzung für die Aktivierung der ACC durch den Fahrer ist das erfolgreiche Durchlaufen einer Selbsttestphase während der Initialisierung. Während des ACC-Betriebs finden regelmäßig weitere Überwachungen statt:
Wichtige interne Hardware-Überwachungsmaßnahmen betreffen z.B. die hochfrequenzerzeugenden Komponenten, die Auswerteschaltungen für die empfangenen Radar-Signale, sowie die beiden Mikroprozessoren. Letztere überwachen sich gegenseitig auf Aktivität sowie auf Plausibilität der untereinander ausgetauschten Informationen.

Auf die Systemfunktion ausgerichtete Prüfungen finden sowohl in der Radarsensorik-Komponente (z.B. Feststellung eingeschränkter Objektdetektion oder eventueller Sensor-Dejustage) wie auch im Längsregelungsteil (z.B. Plausibilisierung der Stellgrößen mit der Fahrzeugreaktion) statt. Hinzu kommt eine kooperative Auslegung der Regelfunktionen von ACC und den Partner-Steuergeräten, wie z.b. ein situativ angemessenes Beenden der ACC-Funktion während eines Schlupfregelsystemeingriffs, um den Fahrer zur Übernahme der Fahrzeugführung auf glatten Straßen zu bewegen.

Ähnlich wie die bisher genannten Überwachungen in der ACC-SCU führen auch die Partnersteuergeräte Selbsttests durch.

1.1.4.5.3 Abschaltkonzept bei verteilter Funktionalität

Ein erkannter Fehler im ACC-Steuergerät bzw. im Systemverbund führt zu einer Abschaltreaktion, die einerseits den Fahrer bestmöglich (optisch / akustisch / kinesthetisch) von der nicht mehr vorhandenen Funktionalität zu informieren hat. Andererseits soll zunächst ein möglichst großer Umfang an Teilfunktionalität erhalten bleiben, bis der Fahrer die Fahrzeugführung wieder selbst übernommen hat.

Allen fehlerbedingten Abschaltungen aus dem aktiven Betrieb heraus ist gemeinsam, dass der Fahrer durch symbolische und textuelle Anzeigen im Kombiinstrument verbunden mit einem akustischen Signal über den Fehlerzustand informiert wird. Die kinesthetische Rückmeldung erfolgt je nach Art des Fehlers sowie je nach Fahrsituation unterschiedlich: wenn die Fehlerursache es erlaubt, eine aktive Verzögerung noch zuverlässig zu Ende auszuführen, wird das getan, ohne danach wieder zu Beschleunigen.

Andernfalls erfolgt eine harte Abschaltung, d.h. alle Sollwerte von ACC nehmen sofort den Wert Null an. In beiden Varianten stellt sich das Fahrzeug-Verhalten unkritisch (keine aktive Beschleunigung) aber grundsätzlich anders als im normalen ACC-Betrieb dar, was den Fahrer intuitiv zur Übernahme der Fahrzeugführung auffordert. Eine Wiederaktivierung der ACC durch den Fahrer wird so lange verhindert, wie die Fehlerursache vorhanden ist.

Die Kommunikation der Steuergeräte im ACC-Systemverbund wird auch im Falle eines Defektes (sofern möglich) aufrecht erhalten. Auf diese Weise kann ein erkannter Fehler in einem Steuergerät den anderen Kommunikationspartnern aktiv mitgeteilt werden, so dass jeder Teilnehmer im Verbund in den Fehlerzustand wechseln kann und somit ein synchrones Abschalten gewährleistet ist.

1.1.4.6 Literatur

[1] Naab, K.; Reichart, G.: Driver Assistance Systems for Lateral and Longitudinal Vehicle Guidance – Heading Control and Active Cruise Support. Proc. of AVEC ´94, 1994, pp.449-454.
[2] Naab, K.; Hoppstock, R.: Sensor Systems and Signal Processing for Advanced Driver Assistance. Seminar on Smart Vehicles, Delft, The Netherlands, February 13-16, 1995, Sweets&Zeitlinger, 1995.
[3] Winner, H.; Witte, S.; Uhler, W.; Lichtenberg, B.: Adaptive Cruise Control System, Aspects and Development Trends. SAE Technical Paper 961010.
[4] Winner, H.: Adaptive Cruise Control. Beitrag in: Jurgen, R. (Editor): Automotive Electronics Handbook, 2nd Edition, Mc Graw Hill Inc., 1999.
[5] Konik, D.; Müller, R.; Prestl, W.; Toelge, T.; Leffler, H.: Elektronisches Bremsenmanagement als erster Schritt zu einem integrierten Chassis Management. ATZ 101 (1999) 4 und 102 (1999) 5.
[6] Prestl, W.; Sauer, T.; Steinle, J.; Tschernoster, O.: The BMW Active Cruise Control. SAE Technical Paper Series 2000-01-0344. SAE 2000 World Congress, Detroit, Michigan, March 6-9, 2000.
[7] Prestl, W.: Adaptive Cruise Control. Beitrag in: Vieweg Handbuch Kraftfahrzeugtechnik. Hrsg. Braess / Seiffert. Oktober. 2000

1.1.5 Elektronisches Bremsen Management EBM
R. Müller

Unter der Bezeichnung „Elektronisches Bremsen Management" werden bei BMW alle elektronischen Regelfunktionen zusammengefaßt, mit denen das Bremsverhalten optimiert und mit Hilfe automatischer Bremseneingriffe die Fahrsicherheit erhöht wird. Sie unterstützen den Fahrer nicht nur beim Bremsen, sondern auch beim Gasgeben bei und bei der Kurshaltung des Fahrzeugs und lassen sich dementsprechend in folgende Schwerpunkte untergliedern:

- Bremsenfunktionen
- Stabilitätsfunktionen
- Traktionsfunktionen.

Bild 1.1.5.1 vermittelt eine Übersicht über die wichtigsten Regelsysteme, die im EBM integriert sind. Neben den genannten 3 fahrdynamischen Funktionsbereichen sind in einer vierten Spalte zusätzliche Assistenzfunktionen aufgeführt, die dem Fahrer die Bedienung der Bremse erleichtern und neben der Fahrsicherheit damit auch den Betätigungskomfort erhöhen. Die Zeichen in Bild 1.1.5.1 geben an, auf welchen Feldern die jeweiligen Systeme schwerpunktmäßig wirksam sind.

Obwohl die Systeme des Elektronischen Bremsen Managements sehr vielfältige Aufgaben erfüllen, haben sie gemeinsam, daß sie alle – wie ihr Name besagt – auf den Aktuator Radbremse zugreifen; ASC, DSC und ACC darüber hinaus auch auf das elektronische Motormanagement.

Sofern die Systeme aktiv Bremsdruck aufbauen, beziehen sie ihre Energie über die ABS-Rückförderpumpe in der Hydraulikeinheit. Diese Pumpe, die im normalen ABS-Betrieb zum Druckabbau Bremsflüssigkeit aus dem Bremskreis herausfördert, wird im Aktivbe-

	Bremsen	Stabilität	Traktion	Assistenz
ABS Anti Blockier System	XX			
CBC Cornering Brake Conrol	X	X		
DSC Dynamische Stabilitäts Control		XX		
ASC Automatische Stabilitäts Control		X	X	
DTC Dynamic Traction Control			XX	
DBC Dynamic Brake Control	X			X
EMF Parkbremse	X			X
ACC Active Cruise Control *				XX

* Sonderausrüstung

Bild 1.1.5.1: Übersicht EBM-Systeme

trieb mittels elektrohydraulischer Umschaltventile in ihrer Förderrichtung umgekehrt. Auf diese Weise wird mit minimalem Hardware-Aufwand, dafür jedoch mit einer äußerst umfangreichen und leistungsfähigen Software, ein Optimum an Funktionalität erzielt.

Die Software weist eine modulare Struktur auf, wobei die einzelnen Module funktional eng miteinander verzahnt sind. In mehreren Ebenen sind verschiedene Regelkreise überlagert, die in den folgenden Abschnitten ausführlicher beschrieben werden:

- Auf der untersten Ebene sorgen die *Schlupfregelsysteme* dafür, daß die Räder stets mit optimalem Schlupf abrollen, um das jeweils vorhandene Kraftschlußpotential mit der Fahrbahn so weit wie möglich auszunutzen.
- In der nächsten Ebene wird das Verhalten des Fahrzeugs in Bezug auf den vom Fahrer gewünschten Kurs beobachtet. Die *Stabilitätsregelsysteme* helfen dem Fahrer vor allem in Notsituationen dabei, die Kontrolle über das Fahrzeug zu behalten.
- In einem übergeordneten Regelkreis schließlich beziehen die *Fahrzeugführungssysteme* die Umgebung des Fahrzeugs mit ein und unterstützen – in der ersten Ausbaustufe – den Fahrer bei der Einhaltung eines Sicherheitsabstands zu einem vorausfahrenden Fahrzeug.

Ergänzt werden die Regelkreise durch verschiedene Steuerungsfunktionen (u.a. CBC), die in präventiver Wirkung viele Regelungseingriffe überflüssig machen. Andere Steuerungsfunktionen (u.a. DBC) helfen dem Fahrer bei der Umsetzung seiner Verzögerungsanforderungen.

1.1.5.1 Schlupfregelsysteme

Als erstes elektronisches Fahrwerk-Regelsystem sorgte das *Antiblockiersystem ABS* dafür, die prinzpbedingten Nachteile konventioneller Bremsanlagen mit ihrer festen Zuordnung der Bremskräfte zu den einzelnen Rädern weitgehend zu eliminieren. Üblicherweise ist die Bremskraftaufteilung auf kürzeste Bremswege bei homogenen Fahrbahnverhältnissen und hohen Reibwerten ausgelegt.

Dagegen kann bei widrigeren Fahrbahnverhältnissen mit zumeist niedrigeren Reibwerten auch der geübteste Fahrer nicht vermeiden, daß beim starken Abbremsen einzelne Räder vorzeitig ihre Kraftschlußgrenze erreichen und zum Blockieren ansetzen. Das vorhandene Verzögerungspotential läßt sich nur mit ABS voll ausschöpfen. Die ABS-Hydraulik paßt durch radindividuelle Modulation der Bremsdrücke an jedem Rad die Bremskräfte den jeweils dort herrschenden Fahrbahnverhältnissen an und stellt den optimalen Radschlupf ein.

Der Schlupf wird derart geregelt, daß an allen Rädern maximale Brems- und Seitenführungskräfte auf die Fahrbahn übertragen werden können und somit kürzeste Bremswege unter Beibehaltung der Lenkfähigkeit und Fahrzeugstabilität erzielt werden.

In analoger Weise zu ABS regelt die *Automatische Stabilitäts Control ASC* (gelegentlich auch als ASR bezeichnet) den Radschlupf beim Beschleunigen des Fahrzeugs und verhindert das Durchdrehen der Antriebsräder. Überschüssige Motorleistung wird durch eine automatische Reduzierung des Motormoments abgebaut, wobei der ASC- bzw. DSC-Regler seinen Reduzierungswunsch via CAN-Datenbus über eine Momentenschnittstelle zum Steuergerät der Digitalen Motor Elektronik DME bzw. der Digitalen Diesel Elektronik DDE übermittelt.

Um den Fahrerwunsch so wenig wie möglich zu unterdrücken, wird zur Aufrechterhaltung der Fahrstabilität die Motorleistung nur im unbedingt erforderlichen Maße abgebaut und gleichzeitig bei Bedarf ein aktiver radindividueller Bremsdruckaufbau an den Antriebsrädern vorgenommen. Ein Abbremsen eines durchdrehwilligen Rades bewirkt, daß die Antriebskraft jeweils dem Rad mit dem höheren Kraftschlußpotential zur Verfügung gestellt wird. Mit dem Bremseneingriff, der beim Anfahren und bei niedrigen Geschwindigkeiten die Funktion einer Differentialsperre mit erfüllt, wird das vorhandene Vortriebspotential stets optimal ausgenutzt.

In manchen Fahrsituationen, insbesondere auf Fahrbahnen mit lockerem Untergrund (Tiefschnee, Schneematsch, Schlamm, Schotter oder Sand), lassen sich Traktionsprobleme dennoch nicht ausschließen. In diesen Fällen hat der Fahrer die Möglichkeit, über einen Taster (bzw. über die i-Drive Betätigung in der neuen 7er-Modellreihe von BMW) einen traktionsoptimierteren Modus anzuwählen, der unter der Bezeichnung *Dynamic Traction Control DTC* geführt wird und bei dem die ASC-Basisschlupfschwellen deutlich angehoben sind.

Aus Fahrsicherheitsgründen erfolgt die Priorisierung der Traktion nur im unteren bis mittleren Fahrgeschwindigkeitsbereich und kontinuierlich abnehmend bis zu einer mittleren Fahrzeug-Querdynamik, also vornehmlich bei nicht zu schneller Geradeausfahrt. Zusätzlich werden die angehobenen Schlupfschwellen durch Auswertung der DSC-Sensorsignale dem aktuellen Fahrzustand adaptiv angepasst.

Im DTC-Wirkbereich sind stabilisierende DSC-Aktiveingriffe zugunsten des Vortriebs etwas reduziert, aber nur soweit, daß auch weiterhin eine ausreichende Fahrzeugstabilisierung sichergestellt ist. Wird bei Erreichen einer Fahrgeschwindigkeit von ca. 70 km/h und/oder durch Steigerung der Querbeschleunigung über ca. 0.4 g der DTC-Wirkbereich verlassen, schaltet das Steuergerät kontinuierlich auf die DSC-Normalfunktion um (mit ASC-Basisschwellen und voll stabilisierenden DSC-Eingriffen).

Wenn die DTC-Bedingungen wieder zutreffen, z.B. durch verlangsamte Fahrt, wirkt die Traktionsoptimierung weiterhin; der DTC-Modus bleibt bis zur Deaktivierung durch den Fahrer gesetzt. Bei Fahrzeugneustart ist jedoch immer der DSC-Normalmodus aktiviert.

Eine weitere Subfunktion von ASC, die *Motorschleppmomentregelung MSR*, regelt den Radschlupf bei Gaswegnahme, wenn bei harten Lastwechseln auf niedrigen Fahrbahnreibwerten die Antriebsräder in zu hohen Bremsschlupf geraten. Dann wird, ebenfalls über die Momentenschnittstelle, dosiert Motorleistung zugegeben.

1.1.5.2 Stabilitätsregelsysteme

Die zentrale Funktion zur Aufrechterhaltung der Fahrstabilität ist die *Dynamische Stabilitäts Control DSC* (auch als ESP bezeichnet), welche die stabilitätsbestimmenden Zustandsgrößen des Fahrzeugs – die Giergeschwindigkeit und den Schwimmwinkel (Winkelabweichung der Fahrzeuglängsachse von der Bahntangente) – in einem überlagerten Regelkreis überwacht (Giermomentregelung).

Sie sorgt für eine sichere Kurshaltung des Fahrzeugs, solange es die physikalischen Rahmenbedingungen zulassen. Der momentane Wert der Regelgrößen wird mit Hilfe des Giergeschwindigkeits- und des Querbeschleunigungssensors bestimmt und im Giermomentregler permanent mit dem vom Fahrer gewünschten Soll-Fahrzustand verglichen. Für dessen Berechnung verfügt der Regler über ein Fahrzeug-Simulationsmodell, in dem die relevanten fahrzeugspezifischen Kenndaten wie Radstand, Lenkübersetzung, Schräglaufsteifigkeiten, Schwerpunktlage, Fahrzeugmasse und Massenträgheitsmoment (jeweils bei Normbeladung) gespeichert sind.

Auf Basis des Lenkwinkelsensorsignals, des Bremsdrucks, der Fahrgeschwindigkeit sowie des abgeschätzten Fahrbahnreibwerts werden diejenigen Zustandswerte ermittelt, die für den (vom Fahrer vorgegebenen Fahrkurs) ein stabiles Fahrverhalten erwarten lassen. Durch Vergleich der Soll- mit den Ist-Größen stellt der Giermomentregler fest, ob sich das Fahrzeug noch auf sicherem Kurs befindet oder zum Über- oder Untersteuern ansetzt. Aufkommende Instabilitäten werden umgehend durch Einleitung eines Gegenmoments unterdrückt, wobei sich der Regler derselben Aktuatorik wie ASC bedient:

− Aktiver, radselektiver Bremseneingriff zur Erzeugung des Korrekturmoments
− Zusätzliche Reduzierung der Motorleistung, insbesondere beim Untersteuern.

Die Wirkungsweise dieser Eingriffe wird anhand Bild 1.1.5.2 und 1.1.5.3 näher erläutert: In Bild 1.1.5.2 ist in überzeichneter Form ein sich anbahnender Übersteuervorgang dargestellt, bei dem das Fahrzeug nach kurveninnen einzudrehen beginnt. Durch Bremsdruckaufbau am kurvenäußeren Vorderrad und bei Bedarf zusätzlich auch noch am äußeren Hinterrad wird ein Gegenmoment erzeugt, das die Giergeschwindigkeit des Fahrzeugs auf den Sollwert reduziert. Beim Untersteuern, Bild 1.1.5.3, erfolgt der korrigieren-

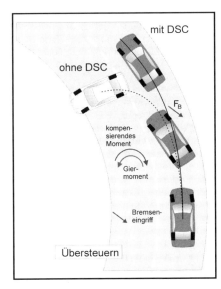

Bild 1.1.5.2

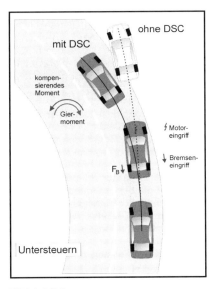

Bild 1.1.5.3

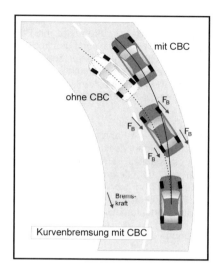

Bild 1.1.5.4

de Bremseneingriff umgekehrt am kurveninneren Hinterrad und wird durch eine Reduzierung der Motorleistung unterstützt.

Die Dynamische Stabilitäts Control DSC wird in ihrer stabilisierenden Wirkung durch die präventive Steuerungsfunktion *Cornering Brake Control CBC* ergänzt. Sie ist eine ABS-Unterfunktion, die speziell in Kurven die Bremsstabilität verbessert. Bei mittleren bis hohen Querbeschleunigungen, wenn Bremsmanöver infolge dynamischer Radlastverlagerungen zu eindrehenden Gierreaktionen führen können, erzeugt CBC bereits unterhalb der ABS-Regelschwellen durch einen gezielt unterschiedlichen Bremsdruckaufbau zwischen kurveninneren und -äußeren Rädern ein Kompensationsmoment, das dieser Gierreaktion entgegenwirkt und in präventiver Weise für eine stabilitätsfördernde Bremskraftverteilung rechts/links sorgt (Bild 1.1.5.4).

Die CBC-Funktion bleibt auch dann wirksam, wenn der Bremsdruck bis in den ABS-Regelbereich hinein gesteigert oder wenn umgekehrt während einer ABS-Bremsung in eine Kurve hineingelenkt wird. Neben der Verbesserung der Fahrstabilität verkürzt CBC in der Tendenz auch den Bremsweg, da durch die stärkere Bremsdruckzuteilung an die kurvenäußeren Räder das vorhandene Bremskraftpotential besser ausgenutzt wird.

In der CBC ist zusätzlich noch die Funktion der *Elektronischen Bremskraftverteilung EBV* enthalten, die bei Geradeausfahrt die Bremsstabilität aufrecht erhält. Sie verhindert ein Überbremsen der Hinterachse, was insbesondere auf niedrigen Fahrbahnreibwerten zu sofortigen Stabilitätseinbußen führen kann. EBV beobachtet den Hinterachsschlupf und begrenzt diesen in Bezug auf den Vorderachsschlupf:

– Erreicht der Hinterachsschlupf einen geschwindigkeitsabhängigen ersten Schwellwert, so wird an der Hinterachse ein weiterer Druckaufbau verhindert.
– Steigt der Bremsschlupf an der Hinterachse trotz Druckhalten weiter an und überschreitet einen zweiten Schwellwert, wird der Bremsdruck an der Hinterachse gering-

fügig abgebaut, bis diese Schwelle unterschritten wird. Nach Unterschreiten auch der ersten Schwelle wird gepulster Druckaufbau auf das Vordruckniveau zugelassen.

1.1.5.3 Assistenzsysteme

Der selbsttätige Bremsdruckaufbau über die DSC-Hydraulik wird nicht nur für die fahrdynamischen Stabilisierungsfunktionen DSC und ASC genutzt, sondern steht auch für anderweitige Anwendungen zur Verfügung, bei denen das Fahrzeug – mit oder ohne Zutun des Fahrers – abgebremst werden soll. Ein Beispiel hierfür ist die im vorangegangenen Kapitel (1.1.4) beschriebene ACC. Die jeweilige Verzögerungsanforderung wird dabei über die sog. *ECD-Schnittstelle (Electronically Controlled Deceleration)* in das DSC-Steuergerät eingespeist.

1.1.5.4 Servosysteme

Die *Dynamische Bremsen Control DBC*, die den Fahrer in Notbremssituationen unterstützt (ähnlich der Funktion eines „Bremsassistenten"), ist eine dieser Funktionen. Ihr Nutzen beruht darauf, daß zur Einleitung einer Vollbremsung viele Fahrer das Bremspedal zwar schnell genug antreten können, anschließend aber nicht in der Lage sind, die Bremskraft im gewünschten Maße weiter zu steigern.
Diese Aufgabe übernimmt DBC. Aus dem Signal des DSC-Bremsdrucksensors wird der Druckgradient ausgewertet und erkannt, wann der Fahrer eine Notbremsung einleitet. Mittels aktivem Druckaufbau, ähnlich wie bei ASC- oder DSC-Bremseneingriffen, wird so lange zusätzliche Bremsflüssigkeit in die Bremskreise gefördert, bis entweder der Maximaldruck erreicht ist und ABS zu regeln beginnt oder der Fahrer die Pedalkraft zurücknimmt.
Eine Subfunktion der DBC sorgt auch dann für kürzestmögliche Bremswege, wenn der Fahrer – ohne Mithilfe der DBC – zwar bereits genügend Bremsdruck aufgebaut hat, um eine Fahrzeugachse (i.a. die Vorderachse) in ABS-Regelung zu bringen, anschließend jedoch den Druck nicht weiter steigert. In diesem Fall wird der Bremsdruck selbsttätig so weit erhöht, bis auch die Hinterachse in die ABS-Regelung übergeht.

Eine weitere Anwendung ist bei der neuen 7-er Reihe von BMW die *Parkbremse*, die über Tastendruck auf elektrohydraulischem/elektromechanischem Weg die Funktion herkömmlicher Hand- oder Fußfeststellbremse erfüllt. Wird der Taster während der Fahrt betätigt, bremst die DSC – Hydraulik durch automatischen Druckaufbau an allen 4 Rädern bis zum Stillstand herunter. Da die DSC-Magnetventile nicht auf längere Dauer ausreichend dicht sind, wird im Stillstand eine elektromechanisch betätigte Feststellbremse zugeschaltet.

1.1.5.5 Servicefunktionen

Damit bei all diesen Anwendungen die Bremsen nicht überhitzen oder vorzeitig verschleißen, wird der Bremseneingriff bei zu hohen Bremsentemperaturen zurückgefahren. Hierzu werden mit Hilfe eines im Steuergerät abgelegten Temperaturmodells ständig aus den geschätzten Radbremsdrücken und den dazugehörigen Radgeschwindigkeiten die Bremsscheibentemperaturen berechnet. Ausgenommen von der temperaturabhängigen

Ausblendung des Bremseneingriffs sind selbstverständlich Bremsbetätigungen durch den Fahrer sowie ABS-Regelbremsungen und stabilisierende Eingriffe der DSC-Giermomentregelung.

Mit Hilfe dieses Temperaturmodells sowie weiterer Rechenalgorithmen – u.a. Auswertung der Bremsdrücke und der Bremszeiten – kann als ergänzende Unterfunktion im DSC-Steuergerät auch der Verschleiß und die Restlaufstrecke der Bremsbeläge vorausberechnet werden. Gestützt werden diese Werte durch die direkte Messung der Belagstärke bei 6 mm und 4 mm an Vorder- und Hinterachse. Hierzu dient ein zweistufiger Belagverschleißsensor, dessen Signale das DSC-Steuergerät ebenfalls verarbeitet.

Damit werden auch Toleranzen an Belägen und Scheiben oder Abträge durch Sand erkannt und in die Restlaufstreckenermittlung mit einbezogen. Die Angaben über den Verschleißzustand sind ein wesentlicher Bestandteil des innovativen Service-Konzeptes der neuen 7er-Reihe *(Bedarfs-Orientierter Service)*, wonach alle Verschleißteile möglichst zusammen und bedarfsgerecht getauscht werden sollen, um den Kunden unnötige Werkstattbesuche zu ersparen.

1.1.6 Active Front Steering (AFS)
R. Fleck, A. Pauly

1.1.6.1 Einführung

Die Kenntnisse des (Normal-)Fahrers über die Fahreigenschaften eines Kraftfahrzeuges stammen überwiegend aus den unkritischen Abläufen des alltäglichen Verkehrsgeschehens. In einem lange andauernden Lernprozess entwickelt der Fahrer Verhaltensmuster, die den Fahrvorgang reflexartig, im Sinne von erlernten Reiz-Reaktions-Automatismen, ablaufen lassen. Fahrdynamisch anspruchsvolle Aufgaben, wie extreme Ausweich- oder Bremsmanöver, kommen selten vor und treffen deshalb den Fahrer in der Regel unvorbereitet [1].

Eine Auswertung der Unfallstatistiken und Unfallanalysen im Straßenverkehr zeigt, dass Unfälle am häufigsten durch menschliches Versagen hervorgerufen werden. In den meisten Fällen führen Ursachen, wie Fehleinschätzung der Verkehrssituation, unangemessene Geschwindigkeit und Fahreingriffe, Unaufmerksamkeit des Fahrers sowie aufgezwungene Verkehrssituationen, in Verbindung mit Angst- und Panikreaktionen, zu fahrdynamisch kritischen Zuständen [2].

In diesen Situationen werden in der Regel die Haftreibwerte des Reifens überschritten; das Auto verhält sich dann plötzlich anders, als es dem Erfahrungsbereich des Fahrers entspricht, und folgt nicht mehr dem vom Fahrer gewünschten Kurs, sondern beginnt stark zu unter- oder übersteuern.

Aktive Fahrsicherheitssysteme können einen wesentlichen Beitrag zur Unfallvermeidung und Schadensbegrenzung leisten. Fahrwerksregelsysteme, wie das Antiblockiersystem (ABS) oder die Fahrstabilitäts- und Traktionskontrolle (ASC), haben mittlerweile eine sehr weite Verbreitung gefunden. Sie unterstützen den Fahrer bei kritischen Situationen im Bereich der Längsdynamik. Sobald der Fahrer jedoch durch Lenkmanöver oder äußere Einflüsse in querdynamisch kritische Situationen gerät benötigt er, über ABS und ASC hinaus, weitere aktive Unterstützung, um diese Manöver auch ohne außergewöhnliches fahrerisches Können zu beherrschen [3].

Aus diesem Grund wurde die Dynamische Stabilitäts Control (DSC) entwickelt, die den Fahrer auch im querdynamischen Grenzbereich unterstützt. Mit der DSC werden extreme Über- oder Untersteuerungen vermieden und die Beherrschbarkeit des Fahrzeuges in kritischen Situationen entscheidend verbessert. Dazu dosiert das System individuell und gezielt den Bremsdruck an einem oder mehreren Rädern und erzeugt so ein Giermoment, welches der Eindrehbewegung des Fahrzeuges um die Hochachse entgegenwirkt.

Einen grundsätzlich anderen Ansatz verfolgen aktive Lenkungen. Durch Überlagerung fahrerunabhängiger Radeinschläge induzieren sie Seitenkräfte, die zum einen zur Vermeidung von Gierinstabilitäten und zum anderen zur Verbesserung des Fahrzeughandlings genutzt werden können.

1.1.6.2 Aufgaben/Ziele aktiver Vorderradlenksysteme

Die für die Querdynamik wichtigen Reifenseitenkräfte werden an der Vorderachse mit Hilfe der Lenkung durch den Fahrer kontrolliert und ermöglichen ihm als wichtigste Einflussnahme die Querführung und Stabilisierung des Fahrzeugs. Daher stellt die Lenkung eine der wichtigsten Schnittstellen im System Fahrer/Fahrzeug dar.

Die Aufgaben des Fahrers, die er mit Hilfe der Lenkung erledigt, lassen sich wie folgt einteilen (Bild 1.1.6.1):

- Bestimmung der Bahn des Fahrzeugs
- Ausregeln von Störungen
- Stabilisierung des Fahrzeugs bei extremen Fahrzuständen

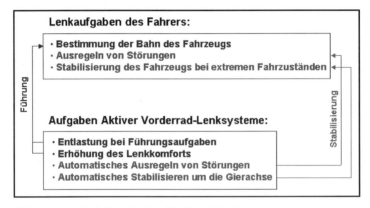

Bild 1.1.6.1:   Aufgaben Aktiver Vorderrad-Lenksysteme

Es ist nun naheliegend, auf die Möglichkeiten zurückzugreifen, die der Fortschritt auf dem Gebiet der Elektronik und Mechatronik ermöglicht, um sowohl den Fahrer zu entlasten als auch die Leistung des Gesamtsystems Fahrer/Fahrzeug zu verbessern.

Die Firmen BMW, ZFLS und Robert BOSCH haben daher unter dem Begriff „Active Front Steering" (AFS) ein aktives Vorderrad-Lenksystem entwickelt, welches den Fahrer mit Hilfe eines leistungsfähigen Prozessors bei den oben genannten Aufgaben unterstützt.

Auf der *Stabilitätsebene* kann Active Front Steering einen wesentlichen Beitrag zur Unfallvermeidung und Schadensbegrenzung leisten, indem es fahrdynamisch kritische Situationen, in denen der Fahrer überfordert ist, entschärft und die Fahrzeugbewegung möglichst weit bis in den fahrdynamischen Grenzbereich den Erwartungen sowie dem Erfahrungshorizont des Fahrers anpasst. Der Fahrer kann dann auch in Notsituationen bewusst und gezielt eingreifen und dadurch einen Unfall vermeiden.

Auf der *Führungsebene* unterstützt die aktive Vorderradlenkung den Fahrer durch eine wesentlich agilere und komfortablere Lenkung.

	Funktion	Ziele (Kundennutzen)
Erhöhung Fahrzeugagilität u. Lenkkomfort	Variable Lenkübersetzung	Variation der Lenkübersetzung über der Fzg.-Geschwindigkeit.
	• direkte Lenkung bei $V_{niedrig}$ • indirekte Lenkung bei V_{hoch}	• Reduzierung des erforderlichen **Lenkwinkels** beim Rangieren, Parkieren, Abbiegen (kein Umgreifen am LR). • Sicheres Handling bei hohen Geschwindigkeiten.
	Geregeltes Lenkradmoment	Variation des **Lenkmoments (Kraft)** in Abhängigkeit von der Fahrzeuggeschwindigkeit.
	Vorhaltelenkung	Agileres Fahrzeugverhalten bei schnellen Lenkmanövern durch Reduzierung der Phase zwischen Lenkvorgabe und Fahrzeugansprechverhalten.
Erhöhung Fahrzeugstabilität	Gierratenregelung	Unterstützung des Fahrers im fahrdynamischen Grenzbereich durch ausregeln von Fahrzeuggierbewegungen bei kritischen Fahrmanövern.
	Störungskompensation	• Automatische Giermomenten-Kompensation bei z.B. µ-split Bremsung und Bremsen/Lastwechsel in der Kurve • Kompensation von Seitenwind. • Reduzierung der Einflüsse von Fahrbahnstörungen und Fahrzeugparametern.
	Fahrerassistenz-Funktionen	Automatische Fahrzeug(quer)führung.

Bild 1.1.6.2: Ziele (Funktionen) Aktiver Vorderrad-Lenksysteme

Des weiteren bietet Active Front Steering Potential für zukünftige Aufgaben, wie die Verringerung der Unfallschwere, crash avoidance und automatische Spurführung. Voraussetzung sind hierzu aber deutliche Fortschritte in der Fahrzeugumfelderkennung und eine Änderung der Gesetzgebung. Insgesamt können die Leistungsgrenzen des Systems Fahrer/Fahrzeug durch Active Front Steering deutlich erweitert werden.

In Bild 1.1.6.2 sind die Ziele und Funktionen aktiver Vorderradlenksysteme dargestellt. Funktionen, die den Fahrer beim Führen des Fahrzeuges unterstützen, werden zusammengefasst unter dem Begriff „*Lenkassistenzfunktionen*". Sie dienen zur Erhöhung von Lenkkomfort und Fahrzeugagilität. Unter dem Begriff „*Stabilisierungsfunktionen*" fallen alle Funktionen zur Erhöhung der Fahrzeugstabilität.

1.1.6.3 Stand der Technik

Um das Active Front Steering im Vergleich zu anderen aktiven Lenksystemen einordnen und bewerten zu können, sollen im folgenden die bekannten Lösungsansätze für aktive Lenksysteme erörtert werden [4]:

1.1.6.3.1 Aktive Servolenkungen

Die erste Stufe der aktiven Lenksysteme stellen sowohl chronologisch als auch funktionell die aktiven, elektronisch geregelten Servolenkungen dar.

In Bild 1.1.6.3 ist idealisiert der Lenkungsstrang des Fahrzeuges, beginnend vom Lenkrad über Lenksäule und Lenkgetriebe bis hin zu den Vorderrädern, dargestellt. Zur Quer-

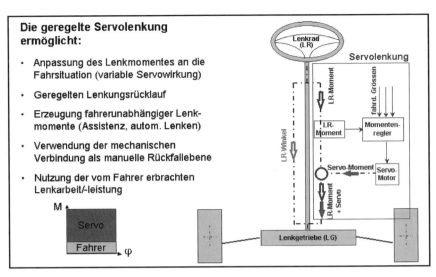

Bild 1.1.6.3: Elektronisch geregelte Servolenkung

führung des Fahrzeuges leitet der Fahrer einen Lenkrad-Winkel und das dazugehörige Lenkrad-Moment ein. Zur Unterstützung des Fahrers wird mit Hilfe der Servolenkung zusätzlich ein Moment, welches von einem Servomotor erzeugt wird, eingeleitet.

Charakteristisch für die elektronisch geregelte Servolenkung ist, dass das durch die Servoeinrichtung erzeugte Moment, nicht nur eine Funktion des vom Fahrer erzeugten Lenkradmomentes ist, sondern zusätzlich von fahrdynamischen Zustandsgrößen abhängt. Eine, wie bei heutigen Lenkungen üblich, feste Zuordnung des Winkels am Lenkrad und des Lenkwinkels an den Räder bleibt dabei erhalten.

Zu dieser Kategorie von Lenkungen zählen:

- Lenkungen mit variablen, z. B. fahrzeuggeschwindigkeitsabhängigen Betätigungskräften (z.B. ZFLS „Servotronic")
- Lenkungen mit Erkennung des Freihand-Modus und aktivem Lenkungsrücklauf sowie Bedämpfung der Lenkrad/Fahrzeugschwingungen [5]
- Lenkungen mit situativ wirkenden, angepassten Momenten im Sinne einer Assistenz für den Fahrer. Diese „Heading Control"-Systeme befinden sich noch im Bereich der Forschung und Vorentwicklung, da ihr praktischer Einsatz an die Entwicklung der Systeme zur Fahrzeugumfelderkennung gekoppelt ist [6].

Die Art des Aktuators, ob elektrisch oder hydraulisch, mit Interface zu einem elektronischen Regler, soll in diesem Beitrag nicht näher erörtert werden. Ein harter Wettbewerb zwischen beiden Lösungen ist jedoch zu erwarten.

1.1.6.3.2 Überlagerungslenkungen (ÜL)

Überlagerungslenkungen bieten die Möglichkeit zu dem vom Fahrer eingegebenen Lenkwinkel bei Bedarf ein weiterer Winkel durch einen Aktuator zu überlagern (Bild 1.1.6.4). Der zusätzliche Winkel wird von einem Rechner ermittelt und hängt vom Fahrer-Lenkwinkel und verschiedenen fahrdynamischen Größen ab.

Die elektronisch geregelte Überlagerungslenkung ermöglicht damit eine Anpassung des Radeinschlagwinkels an die Fahrsituation und dient zur Erhöhung von Komfort, Agilität und Stabilität des Fahrzeugs. Störgrößen können kompensiert und das Verhältnis Lenkrad- zu Radeinschlagwinkel kann als Funktion der Fahrgeschwindigkeit und des Lenkradwinkels dargestellt werden, ohne dass das Verhältnis Lenkrad- zu Radrückstellmoment beeinflusst wird.

Eine direkte mechanische Verbindung zwischen dem Lenkrad und den gelenkten Rädern bleibt bei der Überlagerungslenkung fortwährend bestehen, so dass bei Systemausfall die herkömmliche, manuelle Lenkfunktion als Rückfallebene erhalten bleibt. Eine weitere, in der Regel positiv bewertete Eigenschaft der mechanischen Verbindung ist die direkte Übertragung des an den Rädern wirkenden Rückstellmomentes zum Lenkrad. Der Aufwand für die Erzeugung eines künstlichen Rückstellmomentes, wie bei Systemen ohne mechanische Verbindung, ist nicht erforderlich. Dieser Aspekt beeinflusst Systemgewicht und Energieverbrauch.

Das Prinzip der Überlagerung bedeutet, dass parallel zum Fahrer auch der Stellmotor Energie (Leistung) in das System einbringen kann. Daher reduziert die Überlagerungslenkung den vom Fahrer zu erbringenden Aufwand an Lenkarbeit (-leistung) in den Situationen, wo der Aktuator einen Winkelanteil in gleicher Richtung wie der Fahrer erzeugt.

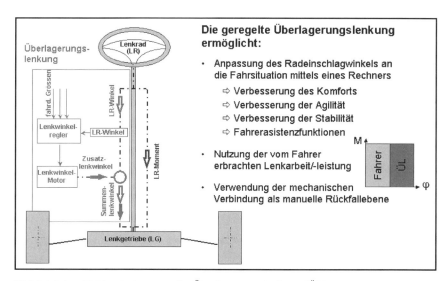

Bild 1.1.6.4: Elektronisch geregelte Überlagerungslenkung (ÜL)

Dies ist in den meisten Situationen (z. B. beim Abbiegen, Rangieren und Parkieren) der Fall.

Als Aktuatoren zur Überlagerung kommen elektrische oder hydraulische Ausführungen in Frage. Besonders vorteilhaft sind elektromechanische Aktuatoren mit selbsthemmendem mechanischen Getriebe, da hier bei Fehlfunktion durch einfaches Abschalten des Motors die manuelle Rückfallebene aktiviert wird. Durch diese Eigenschaft sind die Sicherheitsanforderungen wesentlich leichter zu erfüllen als bei den nachfolgend beschriebenen Systemen ohne permanent manuellem Lenkanteil.

1.1.6.3.3 Kombination Überlagerungslenkung/Aktive Servolenkung (Steer-by-Wire-System mit manuellem Lenkanteil)

Es wurde gezeigt, dass mit Hilfe einer aktiven, elektronisch geregelten Servolenkung das Lenkradmoment, falls gewünscht, weitgehend frei gestaltet werden kann. Ebenso wurde dargestellt, dass die Überlagerungslenkung den Radeinschlagwinkel mit Hilfe eines elektronischen Rechners, zumindest bei Bedarf, vom Lenkradwinkel entkoppeln kann.

Es ist nun naheliegend, diese beiden Systeme miteinander zu kombinieren (Bild 1.1.6.5), um das Lenkradmoment und den Radeinschlagwinkel regeln zu können.

Bei der Kopplung beider Systeme zu einem neuen Gesamtsystem ist es sinnvoll, die Lenkwinkelüberlagerung, vom Lenkrad aus gesehen, vor der Überlagerung des Lenkmomentes (Lenkkraft) durch das Servosystem anzuordnen. Dadurch kann die Überlagerungslenkung die Unterstützung der Servolenkung nutzen, so dass die erforderliche Leistung des ÜL-Aktuators nicht größer ist, als die Leistung, die der Fahrer am Lenkrad üblicherweise aufzubringen hat.

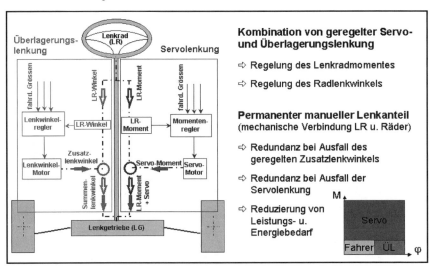

Bild 1.1.6.5: Steer-by-Wire-System mit manuellem Lenkanteil

Es kann daher ein leichter elektromotorischer Antrieb gewählt werden und der Aktuator ist weitgehend unabhängig von der Fahrzeuggewichtsklasse. Auf diese Weise ist der geregelte Zusatzlenkwinkel außerdem nur begrenzt durch den maximalen Lenkwinkel des Lenkgetriebes.

Als Servolenksysteme können sowohl hydraulische Servolenkungen mit hydromechanischen Ventilen und elektronisch veränderlicher Servounterstützung, hydraulische Servolenkungen mit elektrohydraulischen Ventilen oder rein elektrische Servolenkungen verwendet werden.

1.1.6.3.4 Steer-by-Wire Systeme ohne manuellem Lenkanteil

Bei diesen Systemen, die oft auch als „Steer-by-Wire" bezeichnet werden, ist die mechanische Verbindung zwischen dem Lenkrad und den gelenkten Rädern im Normalbetrieb nicht vorhanden. In Bild 1.1.6.6 ist die Unterbrechung der Lenksäule symbolisch durch eine gestrichelte Linie dargestellt.

Der Lenkwinkel der Räder wird ausschließlich mittels eines geregelten Stellers erzeugt. Da keine mechanische Übertragung des Rückstellmomentes der Räder vorhanden ist, kann die Gestaltung des Lenkradmomentes ebenfalls frei erfolgen. Dies wird allerdings mit der Notwendigkeit erkauft, einen Lenkmomentensimulator mit der dazugehörenden Regelung und Leistungsversorgung vorzusehen.

Durch die Auftrennung der mechanischen Lenksäule kann die vom Fahrer aufgebrachte Leistung bzw. Arbeit nicht mehr genutzt werden, sondern es muss sogar ein Gegenmoment erzeugt werden. Dadurch steigt der Leistungsbedarf gegenüber Lenkungen mit manuellem Lenkanteil.

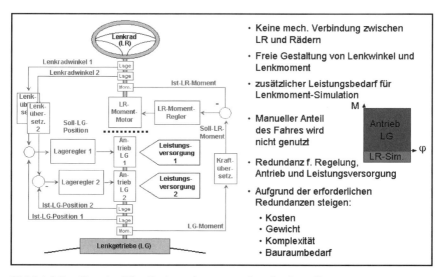

Bild 1.1.6.6:   Steer-by-Wire-System ohne manuellem Lenkanteil

Dient das Lenkrad nicht mehr dazu, die vom Fahrer aufgebrachte Lenkarbeit in das Lenkungssystem einzuspeisen, kommen auch andere Formen von Betätigungselementen in Frage wie z.B. der vom Flugzeug her bekannte „Side Stick".

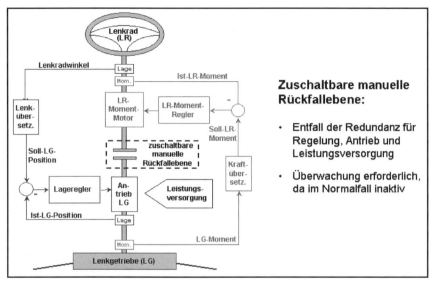

Bild 1.1.6.7: Steer-by-Wire-System ohne manuellem Lenkanteil mit zuschaltbarer manueller Rückfallebene

Bild 1.1.6.8: AFS als Lösungsansatz für ein aktives Lenkungssystem

Da bei diesem System keine manuelle Rückfallebene vorhanden ist, müssen Regelung, Antrieb und Energieversorgung redundant ausgeführt werden um das Risiko eines totalen Funktionsausfalls auszuschließen. Hierdurch steigen Kosten, Gewicht, Bauraumbedarf und Komplexität.

Die Verwendung einer zuschaltbaren manuellen Rückfallebene, wie in Bild 1.1.6.7 schema-tisch durch eine Kupplung dargestellt, ist eine Alternative. Die zuschaltbare Rückfallebene ermöglicht auf die Redundanz bei Regelung, Antrieb und Energieversorgung zu verzichten. Sie schränkt die Freiheit bezüglich der Direktheit der Übersetzung ein, da im Störfall die Änderung des Übersetzungsverhältnisses und der Betätigungskräfte den Fahrer nicht überfordern darf.

Die manuelle Redundanz erfordert einen gewissen Aufwand an Sicherheitsüberwachung, da im Notfall ein sicheres Zuschalten gewährleistet sein soll und im Normalbetrieb ein ungewolltes Zuschalten unbedingt verhindert werden muss.

1.1.6.4 Systemauswahl

Für die Realisierung eines aktiven Lenksystems mit dem Ziel einer mittelfristigen Serieneinführung wurden in der Vorentwicklung Fahrwerk von BMW die beschriebenen Lösungsansätze verglichen und bewertet. Die Entscheidung fiel zugunsten der Kombination einer aktiven Servolenkung mit einer Überlagerungslenkung (Bild 1.1.6.8).

Bezüglich der möglichen Funktionalitäten unterscheidet sich diese Systemfamilie nicht von den behandelten Lenksystemen ohne manuellem Lenkanteil. Darüber hinaus stellt die gewählte Lösung eine evolutionäre Entwicklung der bekannten geregelten Servolenkungssysteme dar.

Für die Überlagerungslenkung sind verschiedene Ausführungsformen möglich. In Abb. 1.1.6.9 ist eine beispielhafte Auswahl aus einer Matrix, in der alle denkbaren Varianten gegenübergestellt und miteinander verglichen wurden, dargestellt. Prinzipiell ist es vorteilhaft die Überlagerungslenkung hydro- oder elektromechanisch auszuführen. Wegen den beschrieben Vorteilen wurde eine elektromechanische Ausführung favorisiert.

Für Active Front Steering wurde das Prinzip der Überlagerung einer Rotationsbewegung zwischen Lenkrad und Lenkgetriebe mittels eines elektromotorisch angetriebenem Additionsgetriebes ausgewählt. Diese Ausführungsform lässt einen unbegrenzt überlagerten Lenkwinkel zu. Außerdem ist nur eine geringe zusätzliche elektrische Leistung erforderlich da der Aktuator durch die Servolenkung unterstützt wird. Ferner ist es möglich, durch einen selbsthemmenden Antrieb eine einfache fail-safe Funktion zu realisieren.

Die wesentlichen Kriterien bei der Systemauswahl sind in Bild 1.1.6.10 zusammengefasst.

Zur Systemauswahl kann abschließend festgestellt werden, dass unter den derzeit vorliegenden Randbedingungen ein Steer-by-Wire System mit permanent manuellem Lenkanteil den Anforderungen im Automobil besser entspricht als die in Wettbewerb stehenden reinen Steer-by-Wire Systeme, die von den im Flugzeugbau verwendeten „Fly-by-Wire" Systemen abgeleitet sind.

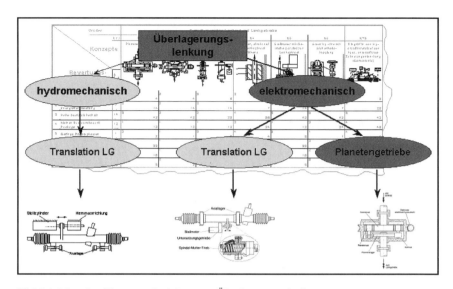

Bild 1.1.6.9: Ausführungsprinzipien von Überlagerungslenkungen

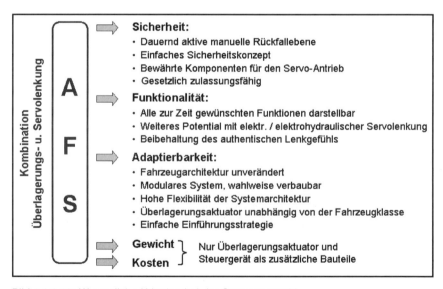

Bild 1.1.6.10: Wesentliche Kriterien bei der Systemauswahl

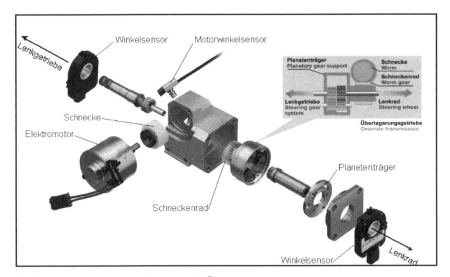

Bild 1.1.6.11: Aktuator-Prototyp für LW-Überlagerung

1.1.6.5 AFS Systembeschreibung

1.1.6.5.1 Allgemeiner Aufbau

Als Basis für die aktive Lenkmomentenunterstützung dient eine hydraulische Zahnstangenlenkung von ZF Lenksysteme mit variabler elektronisch geregelter (Momenten)unterstützung. Stehen für das Zielfahrzeug elektrische Servolenkungen zur Verfügung, ist die Kombination mit diesen genauso möglich. Bild 1.1.6.11 zeigt einen Prototyp des Aktuators für die Lenkwinkel-Überlagerung.

Als Additionsgetriebe wurde ein Plusplanetengetriebe wegen seiner kompakten Bauweise und der geringen Zahl an Zahneingriffen vorgesehen. Der Antrieb erfolgt durch einen bürstenlosen Elektromotor, der über einen selbsthemmenden Schneckenantrieb den geregelten Lenkwinkelanteil in das Lenksystem einbringt.

Eine Anordnung des Prototypen für die LW-Überlagerung als „add on"-Lösung an der Lenksäule ist in Bild 1.1.6.12 dargestellt. Andere Anordnungen, z. B. angeflanscht am Lenkgetriebe oder zusammen mit einer elektrischen Servolenkung in der Lenksäule integriert, sind ebenfalls möglich um dem Fahrzeug-Package, den Fertigungs- bzw. Montageanforderungen oder logistischen Überlegungen entgegenzukommen.

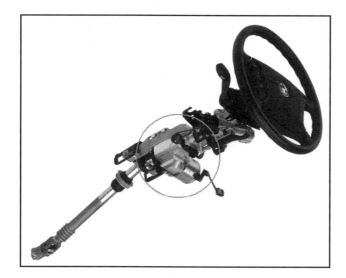

Bild 1.1.6.12:
Lenksäule mit Aktuator-Prototyp für LW-Überlagerung

Bild 1.1.6.13:
Funktionalitäten Regelprinzip

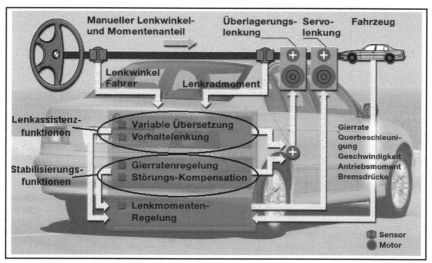

1.1.6.5.2 Regelungskonzept

Die Regelung lässt sich in die Lenkwinkel- und die Lenkmomentenregelung aufteilen. In Bild 1.1.6.13 ist der schematische der Aufbau der Regelung dargestellt. Die Sensoren für die Erfassung der fahrdynamischen Zustandsgrößen des Fahrzeuges entsprechen denen, die bei fahrdynamischen Bremsregelsystemen (DSC bzw. ESP) verwendet werden.

1.1.6.5.2.1 Lenkwinkelregelung

Die Lenkwinkelregelung ist in zwei Blöcken unterteilt. Der erste Block beinhaltet die Lenkassistenzfunktionen zur Optimierung des Verhaltens der Lenkung:
- *Variable Lenkübersetzung:* f (Fahrzeuggeschwindigkeit, Lenkwinkel)
- *Vorhaltelenkung:* f (Fahrzeuggeschwindigkeit, Lenkwinkelgeschwindigkeit)
  Sie dient zur Erhöhung der Agilität des Fahrzeuges durch Reduzierung der Phase zwischen Lenkvorgabe und Fahrzeugansprechverhalten.

Der zweite Block enthält die Stabilisierungsfunktionen:
- *Gierratenregelung:* Gierstabilisierung des Fahrzeugs bei Abweichung von Sollverhalten. Diese Komponente wird mittels eines Regelalgorithmus berechnet, der mit dem Fahrzeug einen geschlossenen Regelkreis bildet. Zur Anpassung des Reglers an die variablen Grenzen der Seitenkraftübertragung ist ein Algorithmus entwickelt worden, der das Erreichen dieser Grenzen aus dem Vergleich von gerechneten und gemessenen Zustandsgrößen erkennt.

- *Störungskompensation*
  - Kompensation des Giermomentes bei μ-split Bremsungen
    f (Bremsdruckdifferenz links/rechts, Fahrzeuggeschwindigkeit)
  - Kompensation der Achslastverlagerung beim Bremsen in der Kurve
    f (Bremsdrücke, Lenkwinkel)
  - Kompensation des Lastwechsels in der Kurve
    f (Antriebsmoment, Lenkwinkel)
  - Kompensation der Kräfte und Momente infolge Schräganströmung (Seitenwind)
    f (Fahrzeuggeschwindigkeit, Seitenwind)

Es fällt auf, dass trotz Vorhandenseins einer Gierratenstabilisierung viele Störgrößenaufschaltungen erfolgen. Grund hierfür ist, dass gute Fahrer über eine sehr feine und vielfältige Wahrnehmung der Bewegungsabläufe und Fahrzustände verfügen. Daher ist es bei vielen Fahrzuständen ohne Störgrößenaufschaltung nicht möglich Störungen ausreichend schnell auszuregeln, um ein Eingreifen des Fahrers zu vermeiden.

Die berechneten Lenkwinkel aus beiden Blöcken werden addiert und mittels der Überlagerungslenkung eingesteuert.

Der sich an den Rädern der Vorderachse ergebende Lenkwinkel setzt sich damit zusammen aus dem Überlagerten LW und einem manuellen Anteil des Fahrers, infolge der mechanischen Verbindung zwischen Lenkrad und Lenkgetriebe. Dieser Anteil wird auf diese Weise unmittelbar wie bei herkömmlichen Lenkungen auf die Räder übertragen. Hinzu kommen noch Radlenkwinkelanteile aus Lenkung (Lenkungsgeometrie, Lenkungselastizität) und Radführung (Elasto-Kinematik). Auf diese Lenkwinkelkomponenten soll hier nicht näher eingegangen werden.

$$LW_{Rad} = \frac{LW_{Fahrer} + LW_{\ddot{U}L\_Lenkassistenzfkt.} + LW_{\ddot{U}L\_Stabilisierungsfkt.} + LW_{Lenkung/Radf\ddot{u}hrung}}{kinematische Lenk\ddot{u}bersetzung}$$

1.1.6.5.2.1 Lenkmomentenregelung

Beim aktuellen Entwicklungsstand des AFS, wird die Lenkmomentenanpassung, wie von der Sevotronic her bekannt, fahrzeuggeschwindigkeitsabhängig durchgeführt. Die Variation der Lenkübersetzung als Funktion der Geschwindigkeit (variable Lenkübersetzung) erfordert erwartungsgemäß eine Anpassung des geschwindigkeitsabhängigen Lenkradmomentenniveaus.

Die Untersuchungen, mit Hilfe des Lenkradmomentenniveaus das Lenkverhalten des Fahrers bezüglich Phase und Amplitude in kritischen Fahrsituationen positiv zu beeinflussen, stehen noch aus, genau so wie die Erforschung der Kombination von Lenkmomenten- und Lenkwinkeleingriffe bei Fahrerassistenzaufgaben.

1.1.6.6 Zusammenwirken von AFS und DSC (ESP)

Da mit AFS und DSC zwei fahrdynamische Regelsysteme im Fahrzeug vorhanden sind, ist es erforderlich, deren Zusammenwirken zu untersuchen. Es ist leicht einzusehen, dass eine Interferenz nur bei der Gierstabilisierungsfunktion beider Systeme auftreten kann. Da AFS unmittelbar die Reifenseitenkräfte beeinflusst, die Gierstabilisierung durch Bremseneingriff jedoch primär die Reifenumfangskräfte, wurde eine friedliche Koexistenz beider Systeme erwartet. Um jedoch ein optimales Ergebnis zu erzielen ist eine Anpassung der Bremseneingriffe erforderlich. Folgende Zusammenhänge sind hierfür ursächlich, Bild 1.1.6.14.

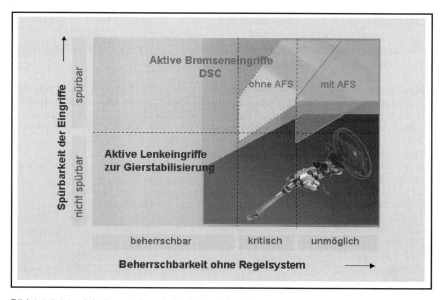

Bild 1.1.6.14: „Arbeitsverteilung" durch Funktionsintegration

Die AFS-Stabilisierung kann bereits sehr früh bei relativ geringen Abweichungen von dem Sollverhalten wirksam werden, da die Seitenkraftänderung infolge des korrigierenden überlagerten Lenkwinkels stetig ist und daher für den Fahrer unbemerkt bleibt. Auf diese Weise können Stabilitätsprobleme bereits im Ansatz entschärft werden. Durch diesen zusätzlichen Stabilitätsgewinn ergibt sich in erster Konsequenz, dass die stabilisierenden Bremseneingriffe von sich aus später, also bei einem vorgegebenen Fahrmanöver erst bei höherer Geschwindigkeit, erfolgen.

Darüber hinaus hat sich gezeigt, dass mit AFS die Bremseneingriffe erst bei einer höheren Abweichung von Soll- und Istwert erfolgen müssen, da die Wirkung von AFS bis zu relativ großen Schwimmwinkel ausreicht um das Fahrzeug zu stabilisieren. Da das Fahrzeug dabei nicht wie bei der Stabilisierung mittels Bremsregelsystemen abgebremst wird, werden höhere Fahrleistungen möglich, die von vielen Fahrern auch genutzt werden.

Wie Bild 1.1.6.15 jedoch zeigt, ist die Wirkung von AFS bei Kurvenfahrt wegen des nichtlinearen Verlaufs der Reifenseitenkraft über dem Schräglaufwinkel und Geometrie-Einflüssen nicht symmetrisch, so dass starkes Untersteuern des Fahrzeugs nur noch effizient mit Hilfe von Bremseneingriffen korrigiert werden kann. Jedoch auch bei starkem Übersteuern ist ein Eingriff des Bremsregelsystems sinnvoll und erforderlich. Darüber hinaus ermöglicht der gleichzeitige Bremseneingriff eine Verbesserung der Kurshaltung.

Ein weiteres Argument für den Bremseneingriff bei den geschilderten extremen Fahrzuständen, ist die damit einhergehende Reduzierung der Geschwindigkeit, die in kritischen Situationen sehr wichtig ist.

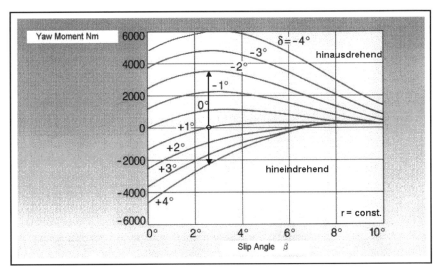

Bild 1.1.6.15: Giermoment-Potential durch Radlenkwinkel als Funktion des Schwimmwinkels

Auf eine Besonderheit der AFS Stabilisierungsfunktionen soll noch hingewiesen werden, die sie deutlich von anderen fahrdynamischen Regelsystemen unterscheidet. AFS ermöglicht keinen zusätzlichen Freiheitsgrad (wie z. B. eine Hinterradlenkung) zur Beeinflussung der Fahrdynamik; ändert also nicht das eigentliche Fahrverhalten des Fahrzeugs. AFS, zwischengeschaltet zwischen Fahrer und Vorderräder korrigiert nur, wenn es erforderlich ist, den vom Fahrer vorgegebenen Lenkwinkel. Bei dem idealen Versuchsfahrer, der Ideallinie fährt, geht der stabilisierende AFS-Lenkwinkelanteil gegen null.

Die Möglichkeit der friedlichen Koexistenz beider Systeme hat folgende wichtigen Auswirkungen (Bild 1.1.6.16):

- Bremsregelsystem und AFS bilden eigene Module. Nur die Sensoren werden gemeinsam über einen CAN genutzt.
- Die bestehenden Bremsregelsysteme können mit nur geringen Anpassungen der Software übernommen werden.
- Durch die physikalische Trennung der beiden Regelsysteme ist ein gleichzeitiger Ausfall unwahrscheinlich. Dies bedeutet, dass die Stabilisierung über Bremseneingriff bei Ausfall von AFS die Situation entschärft.

Wegen des Prinzips der friedlichen Koexistenz ist, trotz Trennung der Regler, nur eine geringe Kommunikation zwischen beiden Systemen erforderlich. So wird im wesentlichen dem Bremsenregler nur die Funktionsbereitschaft von AFS mitgeteilt, um die Eingriffsschwelle der Gierratenregelung höher zu setzen.

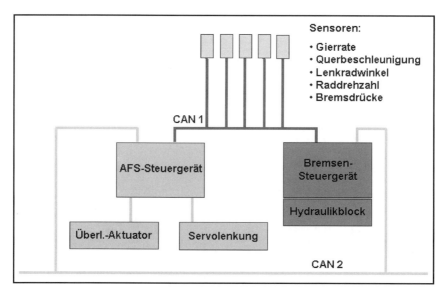

Bild 1.1.6.16: Topologie AFS und Bremsenregelung (DSC)

1.1.6.7 Beispiele aus dem Fahrversuch

Um die Wirkung von AFS zu verdeutlichen, wurden drei typische AFS-Fahrmanöver ausgewählt:

- Slalomkurs
- Bremsung auf μ-split-Fahrbahn
- Fahrspurwechsel in Kombination mit einem Reibwertsprung von Eis auf Schnee

1.1.6.7.1 Variable Lenkübersetzung: Slalomkurs

Als erste Fahrmanöver wurde ein Slalomparcours gewählt, um die Vorzüge der Variablen Lenkübersetzung zu verdeutlichen. Aufgabenstellung für den Fahrer war sportlich aber nicht rennmässig mit ca. 30–40 km/h den in Bild 1.1.6.17 oben dargestellten Slalomkurs zu durchfahren.

Mittels AFS kann die Lenkübersetzung beliebig in Abhängigkeit verschiedener Eingangsgrößen variiert werden. Bei diesem Versuch wurde die Lenkübersetzung mit der Fahrzeuggeschwindigkeit verändert. Der untere Bereich der Bild 1.1.6.17 zeigt einen beispielhaften Verlauf der Kennlinie. Zum Vergleich wurde die Kennlinie des Versuchsfahrzeuges ohne AFS (Standard Lenkübersetzung) dargestellt.

Bei niedrigen Geschwindigkeiten ist die Lenkung direkter, bei höheren Geschwindigkeiten indirekter als die Serienlenkübersetzung ausgelegt. Active Front Steering bietet damit das Potential den Lenkkomfort und die Agilität des Fahrzeuges für den Fahrer deutlich

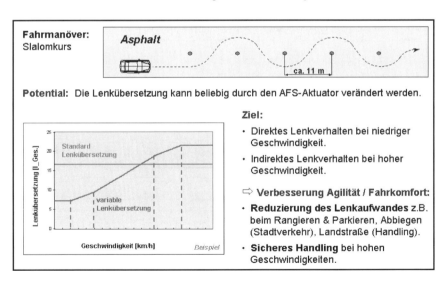

Bild 1.1.6.17: Variable Lenkübersetzung: Slalomkurs

spürbar zu erhöhen. So wird der erforderliche Lenkwinkel für den Fahrer aufgrund der direkteren Lenkung beim Parkieren, Rangieren oder Abbiegen deutlich reduziert.

Wie man aus den Messaufzeichnungen in Bild 1.1.6.18 erkennen kann, stellt der Aktuator bei der hier vorgegebenen beispielhaften Abhängigkeit der Übersetzung von der Geschwindigkeit ca. 110° zum Lenkwinkel des Fahrers hinzu. Dies entspricht einer Lenkwinkelreduzierung von ca. 50 %.

Es sei noch angemerkt, dass der Fahrer mit eingeschaltetem AFS schneller fuhr, da er am Lenkrad nicht umgreifen musste und damit wesentlich einfacher und kontrollierter den Slalomkurs durchfahren konnte. Dies zeigt den Komfort- und Leistungsgewinn durch AFS.

1.1.6.7.2 Störungskompensation: Bremsung auf µ-split-Fahrbahn

Das zweite Fahrmanöver zeigt eine Störungskompensation bei einer Bremsung auf µ-split. Aufgabenstellung für den Fahrer ist es eine plötzliche Notbremsung aus einer Geschwindigkeit von ca. 100 km/h bei extremem Reibwertunterschied (rechts blankes Eis und links trockener Asphalt) einzuleiten (Bild 1.1.6.19).

Aufgrund der ungleichen Bremskräfte an den Rädern rechts und links, beginnt das Fahrzeug ohne AFS zur Asphaltbahn hin zu gieren. Mit AFS wird diese ungewollte Fahrzeugreaktion automatisch kompensiert. Dabei werden zwei stabilisierende Funktionalitäten wirksam. Zunächst erfolgt ein korrigierender Lenkwinkeleinschlag durch die AFS-Teil-

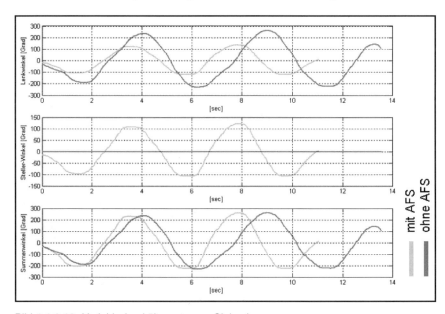

Bild 1.1.6.18: Variable Lenkübersetzung: Slalomkurs

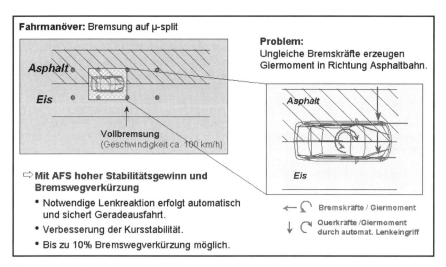

Bild 1.1.6.19: Störungskompensation: Bremsung auf µ-split-Fahrbahn

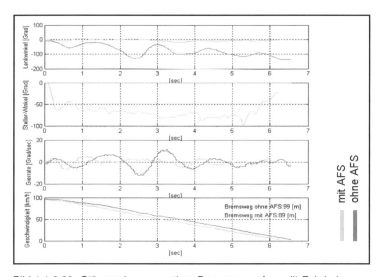

Bild 1.1.6.20: Störungskompensation: Bremsung auf µ-split-Fahrbahn

funktionalität „Giermomentenkompensation". Das zu kompensierende Moment ergibt sich aus der Bremskraftdifferenz zwischen den linken und rechten Rädern. Als Ersatzgrösse für die Bremskräfte wird der Bremsdruck herangezogen, der infolge des ABS den Bremskräften proportional ist. Der Giermomentenkompensation ist als zweites die AFS-Gierratenregelung als geschlossener Regelkreis überlagert.

In Bild 1.1.6.20 sind die Größen Lenkwinkel (Lenkrad), Stellerwinkel, Gierrate und Fahrzeuggeschwindigkeit dargestellt. Die Verbesserung die mit AFS erzielt wird ist eindeutig. Der erforderliche Lenkwinkel des Fahrers ist annähernd Null, da die Kurshaltung automatisch von AFS erfolgt. Die Aufzeichnung der Gierrate zeigt, dass das Fahrzeug mit AFS wesentlich ruhiger bleibt. Ohne AFS benötigt der Fahrer bis zu 100° Lenkwinkel-Korrektur um die Gierreaktion des Fahrzeuges zu kompensieren.

Es sei noch angemerkt, dass bei dem vorliegenden Fahrzeug von der ABS-Regelung die µ-split Situation ebenfalls erkannt wird. Ohne AFS erfolgt dabei eine Begrenzung der Bremskräfte auf der Hochreibwertseite, um die Gierreaktion des Fahrzeugs zu verringern. Diese Begrenzung der Bremskräfte kann mit AFS deutlich reduziert werden, so dass zusätzlich zur automatischen Stabilisierung eine substanzielle Bremswegverkürzung möglich ist. Bei der in Bild 1.1.6.20 gezeigten Messung entsprach diese ca. 10 %, bzw. ca. 10 m Bremswegreduzierung bei einer Vollbremsung aus 100 km/h.

1.1.6.7.3 Gierratenregelung: Fahrspurwechsel in Kombination mit einem Reibwertsprung (Eis → Schnee)

Das Potential der Gierratenregelung wird an Hand eines einfachen Fahrspurwechsels mit gleichzeitigem Übergang von Eis auf feste Schneedecke demonstriert (Bild 1.1.6.21).

Beim Einlenken auf Eis beginnt das Fahrzeug zunächst stark zu untersteuern. Beim Reibwertsprung kommt es auf Grund der auf dem höheren Reibwert befindlichen eingeschlagenen Vorderädern und den noch auf Eis befindlichen Hinterrädern zu einer starken Gierreaktion des Fahrzeuges. Mit der Gierratenregelung wird der Fahrer durch gezielte Lenkeingriffe unterstützt, sodass die Reaktion des Fahrzeugs stark gedämpft wird.

Informationen über den Fahrbahnreibwert werden nicht benötigt, da der Regelalgorithmus nicht den Fahrbahnreibwert, sondern der Grad der Reifensättigung, der aus serienmäßig zugänglichen Messinformationen ermittelt wird, berücksichtigt.

Bei Analyse der aufgezeichneten Messwerte erkennt man, dass der vom Fahrer zu leistende Lenkaufwand infolge der Gierratenrenregelung wesentlich geringer ist obwohl der Fahrer auch in diesem Fall das Manöver schneller durchfährt (Bild 1.1.6.22).

Der Giergeschwindigkeitsverlauf beim Einfahren in die neue Fahrspur weist auf einen deutlich kleineren Schwimmwinkel hin und als Folge davon klingt die Gierbewegung fast ohne Nachschwingen aus. Insbesondere der beim Spurwechsel für die meisten „Normalfahrer" schwierig zu bewältigende Gegenschwung des Fahrzeuges wird weitgehend durch die Regelung unterbunden.

Die dargestellten Beispiele zeigen, dass AFS sowohl die Leistung des Systems Fahrer-Fahrzeug als auch die Sicherheit erhöht.

Die variable Lenkübersetzung und die Vorhaltelenkung verbessern die Ergonomie der Lenkung, die Stabilisierungsfunktionen unterstützen die Funktion des Fahrers als Regler. Bemerkenswert ist dabei, dass sich der Fahrer durch die aktiven Lenkeingriffe nicht bevormundet fühlt sondern noch mehr Fahrspaß empfindet.

Fahrmanöver:
Fahrspurwechsel
+ Reibwertsprung

Potential Gierratenregelung: Verbesserte Fahrstabilität u. Sicherheit

- Präventives Gegenlenken
- Untersteuern etwas beeinflussbar
- Dämpfung der Gierratenreaktion des Fzg.
- Information Fahrbahnreibwert nicht nötig. Regelalgorithmus berücksichtigt den Grad der Reifensättigung.

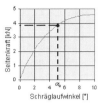

⇨ **Unterstützung des Fahrers im fahrdynamischen Grenzbereich durch aktive Lenkeingriffe**

- Reduzierung der Schleudergefahr bei dynam. Lenkmanövern
- Vereinfachung der Lenkstrategie für den Fahrer
- Stabilisierung bei allen Fahrbahnreibwerten

Bild 1.1.6.21: Gierratenregelung: Fahrspurwechsel und Reibwertsprung

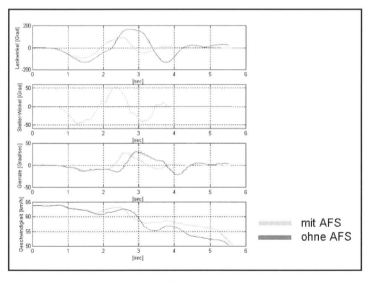

Bild 1.1.6.22: Gierratenregelung: Fahrspurwechsel und Reibwertsprung

1.1.6.8 Zusammenfassung

Es wurden die funktionalen Ziele dargestellt, die Forscher und Entwickler aus dem Automobilbereich motivieren, aktive Vorderrad-Lenksysteme zu entwickeln. Diese Ziele sind im wesentlichen: variable Lenkübersetzung, Vorhaltelenkung, Gierstabilisierung, Störungskompensation und Lenkmomentenregelung.

Danach wurden die prinzipiellen Lösungsmöglichkeiten aktiver Lenkungssysteme dargestellt und diskutiert. Diese Lösungen sind: geregelte Servolenkung mit Berücksichtigung der Fahrsituation, geregelte Lenkwinkel-Überlagerungslenkung, Kombination von geregelter Servo- und Überlagerungslenkung, Lenkungen ohne manuellem Lenkanteil (reine steer by wire Systeme) mit und ohne zuschaltbarer manueller Rückfallebene. Es wurde gezeigt, dass die Kombination einer geregelten Servolenkung und einer Lenkwinkel-Überlagerungslenkung eine Alternative zu den reinen steer by wire Systemen darstellt.

Es wurde eine Systemauswahl getroffen für eine aktive Vorderradlenkung mit dem Ziel einer Umsetzung für den Serieneinsatz. Aus Gründen der Sicherheit, der Funktion, der Adaptierbarkeit und natürlich der Kosten und Gewichte wurde AFS, die Kombination einer geregelten Servolenkung mit einer Lenkwinkel-Überlagerungslenkung als Lösung ausgewählt und realisiert.

AFS ist eine Hybridlösung und stellt ein Steer-by-wire Lenksystem mit permanent manuellem Lenkanteil dar. Letzterer hat auch die Funktion der manuellen, mechanischen Rückfallebene.

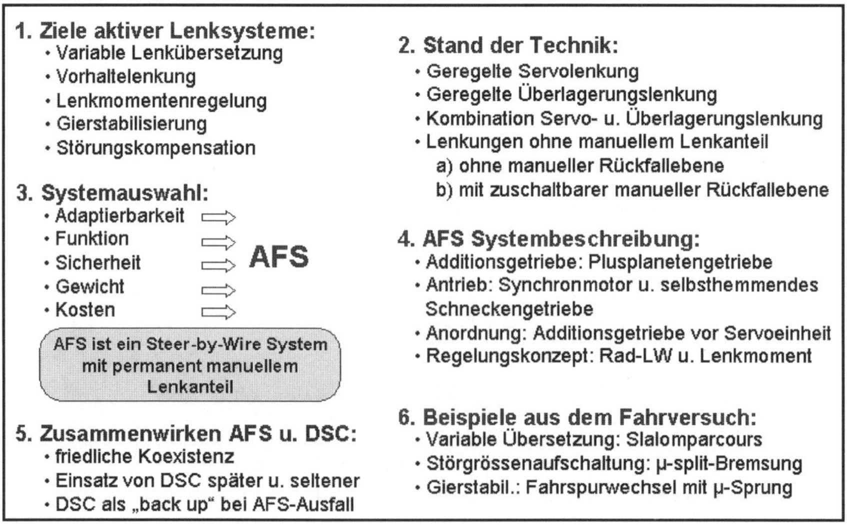

1. Ziele aktiver Lenksysteme:
- Variable Lenkübersetzung
- Vorhaltelenkung
- Lenkmomentenregelung
- Gierstabilisierung
- Störungskompensation

3. Systemauswahl:
- Adaptierbarkeit ⇒
- Funktion ⇒
- Sicherheit ⇒ AFS
- Gewicht ⇒
- Kosten ⇒

AFS ist ein Steer-by-Wire System mit permanent manuellem Lenkanteil

5. Zusammenwirken AFS u. DSC:
- friedliche Koexistenz
- Einsatz von DSC später u. seltener
- DSC als „back up" bei AFS-Ausfall

2. Stand der Technik:
- Geregelte Servolenkung
- Geregelte Überlagerungslenkung
- Kombination Servo- u. Überlagerungslenkung
- Lenkungen ohne manuellem Lenkanteil
  a) ohne manueller Rückfallebene
  b) mit zuschaltbarer manueller Rückfallebene

4. AFS Systembeschreibung:
- Additionsgetriebe: Plusplanetengetriebe
- Antrieb: Synchronmotor u. selbsthemmendes Schneckengetriebe
- Anordnung: Additionsgetriebe vor Servoeinheit
- Regelungskonzept: Rad-LW u. Lenkmoment

6. Beispiele aus dem Fahrversuch:
- Variable Übersetzung: Slalomparcours
- Störgrössenaufschaltung: µ-split-Bremsung
- Gierstabil.: Fahrspurwechsel mit µ-Sprung

Bild 1.1.6.23: Zusammenfassung

Es erfolgte die Systembeschreibung von AFS. Das System besteht aus einer geregelten Servolenkung und einer Überlagerungslenkung mit mechanischem Winkel-Additionsgetriebe, welches durch einen Elektromotor mit selbsthemmendem Schneckengetriebe angetrieben wird.

Ein Regler übernimmt die Kontrolle von Lenkradmoment und Lenkwinkel der Vorderräder und passt sie an die Fahrsituation an. Hierbei werden sowohl ergonomische als auch fahrdynamische Ziele verfolgt.

Das Zusammenwirken von AFS und DSC (ESP) im Bereich der Gierstabilisierung wurde kommentiert. Beide Systeme ergänzen sich harmonisch. Dank AFS wird die Schwelle für notwendige Bremseneingriffe nach oben geschoben, während die Bremseneingriffe dort benötigt werden, wo das Seitenführungsverhalten der Reifen die Regelung der Fahrzeugquerdynamik mittels der Schräglaufwinkel der Vorderräder begrenzt. Da AFS die nutzbare Dynamik des Fahrzeugs erhöht, stellt DSC das notwendige back up für den Fall eines Ausfalls dar.

Dieser Aspekt war ein wesentlicher Grund eine Systemarchitektur zu wählen, die eine weitgehende Unabhängigkeit beider Systeme garantiert.

Abschließend wurden beispielhaft die Ergebnisse von drei Fahrmanövern gezeigt um die Wirkung von AFS in typischen Fahrsituationen zu demonstrieren.

1.1.6.9 Literaturverzeichnis

[1] Donges, E.: Aktive Hinterachskinematik für den BMW 850i, Sonderdruck aus der Automobil Revue Nr. 33, 1991
[2] van Zanten, A./ Erhardt, R./ Pfaff, G.: FDR – Die Fahrdynamikregelung von Bosch, ATZ 96 (1994) 11, S. 674-689
[3] Erhardt, R./ van Zanten, A.: FDR, ein neues Fahrsicherheitssystem mit aktiver Regelung der Brems- und Antriebskräfte im fahrdynamischen Grenzbereich, Stuttgarter Symposium für Kraftfahrwesen und Verbrennungsmotoren, 1995
[4] Braess/ Seiffert (Hrsg.): Handbuch Kraftfahrzeugtechnik, Vieweg Verlag, Braunschweig/Wiesbaden, 2000, S. 502-505
[5] Badawy, A./ Zuraski, J./ Bolourchi, F./ Chandy, A.: Modeling and Analysis of an Electric Power Steering System, SAE Paper, 1990-01-0399
[6] Donges, E./ Naab, K.: Regelsysteme zur Fahrzeugführung und -stabilisierung in der Automobiltechnik, AT Automatisationstechnik, 1996/5, S. 226-236
[7] Fleck, R.: Konstruktion einer aktiven Lenkung, Diplomarbeit TU München, Lehrstuhl für Verbrennungskraftmaschinen und Kraftfahrzeuge, 2/1996
[8] Pauly, A./ Koehnle, H.: Active Front Steering, IIR Konferenz Innovative Sicherheitssysteme im Kraftfahrzeug, Stuttgart, 2000

1.1.7 Sicherheit der Elektronik im Kraftfahrzeug
W. Goldbrunner, K. Kühner

Wie unübersehbar zu erkennen ist, wird die Elektronik und Mechatronik in Bereichen verwendet, wo höchste Anforderungen an Sicherheit und Zuverlässigkeit gefordert sind.
Der Grundsatz: „Redundanz wo notwendig, Umschaltung bei erkanntem Fehler auf Backup Funktionalität wo sinnvoll", wird konsequent eingehalten.
Zusätzlich wird bei der Konzeptionierung, Entwicklung und Fertigung von elektronischen und mechatronischen Systemen ein hoher Aufwand betrieben, um die extrem hohen Anforderungen zu erfüllen wie in folgender Ausführung an einem Beispiel beschrieben wird.

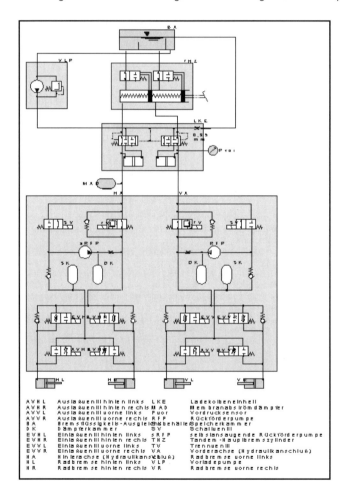

Bild 1.1.7.1:
Hydraulikschaltplan eines DSC-Systemes

Wir sind nicht nur im Kraftfahrzeug sondern auch im täglichen Leben in vielen Fällen wie Medizintechnik, Flugsicherung, Kraftwerksteuerung, Aufzugsteuerung, Ampelsteuerung, Motorsteuerung, Fahrdynamik- und Stabilitätsregelung auf das sichere Funktionieren von elektronischen Systemen mit Microcomputern, Sensoren und Aktuatoren angewiesen.

Daher stellt sich die Frage, wie zuverlässig verrichten diese Systeme ihre Aufgabe? Wie werden präventiv bei der Entwicklung, Prüfung, Wartung und Diagnose mögliche Fehler erkannt oder vermieden? Wie reagieren Systeme im Fehlerfall und welche Auswirkung hat dies auf Fahrzeug und Fahrverhalten?

Im folgenden wird hierzu näher auf Systeme zur Fahrzeugstabilisierung wie ABS und DSC (Dynamische Stabilitäts Control) eingegangen. Die Systeme steuern und regeln im Bedarfsfall die Bremskraft über Magnetventile (Bild 1.1.7.1) individuell für jedes Rad. Hierbei kann Bremskraft aufgebaut oder reduziert und zusätzlich die Motorleistung über eine elektrische Schnittstelle zur Motorsteuerung erhöht oder reduziert werden.

1.1.7.1 Historie

Bereits 1978 hat BMW ein ABS System in einem Serienfahrzeug angeboten. Das System war in kritischen Pfaden redundant aufgebaut, mit Sicherheitsüberwachung und Abschaltlogik versehen, um im Fehlerfall die Betriebsbremswirkung (ohne ABS Funktion) aufrecht zu halten. Die Meldung von Störungen an den Fahrer erfolgte über eine Warnlampe im Kombiinstrument. Mittels eines Servicetesters wurde der Fehler vom Werkstattpersonal eingegrenzt, indem Schritt für Schritt alle Komponenten überprüft wurden. Somit konnte ein Fehler gefunden und anschließend behoben werden. Ein weiterer Schritt zur Lokalisierung von Fehlern seit Mitte der 80-er Jahre war die sogenannte Blinkcodediagnose. Nach entsprechender Betätigung des ASC- Tasters im Fahrzeug konnten durch Auszählen der Blinksignale der Warnlampe bis zu 14 verschiedene Fehlerarten signalisiert werden. Im Zuge der Weiterentwicklung wurde die Diagnosetiefe immer größer und mit zusätzlichen Informationen, die zur Fehlereingrenzung hilfreich sind, erweitert. Hiermit war die Ausgabe über einen Blinkcode deutlich überfordert. Ein Diagnosesystem mit serieller Schnittstelle zu den Steuergeräten im Fahrzeug übernimmt nun die Aufgabe der Anzeige von Fehlern und Betriebszuständen.

1.1.7.2 Entwicklungsprozess sicherheitsrelevanter Systeme

Um mögliche Fehler und Schwachstellen im Gesamtsystem wie auch innerhalb der Komponenten frühzeitig zu erkennen und zu eliminieren, wird bereits bei der Systemdefinition und Auslegung eine System FMEA (Failure Mode Effect Analysis) durchgeführt. Die FMEA wird entwicklungsbegleitend bis zum Serieneinsatz weiter aktualisiert und beeinflusst bei Bedarf die technische Umsetzung. Ergänzt wird dies durch eine Prozeß-FMEA, um die technischen Anforderungen auch prozesssicher in der Fertigung umsetzen zu können.

Die Softwareentwicklung erfolgt mit modernsten Entwicklungswerkzeugen und unter strengen Regeln zu Vermeidung von Fehlern.

Sowohl beim Fahrzeughersteller als auch beim Lieferanten werden die Systeme in umfangreichen Funktionsdauerläufen auf Prüfständen und in Fahrzeugen, sogar bewusst in unterschiedlichen Abteilungen und Bereichen (Insider und nicht an der Systementwick-

lung beteiligte Personen) unter verschiedensten Bedingungen überprüft. Hierbei werden ABS und DSC-Regelungen sowohl simuliert als auch gefahren. Die Anzahl der Regelungen ist wesentlich höher, als sie später beim Kunden auch unter extremsten Bedingungen jemals erreicht werden können. Erst nach positiver Erprobung und Dauerlauf wird das System für den Einsatz im Fahrzeug vom Fahrzeughersteller freigegeben.
Zur Erteilung der Betriebserlaubnis werden die, vom TÜV gestellten Anforderungen an die Systeme in einer Typprüfung evaluiert.

1.1.7.3 Fertigung

Basierend auf Prozeß-FMEAs wird bereits bei den Fertigungsprozessen der Einzelkomponenten wie Sensoren, elektronisches Steuergerät, Hydroaggregat die Sicherheitsrelevanz der Endprodukte berücksichtigt.

Vor dem Verlassen der Fertigungsstätte wird jede Komponente geprüft und das Ergebnis dokumentiert. Hierzu stehen modernste Prüfstandsrechner und Messeinrichtungen zur Verfügung. Unabhängig davon wird eine definierte Anzahl von Komponenten einem Funktionsdauerlauf unterzogen, um fertigungsbegleitend die Zuverlässigkeit zu überprüfen. Schwachstellen können so, falls sie überhaupt auftreten, frühzeitig behoben werden.

Bei BMW wird jedes Kundenfahrzeug bei der sogenannten Bandendekontrolle umfangreichen Tests unterzogen. Eine Fahrt auf einem Rollenprüfstand garantiert den Betrieb aller Systemkomponenten im Verbund untereinander und mit den Schnittstellen zum Fahrzeug ohne weitere Beeinflussung durch elektrische Simulation, Manipulation oder spezielle Testroutinen. Das Fahrzeug wird hierbei auf entsprechendes Regelverhalten überwacht, über die Diagnosespeicher auf evtl. von den Systemen erkannte Fehler, Toleranzlagen, Adaptionswerte geprüft und die Ergebnisse dokumentiert.

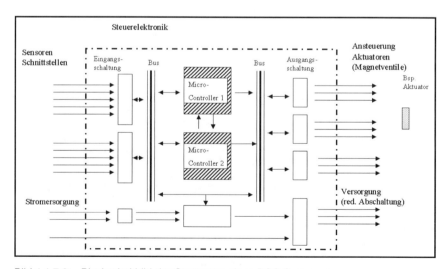

Bild 1.1.7.2: Blockschaltbild der Steuerung eines DSC Systemes

1.1.7.4 Sicherheit im Fahrbetrieb

Generell sind die Systeme in kritischen Pfaden redundant ausgelegt, wie in Bild1.1.7.2 dargestellt und mit Sicherheitsüberwachungen ausgestattet.

So wird sofort nach Zuschalten der Spannungsversorgung (Initialisierung des Systems) des Steuergerätes ein Watchdogtest durchgeführt sowie die Spannungsversorgung auf Unter- bzw. Überspannung überprüft. Bei einer Fahrzeuggeschwindigkeit von ca. 6 km/h wird ein aktiver Test von Magnetventilen und Rückförderpumpenmotor durchgeführt. Neben diesen Komponenten werden Bremslichtschalter, Drehzahlfühler, Ventilstrom, Über- bzw. Unterspannung und Spannung am Ventilrelais ständig überwacht. Zur Erzielung einer großen Diagnosetiefe über alle relevanten Fehlerquellen wird fehlerspezifisch bei unterschiedlichen Betriebsbedingungen geprüft. Hierdurch wird einerseits durch redundante Überwachung die Zuverlässigkeit der Fehlererkennung gesteigert und andererseits durch die fehlerspezifische Betriebsbedingung die Wahrscheinlichkeit einer Fehldiagnose reduziert.
Hierzu werden z.B. die Drehzahlfühler auf folgende exemplarischen Fehlermöglichkeiten geprüft:

- Unterbrechung der Zuleitung, Kurzschluß nach 12V,
- Kurzschluß nach Masse,
- Wackelkontakt,
- lose Befestigung des Drehzahlfühlers,
- Fehlendes Zahnrad,
- Drehzahlfühler nicht montiert,
- Abgenutzte oder ausgefallene Impulsradzähne,
- Eingangsverstärker im Steuergerät defekt.

Die Prüfung erfolgt über unterschiedlichen Pfade und bei unterschiedlichen Betriebsbedingungen wie z.B. Pre-Drive (= Zündung Ein), Stillstand, Anfahrbetrieb, Fahrbetrieb.

Die ohmsche Überwachung bei aktiven Drehzahlfühlern prüft hierbei auf Unterbrechung der Zuleitungen, Kurzschluß nach Masse, Kurzschluß nach 12V, Kurzschluß der Leitungen gegeneinander und Unterbrechung der Versorgungsleitung.

Die Anfahrerkennung stellt fest, ob nach dem Anfahren (Beschleunigen) alle Drehzahlfühler ein plausibles Geschwindigkeitssignal liefern. Die dynamische Überwachung wird im Fahrbetrieb aktiviert.

Entsprechend der Fehlerart reagiert das System durch Notlauf mit Bereitstellung von Teilfunktionen oder durch Abschalten der Regelfunktionen. Die hydraulische Bremsbetätigung inklusive Bremskraftunterstützung bleibt auch bei abgeschaltetem oder stromlosem System verfügbar (Bild 1.1.7.1 Hydraulikschaltplan). Der Fahrer wird mittels Anzeige im Kombiinstrument über den aktuellen Stand informiert.

1.1.7.5 Fehlerspeicher/Diagnose an Feldfahrzeugen

In den sog. Fehlerspeichern abgelegt sind nicht, wie der Name etwas missverständlich suggeriert, die tatsächlichen Fehler sondern die Pfade von Fehlern und umfangreiche Zusatzinformationen.

Ähnlich wie in einem Expertensystem erfolgt im Diagnosetester der BMW Werkstatt zur Erstellung von gezielten Hinweisen zur Eingrenzung und Behebung der Ursache eine Verknüpfung aus Fehlermeldungen und zugehörigen Betriebsbedingungen.
Ob beispielsweise im Pfad „Raddrehzahlsensor vorne links" das Kabel, der Sensor oder der Stecker eine Unterbrechung aufweist wird dann durch den entsprechenden Spezialisten vor Ort ermittelt und behoben. Auch präventive Hinweise wie ein Unterschreiten der erlaubten Bordspannung, Wackelkontakt, hohe Busauslastung oder Veränderungen an Signalen, die zwar noch nicht die Funktion beeinträchtigen, aber auf mögliche elektrische oder mechanische Veränderungen schließen lassen werden von der Diagnose erkannt und in dem „Fehlerspeicher" abgelegt.

Die Systeme prüfen nicht nur elektrische Meßgrössen sondern auch auf Plausibilität von Eingangsgrößen untereinander. Um eine ausreichende Erkennung von Unplausibilitäten zu erreichen werden Ausnahmefälle, wie z.B.: „Fzg. steht auf der Hebebühne, Zündung Ein und Drehen von Rädern" als Verletzung der Plausibilität erkannt und gespeichert. Eine Unterdrückung solcher oder ähnlicher Fälle würde die Einträge im Fehlerspeicher reduzieren jedoch die Erkennung von unplausiblen Zuständen im Fahrbetrieb einschränken. Daher ist die Strategie: Im „Fehlerspeicher" im Zweifelsfall mehr anzeigen und die Bewertung durch das Werkstattpersonal und die Diagnosetester vorzunehmen.
Damit sind im „Fehlerspeicher" mehr als nur echte Fehler abgelegt und es bedarf einer entsprechenden Auswertelogik um eine Diagnose zu erstellen. Hierbei unterstützten die Diagnosetester bei BMW-Werkstätten. Vor Einsatz von neuen oder geänderten Systemen werden die Diagnosetester mit entsprechenden Updates versehen.

1.1.7.6 Systemüberprüfung an Feldfahrzeugen

Bei jeder ordnungsgemäßen Inspektion wird der Fehlerspeicher auf zurückliegende Einträge, aktuelle Meldungen und mögliche Prognosen analysiert. Die BMW-interne Statistik an Kundenfahrzeugen zeigt ein sehr hohes Qualitätsniveau und damit hohe Verfügbarkeit durch eine äußerst geringe Anzahl von tatsächlichen kundenrelevanten Fehler auch an Fahrzeugen mit hoher Laufleistung.

Wie bereits beschrieben überwacht sich das System ständig um bei auftretenden Fehlern in definierte Notlaufprogramme zu wechseln und den Fahrer über die Warnlampe zu informieren. Weitergehende Untersuchungen, Inspektionen oder regelmäßige Wartungen sind daher nicht erforderlich.

1.1.7.7 Fazit

Felduntersuchungen bei BMW bestätigen die Zuverlässigkeit der elektronischen Systeme wie ABS und DSC auf breiter Stückzahlbasis und hoher Laufleistung. Der hohe Aufwand bei Entwicklung und Fertigung zur Sicherstellung der Zuverlässigkeit ist gerechtfertigt und wird auch weiterhin betrieben.

1.1.8 Ausblick
W. Goldbrunner

Erfolgversprechende Ansätze zur Verbesserung der fahrdynamischen Eigenschaften und des Schwingungskomforts im Sinne der Potenzialmatrix (Bild 1.1.1.2) können folgend beschriebene Systeme, Komponenten und Vorgehensweisen sein.

Neben dem, im wesentlichen zur Komfortverbesserung bereits eingesetzten aktiven und semiaktiven Dämpfersystemen wird mit den aktiven Radführungssystemen in erster Linie die Verbesserung der fahrsicherheitsrelevanten Eigenschaften des Fahrzeuges angestrebt.
Hinter dem Begriff aktive Radführung verbirgt sich prinzipiell das Bestreben, die bisherigen passiven Achssysteme durch hydraulisch, hydropneumatisch oder elektromotorisch steuerbare, in allen wesentlichen Freiheitsgraden beliebig beeinflußbare Radführungssysteme zu ersetzen.
Dies hat den Vorteil, daß das Fahrzeug bezüglich seiner dynamischen Eigenschaften nahezu jedem beliebigen Fahrzustand gezielt angepaßt werden kann. So können z.B. durch die zusätzliche Erweiterung des Vorspurwinkelstellbereiches an der Hinterachse gleichzeitig die Vorzüge eines Fahrzeuges mit Allradlenkung realisiert werden [1].

Über die aktive veränderbare Vertikalbewegung der Radsysteme ist zudem eine Lagestabilisierung des Aufbaus über das Maß des Dynamic Drive (1.1.3) hinaus erreichbar, so daß bei optimaler Traktion und Seitenkraftreserve jeder Achse der Fahrgastraum bei völligem Nick- *und* Wankausgleich sogar eine dem Fahrzustand angepaßte Kurvenneigung erfahren kann.

Durch den verstärkten Einsatz der Elektronik, Sensorik und Aktuatorik werden speziell auf dem Gebiet der Unfallvorbeugung deutliche Fortschritte erzielt. Der hohe Anteil der Wertschöpfung der Elektrik/Elektronik im Kraftfahrzeug wird weiter zunehmen. Diese Systemänderungen und Erweiterungen führen zu neuen Diagnose- und Servicefunktionen [2].

Die interne Kommunikation zwischen den verschiedenen Systemen hat bereits zu neuen Formen der Bordnetzarchitektur geführt. Eine Vernetzung der verschiedenen Systeme mit dem Ziel einer situativ optimal einsetzenden Regelstrategie wird zu einer weiteren Annäherung der Systemleistung an die technisch nicht überschreitbaren Grenzen führen.

1.1.8.1 Literatur

[1] Walliser, G.: Elektronik im Kraftfahrzeugwesen, Steuerungs-, Regelungs- und Kommunikationssysteme. 2. Auflage, 1994, Expert Verlag.
[2] Braess, H.-H., Seiffert, U.: Vieweg Handbuch Kraftfahrzeugtechnik. 2000, Vieweg & Sohn.

1.2 Kfz-spezifische integrierte Schaltungen
U. Günther

1.2.1 Einleitung

Kraftfahrzeugelektronik ist ohne eine maßgeschneiderte Entwicklung, durch die Verwendung anwendungsspezifischer integrierter Schaltungen kaum mehr vorstellbar. Durch den Einsatz von ASICs (**A**pplication **S**pecific **I**ntegrated **C**ircuits) werden zahlreiche Konzepte der Kfz-Elektronik überhaupt erst realisierbar. Einige der Gründe dafür sollen in den nachfolgenden Ausführungen verdeutlicht werden (Bild 1.2.1).

Integration lohnt sich oft schon als ein Zusammenfassen von Baugruppen und Komponenten. Dieses „Aufräumen" auf Leiterplatten oder Hybridsubstraten ermöglicht bereits Substratfläche und Bestückkosten einzusparen. Als Zugabe erhält man nebenbei einen verbesserten Kopierschutz. Der Sprung auf das nächst kleinere Hybridsubstrat oder die nächst kleinere Leiterplatte erhöht, bei gleicher Taktzeit, den Durchsatz der Elektronik Fertigung, reduziert also Fertigungskosten. Kleinere Substrate, in Verbindung mit zuverlässigen integrierten Komponenten, sind oftmals Voraussetzung um den extremen Anforderungen nach Temperaturwechsel- und Schüttelfestigkeit in der Kfz-Elektronik überhaupt gerecht zu werden. Sicherheitsrelevante Systeme wie ABS oder Airbag, der Motoranbau von Steuergeräten oder die Integration von mechanischen und elektronischen Komponenten zu einer (mechatronischen) Baugruppe, sind ohne integrierte elektronische Lösungen nicht mehr vorstellbar.

Daneben liegt eine entscheidende Fähigkeit der Mikroelektronik darin mögliche Schaltungskonzepte nicht nur zu vereinfachen oder zu ergänzen, sondern neue Lösungsansätze überhaupt erst zu ermöglichen. Präzise und kostengünstige Strom- und Spannungs-

Application Specific Integrated Circuits | **Entwicklung nach Maß**

Antwort auf hohe Anforderungen im Kfz
- Temperatur-, Wechselbelastungen
- Schüttel und Stoßfestigkeit

rationelle Elektronikfertigung
- niedrige Stoff-, Substrat- und Montagekosten
- leichtere kleine Baugruppen

zuverlässige Systeme
- wenige, zuverlässige Komponenten
- weniger Verdrahtung, Komplexität

Bild 1.2.1

regler, ΣΔ-Wandler für hochauflösende Sensoren, serielle Schnittstellen, Rechnerkerne als „embeded controller" auch in lokalen Anwendungen um nur einige Ansatzpunkte zu nennen, konnten erst mit der Mikroelektronik ihre Eigenschaften voll entfalten und so neue Systemrealisierungen ermöglichen. Dabei werden spezielle Eigenschaften integrierter Schaltungstechnik, angefangen vom Gleichlauf von Betriebsparametern für Analog-Anwendungen, bis hin zur Möglichkeit der Kombination von Leistungs- Analog- und Digital-Komponenten auf einem Chip intensiv genutzt. Auf einige dieser Eigenschaften wird im weiteren Verlauf noch näher eingegangen.

Die Entwickler elektronischer Systeme haben mit den Realisierungsmöglichkeiten aus der Mikroelektronik überzeugende und innovative Lösungen ins Kraftfahrzeug gebracht. Wie immer wenn neue Felder betreten werden konnten sie nach kurzer Zeit feststellen, daß das Lösungspotential der neuen Technik ihre ursprüngliche Ansätze bei weitem übersteigt. Begrenzend auf dem Weg zu innovativeren Lösungen war oftmals die Einschränkung durch die Verwendung von Standardkomponenten, die darüber hinaus zum Teil auch nicht den hohen Anforderungen an Kfz-taugliche Lösungen entsprachen. Um diese Schranke zu überwinden wurde die Auswahl der Bauelemente durch die anwendungsspezifische Mikroelektronik ergänzt.

Dabei stellt sich ein Problem wie es auch aus anderen interdisziplinären Ansätzen bekannt ist. Das Lösungspotential anwendungsspezifischer Mikroelektronik wird offensichtlich nur noch von den Mikroelektronik-Experten selbst voll verstanden. Daraus resultieren zwei wesentliche Forderungen:

- Der Mikroelektronik-Experte muß die gesamte Bandbreite der von ihm beherrschten Lösungsansätze und die zugehörigen Randbedingungen ausführlich darstellen, damit der Entwickler des Elektroniksystems sie von vorne herein in seine Lösungsansätze aufnehmen kann.

- Auf der anderen Seite muß der Entwickler des Elektroniksystems sein Problem oder seinen Lösungsansatz dem Mikroelektronik-Experten frühzeitig so weit transparent machen, daß dieser, in Kenntnis seiner Möglichkeiten, die Systemlösung integrationsfreundlich mit gestalten kann.

Dies erfordert während der Definitions- und Entwicklungsphasen eine häufige, intensive Diskussion zwischen diesen beiden Seiten um alle Möglichkeiten zur Gesamtintegration

---

System- und IC-Entwicklung in enger Zusammenarbeit

Leitlinie ist die Gesamtintegration des Systems
- Realisierung von Systemkomponenten als "System in Silizium"

Kfz-spezifisches "know how" über
- Systemanforderungen (Gesamtfunktion, elektrische Lasten)
- Umgebungsbedingungen (Einbauart, -ort, mechanische Lasten)
- elektrische Betriebsbedingungen (Störspannungen, EMV,.....)

spezifische Gehäuse und Halbleiterprozesse
- u.a. Leistungsgehäuse mit hohem "Pincount" (.. 64 Pins..)
- Mischprozesse mit Bipolar-, CMOS-, DMOS-Komponenten

Bild 1.2.2

auszuloten. So können ASICs, unter Verwendung vom geeigneten Halbleiterprozessen, Schaltungstechniken und IC-Gehäusen wesentlich zu einer Gesamtoptimierung des Systems beitragen (Bild 1.2.2).

1.2.2 Randbedingungen für ASICs im Kfz

Die Randbedingungen für Elektronik im Kfz unterscheiden sich zum Teil erheblich von denen anderer, aber oftmals marktbestimmender Elektronikanwendungen wie z.B. aus der Telekommunikation. Neben den speziellen technischen Randbedingungen, auf die im Folgenden noch genauer eingegangen wird (Bild 1.2.3), zeichnen sich Kfz-spezifische Bauelemente insbesondere durch lange Markteinführungs- und Produktlebenszyklen aus. Kfz-Elektroniken müssen über Zeiträume von 15...20 Jahren verfügbar sein. Halbleiter im Kfz müssen hohe Funktions- und Qualitätsanforderungen erfüllen. Ihre maximal zulässigen Ausfallraten liegen in der Größenordnung von 1 ppm und darunter. Halbleiter im Kfz unterscheiden sich damit erheblich von der Mehrzahl anderer Elektronikanwendungen. Sie stellen besondere Anforderungen an ihre Entwicklung, Fertigung und Prüfung. Sie sind daher, gerade auch auf Grund dieser Sonderrolle, prädestiniert für vollständig anwendungsspezifische Lösungen, also für ASICs.

extreme Einsatzgebiete
- Betriebstemperatur (-40°C ......150...175°C (300°C bei Impulsbelastung))
- mech. Belastung (Temperaturwechsel, Feuchte, Vibration, Schockbelastung)
- el. Betriebsbereich (4,5V, < 6V ...... 28V (> 70V bei Impulsbelastung))

hohe Impulsbelastung
- Schalten von induktiven Verbrauchern
- Lastabfall am Generator
- ISO-Impulse

hohe Qualitätsanforderungen
- Ausfallraten < 1 ppm

kurze Entwicklungszeiten
- 1te Muster (full custom design) in 6 Monaten

Bild 1.2.3

Die härtesten technischen Randbedingungen werden gesetzt durch den Umgebungstemperaturbereich und die besonderen Eigenschaften des Kfz-Bordnetzes. Extreme Temperaturen treten z.B. im Motorraum, im Getriebe, an der Bremse und in der Nähe der Abgasanlage auf. Typische Temperaturanforderungen an Bauelemente sind:

    - 40 °C   für den Startfall im Winter
    +125 °C und mehr im Motorraum
    +175 °C und mehr im Generator

Kfz-Elektroniken müssen in diesem Temperaturbereich parametertreu arbeiten. Einkristallines Silizium, das Basismaterial integrierter Schaltungen, ist bei diesen Temperaturen grundsätzlich noch uneingeschränkt einsetzbar. Es ist thermisch außerordentlich robust. Seine Wärmeleitfähigkeit ist vergleichbar der von Eisen, seine Wärmekapazität sogar noch deutlich höher. Beschränkende Faktoren liegen weniger im Silizium als in der Aufbau- und Verbindungstechnik. Bondverbindungen und Plastikmassen gängiger IC-Gehäuse beschränken die Einsatztemperatur der Halbleiter vielfach auf Temperaturen < 150...165°C. Aufgabe der IC-Schaltungstechnik ist es Lösungen zu finden, die im gesamten Temperaturbereich zuverlässig und präzise arbeiten. Eine Selektion, z. B. nach Genauigkeits- oder Temperaturklassen, ist bei problemorientierten Schaltungslösungen (ASICs) in der Regel nicht möglich. Alle Teile eines Typs gehen in die selbe Anwendung und müssen dort ihre Spezifikation uneingeschränkt erfüllen. Um wirtschaftlich zu bleiben, müssen ASICs daher mit hoher Ausbeute herstellbar sein. Die große Entwurfsfreiheit im ASIC, welche die volle Nutzung aller schaltungstechnischen Möglichkeiten zuläßt, hilft mit diese Ziele zu erreichen.

Bordnetzspannungen von 12 V für Pkw und 24 V für Nkw sind für sich genommen nahezu ideal für die Silizium-Elektronik. Erheblich erschwerend wirken sich aber Störungen im Bordnetz aus, die allen am Netz arbeitenden Teilen eine sehr robuste Auslegung abverlangen. Beim Start, beim Schalten großer Lasten, beim Abschalten induktiver Verbraucher entstehen große, schnelle Änderungen der Spannungen und Ströme. Kabelbäume übertragen und formen diese Impulse oder Impulsgruppen, deren Energie ausreicht konventionelle oder nicht gesondert geschützte integrierte Schaltungen zu zerstören. Bordnetzschwankungen, ausgelöst z.b. durch den Starteinbruch auf 6 V (5 V für einige 10 msec) erzwingen, in Verbindung mit der gleichzeitigen Forderung nach Funktion bis ca. 24 V (bei Fremdstart aus Nkw-Batterien), für viele Bauteile, z.B. in der Motorsteuerung, einen sehr weiten Funktionsbereich.

Impulse aus dem Abschalten induktiver Lasten (z.B. Ventile) bringen ebenso wie ESD-Impulse integrierte Schaltungen an den Grenzbereich der im Halbleiter absorbierbaren Energien. An drei Beispielen sollen hier die Grenzen integrierter Schaltungen etwas verdeutlicht werden:

Die Energie aus ESD-Impulsen wird in etwa 10..100 nsec umgesetzt. Sie muß, falls keine gesonderten Schutzstrukturen vorhanden sind, vollständig in den aktiven Gebieten an der Siliziumoberfläche absorbiert werden. Die umsetzbare Energie ist also direkt proportional zur benötigten Siliziumfläche (Bild 1.2.4). Forderungen nach ESD-Festigkeiten von 8...10 kV münden daher, insbesondere bei gleichzeitig geforderter hoher Spannungsfestigkeit, in Chipflächen von 1 mm² und mehr. Es ist deshalb, mit Ausnahme von Leistungsschaltern, bei denen die ohnehin große Endstufenfläche als ESD-Element mit genutzt werden kann, kaum wirtschaftlich einen ESD-Schutz für diesen Spannungsbereich ohne unterstützende externe Beschaltung zu realisieren.

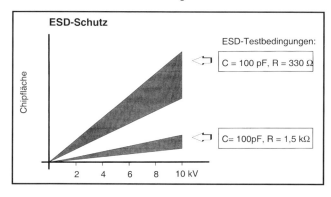

Bild 1.2.4

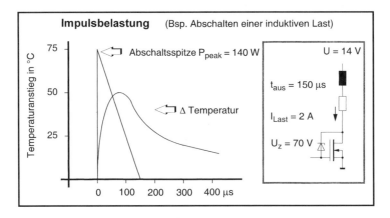

Bild 1.2.5

Im Vergleich zu ESD-Impulsen, sind Impulse aus der Abschaltung induktiver Lasten (z.B. in Ventilendstufen) mit etwa 50...500 µsec wesentlich länger. Zum Abtransport ihrer Energie trägt auch bereits die Wärmeleitung im Silizium bei. Sie werden daher nicht mehr nur an der Chipoberfläche, sondern bereits auch im Siliziumvolumen absorbiert. Dabei treten, abhängig von der Pulsform und dem Energieinhalt, unterschiedliche Spitzentemperaturen an der Chipoberfläche auf. Im Beispiel (Bild 1.2.5) wird eine induktive Last aus einem Stromniveau von 2 A heraus abgeschaltet. Die in der Induktivität gespeicherte Energie wird hauptsächlich über die 70 V Zenerung in der Endstufe abgebaut. Diese hohe Löschspannung ermöglicht ein schnelles Abschalten (150 µs im Beispiel), bewirkt aber auch eine hohe Verlustleistungsspitze im Bauelement. Soll eine durch den Halbleiterprozeß gegebene Grenztemperatur nicht überschritten werden, ist u.U. bereits Höhe und Form dieses Abschaltimpulses und die daraus resultierenden Temperaturspitze und nicht mehr wie gewöhnlich der Einschaltwiderstand maßgebend für die Auslegung (Chipfläche) der Endstufe. Nur die genaue Kenntnis der möglichen Applikationen erlaubt eine optimierte Dimensionierung solcher „energiebegrenzter" Endstufen.

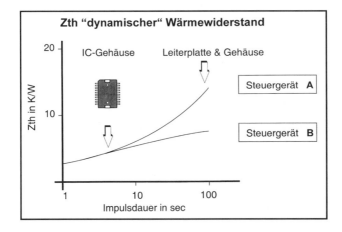

Bild 1.2.6

Impulse oder Impulsgruppen deren Dauer etwa eine Millisekunde übersteigt werden nicht mehr alleine im Chip, sondern auch im IC-Gehäuse absorbiert. Typische Leistungsgehäuse tragen mit Ihrer Wärmekapazität noch bis zu einigen Sekunden zur Absorption von Verlustleistungspulsen bei. Für kurze Pulse ist daher die Erwärmung des Chips wesentlich geringer als im stationären Zustand. Dieses Verhalten wird im folgenden Diagramm (Bild 1.2.6) am Beispiel einer typischen Zth-Kurve dargestellt. Die Zth-Darstellung ergibt den Wärmewiderstand als Funktion der Pulsdauer. Nach einigen Sekunden wird das thermische Verhalten vom Aufbau des Gerätes (Leiterplatte und Gehäuse) dominiert.

Die Kenntnis dieser Zusammenhänge ermöglicht, bei richtiger Abstimmung während der Definition und Entwicklung eines Systems, alle Möglichkeiten für eine Gesamtoptimierung auszuschöpfen. Dies gewinnt vor dem Hintergrund der sich schnell weiter entwickelnden Halbleiterprozesse zunehmend an Bedeutung. Der Trend zur Strukturverkleinerung (Shrink) ist ungebrochen. ESD-Schutzelemente oder Endstufen, deren Fläche bereits durch die aufzunehmenden Energien bestimmt werden, können nicht weiter verkleinert werden. Dies führt zu einem Problem. Energiebegrenzte IC-Komponenten, wie ESD-Elemente oder Endstufen, können dem „Shrinkpfad" der Halbleiterindustrie nicht mehr uneingeschränkt folgen.

- Strukturen werden durch fortschreitende Technologie verkleinert (Shrink).
- Halbleiterwafer werden durch den Aufwand für kleinere Strukturen teurer.
- Da aber gleichzeitig wesentlich mehr Funktionen pro mm^2 und somit auch mehr Chips pro Wafer möglich werden, wird dies in der Regel mehr als kompensiert. Die Kosten pro Funktion sinken. Chips werden kleiner und billiger.
- Dies gilt vor allem für Digitalfunktionen. Energieberenzte Endstufen oder ESD-Elemente können nicht im selben Maß verkleinert werden, tragen aber beim Übergang auf dichter packende, komplexere Halbleiterprozesse deren höhere Wafer-Kosten. Insbesondere der ESD-Schutz wird bei Shrinks teurer.

Eine Umsetzung in dichter packende, modernere Prozesse macht hier oft nur dann Sinn, wenn es gelingt deren Vorteile durch die sinnvolle Integration weiterer Funktionen, die von den Shrinkmöglichkeiten profitieren, intensiv zu nutzen. Endstufen z.B. entwickelten sich so von einfachen kurzschlußfesten Schaltern hin zu teilweise stromgeregelten, voll diagnosefähigen, seriell ansteuerbaren und trotzdem kostengünstigen ASIC-Bauelementen.

1.2.3 Einsatzbereiche für ASICs im Kfz

Auf Grund dieser Randbedingungen sind ASICs, sowohl als selbständige Einzelsysteme, als auch als Module komplexer Systeme, hervorragend geeignet.

Einzelsysteme stellen eine jeweils in sich geschlossene Einzelfunktion („stand alone system") im Kfz dar. Sie müssen daher über hohe Bordnetztauglichkeit verfügen und oftmals gleichzeitig unter hoher Temperaturbelastung, mit sehr hoher Genauigkeit arbeiten. Ein Beispiel dafür sind die zum Teil monolithisch ausgeführten Generator-Regler, die auf einem Chip extrem hohe Regelgenauigkeit mit robusten Schaltfunktionen verbinden. Dies wird erreicht durch ausgereifte Schaltungstechnik und spezielle, teilweise passend auf das Problem hin entworfenen Bauelementestrukturen. Moderne Halbleiter-Mischprozesse, die die gleichzeitige Darstellung von

- Analogschaltungen (Bipolar oder CMOS), komplexer
- Logik bis hin zu einfachen Rechnerkernen mit kleinen Speichern, sowie
- Leistungsteilen für Endstufen und Bordnetzschutz

erlauben, eröffnen zahlreiche Lösungsansätze für „Elektronik vor Ort".

Komplexe Systeme gruppieren sich in der Regel um einen umfangreichen Digitalkern. Am Beispiel einer digitalen Motorsteuerung (Motronic) soll die Rolle von ASICs hier noch etwas näher beleuchtet werden (Bild 1.2.7). Sensoren am Motor liefern Meßsignale für das Steuergerät. Im Beispiel sind es u.a. die Sensoren für Kraftstoff/Luft-Verätnis (λ), Drosselklappenwinkel, Luftmasse, Drehzahl, Temperatur und Klopfgeräusch. Das Steuergerät seinerseits liefert die Ansteuerung für eine Vielzahl von Aktoren. Im Beispiel sind es hier die λ-Sondenheizung, die Einspritzventile, der Drosselklappensteller und verschiedene Anzeigen. Neben dem Display und dem Diagnose-Tester kommuniziert das Gerät auf Bussystemen (z.B. CAN) noch mit anderen Einheiten im Fahrzeug. Das Bild ist unvollständig, bringt aber wesentliche technischen Gegebenheiten zum Ausdruck.

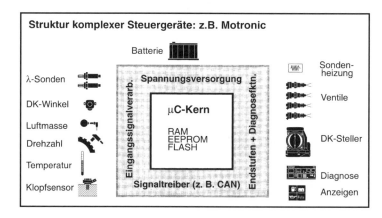

Bild 1.2.7

Der Mikrocontroller ist ein Spezialist der komfortable Einsatzbedingungen verlangt. So müssen z.B. seine Betriebsspannungen in der Regel auf wenige Prozent genau eingehalten werden. Dazu versorgt ihn ein Spannungsregler, der den gesamten Bordnetzschutz übernimmt und zusätzlich die Versorgung auch während negativer transienter Vorgänge im Bordnetz sicher stellt. Der Mikrocontroller (µC) mit seinen Speicherbauelementen ist in seiner eigentlichen Aufgabe der Berechnung und Überwachung von Motorfunktionen extrem leistungsfähig und flexibel, aber in vielen Fällen selbst unfähig direkt mit seiner physikalischen Umwelt zu kommunizieren.

Eingangsseitig muß, obwohl der Mikrocontroller über A/D-Wandler verfügt, ein Teil der Daten aus der analogen Umwelt vorverarbeitet werden. Die komplexen Eingangssignale aus dem Klopfsensor erfahren eine aufwendige Filterung. Die Spannung aus dem induktiven Drehzahlgeber muß begrenzt und exakt in ein Digitalsignal umgewandelt werden. Breitband-λ-Sonden werden über ein ASIC, das die erforderlichen Regelkreise zwischen Elektronik und Sensorelement bedient, an den Rechner angekoppelt.

Auf der Ausgangsseite werden Aktoren wie z.B. Ventile, Relais, oder DC-Motoren, unter Bordnetzbedingungen, mit hohen Arbeitsströmen und Abschaltenergien betrieben. Neben Schutzschaltungen gegen Überlast, müssen die dazu benötigten Endstufen vor allem Diagnosefunktionen zur Überwachung der von ihnen getriebenen Lasten bereit stellen. Integrierte Endstufen mit programmierbaren Stromniveaus (Anzugs- und Haltestromregelung) eröffnen weite Felder für die Optimierung zwischen Elektronik und Aktor.

Der Digitalkern ist also allseits umgeben und abgeschirmt. Er benutzt Peripheriebausteine zum Schutz, zur Spannungsversorgung, zur Kommunikation und zur Signalaufbereitung. Seine Muskeln sind meist hochintegrierte Endstufen. Die Leistungsmekmale der dazu notwendigen Halbleiterprozesse sind in Bild 1.2.8 zusammengefaßt und nach Systemanforderungen gegliedert.

Merkmal \ Anwendung	Sensoren	Signal-Aufbereitung	Endstufen, Signaltreiber	Bordnetz-Schutz Versorgung
Leistungsdichte $P_{th} < 20$ W/mm^2 (200 W/mm^2)			X	X
Spannungsbereich 1.......80 V	(x)		X	X
Ströme: 0,1 µA........10 A $I_{Si} < 50$ A/mm^2, $I_{Al} < 10$kA/mm^2			X	X
Temperaturbereich -40 °C......150/175 °C (300 °C)	X	X	X	X
Genauigkeit, (Analogschaltungen) 0,5 mV......5 mV	X	X		
Logikfähigkeit (VHDL-Entwurf) CMOS-Logik, Speicher (NVM)	X	X	X	

Bild 1.2.8:   Leistungsmerkmale von Mischprozessoren nach Anwendungen

- Leistungsdichten von bis zu 200 W/mm² bezogen auf die Transistorfläche treten in Schutzschaltungen kurzzeitig auf. Stationäre Verlustleistungen, wobei der „stationäre" Betrieb für Halbleiter spätestens im Millisekunden-Bereich beginnt, liegen wesentlich niedriger (ca. < 5 W/mm²).
- Spannungen von 70...80V treten in Schutzschaltungen und bei der Abschaltung von induktiven Lasten auf. Um Reset- und Sicherheitsfunktionen beim Ein und Ausschalten sicher zu stellen ist aber für einzelne Baugruppen auch die Funktion bis herunter zu etwa 1 V erforderlich.
- Extreme Stromdichten treten in Schutzstrukturen und Endstufen auf. Hoch belastet sind hier vor allem die Aluminium-Leiterbahnen auf dem Chip. Kupfermetallisierungen, wie sie für neuere Prozesse zum Teil verfügbar werden, versprechen hier eine noch höhere Belastbarkeit.
- Der Standard-Temperaturbereich für ASICs erstreckt sich von -40 °C bis +150 °C. Neuere Prozesse sind bis +175 °C charakterisiert. Begrenzend wirkt neben der Metallisierung vor allem die IC-Aufbau- und Verbindungstechnik (Bondverbindungen,

Plastikmassen der IC-Gehäuse). Silizium selbst kann in Klammer- oder Schutzstrukturen unbeschadet bis ca. 300 °C erreichen.

– Die erreichbaren Genauigkeiten analoger Konzepte werden durch Offsetspannungen im Millivoltbereich begrenzt. Moderne Halbleiter-Mischprozesse erlauben dennoch, durch die Kombination analoger und digitaler Funktionen ($\Sigma\Delta$-Wandler, Kennlinienkorrektur „on chip"), die Realisierung von Signal- und Sensoraufbereitungsschaltungen mit wesentlich höherer Genauigkeit.

– Die zunehmende Fähigkeit digitale Funktionen und Speicher in Halbleiter-Mischprozessen darzustellen, erlaubt es nicht nur einen intelligenten Ring um den Digitalkern zu legen. Sondern sie ermöglicht für Anwendungen mit weniger komplexen Anforderungen, den Digitalkern als „embeded controller" mit seiner Peripherie auf einem gemeinsamen Chip zu realisieren.

1.2.4 Integrierte Bauelemente und Schaltungstechnik

Die in integrierten Schaltungen verwendeten Elemente unterscheiden sich erheblich von den, dem Entwickler elektronischer Systeme geläufigen, diskreten oder digitalen Baugruppen. Die daraus resultierende Schaltungstechnik erscheint oft unübersichtlich und komplex. Es ist Aufgabe des Mikroelektronik-Experten die Bandbreite dieser Lösungsansätze in die Optimierung des Systems mit einzubringen. Einige Aspekte und Besonderheiten der IC-Schaltungstechnik sollen im Folgenden beleuchtet werden.

Integrierte Schaltungen verfügen in der Regel nicht, oder nur mit entsprechenden Mehrkosten, über absolut genaue Komponenten. Einfache integrierte Widerstände z.B. erreichen über Temperatur und Exemplarstreuungen kaum Genauigkeiten unter 50 %. Integrierte Spannungsteiler dagegen, die auf dem Gleichlauf zweier Widerstände aufbauen, erreichen Genauigkeiten deutlich unter 1 %. Grund dafür ist, daß alle für den Entwurf eines ICs verfügbaren Elemente erhebliche, zum Teil stark nichtlineare Temperaturabhängigkeiten besitzen. Zusätzlich streuen die Eigenschaften der Bauelemente:

– erheblich von Fertigungscharge zu Fertigungscharge
– wesentlich geringer innerhalb einer Charge
– sehr gering innerhalb eines Wafers
– und nahe zu nicht mehr innerhalb eines Chips

Die Ausnutzung der geringen Bauelementestreuung innerhalb eines ICs – alle Komponenten werden zum gleichen Zeitpunkt und unter identischen Bedingungen gefertigt – und die gezielte Nutzung (Kompensation) von Temperaturabhängigkeiten, begünstigt durch die enge thermische Kopplung der Komponenten auf dem Chip, bilden die Grundlage analoger integrierter Schaltungstechnik. Dies gilt nicht nur für passive Komponenten. Auch die in diskreter Technik nahezu unzulässige Parallelschaltung von Transistoren gehört auf Grund dieser Eigenschaften zum festen Repertoire der IC-Schaltungstechnik (Bild 1.2.9).

Eine weitere Eigenart integrierter Schaltungen, deren Beherrschung gerade für Kfz-spezifische Anwendung von besonderer Bedeutung ist, ist das Vorhandensein parasitärer Elemente. Die Funktionselemente integrierter Schaltungen sind in der Regel nicht im klassischen Sinn voneinander isoliert. Die Isolation erfolgt durch wechselseitig gesperrte pn-Übergänge. Unter Kfz-Bedingungen können durch Verpolung, durch Störungen aus

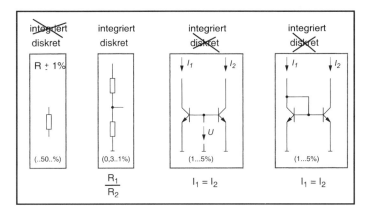

Bild 1.2.9

dem Bordnetz, durch Rückspeisung aus induktiven Verbrauchern (z.B. DC- oder Steppermotoren) regelmäßig Betriebszustände auftreten bei denen parasitäre Elemente aktiviert werden. DMOS-Transistoren in integrierten Endstufen z.B. verfügen wie diskrete Elemente über eine parasitäre Bulk-Diode, die bei Verpolung des Transistors leitend wird. Darüber hinaus besitzen integrierte DMOS-Elemente aber weitere, dazu parallel liegende Substrat-Dioden. Geraten diese in Flußrichtung bilden Sie zusammen mit umliegenden Elementen parasitäre npn-Transistoren (Bild1.2.10). Wird z.B. der Ausgang einer solchen Endstufe unter Masse gezogen, wirkt diese wie der Emitter eines sehr großen Bipolar-Transistors. Die in das Substrat initiierten Elektronen können von mehr oder weniger weit entfernten Elementen der integrierten Schaltung, die wie Kollektoren dieses parasitären Bipolar-Transistors wirken, eingefangen werden und dort völlig unbeabsichtigte Reaktionen auslösen. Reaktionen die bei ungünstiger Schaltungs- und Layoutauslegung zu massiven Funktionsstörungen, oder im schlimmsten Fall zur Zerstörung des ICs führen können. Die Beherrschung solcher parasitärer Strukturen in allen Betriebszuständen, durch robuste Layoutauslegung und die Auswahl geeigneter, störsicherer Schaltungskonzepte, z.B. im einfachsten Fall das Kurzschließen parasitärer Elemente durch gezieltes Wiedereinschalten von Endstufen bei Verpolung, gehört mit Sicherheit zur hohen Schule der IC-Entwicklung für Kfz-spezifische Anwendungen.

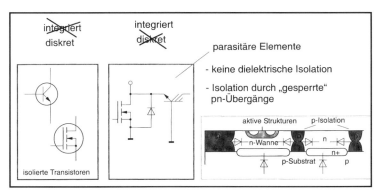

Bild 1.2.10

Naheliegend scheinende diskrete Lösungsansätze sind in integrierten Schaltungen oft nicht umsetzbar. Ein simples 10 msec Zeitglied, diskret durch eine RC-Schaltung (z.B. 100 kΩ, 100 nF) einfach darstellbar, kann integriert so nicht realisiert werden. Es stehen dafür weder genaue große Widerstände noch Kondensatoren mit mehr als einigen 10 pF zur Verfügung. Die naheliegendste integrierte Lösung ist der Übergang auf digitale Strukturen. Oszillatoren und Zählerketten sind im IC einfach und kostengünstig darstellbar (Bild 1.2.11). Digitale Lösungen verfügen ohnehin über ein hohes Potential zur Realisierung kostengünstiger Schaltungskonzepte. Im Gegensatz zu analogen Schaltungen profitieren sie uneingeschränkt von dem fortschreitenden Trend zur Strukturverkleinerung. Digitale Lösungen können unbegrenzt dem Shrinkpfad der Halbleitertechnologie folgen. Während dies für analoge Konzepte, insbesondere beim Eintritt in Strukturgrößen unter einem Mikrometer, zunehmend schwieriger wird.

Für die IC-Schaltungstechnik ist also, im Vergleich zu diskreten Lösungen, ein eingeschränkter, anders gearteter Komponentensatz verfügbar. Unvermeidliche parasitäre Elemente und das Fehlen klassischer Komponenten, wie z.B. großer Kapazitäten oder Induktivitäten, erfordern alternative Lösungen. Dies führt wie gezeigt zu eigenen Lösungsansätzen, die nur in engem Zusammenwirken zwischen System- und IC-Entwicklern erarbeitet werden können.

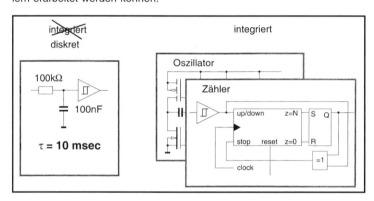

Bild 1.2.11

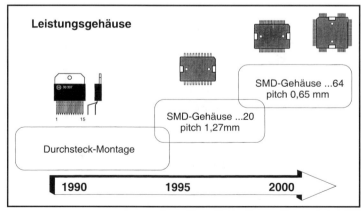

Bild 1.2.12

Moderne Mischprozesse erlauben die gemeinsame (System-) Integration von:

- Bipolaren und CMOS-Analogfunktionen,
- CMOS-Digitalfunktionen (bis zu µC-Kernen und nichtflüchtigen Speichern)
- DMOS*-Leistungsstufen (*DMOS = Double diffused MOS)

Die Nutzung des Potentials, der heutigen 1,0.....0,6 µm Prozesse und der in absehbarer Zeit weiter nachfolgenden Sub-µm-Prozeßgenerationen, ist eine gemeinsame Herausforderung für IC- und Systementwickler.

1.2.5 IC-Gehäuse für Kfz-Anwendungen

Die entscheidendsten Fortschritte in der IC-Gehäuse-Technik für Kfz-Anwendungen wurden in den letzten Jahren auf dem Gebiet der Leistungsgehäuse erreicht (Bild 1.2.12). Leistungs-SMD-Gehäuse mit bis zu 64 pins sind heute Standard. Die Weiterentwicklung zielt auf die Fähigkeit noch höhere Ströme und Verlustleistungen zu beherrschen. Bei Signalgehäusen ist die Reduzierung des Bauraums und somit der benötigten Leiterplattenfläche eines der wichtigsten Ziele für die nahe Zukunft. Hier gilt es aus der Vielzahl der Chipsize- und Chipscale-Packages diejenigen heraus zu arbeiten, die letztendlich die harten Kfz-spezifischen Anforderungen mit Sicherheit erfüllen werden.

1.2.6 Schlußbemerkungen

Dieser Aufsatz sollte und konnte nur einige Teilaspekte aus dem Feld Kfz-spezifischer integrierter Schaltungen beleuchten. Er soll einen ersten Einblick in Themen aus diesem Gebiet geben und so zum Dialog zwischen der IC- und der Elektronik-Systementwicklung anregen.

Der erste Aufsatz zum Thema „Kfz-spezifische integrierte Schaltungen" von R. Kienzler und U. Fleischer wurde 1994 in „Elektronik im Kraftfahrzeugwesen" abgedruckt. Bei der Überarbeitung dieses Beitrags zur dritten Auflage 2001 wurde klar wie wenig oder wieviel sich in diesen Jahren verändert hat.

Wenig in Bezug auf die Grundaussagen zur zwingend notwendigen, interdisziplinären Zusammenarbeit zwischen IC- und Systementwicklern. Hier konnten Kernaussagen unverändert übernommen werden. Die geforderte enge Kooperation ist heute nicht weniger bedeutend als damals.

Viel dagegen geschah in diesem Zeitraum in technischer Hinsicht. Die damals, in den Mischprozessen der 1ten Generation noch dominierende Bipolar-Analog-Technik tritt zunehmend in den Hintergrund. Mischprozesse der 4ten und 5ten Generation eröffnen bisher noch kaum in vollem Umfang genutzte Möglichkeiten für neue, meist digitale Lösungen. Wir sind damit gerüstet um mit den Entwicklern elektronischer Systeme weiter neue Felder zu betreten und dabei mit ASICs ein interessantes Lösungspotential zur Verfügung zu stellen.

1.3 Vernetzung der Elektronik im Kfz
H.-J. Mathony

Kurzfassung

Moderne Kraftfahrzeuge sind mit einer Vielzahl elektronischer Steuergeräte ausgestattet. Die Elektronik im Kraftfahrzeug sorgt für ein hohes Niveau an Fahrsicherheit, Insassenschutz, Umweltfreundlichkeit, Komfort, Information und Kommunikation. Der Anteil der Elektronik im Kraftfahrzeug nimmt mit einem geschätzten Wachstum von 10% pro Jahr weiter zu. Zahlreiche neue Produkte und Funktionen befinden sich in der Entwicklung, wie z.B. Videosensorik für Fahrerassistenzsysteme, x-by-wire Systeme, Multimedia und Internetzugang.

Bis in die 90er Jahre waren die Elektroniken im Fahrzeug weitgehend unabhängig operierende Standalone-Geräte. Erst mit der Einführung von Datenbussen wie dem von Bosch entwickelten Controller Area Network (CAN) begann die Vernetzung der Elektronik im Kfz. Heute verfügen Fahrzeuge über mehrere, durch Gateways gekoppelte Netze für die Subsysteme Antrieb/Fahrwerk, Karosserie/Innenraum und Multimedia/Telematik. Der Trend geht zur kompletten Vernetzung aller Elektroniken und zum Anschluss des Fahrzeugs an das weltweite Datennetz („Internet auf Rädern").

Der vorliegende Beitrag beschreibt den Stand der Kommunikationstechnik im Fahrzeug. Er beinhaltet die Beschreibung des Controller Area Network sowie Netzwerklösungen für Multimedia und für sicherheitskritische x-by-wire Systeme. Darüber hinaus werden aufkommende Standards wie TTCAN, LIN und OSEK vorgestellt. Der Beitrag endet mit einem Ausblick für die Zukunft.

1.3.1 Einleitung

Mit der Einführung von Bussystemen, zunächst im Antriebsstrang, wenige Jahre später dann in den Bereichen Karosserieelektronik und Infotainment wurde die Elektrik-/Elektronik-Architektur im Fahrzeug grundlegend geändert.

Vormals elektrisch geschaltete Komponenten wie z.B. Lampen, Wischer, Heckscheibenheizung werden durch Elektronik und Relais oder Halbleiterschalter (Smart Power Switches) gesteuert. Mehrere Funktionen werden zwecks Reduzierung der Kosten und der Verkabelung in multifunktionalen Steuergeräten integriert, die räumlich verteilt und über ein Kommunikationsbus miteinander vernetzt sind. Funktionen wie z.B. Zentralverriegelung werden durch das Zusammenwirken mehrerer Steuergeräte realisiert. Die Vernetzung führt zu einer deutlichen Reduzierung der Anzahl von Leitungen und Sensoren, erhöht die Zuverlässigkeit (weniger Kontakte) und reduziert die Kosten. Weitere Vorteile sind: Flexibilität hinsichtlich der Zuordnung von Funktionen zu Steuergeräten sowie bessere Diagnosemöglichkeiten. Bild 1.3.1 zeigt eine typische Vernetzungsstruktur. Dargestellt ist ein Fahrzeug mit zwei Netzen, ein high-speed CAN-Bus für die Kommunikation zwischen Steuergeräten des Antriebsstrangs, und ein low-speed CAN-Bus für die Vernetzung von Komponenten im Innenraum. Beide Netze sind über ein, im Kombiinstrument integriertes Gateway miteinander verbunden.

Folgende Anwendungsgebiete für die Kommunikation im Kfz lassen sich unterscheiden:
- Antrieb/Fahrwerk: Regelung von Motor, Getriebe, Fahrwerk und Bremsen. Datenübertragungsraten liegen im typischen Bereich von 200 Kbit/s bis 1 Mbit/s.
- Karosserie- und Komfortelektronik, z.b. Lampensteuerung, Klimaregelung, Zentralverriegelung sowie Sitz- und Spiegelverstellung. Typische Datenraten liegen im Bereich von 50-100 Kbit/s.
- Mobile Kommunikation: Vernetzung von Autoradio, Telefon, CD-Wechsler, Navigation, Bedien- und Anzeigeeinheit. Hier muss unterschieden werden zwischen der Übertragung von Steuerdaten und der Übertragung von Audio/Videodaten.
- Sicherheitskritische Systeme (x-by-wire): Z.B. Kommunikation zwischen dezentralen Radbremselektroniken und Bremsmanagement-Steuergerät im Falle eines brake-by-wire Systems. Die Anforderungen bezüglich Ausfallsicherheit sind extrem hoch, da kein mechanisches Backup vorhanden ist.

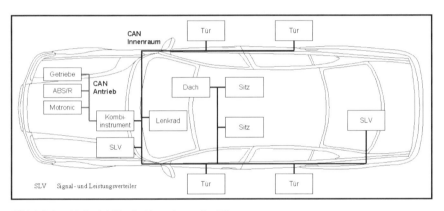

Bild 1.3.1:   Beispiel für die Vernetzung im Kfz

1.3.2 Controller Area Network

Bosch hat Mitte der 80er Jahre das Bussystem CAN speziell für die echtzeitfähige und zuverlässige Datenübertragung im Kfz entwickelt [CAN00]. CAN ist ein serieller Datenbus, der gleichberechtigte Stationen miteinander verbindet. Beim Nachrichtenaustausch werden keine Stationen adressiert, sondern der Inhalt einer Nachricht (z.B. Drehzahl, Motortemperatur) wird durch einen netzweit eindeutigen Identifier gekennzeichnet. Neben der Inhaltskennung legt der Identifier auch die Priorität der Nachricht fest, deren Wert für die Buszuteilung entscheidend ist, wenn mehrere Stationen gleichzeitig um den Buszugriff konkurrieren.

Prinzip des Nachrichtenaustauschs (siehe Beispiel in Bild 1.3.2):
Möchte ein Station eine Nachricht senden, so gibt deren CPU die zu übertragenden Daten und deren Identifier mit der Übertragungsanforderung an den CAN-Baustein („Bereitstellen"). Die Bildung und Übertragung der Nachricht übernimmt der CAN-Baustein. Sobald Station 2 die Buszuteilung bekommt („Botschaft senden"), werden alle anderen Stationen Empfänger dieser Nachricht („Botschaft empfangen"). Alle Stationen im Netz prüfen nach Empfang der Nachricht anhand des Identifier, ob die empfangenen Daten für sie relevant sind oder nicht („Selektieren"). Sind die Daten für die Station von Bedeutung, so werden sie weiterverarbeitet („Übernahme"), ansonsten ignoriert.

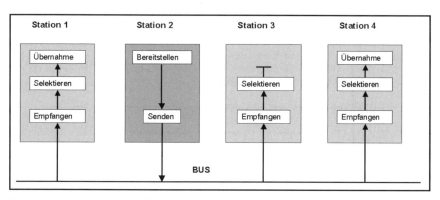

Bild 1.3.2: Prinizp des Nachrichtenaustauschs

Durch die beschriebene inhaltsbezogene Adressierung wird eine hohe System- und Konfigurationsflexibilität erreicht, da sich sehr einfach Stationen zum bestehenden System hinzufügen lassen. Da keine physikalischen Zieladressen beim Datenaustausch benutzt werden, können mehrere Stationen gleichzeitig eine Nachricht empfangen und verteilte Prozesse im System synchronisiert werden.

Buszuteilung (siehe Beispiel in Bild 1.3.3)
Sobald der Bus frei ist, beginnen alle Stationen, ihre wichtigste Nachricht zu senden. Entstehende Zugriffskonflikte löst das Verfahren der „zerstörungsfreien bitweisen Arbitrierung": Jede Station sendet und beobachtet „Bit für Bit" den Buspegel. Entsprechend dem wired-AND Mechanismus überschreibt ein dominantes Bit (logisch 0) rezessive Bits (logisch 1). Stationen, die ein rezessives Bit senden und ein dominantes Bit beobachten, verlieren die Priorität bei der Buszuteilung. Sie werden für diese Nachrichtenübertragung automatisch zu Empfängern. Im Beispiel wird Station 1 mit dem dritten Bit zum Empfänger. Mit dem siebten Bit bekommt Station 2 die Priorität gegenüber Station 3 und setzt ihre Nachricht ab. Alle anderen Stationen empfangen diese Nachricht und beginnen anschließend erneut ihre Nachrichten zu senden.

Nachrichtenformate (siehe Bild 1.3.4)
CAN unterstützt zwei verschiedene Nachrichtenformate, die sich ausschließlich in der Länge der Identifier (ID) unterscheiden. Die Länge des ID im Standardformat ist 11 Bit und beträgt 29 Bit im Erweiterten Format. Ein Datenrahmen besteht aus:

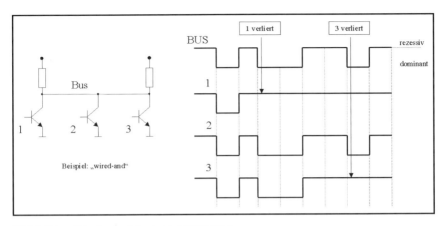

Bild 1.3.3: Prinzip der bitweisen Arbitrierung

- Startbit (Start-of-Frame) = dominant
- Arbitrationfield: dient der Priorisierung und enthält Identifier und Remote Transmission Request Bit
- Control Field: enthält IDE-Bit zur Unterscheidung zwischen Standard- und Erweiterten Format und Data Length Code, der die Anzahl der Bytes im Datenfeld angibt
- Data Field: enthält die zu übertragenen Daten (0 – 8 Byte)
- CRC: Prüfbits zur Erkennung von Übertragungsfehlern
- Ack-Field: enthält Bestätigungssignal aller Stationen, die die Nachricht richtig empfangen haben
- End of Frame: Endekennung

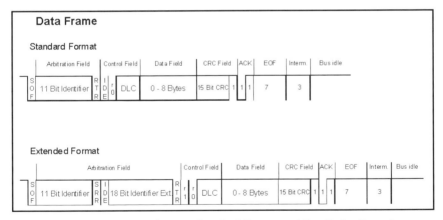

Bild 1.3.4: CAN Nachrichtenformate Standard Format und Erweitertes Format

Fehlererkennung

Das CAN-Protokoll enthält eine Reihe von Mechanismen zur Erkennung von Übertragungsfehlern. Der Cyclic Redundancy Check (CRC) sichert die Daten einer Nachricht indem sendeseitig Prüfbits hinzugefügt werden, die vom Empfänger neu berechnet und mit dem empfangenem Prüfbits verglichen werden. Darüber hinaus beobachtet der Sender den Buspegel, um Differenzen zwischen gesendetem und beobachtetem Bit zu erkennen. Weitere Mechanismen sind Frame Check (Formatprüfung), Acknowledgment Check und Code Check. Wird von einer Station ein Fehler erkannt, so wird die laufende Übertragung durch Senden einer Fehlernachricht (Error Flag) abgebrochen. Dadurch wird die Annahme der übertragenen Nachricht durch andere Stationen verhindert und somit systemweite Datenkonsistenz sichergestellt.

Implementationen (siehe Bild 1.3.5)

Alle CAN Implementationen sind bezüglich des Protokolls identisch und daher kompatibel. Dagegen gibt es Unterschiede, die die Schnittstelle zur CPU (Anwendung) betreffen. Sogenannte Full-CAN Implementationen haben an der Schnittstelle zur CPU einen Speicher (RAM), in dem zu sendende und zu empfangene Nachrichten gespeichert werden. Full-CAN Controller verringern die Belastung der CPU, indem sie die gesamte Kommunikation einschließlich der Akzeptanzprüfung in der Hardware durchführen.

Basic-CAN Controller haben in der Regel nur ein Sende- und zwei Empfangsregister für die Speicherung von Nachrichten und sind darauf angewiesen, dass die CPU empfangene Daten immer ausliest, bevor neue Nachrichten empfangen werden. Da die Akzeptanzprüfung mindestens teilweise in Software durchgeführt wird, sind Basic-CAN Controller in erster Linie für niedrige Übertragungsraten geeignet. Bei höheren Übertragungsraten können sie nur wenige Nachrichten verwalten. Sowohl Basic-CAN Controller als auch Full-CAN Controller werden on-Chip der CPU realisiert.

Merkmal	Full CAN	Basic CAN
	• Akzeptanzfilterung in Hardware	• Akzeptanzfilterung durch CPU in Software
Vorteil	• Entlastung der CPU	• Geringere Kosten für CAN Controller
CAN Controller	CPU ⇕ Botschaftsspeicher (DPRAM) / Protokollmachine ⇕ Transceiver ⇕	CPU ⇕ 1 Senderegister 2 Empfangsreg. / Protokollmachine ⇕ Transceiver ⇕

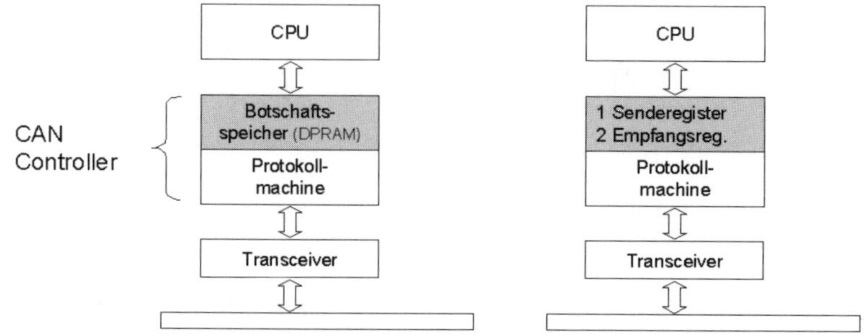

Bild 1.3.5: CAN Implementationen Full-CAN und Basic-CAN

Physikalische Ankopplung

Bei einer geeigneten Auslegung der physikalischen Parameter (Busstruktur, Datenrate, etc.) bewegt sich die elektromagnetische Ein- und Abstrahlung in engen Toleranzgrenzen. Der Bus ist als Zweidrahtleitung realisiert; diese überträgt die Daten als Differenzsignal. Je nach Anwendung ist die Zweidrahtleitung parallel, verdrillt oder geschirmt ausgeführt. Die Daten können auch über Lichtwellenleiter übertragen werden. Entscheidungskriterien für den Einsatz sind dabei die Kosten sowie technische Aspekte, zum Beispiel das Dämpfungsverhalten und die Temperaturstabilität der Bauelemente.

Die hohen Übertragungsraten bei der Echtzeitübertragung erfordern steile Signalflanken und damit niedrige Ausgangsimpedanzen. Deshalb enthalten die Transceiver Leistungstransistoren oder spezielle Treiberbausteine.

Multiplexanwendungen brauchen geringere elektrische Leistungen für die Signalübertragung. Bei geeigneter Wahl der Koppelschaltung sind keine Leistungsbauelemente erforderlich.

CAN ist als ISO Norm 11898 (High Speed, bis 1 Mbit/s) und als ISO Norm 11519-2 (Low Speed Bereich, < 125 Kbit/s) für den Datenaustausch im Kraftfahrzeug standardisiert. Darüber hinaus ist CAN seit mehreren Jahren auch in Steuerungsanlagen ausserhalb des Kraftfahrzeugs sehr erfolgreich im Einsatz, zum Beispiel in der Medizintechnik, der

Anwendung/ Subsystem	Komponenten	Datenrate	Eigenschaften	Protokoll Mechanismen	Beispiel
Antrieb, Fahrwerk	Motronic, ABS, ASR, ESP, Getriebe, ACC, etc.	Typ. 500 Kbit/s	Multimaster bus, verdrillte 2-Draht-Ltg	Asynchroner Datentransfer, Buszugriff prioritätsgest. (Priorität der Botschaft)	CAN High Speed
Karosserie, Komfort	Tür, Sitz, Kombiinstr., Klima, Bedienteile, etc.	< 125 Kbit/s	Multimaster bus, verdrillte 2-Draht-Ltg, fehlertoleranter physical layer	Asynchroner Datentransfer, Buszugriff prioritätsgest. (Priorität der Botschaft)	CAN Low Speed (Europe) J1850 (US)
Multimedia, Telematik	Radio, Navigation, Video, Soundsystem, Displays, CDC, Telefon	5 – 100 Mbit/s	Plastic optical fiber, Ring Topologie	Synchroner Datentransfer für Audio und Videodaten, Asynchronous Transfer von Steuerdaten	D2B optical MOST (Media Oriented Systems Transport) MML (Mobile Media Link)
X-by-wire	Steuergeräte, Aktorik	1 Mbit/s, 2 Mbit/s	Fehlertolerant. Physical layer, 2 Ltg.	Time-triggered (TDMA), Statiches Message Scheduling, Globale Zeit	TTP/C
Rückhalte-Systeme	Airbagelektronik, Zündstufen	125 Kbit/s	2 Ltg. für Leistung und Signale	Master-Slave, Powerline communication	BOSCH-TEMIC Restraint system bus

Tabelle 1.3.1: Übersicht Vernetzung im Kraftfahrzeug

Robotik, der Landwirtschaftstechnik, der Gebäudeleittechnik, in Aufzügen, in Rolltreppen, in Autowaschstrassen und im Schiffsbau.

CAN hat sich als Bussystem im Kraftfahrzeug für die Vernetzung von Steuergeräten im Bereich Antrieb/Fahrwerk, Karosserie und Komfort weltweit durchgesetzt. In den Bereichen Multimedia, Rückhaltesysteme und bei den sehr sicherheitskritischen x-by-wire Systemen sind andere Bussysteme im Einsatz beziehungsweise in der Entwicklung. Tabelle 1.3.1 zeigt in einer Übersicht die typischen Anforderungen der verschiedenen Anwendungen an die Vernetzungstechnik.

1.3.3 Subnetze

Für die Vernetzung von intelligenten Sensoren und Aktuatoren genügt häufig ein einfacheres Bussystem, da die Anforderungen an die Kommunikation geringer sind. Mehrere Hersteller setzen bereits Sub-Busse in ihren Fahrzeugen ein, zum Beispiel für die Ansteuerung von Lüftungsklappen in Klimaanlagen oder für die Ansteuerung von Kleinmotoren für die Sitzverstellung. Bei diesen einfachen Sub-Bussen erfolgt die Kommunikation über die SCI- oder die UART-Schnittstelle des Controllers unter Verwendung einer 1-Drahtleitung. Das Protokoll arbeitet nach dem Master/Slave-Prinzip, die Übertragungsrate ist typischerweise 9,6 Kbit/s. Sub-Busse sind über einen Knoten mit dem Hauptbus (z.B. CAN) verbunden, so dass eine hierachische Busstruktur entsteht (siehe Bild 1.3.6).

Die Fahrzeughersteller Audi, BMW, DaimlerChrysler, Volvo und Volkswagen sowie Volcano Communications Technologies und Motorola haben im Rahmen eines Industriekonsortiums das Bussystem LIN (Local Interconnected Network) entwickelt, um die existierenden proprietären Sub-Bus Lösungen durch einen kostengünstigen offenen Standard abzulösen. LIN zielt auf low-cost Anwendungen, zum Beispiel für die Vernetzung von mechatronischen Komponenten in den Bereichen Tür, Dach, Lenkrad, Sitz und Klimaanlage. Die Kosten der Kommunikationsschnittstelle soll um den Faktor 2-3 geringer sein als bei CAN. Die wesentlichen Merkmale von LIN sind [LIN00,Wen00, Spe00]:

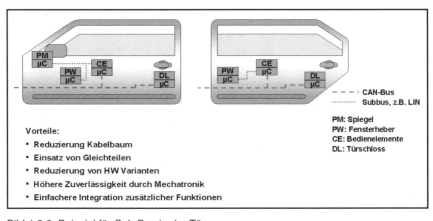

Bild 1.3.6: Beispiel für Sub-Bus in der Tür

- Standard low-cost serielle Schnittstelle (SCI, UART)
- Single Master/Multiple Slave Kommunikation (keine aufwendige Arbitrierung)
- Datenkapazität/Nachricht: 1-8 Bytes
- Taktgewinnung aus Bussignalfluß, dadurch Einsparung Oszillator (Quarz, Keramik)
- Mehrfachempfang (Multicast)
- Nachrichtenformat: Synchronisationsbyte, Identifierbyte, 1-8 Datenbytes, CRC-Prüfsumme, Endekennung
- 12V Eindrahtleitung (Buspegel entsprechend ISO 9141)
- maximal 16 Busknoten
- Übertragungsrate: bis 20 Kbit/s, Buslänge maximal 40 m

1.3.4 X-by-wire Systeme

X-by-wire Systeme realisieren sicherheitsrelevante Fahrzeugfunktionen wie z.B. Lenkung, Bremse, Antriebsstrang und Fahrwerk mit Hilfe der Elektronik ohne mechanische Rückfallebene. Sensoren und Aktuatoren werden dezentral durch Elektronik vor Ort gesteuert, übergeordnete Funktionen werden durch die Vernetzung (by-wire) der Elektronikkomponenten ermöglicht. X-by-wire Systeme substituieren mechanische Komponenten durch Elektronik (Vorteile: Reduzierung Gewicht, Gewinnung von Bauraum, Erhöhung der Sicherheit der Fahrgastzelle durch z.B. Wegfall Lenksäule) und bilden die Basis für zukünftige intelligente Fahrerassistenzsysteme, die den Fahrer unterstützen und die Fahrersicherheit weiter erhöhen. Aufgrund der fehlenden mechanischen Rückfallebene müssen x-by-wire Systeme extrem sicher und zuverlässig ausgelegt sein. Die Anforderungen an das Kommunikationssystem, das die einzelnen Elektronikkomponenten miteinander verbindet, sind entsprechend hoch:

- Regelmäßiger Nachrichtenverkehr: Daten werden zyklisch erfasst, verarbeitet und an die Aktuatoren weitergegeben. Daraus resultiert eine zyklische Datenübertragung und eine kalkulierbare Kommunikationsbandbreite.
- Konstante Latenzzeit: Die Zeit zwischen Senden und Empfangen einer Nachricht sollte idealerweise konstant sein, d.h. die Differenz zwischen maximaler und minimaler Latenzzeit (Latenzjitter) muss minimal sein.
- Fehlertoleranz: Es reicht nicht aus Fehler nur zu erkennen. Durch entsprechende Massnahmen wie beispielsweise aktive Redundanzen muss ein „fail-operational" Verhalten gewährleistet sein, d.h. in Echtzeit müssen erkannte Einzelfehler korrigiert werden.
- Robustheit gegen elektromagnetische Interferenzen. Recovery-Zeiten bei Systemausfall müssen minimal sein.

Eine weitere wesentliche Anforderung an die Systemarchitektur ist die Zusammensetzbarkeit (composability) der Subsysteme zu einem verteilten Gesamtsystem, wobei die für die isolierten Subsysteme validierten Eigenschaften - insbesondere das Zeitverhalten - erhalten bleiben. Dies führt zur Forderung, dass die einzelnen Subsysteme zeitlich entkoppelt sein müssen. Diese Anforderung kann nur durch ein zeitgesteuertes Kommunikationssystem realisiert werden [Kop98]. Bei zeitgesteuerten Protokollen wird jedem Busteilnehmer ein Zeitintervall aus einer Periode exklusiv zum Senden zur Verfügung gestellt. Jeder Teilnehmer kennt die Sendeintervalle der anderen Busteilnehmer, eine Kollision auf dem Bus wird ausgeschlossen. Dieses Buszugriffsverfahren heisst Time Division Multiple Access (TDMA). Die Teilnehmer haben die gleiche Priorität, die Nachrichtenlatenz ist berechenbar und nahezu konstant. Als Beispiel für ein TDMA-Busprotokoll für x-by-wire Systeme wird das an der Technischen Universität Wien, Institut für Technische Informatik, entwickelte Time Triggered Protocol TTP/C kurz beschrieben. Die wesentlichen Eigenschaften von TTP/C sind [Kop94, Kop98]:

- Zeitschlitzverfahren: jedes Steuergerät hat Zugriff auf den Bus in einem bestimmten Zeitintervall (TDMA).
- Statisches Nachrichtenscheduling: Zuordnung von Nachrichten zu Zeitschlitzen werden vor der Laufzeit statisch festgelegt und in jedem Steuergerät gespeichert.
- Synchrone Übertragung bei kurzer und konstanter Latenzzeit von Nachrichten.
- Globale Zeit durch Synchronisierung der lokalen Uhren.
- Fehlertoleranzmechanismen: mindestens ein Einfachfehler wird ohne Funktionsverlust toleriert.

Ein Steuergerät an einem TTP/C-Bus enthält einen Mikrocontroller (CPU) und einen TTP/C- Controller (für die Ausführung des Kommunikationsprotokolls) sowie einen Transceiver für den Buszugang (siehe Bild 1.3.7). Diese Einheit wird als Fail Silent Unit (FSU) bezeichnet; fail silent bezeichnet die Eigenschaft einer Station, entweder korrekte Nachrichten zu versenden oder sich still (silent) zu verhalten. Die Schnittstelle zwischen CPU und TTP/C-Controller ist als Dual Port RAM (DPRAM) ausgeführt und wird als Controller Network Interface (CNI) bezeichnet. Der Mikrocontroller schreibt zu sendende Daten in das CNI und liest die vom TTP/C-Controller empfangenen Daten aus dem CNI. Der TTP/C-Controller arbeitet nach der Initialisierungsphase vollständig autonom. Die Information, wann welche Station eine Nachricht zu senden hat, wird in einer Liste, der sogenannten Message Descriptor List (MEDL) lokal in jeder Station gespeichert.

Jeder TTP/C-Controller hat auf den duplizierten Bus (Kanal 1 und 2) Zugriff. Erreicht die globale Zeit eine Instanz, die in der MEDL enthalten ist, so wird die dort spezifizierte Aktion ausgeführt.

Um die Fehlertoleranz zu erreichen, können zwei FSUs 1 und 2 parallel zueinander betrieben werden. Zwei FSUs bilden eine fehlertolerante Einheit (Fault Tolerant Unit, FTU). Die Nachricht einer FTU wird physikalisch viermal gesendet, im Sendeslot a auf Kanal 1 und 2 durch FSU 1 und auf Sendeslot b auf Kanal 1 und 2 durch FSU 2.

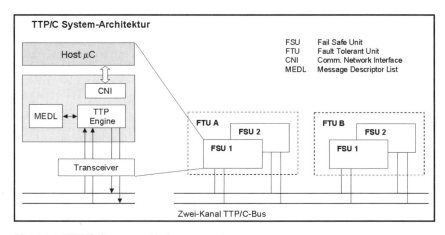

Bild 1.3.7: TTP/C Systemarchitektur

TTCAN - Time Triggered CAN [Fue00, Har00]

CAN wurde 1999 von Bosch für die zeitgesteuerte Datenübertragung weiterentwickelt. Die Zeitsteuerung ist eine Kommunikatonsschicht (OSI Session Layer), die auf dem unveränderten CAN-Protokoll aufbaut und dieses erweitert. TTCAN stellt eine globale Zeitbasis zur Verfügung und ermöglicht eine netzwerkweite zeitgesteuerte Kommunikation, bei der keine Buszugriffskonflikte auftreten. Die zeitgesteuerte Kommunikation basiert auf einer Referenznachricht, die von einem time master (CAN Station) gesendet wird. Jede Periode, die von einer Referenznachricht eingeleitet wird, wird als Basiszyklus (basic cycle) bezeichnet und ist in verschiedene Zeitfenster (time window) unterteilt. Die Zeitfenster eines Basiszyklus können unterschiedlich lang sein. Es werden drei Arten von Zeitfenster unterschieden:

- Exklusives Zeitfenster: Übertragung periodischer Nachrichten ohne Buszugriffskonflikte. Pro Zeitfenster wird eine Nachricht übertragen. Zu einem Zeitpunkt darf nur eine CAN-Station senden.
- Arbitration Zeitfenster: Übertragung von Ereignismachrichten, sofern gewährleistet ist, dass die Übertragung vor Beginn des nächsten exklusiven oder freien Fensters beendet ist. Buskonflikte können dabei auftreten und werden entsprechend dem CAN-Protokoll nicht-destruktiv aufgelöst.
- Freies Zeitfenster: reservierte Buskapazität für zukünftige Erweiterungen.

Mehrere Basiszyklen können zur einer Systemmatrix verknüpft werden. Die Basiszyklen bilden die Zeilen der Systemmatrix, die Spalten der Matrix bilden die Zeitfenster (exklusiv, Arbitration oder frei). Alle zu übertragenden Nachrichten eines TTCAN Systems werden den Zeitfenstern der Systemmatrix statisch zugeordnet. Zeitmarken definieren die einzelnen Abschnitte (Zeitfenster) des Basiszyklus. Eine CAN-Station muss nicht notwendigerweise die gesamte Systemmatrix kennen, sondern nur die für sie relevanten Zeitmarken. Bei Erreichen einer relevanten Zeitmarke wird eine Sende- oder Empfangsaktion ausgelöst.

Um eine fehlertolerante Datenübertragung zu gewährleisten, wird die time master Funktion mehreren Stationen zugeordnet. Dies erfolgt, indem man zusätzlich zum time master weitere potentielle time master definiert. Wenn keine Referenznachricht vom time master gesendet wird, beginnen die potentiellen time master ihrerseits mit der Übertragung einer Referenznachricht. Bei mehreren, gleichzeitig um den Buszugriff konkurrierenden time master Nachrichten setzt sich die Nachricht mit der höchsten Priorität beim CAN Arbitrierungsverfahren durch. Die Stationen, die diese höherpriore Referenznachricht empfangen, akzeptieren die sendende Station als neuen time master.

TTCAN erweitert CAN in zwei Stufen: Stufe 1 realisiert die von einem time master getriggerte zeitgesteuerte Kommunikation über CAN. In Stufe 2 wird zusätzlich eine globale Zeit generiert und die Uhren der einzelnen CAN-Stationen so synchronisiert, dass die Zeitdifferenz netzweit maximal eine Zeiteinheit (bit time) beträgt. Bosch arbeitet aktuell an VHDL-Referenzmodellen für die TTCAN-Funktionen, wie z.B. Trigger Memory, Frame Synchronization Entity und Global Time Unit [Har00].

Es ist geplant, TTCAN in zukünftigen Antriebsstrangsystemen und in x-by-wire Systemen mit hydraulischem/mechanischem Backup einzusetzen. Aufgrund der vollen Kompatibilität zu CAN können die gleichen CAN-Controller, CAN-Transceiver und Werkzeuge eingesetzt werden.

1.3.5 Multimedia/Telematik

Die bisher beschriebenen Protokolle und Bussysteme wurden speziell für die Echtzeitübertragung von Kontroll- und Steuerdaten entwickelt. Zunehmend werden auch Komponenten aus den Bereichen Kommunikation, Information und Multimedia miteinander vernetzt. Beispiele sind Radio, Audio, CD-Changer, Navigation, Telefon, Telematik, Spracheingabe, Internet, e-mail, TV/Video (DVD), PDA und Rückfahrkamera. Diese Anwendungen erfordern neben der Übertragung von Steuerdaten auch die Verteilung von Audio-, Bild- und TV/Video-Signalen im Kraftfahrzeug. Typische Datenraten sind in Tabelle 1.3.2 dargestellt. Bild und Ton werden digital, komprimiert (z.b. MPEG2) und im Unterschied zu Steuerdaten synchron als kontinuierlicher Datenstrom übertragen.

Anwendung		Datenrate (Mbit/s)
Steuerung	Low Speed	$\leq 0,125$
	High Speed	≤ 1
Audio	CD-Stereosignal	1,4
Video CD	MPEG1	1,5
DAB	MPEG3	1,7
CD-ROM	(4-speed)	5
DVB	MPEG2	8
DVD	MPEG2	10
TV	PAL, unkomprimiert	120

Tabelle 1.3.2: Typische Datenraten für Multimedia-Anwendungen

Die Vernetzungstopologie für Audio- und Video-Komponenten orientiert sich am Signalfluss: eine oder mehrere Quellen liefern Datenströme unidirektional an eine Senke, was einer Punkt-zu-Punkt- (Ring) oder Stern-Anordnung entspricht.

Anforderungen an die Multimedia-Vernetzung im Kraftfahrzeug sind [Koe99]:

- Bandbreite: die max. Bandbreite wird durch die Anzahl der Audio- und Videoanwendungen bestimmt. Aufgrund der beschränkten Anzahl von Fahrzeuginsassen, gibt es eine obere Grenze. 30 Mbit/s erscheinen ausreichend, auch unter Berücksichtigung zukünftiger videobasierter Assistenzsysteme dürften 100 Mbit/s nicht überschritten werden.
- Ausfallsicherheit: Ein hohes Maß an Ausfallsicherheit ist zu gewährleisten. Netztopologie: Stern oder Doppelring. Bei Einfachring: Jeder Teilnehmer sollte im Falle von stationsbezogenen Störungen „gebypasst" werden können. Hochwertiges Netzwerkmanagement: schnelles Starten und Herunterfahren, sichere Fehlerdetektion, Garantierung sicherer Betriebszustände. Applikationsebene: Redundanz sicherheitsrelevanter Funktionen, z.B. Netzmasterfunktion in mehreren Teilnehmern.
- Erweiterbarkeit: Nachrüstung von Geräten ohne grossen Aufwand und Vorhalt. Funktionale Erweiterbarkeit: Einbindung neuer, heute unbekannter Anwendungen. Trennung Applikations- und Netzwerkebene, um zukünftig Netze mit höherer Bandbreite ohne Auswechseln der Applikationsebene einsetzen zu können. Funktionale Partitionierung: Flexible Zuordnung von Funktionen zu Geräten erfordert funktionales Kommunikationsmodell.

- Offenheit: Plug-and-Play. Standardisierung nicht wettbewerbsrelevanter Schnittstellen und Komponenten (z.B. Laufwerke).
- Kosten: wirtschaftliche Darstellbarkeit ist essentiell. Nutzung von Plastic Optical Fibre (POF) als Übertragungsmedium und LED als optische Sender. Low-cost Netzwerk-Interface. Unterstützung isochroner Datenübertragung zur Vermeidung aufwendiger Datenbuffer. Standardisierung der Netz-Infrastruktur.

Die deutschen Automobilhersteller haben sich entschlossen, die Multimedia-Networking Technologie MOST (**M**edia **O**riented **S**ystems **T**ransport) in Serie einzusetzen. MOST unterstützt die Übertragungsmechanismen synchron, asynchron und isochron. Die Übertragung der Daten erfolgt in einem kontinuierlichem, Bi-Phase kodierten, synchronen Datenstrom. Dadurch sind in den einzelnen MOST-Komponenten keine teuren Zwischenspeicher erforderlich. Die Abtastfrequenz kann zwischen 30 und 50 kHz gewählt werden. Die Datenübertragung erfolgt in Blöcken, ein Block besteht aus 16 Frames zu je 512 Bit (= 64 Byte, davon 2 Byte Identifier, 2 Byte Kontrollinformation und 60 Byte für Transport von Sourcedaten). MOST stellt eine Bandbreite von 22,5 Mbit/s für Sourcedaten bei einer Abtastfrequenz von 47,1 kHz zur Verfügung. Es können damit vier Insassen mit unabhängigen Audio- und Videoanwendungen bedient werden. Bei MOST gibt es eine klare Trennung zwischen Applikations- und Netzwerkebene. Die Netzwerkschnitt stellt der Applikation eine definierte Schnittstelle zur Verfügung. Im Vordergrund steht die Funktion als gesteuerte Einheit (z.B. Tuner, Verstärker, CD-Player). Funktionsobjekte sind unabhängig von ihrem physikalischen Ort (Device). Die Adressierung auf Applikationsebene erfolgt rein funktional.

MOST ist für die optische Übertragung optimiert. Der Datenverkehr basiert auf einer Punkt-zu-Punkt-Verbindung mit Refresh in jedem Teilnehmer. Die Topologie realisert eine Ringstruktur zwischen den Teilnehmern. Alternativen zu MOST sind in Tabelle 1.3.3 dargestellt.

	MOST	IEEE1394	MML	HIQOS	Bluetooth
Datenrate	20 Mbit/s	400 Mbit/s	100 Mbit/s	100 Mbit/s	1 Mbit/s
Bus Topologie	Optical Ring	elektr. / opt. Tree	Optical passive Star	Optical Star/ Ring	Wireless multipoint
Verfügbare Komponenten	Prototypen: Tuner, CD, Amplifier, Video, Eval.-Kits	Geräte: Video, PC, HardDisk, CD, Eval.-Kits	Prototypen: Noch nicht Verfügbar	Prototypen: Noch nicht Verfügbar	Prototypen: Noch nicht Verfügbar
Konsortium	Becker, DC Oasis, BMW	1394 Trade Asoc. (Consumer Industr.)	Delphi / Delco, ST Microel. C&C Microel.	Panasonic Matsushita	Nokia, IBM, Ericsson, Toshiba, Intel
Kunden	Deutsche Kfz-Hersteller DC, BMW, Audi, etc.	PC/Konsum-Elektronik Industrie		Japan. Kfz-Hersteller	PC/Telekom.-Industrie

Tabelle 1.3.3: Vergleich verschiedener Multimedia-Busse (Stand Oktober 2000)

1.3.6 OSEK/VDX

OSEK/VDX ist ein Gemeinschaftsprojekt in der Automobilindustrie. Der Name OSEK steht für „Offene Systeme und deren Schnittstellen für die Elektronik im Kraftfahrzeug". Partner des 1993 gestarteten Projekts sind BMW, Bosch, DaimlerChrysler, Opel, PSA, Renault, Siemens, VW und das Institut für Industrielle Informationstechnik (IIIT) der Universität Karlsruhe als Projektkoordinator. Die französischen Automobilhersteller PSA und Renault brachten 1994 die Ergebnisse ihres vergleichbaren Projekts VDX (Vehicle Distributed Executive) in OSEK ein.

Ziel des OSEK/VDX-Projekts ist die Standardisierung der Architektur, Protokolle und Schnittstellen verteilter Systeme im Kraftfahrzeug. Die Standardisierung bezieht sich auf die nicht wettbewerbsrelevanten Bereiche (siehe Bild 1.3.8):

- Kommunikation (Datenaustausch innerhalb von bzw. zwischen Steuergeräten)
- Netzmanagement (Konfigurationserfassung, Fehlermanagement, etc.)
- Echtzeitbetriebssystem (Ablaufsteuerung, Ressourcenverwaltung, etc.)

Die Vorteile eines herstellerübergreifenden Standards sind:

- Reduzierung der Entwicklungskosten und -zeiten durch Einsatz einmal erstellter Software in einer Vielzahl von Projekten, dadurch auch Verbesserung der Software-Qualität,
- Unterstützung der Portierbarkeit und Erweiterbarkeit von Anwendungssoftware,
- Bessere Integration von Steuergeräten unterschiedlicher Zulieferer in einem vernetzten System (Interoperabilität),
- Möglichkeit der Integration von Software unterschiedlicher Zulieferer in einem Steuergerät (Software Sharing).

Kommunikation (OSEK/VDX COM)

Das Kommunikationsarchitektur ist entsprechend dem ISO/OSI-Modell in verschiedenen Schichten gegeliedert und hat Schnittstellen zur Anwendung, zum Betriebssystem, zum Netzmanagement und zur Kommunikationshardware (siehe Bild 1.3.8). Die Interaktions-

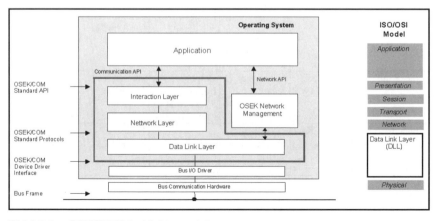

Bild 1.3.8: OSEK/VDX Architekturmodell

schicht (Interaction Layer) bildet die Schnittstelle zur Anwendung (Application Program Interface, API). Sie stellt rechner- und busunabhängige Dienste für die Intertask-Kommunikation zur Verfügung. Für die Netzkommunikation nutzt die Interaktionsschicht die Kommunikationsdienste, die von den darunterliegenden Schichten angeboten werden.

Die Netzwerkschicht (Network Layer) bietet einen Dienst für die segmentierte Übertragung von Daten zwischen zwei Steuergeräten an. Dieser Dienst ist erforderlich, wenn Anwendungsdaten aufgrund ihrer Länge nicht als Ganzes in einer Busnachricht übertragen werden können.

Die Sicherungsschicht (Data Link Layer) stellt den überlagerten Schichten und dem Netzmanagement Dienste für die Übertragung einzelner Busnachrichten auf Basis des verwendeten Bussystems (z.B. CAN) zur Verfügung. OSEK/VDX COM definiert die Schnittstelle der Sicherungsschicht, das Protokoll der Sicherungsschicht wird durch das verwendete Bussystem festgelegt.

OSEK/VDX COM definiert vier sogenannte Conformance Classes mit unterschiedlichem, aber aufeinander aufbauendem Funktionsumfang. Die Conformance Class wird beim Entwurf eines Systems statisch festgelegt, so dass Speicherplatz und Laufzeit optimiert werden können.

Netzmanagement (OSEK/VDX NM)

In vernetzten Systemen werden Funktionen durch das Zusammenwirken mehrerer Stationen (Steuergeräte) erbracht. Dies erfordert eine netzweite Abstimmung sowie Überwachungsmechanismen, um die Sicherheit und Zuverlässigkeit des Systems zu gewährleisten.

OSEK/VDX NM stellt sowohl stationsbezogene (lokale) Funktionen als auch optional netzwerkbezogene (globale) Funktionen zur Verfügung. Die wesentlichen Aufgaben des Netzmanagements sind:

- Initialisierung der Steuergeräte-Ressourcen, z.B. Kommunikationshardware
- Hochlauf des Netzes
- Monitoring des Netzes und der Stationen, z.B. Erkennung von Stations- und Netzauswahl
- Bereitstellung der Netzkonfiguration
- Erkennung und Einstellung von Betriebszuständen des Netzwerks und der einzelnen Stationen
- Koordination globaler Betriebszustände, wie z.B. netzweiter *sleep mode*
- Unterstützung der Diagnose

Es werden alternativ zwei verschiedene Verfahren für die Netzüberwachung angeboten: direktes und indirektes Monitoring. Das direkte Monitoring basiert auf dem Weiterreichen dedizierter Netzmanagement-Nachrichten entlang eines logischen Rings, der beim Hochlauf aufgebaut wird und während des Netzbetriebs aufrecht zu erhalten ist.

Das indirekte Monitoring erfolgt durch Überwachung von zyklischen Nachrichten der „normalen" Anwendungskommunikation über den Bus.

Betriebssystem (OSEK/VDX OS)

Das Echtzeitbetriebssystem stellt auf einem Prozessor eine Ablaufumgebung für die quasi parallel laufenden Prozesse (Tasks) der Anwendung, Kommunikation und des Netzmanagements zur Verfügung. Aufgaben des Betriebssytems sind Taskmanagement, Ressourcen-Verwaltung, Ereignissteuerung und Fehlermanagement.

OSEK/VDX OS unterscheidet die drei Ausführungsebenen
- Interruptebene (höchste Priorität)
- Verarbeitungsebene des Betriebssystem (mittlere Priorität, Ausführung Betriebssystemdienste)
- Taskebene (niedrigste Priorität, Anwendungssoftware)

Die Tasks werden entsprechend ihrer (statisch zugeordneten) Priorität und der gewählten Scheduling-Strategie (non-preemptive, preemptive, mixed) abgearbeitet. Es wird zwischen der Verwaltung von Tasks mit und ohne Wartezustand (Extended/Basic Tasks) unterschieden. Basic Tasks, die keinen Wartezustand einnehmen können, benötigen im allgemeinen weniger RAM. OSEK/VDX OS ist in vier Conformance Classes (BCC1/2, ECC1/2) gegeliedert.

OSEK/VDX Implementation Language (OIL)

OSEK/VDX OS spezifiziert die Laufzeitdienste und die Schnittstelle zur Anwendung (API). Mit OIL wurde eine Spezifikationssprache für die Beschreibung der (statischen) Systemkonfiguration entwickelt. Dadurch wird die Portierung von Software wesentlich vereinfacht.

Eine OIL Beschreibung spezifiziert die Konfiguration einer OSEK/VDX Anwendung innerhalb eines Steuergeräts. Die OIL Sprache definiert ein System von Betriebssystem-Objekten (z.B. Tasks, Events). Eine OIL Spezifikation ist gegliedert in zwei Teile:

- Implementation-Teil: Dieser Teil beschreibt Objekt-Attribute (Standard-Attribute, Implementierungsspezif. Attribute -> Nicht portierbar).
- CPU-Teil: Dieser Teil beschreibt die Instanzen der Objekte, die in einer Steuergeräte-Software verwendet werden, z.B. TaskA, TaskB, etc.

Der Implementation-Teil wird einmal erstellt vom Lieferant des Betriebsystems. Der CPU-Teil wird vom Anwendungsentwickler (Nutzer des Betriebssystems) erstellt.
In der Praxis werden Tools für OSEK-OS basierte Entwicklung eingesetzt. Diese Tools enthalten einen OIL-Editor und einen Generator, der alle statischen Daten, die das Betriebssystem benötigt, automatisch erzeugt (C-Module, C-Header, binäre Daten).

OSEKTime

Die OSEKTime Arbeitsgruppe wurde 1999 gegründet. Ziel der Gruppe ist die Spezifikation eines fehlertoleranten zeitgesteuerten Laufzeitumgebung für x-by-wire Anwendungen. Das OSEKTime Betriebssystem besteht aus einem Echtzeitkernel OS (Time Management, Task Scheduling, Ressourcen Management) und einer Kommunikationsschicht FTCOM (fehlertolerante Datenübertragung, Uhrensynchronisation). Das Betriebssystem erfüllt die folgenden Anforderungen:

- Deterministisches, vorhersagbares Verhalten, auch bei Spitzenlast und im Fehlerfalle (Predictability)
- Zusammensetzbarkeit, d. h. Systemintegration verändert nicht die bereits validierten Eigenschaften der Subsysteme (Composability)
- Zuverlässigkeit (Fehlererkennung, Fehlerbehandlung, Fehlertoleranz)

Das Taskmanagement von OSEKTime ist rein zeitgesteuert. Zeitpunkte der Aktivierung, Dauer sowie Deadlines von Tasks werden offline spezifiziert und in einer Tabelle gespeichert. Das Betriebssystem arbeitet diese Tabelle streng sequenziell ab und überwacht die

Tasklaufzeit. Die lokale Zykluszeit wird über einen Interrupt gestellt und über FTCOM mit der globalen Zeit synchronisiert. Die steuergeräte-interne Intertask-Kommunikation ist integraler Bestandteil von OSEKTime OS. Die Kommunikation erfolgt ausschließlich über State Messages.

OSEKTime FTCOM realisiert eine globale Systemzeit durch Synchronization der lokalen Zeiten während des Hochlaufs und des Netzbetriebs auf Basis der periodisch gesendeten Messages. Die Schnittstelle zur Anwendung bildet das State Message Interface. Die Anwendung greift auf State Messages mittels Lese- und Schreiboperation zu. Die Kommunikation ist vollkommen ortstransparent, d.h. aus Sicht der Anwendung gibt es keinen Unterschied zwischen steuergeräte-interner und steuergeräte-übergreifender Kommunikation. Die Netzkommunikation erfolgt zeitgesteuert autonom durch die FTCOM Schicht. Desweiteren stellt FTCOM Mechanismen für die fehlertolerante Datenübertragung bereit, wie z.B. Kommunikation über redundante Channels und replizierte Knoten [OSE00].

Aktueller Status von OSEK/VDX (Oktober 2000)

Die ersten Spezifikationen von OSEK/VDX OS, NM und COM wurden 1995 fertiggestellt und veröffentlicht. Teilumfänge von OSEK/VDX konnten bereits früh in Serienprojekten realisiert werden [Mat95]. Seit 1995 wurde in mehreren Projekten bei den deutschen und französischen Automobilherstellern und deren Zulieferern Erfahrungen mit OSEK-Implementierungen gewonnen. Ergebnisse aus diesen Projekten führten zur Überarbeitung der Spezifikationen. Aktuell stehen stabile und erprobte Spezifikationen von OSEK/VDX OS (Version 2.1), COM (Version 2.2.1), NM (Version 2.5.1) und OIL (Version 2.2) zur Verfügung (www.osek-vdx.org). Version 1.0 von OSEKTime ist für Ende 2000 angekündigt.

Mehr als 60 Firmen (Automobilhersteller, Zulieferer, Software-Häuser, Halbleiterhersteller) sind im OSEK/VDX Technical Committee organisiert. Mehr als ein dutzend internationale Hersteller bieten Software, Werkzeuge und Dienstleistungen zu OSEK an.

1.3.7 Zusammenfassung und Ausblick

Die Evolution der Vernetzung im Kraftfahrzeug hat aufgrund der unterschiedlichen Anforderungen (Datenrate, Sicherheit, Kosten, etc.) der einzelnen Anwendungen zu einer Vielfalt von Kommunikationssystemen geführt. Europäische Fahrzeuge verfügen heute bereits über zwei bis drei Netze, die über Gateways miteinander verbunden sind. Die Vernetzung der Elektronik wird weiter voranschreiten. Die treibenden Kräfte sind neue, bereichsübergreifende Funktionen, Reduzierung Kabelbaum und die weitere Substitution mechanischer Systeme durch Elektronik und Mechatronik. Die Anzahl der unterschiedlichen Netze wird dabei zunehmen. Folgende Subsysteme werden eigene Netze haben:

- Antrieb und Fahrwerk
  - Konventionell: High Speed CAN, zukünftig Sensorbus (z.B. LIN) und TTCAN
  - By-wire: Zeitgesteuertes, fehlertolerantes Kommunikationssystem, wie z.B. TTP/C, TTCAN, flexray [Bel00]. Denkbar ist, dass aus Sicherheits- und Produkthaftungsgründen die einzelnen x-by-Systeme separat vernetzt sind.
- Karosserie und Innenraum: Low Speed CAN, J1850, VAN. Bei einer grossen Anzahl von Elektroniken werden mehrere gleichartige Netzsegmente zum Einsatz kommen.
- Infotainment/Multimedia: Einsatz von Multimedia-Bussen mit > 20 Mbit/s ab 2001, wie z.B. MOST oder später IEEE1394b, beide mit integrierter Steuerdatenübertragung.

- Rückhaltesysteme: Zündbus für die Steuerung der Aktuatoren sowie separater Sensorbus (Crashsensor, Sitzbelegung, etc.), z.B. byteflight [Pel00].
- Intelligente Sensoren und Aktuatoren: Low-cost Eindrahtbus wie z.B. LIN.
- Drahtlose Kommunikation für den Anschluss von PC- und Telekommunikationskomponenten wie PDA und Mobiltelefon.
- Bidirektionale Schnittstelle nach „außen" über GSM und später UTMS für Zugriff auf Dienste wie z.b. Off-Board Navigation, Internet, SW-Download, Ferndiagnose.

Die Kopplung der einzelnen Busse zu einem vollständig vernetzten Gesamtsystem erfolgt über Gateways [Mat99]. Auch hierbei wird es voraussichtlich unterschiedliche, den jeweiligen Anforderungen angepasste Lösungen geben, wie z.b. mehrere verteilte in Steuergeräte integrierte Gateways, die jeweils zwei oder mehr Netze miteinander verbinden oder ein Backbone-Bus, an den die unterschiedlichen Netze angeschlossen sind.

1.3.8 Literaturhinweise

[Bel00] R. Belschner, u.a., „Anforderungen an ein zukünftiges Bussystem für fehlertolerante Anwendungen aus Sicht der Kfz-Hersteller", Tagung „Elektronik im Kraftfahrzeug", Baden-Baden 2000, VDI Berichte 1547, 23-41, siehe auch: http://www.flexray-group.com
[CAN00] http://www.CAN.Bosch.com
[Fue00] Th. Führer, B. Müller, u.a., „Time Triggered Communication on CAN", 7th International CAN Conference (ICC), 2000
[Har00] F. Hartwich, „CAN network with time-triggered communication", 7th International CAN Conference (ICC), 2000
[Kie98] U. Kiencke, D. John, „On the way to an international standard for automotive applications – OSEK/VDX", Convergence 1998, Paper No. 98C012, siehe auch: http://www.osek-vdx.org/
[Koe99] R. König, C. Thiel, „Media Oriented Systems Transport (MOST) – Standard für Multimedia-Vernetzung im Kraftfahrzeug", it+ti, Heft 5, 1999, S. 36-42
[Mat95] H-J. Mathony, u.a., „Echtzeitfähige Kommunikationssoftware für vernetzte Steuergeräte im Kfz", ATZ 97, 1995, Heft 4, 208-214
[Mat99] H.-J. Mathony, J. Maier, „Trends in Vehicle Body Electronics", International Symposium „ATA-EL" 99, Como, Paper 99A1009
[Kop94] H. Kopetz, G. Grünsteidl, „TTP – A Protocol for Fault-Tolerant Real-Time Systems" IEEE Computer, Jan. 1994, 14-23
[Kop97] H. Kopetz: „Real-Time Systems: Design Principles for Distributed Embedded Applications", Kluwer Academic Publishers, 1997
[Kop98] H. Kopetz, T. Thurner, „TTP – A New Approach to Solving the Interoperability Problem of Independently Developed ECUs", SAE Paper 981107
[LIN00] LIN Consortium, „LIN Specification, Version 1.1", http://www.lin-subbus.org/
[OSE00] OSEK/VDX Open Systems in Automotive Networks, VDI Tagung, 2/3.02.2000, Bad Homburg, VDI-Berichte 1528
[Pel00] M. Peller, J. Berwanger, R. Grießbach, *byteflight* – Ein neues Hochleistungs-Datenbussystem für passive Sicherheitsanwendungen im Automobil", Tagung „Elektronik im Kraftfahrzeug", Baden-Baden 2000, VDI Berichte 1547, 1045-1064, siehe auch: http://www.byteflight.com
[Pow98] Ch. Powers, A. Kirson, D. Acton, „Today´s Electronics in Today´s Vehicles", Convergence 98, Paper No. 98C028
[Spe00] J.W. Specks, A. Rajnak, „LIN-Protokoll, Entwicklungswerkzeuge und Software-Schnittstelle für Lokale Datennetzwerke im Kraftfahrzeug", Tagung „Elektronik im Kraftfahrzeug", Baden-Baden 2000, VDI Berichte 1547, 227-250
[Wen00] H.Chr. v. d. Wense, „Introduction to Local Interconnect Network", SAE Congress 2000, Paper No. 2000-01-0153

1.4 Geregelte Fahrwerke
H. Wallentowitz, T. Schrüllkamp

1.4.1 Einleitung

Der Ausdruck „Geregeltes Fahrwerk" oder auch „Aktives Fahrwerk" wird heute vielfach für eine Großzahl spezifischer Lösungen an Fahrzeugfahrwerken verwendet. In diesem Beitrag wird deshalb zur Definition der Begriffe von Fahrwerk und Regelung schrittweise vorgegangen: beginnend mit den „überlieferten" mechanischen Fahrwerk-Elementen wird anschließend nachgesehen, was daran aktiv beeinflussbar ist. „Aktiv" bedeutet dabei, dass dem gerade betrachteten System Hilfsmittel zugeführt werden müssen.

In einem ersten Bild (Bild 1.4.1) sind fast alle derzeit zum Thema „Geregeltes Fahrwerk" bekannten Elemente zusammengefasst. Für etwa gleiche Funktionen gibt es durchaus verschiedene Lösungen. Bearbeitet werden heute alle Lösungen. Als Beispiel für derartige Redundanzen ist der Einsatz von Sperrdifferenzialen bzw. der Einsatz von Antriebsschlupf-Regelsystemen zu nennen. In ihrer Wirkung auf das Fahrzeug und damit bezogen auf den Kundennutzen sind beide Lösungsansätze nahezu gleich. Es scheint so, als ob manchmal die Technik um ihrer selbst Willen bearbeitet wird. Jedes Element kann in seiner Nützlichkeit für den Straßenverkehr gut begründet werden. Damit lassen sich bisweilen erbitterte „Glaubenskriege" führen.

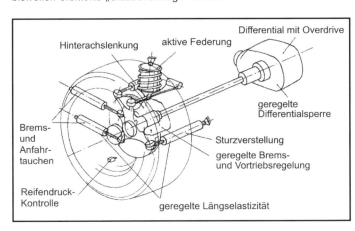

Bild 1.4.1: Einflussmöglichkeiten geregeltes Fahrwerk

Im Prinzip sind diese Auseinandersetzungen gar nicht nötig, wenn nur sechs Anforderungen an geregelte Fahrwerke eingehalten werden. Allgemein lassen sich diese Anforderungen folgendermaßen formulieren:

Das geregelte Fahrwerk soll:

- Komfort verbessern
- Fahrsicherheit verbessern (Radlastschwankungen, Unfallvermeidung)
- Mechaniken vereinfachen durch elektronische Intelligenz
- Gewichtsreduktion konventioneller Systeme
- Kostenreduktion konventioneller Systeme
- Steigerung der Zuverlässigkeit und Qualität der Fahrzeuge

Zur Erfüllung dieser wünschenswerten Eigenschaften werden heute bereits eine Vielzahl von elektronischen Regelsystemen im Fahrzeug eingesetzt und es ist eine starke Zunahme dieser Assistenzsysteme zu erwarten. Eine Überblick ist in Bild 1.4.2 dargestellt, wobei als derzeitiges Ziel das Autonome Fahren anzuführen ist.

Zum Verständnis der Regelaufgaben sollte man sich zunächst die grundlegenden Zusammenhänge und Beeinflussungsgrößen im Fahrwerk verdeutlichen. Hierzu werden in diesem Beitrag die Anforderungen an Fahrwerke diskutiert und darüber hinaus insbesondere auf geregelte Federungssysteme eingegangen und Möglichkeiten zur Erhöhung der aktiven Sicherheit vorgestellt.

1.4.2 Fahrwerksentwicklung

Der Einsatz von geregelten Fahrwerken ist grundsätzlich von dem Stand der konventionellen (passiven) Fahrwerktechnik abhängig. Zur Beurteilung des Stands der Technik ist es sinnvoll, sich die Bewegungsfreiheitgrade eines Fahrzeuges (Aufbau und Rad) anzuschauen (Bild 1.4.3). Es zeigen sich für den Aufbau translatorische und rotatorische Frei-

Bild 1.4.2: Roadmap Komponenten und Systeme

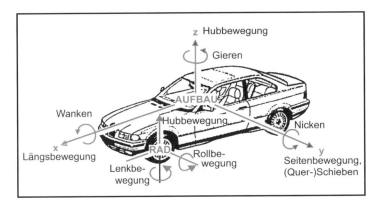

Bild 1.4.3: Bewegungsfreiheitsgrade des Fahrzeuges

heitsgrade um die drei Raumachsen. Für den Aufbau sind dies die Fahrzeuglängsbewegung (x-Achse) mit dem zugehörigen Wankfreiheitsgrad; die Querbewegung (y-Achse) und das Nicken sowie die Hubbewegung (z-Achse) mit dem zugehörigen Gieren.

Das Rad kann prinzipiell eine Hub-, Roll- und Lenkbewegung durchführen, welche über die Kinematik und Elastokinematik der Radaufhängung beschrieben wird. Über diese Eigenschaften werden den Anforderungen nach Fahrverhalten, Fahrkomfort und Wirtschaftlichkeit Rechnung getragen.

Die Kinematik beschreibt die konstruktive Auslegung der Stellung des Rades gegenüber dem Fahrzeugaufbau als Funktion des Einfederungszustands des Rades oder des Radlenkwinkels ohne Berücksichtigung weiterer äußerer Lasten. Die Elastokinematik beschreibt die Abstimmung aller elastischen Elemente einer Radaufhängung und die räumliche Anordnung der Achslenker mit dem Ziel, die durch Elastizitäten entstehende Verformungen unter äußerer Belastung zu kompensieren oder in gewünschte Bewegungen umzuwandeln.

Die wesentliche Aufgabe einer Radführung ist die mechanische Verbindung zwischen dem Aufbau und dem Rad mit seinem Reifen. In vertikaler Richtung ist sie beweglich ausgelegt, um dem Rad bei Unebenheiten eine Federbewegung zu ermöglichen. Die Aufbaufeder übernimmt dabei die Speicherung und Wiederabgabe der resultierenden Energie. Gleichzeitig sorgt ein Dämpfer für die notwendige Abdämpfung von resultierenden Schwingungen. Gleichzeitig muss die Radaufhängung aber auch alle anderen Kräfte übertragen; und gleichzeitig die Auswirkungen dieser Kräfte minimieren, d.h. die resultierenden Nick- und Wankwinkel sollten möglichst gering sein. Die Radstellung zum Aufbau hat auch wesentlichen Einfluss auf die Fahrstabilität des Pkw. Somit ist die Radaufhängung auch für die Fahrstabilität in Querrichtung bzw. um die Fahrzeughochachse verantwortlich, woraus sich eine Vielzahl von Regelungsmöglichkeiten ableiten lassen. Es ist erkennbar, dass alle diese Eigenschaften im wesentlichen aus der Gesamtfahrzeug-Dynamik resultieren und daher eine Konzeption und Entwicklung von Radaufhängungen ohne umfassendes Wissen dieser Zusammenhänge nicht möglich ist.

Als Bewertungskriterien in der Fahrwerkentwicklung sind die in Bild 1.4.4 gezeigten Kennwerte und Eigenschaften zu nennen.

| Fahrverhalten (Fahrsicherheit) |
| ⊃ Radstand |
| ⊃ Spurweite |
| ⊃ Sturzwinkel |
| ⊃ Spurwinkel |
| ⊃ Wankpol bzw. Wankachse |
| ⊃ Ungefederte Massen |
| **Komfort** |
| ⊃ Längs- und Querfederung |
| ⊃ Brems- und Anfahrnickausgleich |
| **Wirtschaftlichkeit** |
| ⊃ Bauaufwand |
| ⊃ Raumbedarf |

Bild 1.4.4: Bewertungskriterien für Radaufhängungen

Bei Einfederung ergeben sich *Radstand*sänderungen, die aber i.d.R. klein sind und nur geringen Einfluss auf das Lenkverhalten haben. Radstandsänderungen in der Weise, dass das Rad beim Überfahren von Hindernissen der Stoßkraft ausweicht (Schrägfederung) können sich positiv auf den Federungskomfort auswirken. Allerdings führen große kinematische Radstandsänderungen aufgrund der Drehbewegung des Rades zu Drehschwingungen im Antriebsstrang und können die Drehzahlsignale der ABS-Sensoren beeinflussen.

Eine *Spurweite*änderung infolge der Einfederung bewirkt eine seitliche Verschiebung der Reifenaufstandsfläche und verursachen somit Schwankungen der Reifenseitenkräfte. Hierdurch wird der Geradeauslauf negativ beeinflusst und der Reifenverschleiß erhöht. Spurweitenänderungen sollten daher so gering wie möglich sein.

Die *Sturz*- und *Spurwinkel*änderungen beeinflussen das Fahrverhalten erheblich und variieren je nach Fahrzeugkonzept (Schwerpunktlage, Antriebskonzept) sowie Einsatzzweck. Durch eine gezielte Auslegung der Kinematik und Elastokinematik können die Spur- und Sturzwinkel eingestellt werden. Zur leichteren Beherrschbarkeit wird das Fahrverhalten meist leicht untersteuernd ausgelegt (Bild 1.4.5).

Die Lage des *Wankpols* und dessen Lageänderung bei Kurvenfahrt steht in direkten Zusammenhang mit den kinematischen Radstellungsänderungen bei Federbewegungen. Der Wankpol beeinflusst die Raderhebungskurven und de Querkraftabstützung zwischen Radaufstandspunkten und Aufbau unabhängig voneinander, so dass ein Auslegungskompromiss gefunden werden muss.

Als *ungefederte Massen* werden die Teile der Radaufhängung bezeichnet die sich nur über die Reifenfeder und nicht über die Aufbaufeder an die Karosserie abstützen. Die ungefederten Massen sind im Hinblick auf dynamische Radlaständerungen möglichst gering sein.

Die *Längs- und Querfederung* beschreibt die Abschwächung der horizontal wirkenden Stoßkräfte von der Fahrbahn auf den Aufbau. Die Nachgiebigkeit wird durch Gummiele-

> **Zur leichteren Beherrschbarkeit wird das Fahrzeugverhalten im allgemeinen leicht "untersteuernd" ausgelegt.**
>
> **Vorderachse:**
> Unter Einwirkung der Wankneigung des Aufbaus oder durch Seitenkräfte geht das einfedernde kurvenäußere Vorderrad in Nachspur und das ausfedernde innere in Vorspur 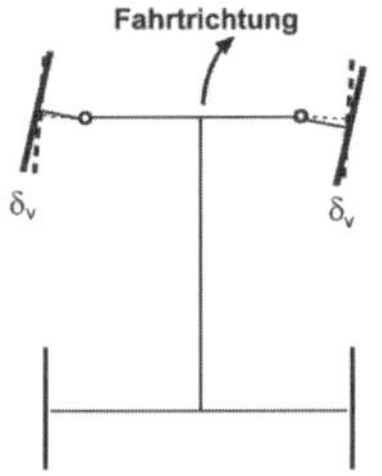
>
> **Hinterachse:**
> Unter Einfluß der Neigung des Aufbaus geht das einfedernde, äußere Rad in Vorspur und das ausfedernde, kurveninnere in Nachspur.

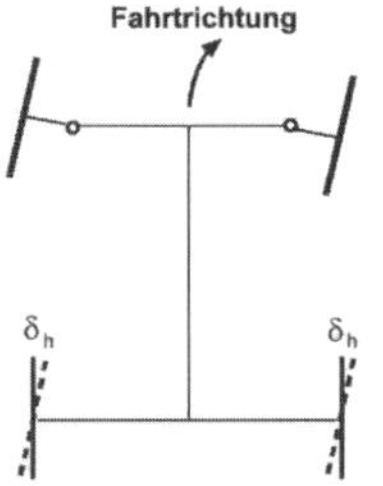

Bild 1.4.5: Beeinflussung Fahrdynamik mittels Radaufhängungskinematik

mente in den Anbindungspunkten der Karosserie erreicht und trägt zur Erhöhung des Fahrkomforts bei.

Ein *Brems- und Anfahrnickausgleich* verringert die Nickbewegung des Aufbaus und wirkt sich positiv auf den Federungskomfort aus. Durch Auslegung der Kinematik in der Form, dass Längskräfte im Radaufstandspunkt eine Komponente in Richtung der Raderhebungskurve bei Vertikaleinfederung haben, ist es möglich, die beim Bremsen resultierenden Federbewegung zu verringern. In ähnlicher Weise kann auch der Anfahrnickausgleich realisiert werden.

Betrachtet man die Entwicklungsgeschichte der Fahrwerke, dann lassen sich vereinfachend die in Bild 1.4.6 gezeigten Grundtypen von Radaufhängungen feststellen.

Begonnen wurde zu Anfang der Automobilentwicklung mit blattgefederten Starrachsen, sowohl an Vorder- als auch an Hinterachsen. An den Hinterachsen hat sich diese Bauweise bei einigen Herstellern bis heute erhalten, wenngleich die fahrdynamischen Qualitäten der heutigen Fahrwerke denen der früheren Zeit überlegen sind. Die Blattfedern sind i.a. verschwunden. Die Verbesserungen wurden insbesondere durch exakte Führungen der Räder und durch Leichtbau erreicht. An der Vorderachse führte die Entwicklung über die Doppelquerlenkerachse zur McPherson Vorderachse. Die im VW-Käfer eingesetzte Doppellängslenkerachse kann relativ isoliert betrachtet werden, auch wenn sie in großen Stückzahlen produziert worden ist.

Bei Frontantriebsfahrzeugen ist seit den 70er Jahren die McPherson Vorderachse (Bild 1.4.7) nahezu die Regel. Sie ist auch in vielen Fahrzeugen mit Standardantrieb zu finden. Die relativ geringen Kosten, die günstige Fertigung und der geringe Raumbedarf werden diese Vorderachse noch lange Zeit bestehen lassen.

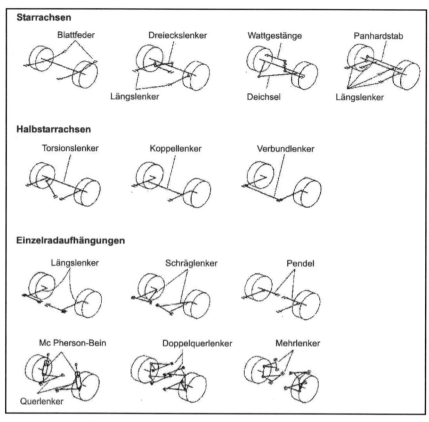

Bild 1.4.6: Grundtypen von Radaufhängungen

An der Hinterachse führte der Weg von der Starrachse über Pendelachsen und Längslenkerachsen zu Schräglenkerachsen. Die Pendelachsen hatten deutliche Änderungen der kinematischen Radstellung zur Folge. Mit der Einführung der Schräglenkerachse wurden viele dieser Nachteile ausgeräumt. Durch die Pfeilung der Schräglenker ergaben sich weitere Freiheitsgrade bei der Abstimmung der Fahrwerke. Durch die Möglichkeit, mehr Gummi in die Radaufhängung zu integrieren, wurde gleichzeitig der Fahrkomfort nachhaltig verbessert.

Unter Seitenkräften führt die Nachgiebigkeit der Schräglenker um die Hochachse bei Kurvenfahrt zu unerwünschten Eigenlenkeffekten. Das Lenkverhalten der Fahrzeuge wird in Richtung übersteuern beeinflusst. Gleichzeitig wirkende Bremskräfte verstärken diese Tendenz noch, und es kommt zu unerwünschten Fahrzeugreaktionen. Die Abhilfemaßnahmen der verschiedenen Fahrzeughersteller führten zum Einsatz von Doppelquerlenkerachsen (Daimler-Benz, BMW) oder zum Verschwenken des gesamten Fahrschemels bei Kurvenfahrt (Nissan).

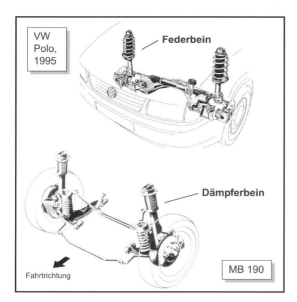

Bild 1.4.7:
Feder- und Dämpferbein-Radaufhängungen

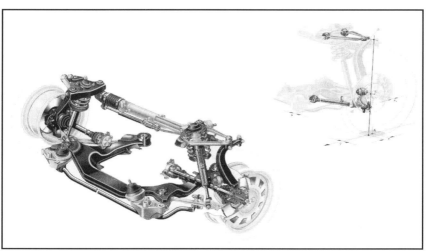

Bild 1.4.8:
Mehrlenker-Radaufhängungen

Doppelquerlenkerachsen erlauben eine freizügige Einstellung der kinematischen Eigenschaften der Radführung (siehe oben). Darunter sind zum Beispiel zu verstehen:

– Sturz- und Spurweitenänderungen abstimmen
– Momentenpolhöhe festlegen
– Seitenkraftlenken beeinflussen
– Anfahr- und Bremsnicken beeinflussen.

Es verwundert deshalb wegen der größeren konstruktiven Freiheiten nicht, dass in den vergangenen Jahren weltweit mehr Doppelquerlenkerachsen eingesetzt wurden. Die stetige Weiterentwicklung hat zu Mehrlenkerachsen, wie zum Beispiel der in Bild 1.4.8 gezeigten Radaufhängung und Raumlenkerachsen geführt. In Verbindung mit aktiven Beeinflussungen ist es bei diesem Achsprinzip von Vorteil, dass die einzelnen Lenker als Stablenker mit definierten Kraftrichtungen vorliegen. Gezielte Beeinflussungen sind damit leichter möglich, als mit anderen Achsbauarten.

Zusammenfassend lässt sich heute sagen, dass die interessanten Fahrwerke an der Vorderachse die McPherson-Achse, sei sie als Federbein- oder Dämpferbeinachse ausgeführt, an der Hinterachse die Schräglenker-, die Doppelquerlenkerachse. Besonderes Augenmerk sind auf die Mehrlenkerachsen zu legen, die zunehmend als Vorder- und Hinterachse eingesetzt werden.

Da Gummilager zur Einstellung der elastokinematischen Eigenschaften sicher auch in Zukunft preiswerter sein werden, als elektronisch angesteuerte Stellelemente, ist die Anbindung der Fahrwerke an den Fahrzeugkörper weiterhin so zu optimieren wie bisher. Eine Großzahl von Fahrsituationen können dann ohne Regelung bewältigt werden, aber der Einsatz von aktiven Kraftelementen kann den Zielkonflikt zwischen Fahrkomfort und Fahrsicherheit weiter minimieren und bietet großen Auslegungsspielraum.

1.4.3 Aufgaben einer Fahrwerksregelung

Der heutige Kundenwunsch steht im Spannungsfeld zwischen Fahrsicherheit, Fahrkomfort und Fahrspaß sowie Fahrerlebnis. Um das gewünschte hohe Niveau zu erreichen haben elektronische Regelsysteme in bekannter Weise im Fahrzeug Einzug gehalten. Systematisch gemäß den fahrzeugtechnischen Anforderungen können Regelsysteme in die Gruppen:

- Bremsen und Antreiben (ABS, ASR, BA, EHB,.....)
- Fahrkomfort und Fahrsicherheit (EDC, ABC, ACC, ÜLL,....)
- Kurshaltung (ESP, DSC, AHK, ÜLL...)

eingeteilt werden, wobei Doppelnennungen möglich sind. Die Hauptaufgabe solcher Regelsysteme ist die Unterstützung des Fahrers in allen Bereichen, daher werden solchen Systeme unter dem Hauptbegriff Fahrerassistenzsysteme zusammengefasst.

1.4.4 Fahrwerksregelung beim Bremsen und Antreiben

Der Antriebs- und Bremskraftregelung wird schon seit dem Anfang des letzten Jahrhunderts Aufmerksamkeit geschenkt. Es wurde sehr rasch erkannt, dass blockierende oder durchdrehende Vorderräder nicht lenkbar sind und blockierende oder durchdrehende Hinterräder zu Stabilitätsverlust führen. Das Problem einer gezielten Brems- oder Antriebsregelung war für die damalige Zeit jedoch nicht lösbar.

Heutige Entwicklungen beeinflussen die Traktion, die Fahrstabilität und das Eigenlenkverhalten des Fahrzeuges maßgeblich und erhöhen die Fahrsicherheit. Es gibt eine Reihe von Traktionssystemen und Stabilitätssystemen wie ABS, ASR, DSC, ESP. Grundlage aller Systeme ist das ABS, das bei Vollbremsungen ein Blockieren der Räder vermeidet. Für den Fahrzustand ist das Kraftschlusspotential zwischen Reifen und Fahrbahn maßgeblich. Auf unterschiedlichen griffigen Untergründen wird dies besonders deutlich, da dort unterschiedlich große Bremsdrücke an den einzelnen Rädern zur Fahrstabilisierung erforderlich sind. Dies wird in geeigneter Weise vom ABS übernommen. Die weitere Ausbaustufe ist die optimierte Bremskraftverteilung zwischen Vorder- und Hinterachse im Teilbremsbereich. Die elektronische Bremskraftverteilung (EBV) reagiert bei Überbremsung der Hinterachse (Stabilitätsverlust) durch sensieren der Radgeschwindigkeiten und der Querbeschleunigung und verhindert den weiteren Bremsdruckaufbau an der Hinterachse.

Zur Traktionsverbesserung wurde das ABS um die ASR-Funktionalitäten erweitert. Mit gezielten Bremseingriffen an den einzelnen Rädern werden die Funktionalitäten:

- Sicherung der Fahrstabilität
- Sperrdifferenzialfunktionen
- Erhöhung der Vortriebskräfte
- Verringerung des Reifenverschleißes

Die letzte Ausbaustufe ist die Kombination von ABS, ASR, EBV mit einer Giermomentenregelung (GMR), dem elektronischen Stabilitätsprogramm ESP. ESP stabilisiert nicht nur das längsdynamische Fahrverhalten, sondern auch die querdynamischen Eigenschaften. Hierbei wird die Giermomentenregelung eingesetzt, die durch Bremsen- und Motoreingriff unabhängig von der einer Pedalstellung zur Verbesserung des querdynamischen Fahrverhaltens beiträgt. Aus den Radgeschwindigkeiten, dem Lenkradwinkel und dem Hauptzylinderdruck wird das angestrebte Fahrverhalten durch eine Modellbildung errechnet. Das reale Fahrzeugverhalten wird mit Hilfe von Gierraten- und Querbeschleunigungssensoren erfasst.

Die Funktionsweise von ESP-Regelungen wird im Rahmen anderen Beiträge dieses Seminars detailliert beschrieben und soll daher an dieser Stelle nicht weiter vertieft werden.

1.4.5 Fahrwerksregelung zur Verbesserung des Fahrkomforts (Federung/Dämpfung)

Um den Wunsch nach mehr Fahrkomfort nachzukommen können eine Vielzahl von Fahrwerkregelungen eingesetzt werden. Die prinzipiellen Ansatzpunkte an einer Vorderachse sind in Bild 1.4.9 dargestellt. So tragen Veränderungen im Bereich der Reifenfedersteifigkeit, bei Stoßdämpfer- und Aufbaufederkräften (geregelte Federung und Dämpfung) sowie Längselastizitäten zum Komfortgefühl bei. Die grundlegenden Anforderungen von Federungssystemen und den Regelungsmöglichkeiten sollen im Folgenden näher betrachtet werden.

Die Federungssysteme können gemäß Bild 1.4.10 in drei Hauptkategorien – passiv – geregelt – aktiv – unterteilt werden. Aufgrund der unterschiedlichen Bauformen eignen sich besonders Luftfedern als Grundelement für geregelte System und Hydraulikzylinder für aktive teil- oder volltragende System. Die Hauptaufgaben der Aufbaufedern sind die elastischen Verformungen und das Aufbringen der Rückstellkräfte. Für die Dämpfung von Achs- und Aufbauschwingungen ist der Stoßdämpfer verantwortlich. Die Grundaufgaben

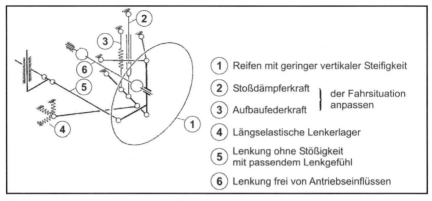

Bild 1.4.9: Maßnahmen zur Beeinflussung des Fahrkomforts

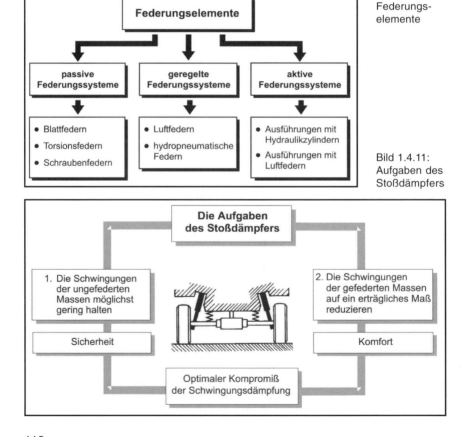

Bild 1.4.10: Federungselemente

Bild 1.4.11: Aufgaben des Stoßdämpfers

von Stoßdämpfern sind in Bild 1.4.11 dargestellt. Es wird ersichtlich, dass neben der Schwingungsreduzierung von ungefederten Radmassen (Fahrsicherheit) vor allem die Aufbaubewegungen (Fahrkomfort) reduziert werden müssen. Dieser Zielkonflikt erfordert einen Kompromiss, der mit geregelten oder aktiven Systemen minimiert werden kann.

Zum Verständnis von geregelten Federungs- und Dämpfungssystemen ist es sinnvoll, die zugehörigen Einflussparameter zu kennen. Um dies zu verdeutlichen, ist eine Parameter-Studie einer PKW-Federung hilfreich. Hierbei liegt ein Zwei-Massen-Schwingungsmodell zu Grunde, das über ein synthetisch erzeugtes Fahrbahnsignal angeregt wird.

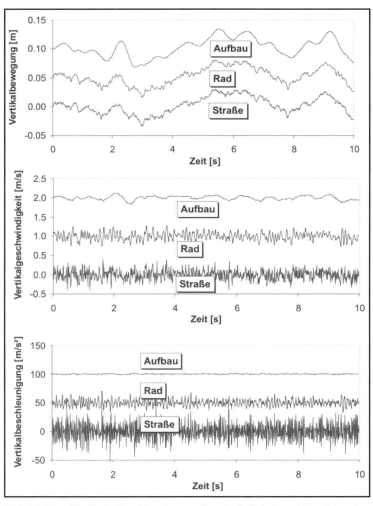

Bild 1.4.12:   Vertikale Beschleunigung, Geschwindigkeit und Beschleunigung

Als Ausgangsvariante dient ein Viertel – Fahrzeug mit folgenden Parametern:

c_R	=	150.000 N/m	c_A	=	21.000 N/m
k_R	=	100 Ns/m	k_A	=	1500 Ns/m
m_R	=	40 kg	m_A	=	400 kg

Wie sich für dieses Fahrzeug das Fahrbahnsignal auf die vertikalen Bewegungsgrößen von Rad und Aufbau auswirken ist in Bild 1.4.12 dargestellt. Gut zu erkennen ist die deutliche Dämpfung und Reduktion der Bewegungsgrößen zwischen Straße und Aufbau. Die Kurvenverläufe von Aufbau und Rad wurden zwecks besserer Erkennbarkeit vertikal verschoben.

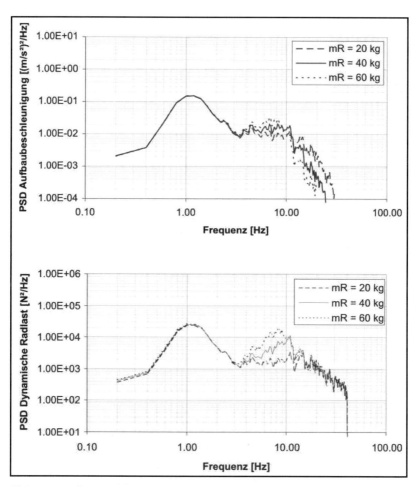

Bild 1.4.13: Parametervariation Unterschiedliche Radmasse

- *Variation der Radmasse*

In Bild 1.4.13 wird zunächst die Radmasse variiert. Diese Maßnahme wirkt sich im Bereich der Aufbauresonanz weder auf die Lage der Aufbaueigenfrequenz (ca. 1,1 Hz) noch auf die Intensität der Aufbauresonanz aus. Im Radresonanzbereich fallen jedoch die erhöhten bezogenen dynamischen Radlasten auf, die sich bei einer größeren Radmasse ergeben. Dies liegt daran, dass eine größere Masse von gleich gebliebenen Dämpfern beruhigt werden muss. Hinsichtlich der dynamischen Radlastschwankungen und damit der Fahrsicherheit ist also eine möglichst kleine Radmasse anzustreben.

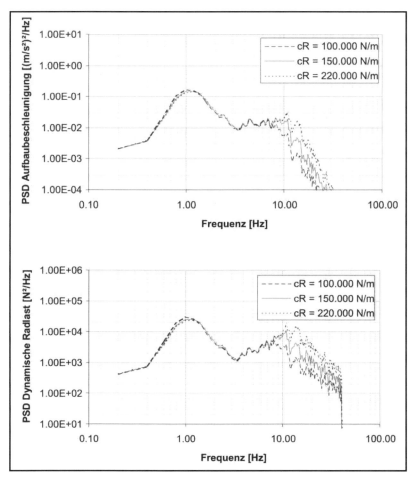

Bild 1.4.14: Parametervariation Reifenfedersteifigkeit

- *Variation der Reifenfedersteifigkeit*

In Bild 1.4.14 wird die Federkonstante der Reifenfeder verändert. Tendenziell verringern sich bei einer weicheren Reifenfeder die Radeigenfrequenz und die dynamischen Radlasten, d.h. die Bodenhaftung wird verbessert. Weichere Reifen würden die Fahrsicherheit also deutlich verbessern; ihrer Realisierung sind allerdings aufgrund der damit verbundenen Vergrößerung von Rollwiderstand und Walkarbeit enge Grenzen gesetzt.

- *Variation der Aufbaufedersteifigkeit c_A*

In Bild 1.4.15 wird die Federkonstante der Aufbaufeder variiert. Bei weicherer Aufbaufeder verringert sich die Aufbaueigenfrequenz und als Folge vergrößert sich die relative

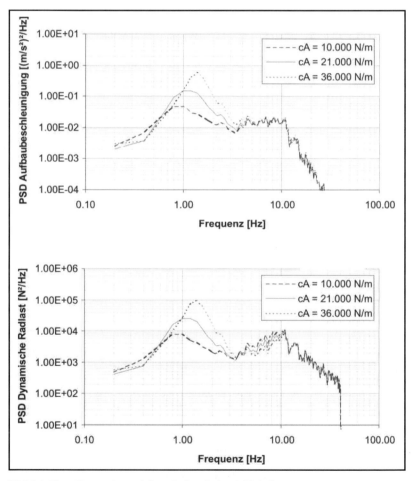

Bild 1.4.15: Parametervariation Aufbaufedersteifigkeit

Dämpfung; Aufbaubeschleunigung und bezogene dynamische Radlast werden kleiner. Eine weichere Aufbaufeder würde sich also bezüglich der Kriterien Fahrsicherheit und Fahrkomfort positiv auswirken. Ihre Realisierung ist in der Praxis durch Effekte wie Kurvenneigung, Bremsnicken, große Niveauverschiebung durch Beladung und vor allem aufgrund der dann erforderlichen großen Federwege nur begrenzt möglich.

- *Variation der Aufbaudämpfung k_A*

In Bild 1.4.16 wird die Aufbaudämpfung verändert. Eine härtere Aufbaudämpfung wirkt sich sowohl bei der Aufbaubeschleunigung (Federungskomfort) als auch bei den dynamischen Radlasten (Bodenhaftung der Räder, aktive Sicherheit) jeweils im Bereich der Ei-

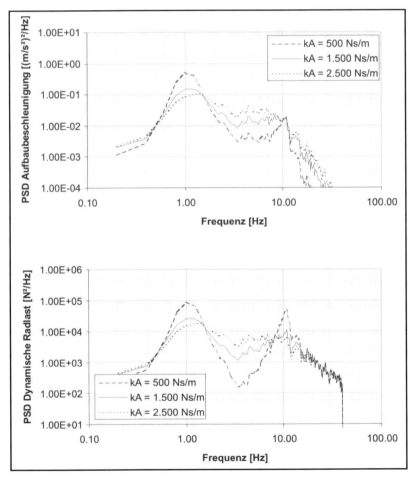

Bild 1.4.16: Parametervariation Aufbaudämpfungen k_A

genfrequenzen positiv aus. Im Bereich außerhalb der Resonanzstellen wird allerdings insbesondere die Aufbaubeschleunigung durch einen weichen Dämpfer positiv beeinflusst.

Die Abstimmung der Aufbaudämpfung ist also in jedem Fall ein Kompromiss zwischen den Anforderungen der verschiedenen Frequenzbereiche.

Zusammenfassend aus der Parameterbetrachtung lassen sich die Ergebnisse im Hinblick auf Fahrsicherheit und Fahrkomfort wie in Bild 1.4.17 darstellen. Darin ist – entsprechend Aufbau- und Radeigenfrequenz – nach lang- und kurzwelliger Wirkung unterschieden.

	Fahrsicherheit		Fahrkomfort	
Erregung:	langwellig	kurzwellig	langwellig	kurzwellig
Massnahme:				
Tragfeder weich:	↑ ↑		↑ ↑	
Dämpfer weich:	↓	↓	↓	↑
Reifen weicher:		↑ ↑		↑ ↑
Achse leichter:		↑		↑
Empfehlung:				
Tragfeder:	weich		weich	
Dämpfung:	stark	stark	stark	schwach
Reifen:		weich		weich
Achse:		leicht		leicht

Bild 1.4.17: Auswirkung konstruktiver Änderungen

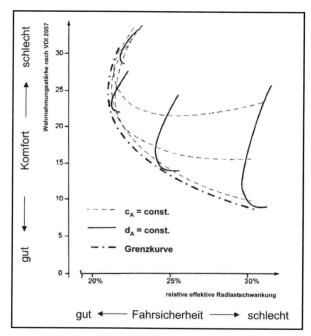

Bild 1.4.18: Fahrsicherheits-Fahrkomfort Konfliktschaubild

Alle diesen klassischen Möglichkeiten, das Federungsverhalten zu variieren sind jedoch beschränkt und stellen immer einen Kompromiss dar. Die Grenzen der Einstellungsbereiche sind im Fahrsicherheits-Fahrkomfort-Konfliktschaubild dargestellt (Bild 1.4.18). Es zeigt sich, dass eine passive Auslegung immer nur zur Verschiebung auf der Grenzkurve führen kann und erst durch den Einsatz von geregelten Systemen eine nennenswerter Vorteil (Unterschreitung der Kurve) für die Gesichtspunkte erreicht werden kann.

Geregelte oder als aktiv bezeichnete Systeme können nach Ihrer Wirkweise in Kategorien (Bild 1.4.19) eingeteilt werden.

Adaptive Systeme können gegenüber dem passiven System zusätzlich zwischen verschiedenen Kennlinien der Bauelemente schalten, wobei jedoch die Kraftrichtung auch hier vom Vorzeichen des Einfederwegs und der Einfedergeschwindigkeit bestimmt bleibt.

Im *semiaktiven* Fall sind die Schaltfrequenzen größer als die charakteristische Schwingungsdauer von Rad und Aufbau. Es kann also so schnell von einer zu anderen Kennlinie geschaltet werden, dass auch jeder dazwischen liegende Punkt dynamisch zu erreichen ist. Adaptives und semiaktives System benötigen Energie lediglich zur Ansteuerung der Steller und der Elektronik.

Erst bei der *aktiven* Federung wird die Kraft F zwischen Aufbau und Rad unabhängig von der Einfederbewegung des Rades. Zur Aufbringung der Stellkraft wird jedoch eine externe Energiezufuhr erforderlich.

	Kräfte	Schaltfrequenz	Energiebedarf	
passiv	F, z,ż	-	-	
adaptiv	F, z,ż	kleiner als die charakteristischen Schwingungsfrequenzen	gering	
semiaktiv	F, z,ż	größer als die charakteristischen Schwingungsfrequenzen	gering	
aktiv	F, z,ż	größer als die charakteristischen Schwingungsfrequenzen	hoch	

Bild 1.4.19: Klassifikation von geregelten Federungssystemen

1.4.5.1 Adaptive Dämpfersteuerung

Die Ergebnisse der Parametervariation zur Dämpferhärte (Bild 1.4.16) deuteten darauf hin, dass sowohl die Aufbaubeschleunigungen als auch die Radlastschwankungen in einem großen Frequenzband minimiert werden können, wenn im Aufbau- und Radresonanzbereich eine relativ hohe Dämpfung vorliegt und im Bereich außerhalb dieser Resonanzstellen die Dämpfung gering ist, siehe Bild 1.4.20. Eine deutliche Verbesserung konventioneller Federungssysteme kann theoretisch also mit einer Dämpfung erzielt werden, die abhängig von der Anregungsfrequenz des Systems arbeitet.

Dem mit einer derartigen Dämpferregelung zu erzielenden Verbesserungspotential sind dadurch Grenzen gesetzt, dass aufgrund des stochastischen Charakters der Fahrbahnunebenheiten eine eindeutige Frequenzselektion nicht möglich ist. Daneben hängt das Verbesserungspotential davon ab, welche Variationsbreite der Dämpfercharakteristik zu realisieren ist und wie weit die Systemlaufzeiten herabgesetzt werden können.

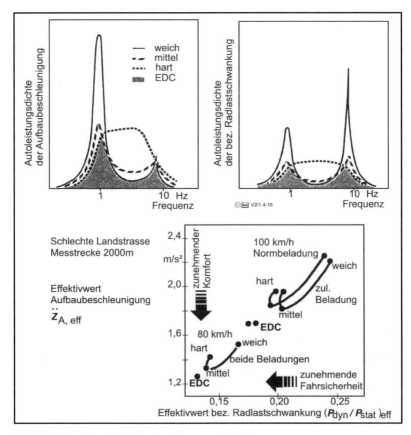

Bild 1.4.20: Adaptive Dämpfersteuerung (EDC)

Eine frühe Ausführungsform war das EDC-System (Electronic Damper Control) von BMW, welches in Zusammenarbeit mit Boge und VDO entwickelt wurde. Die Dämpferkennlinien werden hier adaptiv in drei Stufen mittels einer Steuerelektronik verstellt. Die Identifizierung der Fahrbahnanregung erfolgt beim EDC-System mit Hilfe eines am Aufbau befestigten Beschleunigungssensors.

Die Sensorsignale werden von dem elektronischen Steuergerät so verarbeitet, dass sich daraus getrennte Kennwerte für die Anregungen im Gebiet der Aufbau- und Achseigenfrequenz ermitteln lassen. Abhängig von der Beladung des Fahrzeuges und der Intensität der momentanen Schwingungsanregung führen unterschiedliche Schwellenwerte zur stufenweisen Dämpferverstellung.

Ein weiteres adaptives System zur Anpassung der Aufbaudämpfung an den Fahrzustand stellt das System PDC (Pneumatic Damping Control) (Bild 1.4.21) von Sachs dar. Es handelt sich hierbei um einen Dämpfer, dessen Dämpfungscharakteristik stufenlos verstellbar ist. Der Dämpfer eignet sich für Achsen, die mit Luftfedersystemen arbeiten, da unmittelbar der Innendruck der Luftfederbälge zur Ansteuerung des pneumatisch verstellbaren Ventils genutzt werden kann. Dadurch entfallen zusätzliche elektronische Steuer- und Regeleinrichtungen, da sich der Druck in den Federbälgen nahezu proportional zu der Beladung über der Achse verhält. Durch die PDC werden die Dämpfungskennlinien also automatisch an den Beladungszustand angepasst, sodass eine übermäßige Bedämpfung der Aufbauschwingungen mit den negativen Auswirkungen auf Komfort und Ladegutbeanspruchung bei geringer Beladung vermieden wird, und dennoch auch bei hohen Zuladungen durch eine ausreichende Dämpfung die Radlastschwankungen gering, und damit die Fahrsicherheit hoch, gehalten werden können.

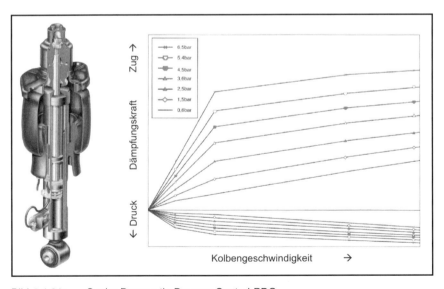

Bild 1.4.21:   Sachs Pneumatic Damper Control PDC

Die Verstelleinrichtung ist extern am Dämpferrohr angebracht, in der Zuleitung der Pneumatiksteuerleitung ist eine Drossel vorgesehen, die ein Ansprechen des Ventils auf Druckänderungen aufgrund von schnellen Federbewegungen während des Fahrbetriebs verhindert. In Bild 1.4.21 sind verschiedene Kennlinien beispielhaft für einige Federbalgdrücke aufgetragen. Durch die nicht erforderliche Ansteuerungselektronik wird dieses Dämpfungssystem besonders für gezogene Fahrzeuge interessant.

1.4.5.2 Semiaktive Dämpferregelung

Ein System, das elektronisch ansteuerbar ist, stellt die CDC (Continious Damping Control) von Sachs dar (Bild 1.4.22). Dadurch bietet sich die Möglichkeit neben der Beladung noch andere fahrdynamische Größen in der Regelung zu berücksichtigen. Die hier angewendeten Regelstrategien können unter den adaptiven Systemen (Schwellwertregelung), wie auch unter den semiaktiven Systemen (Skyhookregelung) eingeordnet werden. Die Schwellwertregelstrategie nimmt stützt sich auf zwei Vertikalbeschleunigungssignale über den beiden Achsen und einem Querbeschleunigungssignal. Zusätzlich fließen noch Fahrgeschwindigkeit und das Signal des Bremslichtschalters ein. Der Regleralgorithmus errechnet anhand des Vergleichs der gemessenen niederfrequenten Beschleunigungen mit fahrgeschwindigkeits- und programmabhängigen ‚Schwellwerten' den momentanen Dämpfungsbedarf für die verschiedenen Bewegungsgrößen. Daraus werden die erforderlichen Dämpfungskennungen für die Achsen berechnet und in Form eines Ansteuerstroms an das Dämpferventil ausgegeben. Die Verstellung erfolgt für die Zug- und die Druckstufe in gleichem Maße.

Dahingegen können durch die semiaktiv arbeitende Skyhookregelung Druck- und Zugstufe unabhängig voneinander verstellt werden. Daher wird hier auch nicht mehr achsweise geregelt, sondern die Dämpfkräfte werden für jedes Rad einzeln angepasst. Um

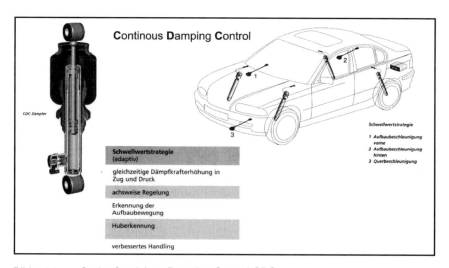

Bild 1.4.22:   Sachs Continious Damping Control CDC

hier sinnvoll regeln zu können, sind entsprechend mehr Signale erforderlich als bei der Schwellwertregelung. Dies umfasst die einzelnen Beschleunigungen der Radträger und die der Federbeindome. An der Hinterachse lassen sich diese vier Signale bei bekannter Aufbaubeschleunigung über der Hinterachse berechnen, sodass neben dem einen Hinterachssensor nur an der Vorderachse die vier Sensoren erforderlich sind. Die Skyhookregelung (die Bezeichnung steht dafür, dass der Aufbau sozusagen im Himmel ‚eingehakt' ist) arbeitet mit den Bewegungsrichtungen von Rad und Aufbau relativ zueinander. Eine weiche Dämpfung bei gleichsinniger Bewegungsrichtung von Aufbau und Rad verhindern ein Anfachen der Aufbauschwingung, während ein starke Bedämpfung bei gegensinniger Bewegung zu einer Abschwächung der Aufbaubewegungen führt. Damit lassen sich Aufbauschwingungen sehr schnell beruhigen. Zusätzlich werden in der Regelstrategie Nick- und Wankbewegungen erkannt, und können somit auch geeignet bedämpft werden, um Fahrkomfort zu erhöhen und Handlingeigenschaften zu verbessern.

1.4.5.3 Aktive Federung

Zur aktiven Regelung des Fahrzeugniveaus bietet sich aufgrund des niedrigen Leistungsgewichts und der großen Leistungsdichte ein Hydraulikzylinder als längenveränderliches Element an (Bild 1.4.24). Die Steuerung des Zylinderdrucks erfolgt dabei über ein schnelles Servoventil, welches die Stellsignale von einer übergeordneten Elektronik erhält. In die Steuerlogik können vielfältige Informationen über den Fahrzustand einfließen, die über Sensoren am Fahrzeug abgetastet werden. Die aktive Stellkraft kann unter anderem in Abhängigkeit von der Rad- oder Aufbaubeschleunigung oder über eine Vorabtastung der Unebenheiten geregelt sein.

Im Gegensatz zur vollaktiven Federung federt die aktive Version der hydro-pneumatischen Federung auch ohne Zu- und Abfuhr von Drucköl. Die Regelventile führen nur Ölvolumen zu oder ab, wenn das System erkennt, dass es das Fahrverhalten durch einen

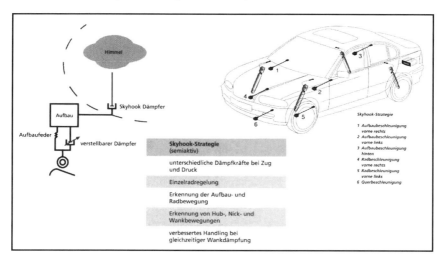

Bild 1.4.23: Skyhook-Strategie

aktiven Eingriff verbessern kann. Dies hat den Vorteil, das auch unter extremen Fahrbedingungen ein erheblich geringerer Energieaufwand zu erbringen ist.

In Bild 1.4.24 werden die spektralen Leistungsdichten von aktiver hydro-pneumatischer und vollaktiver Federung mit denen von passiven Systemen verglichen. Sowohl Federungskomfort als auch Bodenhaftung der Räder werden hier in weiten Frequenzbereichen deutlich verbessert.

Die Realisierung von Kraftfahrzeugen mit entscheidend verbessertem Federungskomfort ist also technisch möglich. Nachteilig ist der höhere Bauaufwand und der Energiebedarf, der bei einem Mittelklasse-PKW zwischen 7 kW (aktive hydropneumatische Federung) und 20 kW (vollaktive Federung) beträgt.

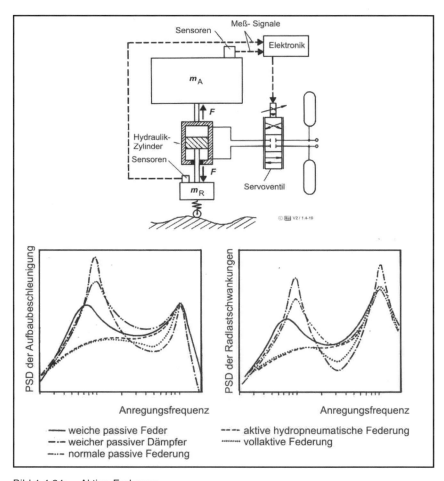

Bild 1.4.24:   Aktive Federung

Früher ausgeführte aktive Federungen zeigten insbesondere bei den höherfrequenten Fahrbahnstörungen keine nennenswerten Verbesserung zu passiven Federungssystemen bei gleichzeitig sehr hohem Energieverbrauch. Dies führte zu einer neuen Form der aktiven Federung, die seit 9/1999 im S-Klasse Coupé von Mercedes-Benz unter dem Namen ABC (Bild 1.4.25) (Active Body Control) angeboten wird. Der grundsätzliche Unterschied liegt im Aufbau der vier Federbeine als hydraulisch regelbare Stellzylinder (auch Plunger genannt). Hierbei werden die Aufbaufreiheitsgrade bis zu einer Frequenz von 5 Hz aktiv geregelt. Für die höherfrequenten Anregungen (oberhalb von 5 Hz) sind auch weiterhin Schraubenfedern und passive Gasdruck-Stoßdämpfer zuständig. Dies bietet den entscheidenden Vorteil eines relativ geringen Energieverbrauchs.

Bei der Entwicklung wurden ein Reihe von Anforderungen System gestellt, die sich wie folgt zusammenfassen lassen:

- Komfort auf Niveau der neuen S- Klasse (W220) mit Luftfeder
- Reduzierung der niederfrequenten Aufbauschwingungen
- Kompensation von fahrmanöverinduzierten Wank- und Nickwinkel
- Sportwagen- ähnliches Fahrverhalten
- beladungsunabhängiges Fahrzeugniveau
- manuelle Niveauerhöhung in 2 Stufen
- geschwindigkeitsabhängige Niveauabsenkung
- Sport- und Komfortkennfeld
- variable Wankmomentenaufteilung als Funktion der Geschwindigkeit
- geringer Mehrverbrauch, geringes Gewicht
- Ausfallsicherheit und Zuverlässigkeit

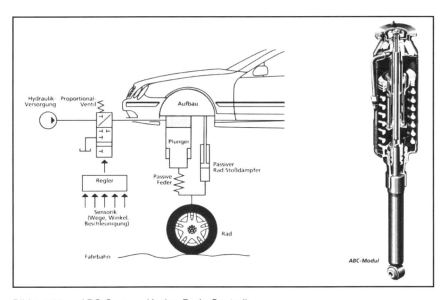

Bild 1.4.25:   ABC-System (Active-Body-Control)

Dies führte zu einer Anordnung von aktiven und passiven Federungs- und Dämpfungselementen in Form einer Reihenschaltung von Stahlfeder und eines Hydraulikzylinders. Die Dämpferauslegung ist hierbei im Vergleich zu konventionellen Systemen weicher ausgelegt, was sich vorteilhaft auf den Abrollkomfort auswirkt. Die harte Federauslegung übernimmt den Traganteil und über die Plunger wird der Federungskomfort aktiv beeinflusst. Der Wegfall des Stabilisators ist ein weiterer wesentlicher Bestandteil des ABC-Systems und bietet gute Voraussetzung für verbessertes Wankverhalten.

Mit dem ausgeführten ABC-System ergeben sich ein Reihe von Potentialen für das Fahrverhalten:

- *Hoher Fahrkomfort*
   - durch aktive Stabilisierung aller Aufbaubewegungen (Wanken, Nicken, Huben)
   - durch Wegfall des Stabilisators (Abrollkomfort)
- *Hoher Fahrsicherheitsgewinn*
   - durch aktive Stabilisierung des Fahrzeugs in der Kurve sowie bei Notmanövern
   - durch gutmütiges, berechenbares Fahrverhalten
   - durch Gewährleistung eines neutralen bis untersteuernden Eigenlenkverhaltens
- *Weiterer Zusatznutzen*
   - Fahrzeugabsenkung/-erhöhung im Stand und während der Fahrt
   - Schnelle Reifen- und Schneekettenmontage

Der Systemaufbau ist in Bild 1.4.26 dargestellt. Zur Bereitstellung der Hydraulikenergie wird eine Radialkolbenpumpe (Tandempumpe) mit sieben Kolben eingesetzt. Ihr Arbeitsdruck beträgt 200 bar. Der Ölstrom gelangt von der Pumpe zum K-Block (Kompakteinheit), der einen Pulsationsdämpfer zur Geräuschreduzierung und eine Druckbegrenzung sowie einen Drucksensor enthält, der für die Regelung Verwendung findet.

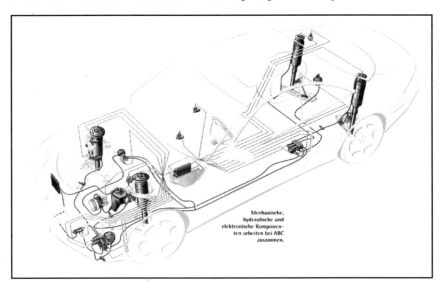

Bild 1.4.26:   ABC-Aufbau

Über Hochdruckleitungen geht es zu den Ventilblöcken an Vorder- und Hinterachse, die mit 3/3 Proportionalventil bestückt sind. Die Ventil-Blöcke regeln das Befüllen und Entleeren jedes Rades und haben zusätzlich ein Sperrventil zur Zylinderarretierung bei Fahrzeugstillstand.

Das Steuergerät verarbeitet insgesamt 13 Signale, wobei über 4 Niveausensoren der Rad-Aufbau Relativweg ermittelt wird. Über 3 Beschleunigungssensoren werden die Aufbaubeschleunigungen und -wege sensiert (Vertikal, Längs-Nickwinkel, Querwanken). Die weiteren Signale sind die 4 Plungerwege sowie Druck und Temperaturmessung. Alle Signale werden auf dem 2 Prozessor Steuergerät bearbeitet und eine gegenseitige Plausibilitätsprüfung trägt zur Fehlervermeidung bei.

Die Komponenten sind in Bild 1.4.27 dargestellt und es sind neben den Federbeinen die Tandempumpe, der K-Block und ein Ventilblock zu sehen.

Der Regelalgorithmus des ABC-Systems liegen drei Regelstrategien zu Grunde. Dies sind die Strategien AKTAKON und SKYHOOK sowie eine Störgrößenaufschaltung von Quer- und Längsbeschleunigungen. Die Verbindung der Strategien ist in Bild 1.4.28 dargestellt. Die AKTive Aufbau KONtrolle (AKTAKON) beschreibt die Aufbaubewegung in den Freiheitsgraden Huben, Wanken und Nicken sowie deren Geschwindigkeiten. Er wird in erster Linie für die Niveauregulierung eingesetzt. Die SKYHOOK-Regelung ist für die aktive Dämpfung des Aufbaus zuständig. Über die zusätzliche Störgrößenaufschaltung von Quer- + Längsbeschleunigung wird eine Wank- und Nickkompensation erreicht.

Die wichtigsten ABC-Komponenten: Federbeine für Vorder- und Hinterachse (vorne), Tandempumpe, Ventilblöcke und Kompakteinheit (obere Reihe von links nach rechts).

Bild 1.4.27:   ABC-Komponenten

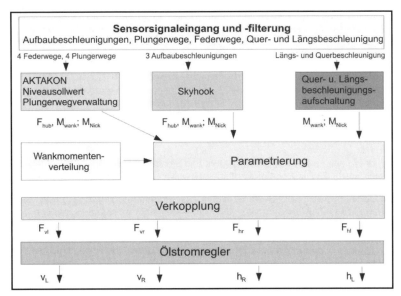

Bild 1.4.28: Struktur der ABC-Regelstrategien

Die Kombination der Regelstrategien liefert einen erheblichen Sicherheitsgewinn bei gleichzeitigem Komfortgewinn. So reduziert sich der Wankwinkel bei stationärer Kreisfahrt (aquer = 5m/s²)von 2,9° auf 0,8° beim Vergleich von passiver Stahlfederung zum ABC-System. Wird im Sport-Kennfeld gefahren, ergibt sich eine weitere Reduzierung um 27 %. Das frequenzbewertete Komfortmaß bleibt hierbei im Verhältnis zur luftgefederten Variante gleich und ist damit sogar besser als das Fahrzeug mit Stahlfederung.

Das ABC-Federungssystem hat eindrucksvoll gezeigt, dass es möglich ist, den Zielkonflikt zwischen Komfort und Sicherheit besser zu lösen als passive Systeme.

1.4.6 Fahrwerksregelung zur Kurshaltung

1.4.6.1 Hinterradlenkung

Unter Kurshaltung wird in der Fahrzeugtechnik vor allem das dynamische Verhalten der Fahrzeuge infolge von Lenkbewegungen und äußeren Einflüssen verstanden. Trotz der Tatsache, dass vor einigen Jahren Fahrzeuge mit Hinterradlenkung auf den Markt kamen und diverse Studien veröffentlicht wurden, werden auch heute schnellfahrende Pkw fast ausschließlich mit den Vorderrädern gelenkt. Ziel der Hinterradlenkung ist einmal die Verringerung des Wendekreises, zum anderen aber auch eine Erhöhung der Fahrstabilität (Bild. 1.4.29). Die Verringerung des Wendekreises folgt unmittelbar aus den geometrischen Verhältnissen Zwischen den Rädern und dem Fahrzeugaufbau. Die Möglichkeiten zur Beeinflussung der Fahrzeugdynamik lassen sich aus dynamischen Überlegungen abschätzen.

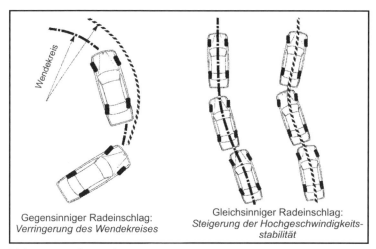

Gegensinniger Radeinschlag:
Verringerung des Wendekreises

Gleichsinniger Radeinschlag:
Steigerung der Hochgeschwindigkeitsstabilität

Bild 1.4.29: Gegensinniger und gleichsinniger Lenkeinschlag

Betrachtet man den Aufbau der Seitenkräfte an den Vorder- bzw. Hinterrädern unmittelbar nach einem Lenkwinkelsprung, so zeigt sich, dass bei der konventionellen Vorderradlenkung die Hinterachse am Bewegungsvorgang zunächst noch unbeteiligt ist, während gleichzeitiges Einschlagen an Vorder- und Hinterachse im Fall des gegensinnigen Lenkens sofort das Giermoment und damit die Drehbewegung um die Fahrzeughochachse (Gierbewegung) verstärkt und im Fall des gleichsinnigen Lenkens das Giermoment verringert und unmittelbar eine Querbewegung des Gesamtfahrzeuges anstößt (Bild 1.4.30). Diesen Bewegungen überlagert ist natürlich stets die Vorwärtsgeschwindigkeit des Fahrzeuges.

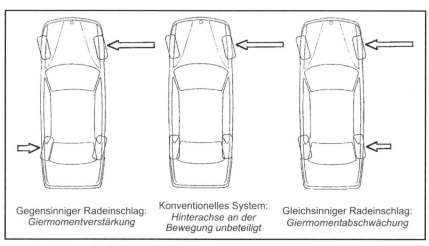

Gegensinniger Radeinschlag:
Giermomentverstärkung

Konventionelles System:
Hinterachse an der Bewegung unbeteiligt

Gleichsinniger Radeinschlag:
Giermomentabschwächung

Bild 1.4.30: Seitenkräfte bei Lenkwinkelspannung

Die beiden Zielkriterien: Verbesserung der Wendigkeit und Erhöhung der Fahrstabilität sind gegenläufige Anforderungen an eine Hinterradzusatzlenkung. Je nach dem gerade beabsichtigten Fahrmanöver ist gegenseitiges oder gleichsinniges Lenken gefragt. Die Ansteuerung der Lenkbewegung von realisierten Hinterachslenkungen kann abhängig von fahrdynamischen Größen wie dem aktuellen Lenkwinkel, dem Lenkmoment und der Lenkgeschwindigkeit erfolgen. Ein Auswahl der Ansteuerung ist unter Aspekten der Systemsicherheit und der fahrdynamischen Eigenschaften des Fahrzeugs zu treffen.

1.4.6.2 Zukünftige geregelte Vorderradlenksysteme

Eine weitere Möglichkeit die Kurshaltung zu beeinflussen, ist die Aufbringung eines Überlagerungslenkwinkels an der Vorderachse. Durch einen Eingriff in das Vorderradlenksystem lassen sich äußere und innere Störungen, welche sonst durch den Fahrer kompensiert werden müssen, durch einen Regler ausgleichen. Zu den äußeren Störungen gehören beispielsweise der Einfluss von Seitenwind, geneigte Fahrbahnen, Fahrbahnunebenheiten und unterschiedliche Reibwerte für die rechte und linke Fahrspur. Unter inneren Störungen können unter anderem Änderungen der Seitenkraftverhältnisse an Vorder- und Hinterachse beim Beschleunigen oder Bremsen verstanden werden. Die Störempfindlichkeit des Fahrzeugs nimmt dabei über der Geschwindigkeit deutlich zu. Am Beispiel der Störempfindlichkeit ist zu erkennen, dass eine Unterstützung des Fahrers durch aktive Lenkeingriffe eine Entlastung von Regeltätigkeiten und damit eine Verbesserung der aktiven Sicherheit bedeutet. Neben der Unterstützung des Fahrers bei Einflüssen durch Störgrößen kann ein aktiver Lenkeingriff den Fahrer auch in vielen anderen Situationen unterstützen. Durch variable Lenkübersetzungen kann der erforderliche Lenkwinkel bei geringen Geschwindigkeiten durch eine direkte Übersetzung reduziert werden, während bei hohen Geschwindigkeiten über eine indirekte Lenkung ein verbessertes Handling erreicht wird.

Zu den Zielen zukünftiger Lenkungen wird des weiteren eine Verringerung des Phasenverzugs zwischen Lenkvorgabe und Fahrzeugreaktion durch eine Vorhaltelenkung gehören. Bei Fahrmanövern im fahrdynamischen Grenzbereich können zudem Fahrzeuggierbewegungen in kritischen Situationen bis zu einem gewissen Grad ausgeregelt werden.

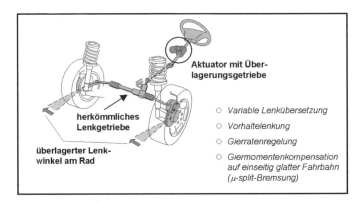

Bild 1.4.31: Funktionsprinzip Überlagerungslenkung (ÜLL)

All diese Funktionen von zukünftigen Lenkungen bieten die Möglichkeit das vorhandene Sicherheitspotential von Fahrzeugen weiter auszunutzen. Während das Sicherheitspotential durch passive Systeme ein sehr hohes Niveau erreicht hat, gibt es im Bereich der aktiven Sicherheit noch sehr viele im Entwicklungsstadium befindliche Systeme zur Vermeidung von Unfällen. Als Fernziel ist dort das automatische Fahren zu nennen. Auf dem Weg zu diesem Ziel ist die aktive Lenkung, die eine Voraussetzung zur automatischen Spurführung darstellt, ein wichtiger Schritt. Neben der aktiven Sicherheit (z.B. Verbesserung der Kondition und der Handhabungseigenschaften) bietet sich durch neue Lenksysteme aber auch die Möglichkeit die passive Sicherheit zu erhöhen (z.B. Entfall der Lenksäule). Die Entwicklung der aktiven Lenksysteme erfolgt dabei ausgehend von der konventionellen Lenkung über die Servolenkung mit und ohne Berücksichtigung von fahrdynamischen Größen, die Überlagerungslenkung in Kombination mit einer Servolenkung bis hin zum Steer-by-wire System (Bild 1.4.32).

Durch diese Entwicklung kann der Lenkaufwand des Fahrers deutlich reduziert werden. Die benötigte Lenkenergie für die verschiedenen Lenkungssysteme sind in Bild 1.4.33 dargestellt. Zum einen erfolgt eine Verringerung des vom Fahrer aufzubringenden Lenk-

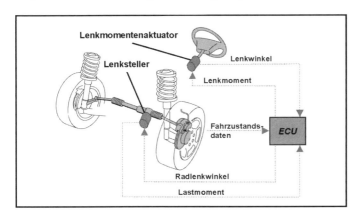

Bild 1.4.32: Funktionsprinzip „Steer-by-wire"-Lenkung

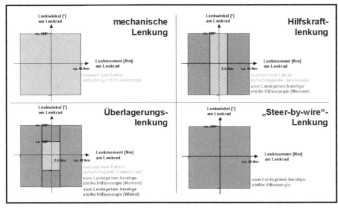

Bild 1.4.33: Benötigte Lenkenergie für verschiedene Lenksysteme

moments durch die Servolenkung und zum andern kann der erforderliche Lenkwinkelbereich durch eine Überlagerungslenkung oder ein Steer-by-wire System gegenüber konventionellen Auslegungen nahezu halbiert werden.

1.4.6.3 Wankstabilisierungssystem Dynamic Drive (BMW 7er 2001)

Ein weiteres System zur Erhöhung der Fahrsicherheit und auch zur Komforterhöhung stellt das von BMW entwickelte Dynamic Drive System dar. Dynamic Drive ist ein mechatronisches Wankstabilisierungssystem zur aktiven Beeinflussung der Aufbau-Wankneigung unter Einfluss der Querbeschleunigung sowie des Fahrzeug-Eigenlenkverhaltens. Die Hauptkomponenten des Dynamic Drive Systems sind in Bild 1.4.34 dargestellt. Neben der Verbesserung der Fahrsicherheit trägt das vollautomatische System, das auf Stabilisatoren mit integriertem hydraulischen Schwenkmotor basiert, zur Komfortsteigerung bei. Bei Aktuierung des Stabilisators werden die beiden Hälften eines herkömmlichen Torsionsstabilisators relativ zueinander verdreht und leiten ein rückstellendes Moment in den Aufbau ein. Somit kann eine Reduzierung – bis hin zur vollständigen Reduzierung – des Wankwinkels dargestellt werden. Durch die fahrzustandsabhängige Verteilung des Stützmomentes zwischen Vorder- und Hinterachse kann das Eigenlenkverhalten des Fahrzeugs innerhalb gewisser Grenzen geregelt werden.
Die Ziele des Systems lassen sich wie folgt beschreiben:

- Reduktion/ Kompensation der Aufbau-Wankbewegung
- Verbesserung des Geradeauslaufs (verringertes Rollsteuern)
- Verminderung von Lastwechselreaktionen bei Kurvenfahrt
- die Verbesserung der Lenkwilligkeit bzw. der Gierdynamik bei niedrigen bis mittleren Geschwindigkeiten (Neutralsteuern)
- Reduktion der Kopierbewegung des Aufbaus
- Beibehaltung des vollen Federwegs bei Kurvenfahrt
- (möglicher Traktionsgewinn der Antriebsachse(n))

Zu Erfüllung dieser Aufgaben muss ein Moment bedarfsgerecht über die Schwenkmotoren (Bild 1.4.35) in die Stabilisatorhälften eingeleitet werden. Der dafür notwendige Ölvolumenstrom wird mit Bevorzugung des Vorderachs-Schwenkmotors von einem zentralen Ventilblock zugeteilt.

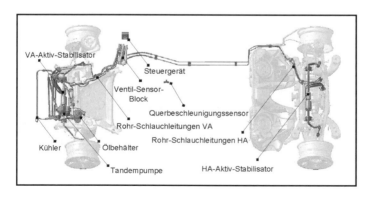

Bild 1.4.34: Hauptkomponenten des Dynamic Drive von BMW

Bei Fahrbahnanregungen sollen nur geringe Kräfte in den Aufbau eingeleitet werden, dazu wird der Schwenkmotor freigeschaltet, das heißt die beiden Stabilisatorhälften sind (hydraulisch) entkoppelt. Das Reibungsverhalten des Motors muss entsprechend optimiert sein.

Das System besteht aus einer klassischen hydraulischen Energieversorgung durch eine motorgetriebenen Tandempumpe in Zusammenwirken mit einem zentralen Ventilblock mit integrierter Sensorik (Druck und Schaltstellung). Der Ventilblock beinhaltet eine unterlagerte hydromechanische Druckregelung. Die überlagerte Regelung des Hochdruckkreises hin zu den Aktoren erfolgt elektrohydraulisch. Schwenkmotorgehäuse und Schwenkmotorwelle des hydraulischen Drehantriebs sind mit jeweils einer Stabilisatorenhälfte verbunden.

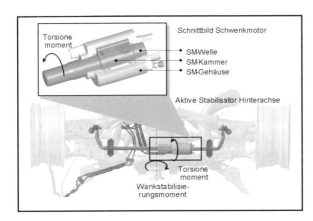

Bild 1.4.35: Schnittbild des Schwenkmotors Dynamic Drive BMW

Zur Erhöhung der Fahrsicherheit und des Fahrkomfort wird gemäß der Regelstrategie der Wankwinkels bis zu einer Querbeschleunigung von 0.3 g auf 0° reduziert. Dies ergibt bei Querbeschleunigungen bis 0.6 g eine Wankwinkelminderung um ca. 80% im Vergleich zu herkömmlichen Passiv-Fahrwerken. Oberhalb dieser Grenze wird das Stützmoment nachgelassen, um dem Fahrer die Annäherung an den physikalischen Grenzbereich mitzuteilen.

Als Vorteile dieses Systems können der Funktionalitätsgewinn hinsichtlich der Fahrsicherheit (Aufbau-Horizontierung, Geradeauslaufverhalten, Fahrzeug-Eigenlenkverhalten) und gleichzeitiger Komfortsteigerung im Vergleich zu anderen Konzepten (Vollaktiv-Fahrwerk) genannt werden. Dies erfolgt mit relativ geringem Energieeinsatz, unter günstigem Fail Safe-Verhalten und ist auch als Add-On-System für bestehendes passives Fahrwerk möglich.

Einen Nachteil stellt die Beschränkung auf die Freiheitsgrade Aufbau-Wanken und Achs-Verspannung dar. Die mechanische Beanspruchung des Stabilisators ist sehr hoch und hat ein aufwendiges Lagerkonzept zur Folge. Ein großer Nachteil der bisherigen Dynamic Drive -Bauweise ist die fehlende Modularität und die aufwendige Integration in das Fahrzeug am Band durch die vernetzte Struktur.

1.4.7 Zusammenfassung

In der Fahrwerkentwicklung haben elektronische Regelsysteme Ihren Einzug gehalten und Ihren Nutzen im Hinblick auf den Zielkonflikt zwischen Fahrkomfort und Fahrsicherheit bewiesen. Ausgehend von den Grundanforderungen werden eine Vielzahl der Ziele mit Regelsystemen erreicht. Insbesondere die Fahrsicherheit wurde in den vergangenen Jahren durch den Einsatz von Fahrdynamikregelsystemen nachhaltig verbessert. Der Grundgedanke Mechaniken mit Hilfe von elektronischer Intelligenz zu vereinfachen ist jedoch nicht in vollem Umfang erfüllt. Vielmehr stehen heute mechatronische Systeme im Vordergrund, die Idealerweise die Vorteile beider Fachrichtungen Mechanik und Elektronik verknüpfen.

Es konnte gezeigt werden, dass die klassischen Auslegung von Fahrwerken nach wie vor ein weites Betätigungsfeld ist und eine Fahrwerkregelung nicht die Grundanforderung an Kinematik und Elastokinematik übernehmen kann, sondern umso besser funktioniert je besser die Grundauslegung ist.

Bei den Federungssystemen wurden bestehende Systeme aufgezeigt und die Vorteile von elektronischen Regelungen im Hinblick auf Kurshaltung diskutiert. Hierbei ist vor allem der Weg hinzu Steer-by-Wire-Lenkungen über die derzeit in der Serienentwicklung befindlichen Überlagerungslenkungen zu nennen. Die Minderung der Lenkenergie für den Fahrer zeigt das Komfortpotential solcher Systeme auf.

Die Herausforderung für zukünftige Entwicklungen ist die Vernetzung und Erweiterung all dieser Regel- und Assistenzsysteme. In Bild 1.4.36 ist das Integrierte Chassis Management dargestellt.

Die ideale Kombination von etablierten Systemen zur Verbesserung von Fahrverhalten und Stabilität mit Führungssystemen, wie dem Adaptive Cruise Control (ACC) sind die Schritte zum autonomes Fahren. Als weitere Schritte sind die Entwicklungstätigkeiten im Bereich des Collision Avoidance zu nennen.

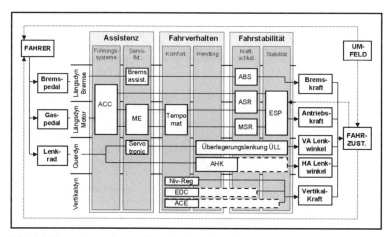

Bild 1.4.36:   Integriertes Chassis Managment

1.4.8 Literaturhinweise

[BER89] Berkefeld, V.: Theoretische Untersuchungen zur Vierradlen-kung, Stabilität und Manövrierbarkeit Vortrag auf der HDT-Tagung T-30-930-056-9 Allrad-Lenksysteme bei PKW 11/89

[BEK01] Berkner, S.: Duda, H.: Forschung Volkswagen AG, Beeinflussung der Querdynamik von PKW durch aktive Fahrwerke, Tagung Driveability. Haus der Technik Essen, 26.06.2001

[DON89] Donges: E.: Aspkete der aktiven Sicherheit bei der Führung von PKW, Automobil-Industrie 2/2 1989

[DON89] Donges, E.: Aktive Hinterachskinematik – neue Entwicklungsmöglichkeiten der Fahrzeugquerdynamik, VDI-Bericht Nr. 778, 1989

[DON89] Donges, E.: Funktion und Sicherheitskonzept der aktiven Hinterachskinematik von BMW Vortrag auf der HDT-Tagung 30-930-056-9 Allrad-Lenksysteme bei PKW 11/89

[FEN98] Fennel, H.: ABS plus und ESP – Ein Konzept zur Beherrschung der Fahrdynamik, ATZ 100, 1998 (4)

[HEN87] Hennecker, D.Jordan, B.Ocher, U.: Elektronische Dämpfer-Control – eine vollautomatische adaptive Dämpferkraftverstellung für den BMW 635 CSi, ATZ 89 (1987) 9

[HEY88] Heyer, G.: Trends in der Stoßdämpferentwicklung, Automobil-Industrie Nr. 6 / 88

[HOL00] M. Holle, C. Hoffmann: Institut für Kraftfahrwesen Aachen (ika), Lenkstrategien für aktive Vorderachslenksysteme, 9. Aachener Fahrzeug und Motoren-Kolloquium 2000, Aachen 04.-06.10.2000

[KLI89] Klinkner, W.: Adaptives Dämpfungssystem „ADS" zur fahrbahn- und fahrzustandsabhängigen Steuerung von Dämpfern einer Fahrzeugfederung, VDI-Bericht Nr.778, 1989

[KON01] Konik, D.: Dynamic Drive-Das neue Wank-Stabilisierungssystem der BMW-Group, Tagung Stoßdämpfer, Federung und weitere Systemkomponenten für sicheres Fahrverhalten, Haus der Technik Essen, 2001

[LEF00] Leffler, H.: Antriebs- und Bremsregelung, Vieweg Handbuch Kraftfahrzeugtechnik, Okt. 2000

[MAS87] Matschinsky, W.: Die Radführung der Straßenfahrzeuge Analyse, Synthese, Elastokinematik Verlag TÜV Rheinland GmbH, Köln 1987

[MIS75] Mitschke, M.: Dynamik der Kraftfahrzeuge, Springer-Verlag Berlin, Heidelberg, New York, 1975

[MUE95] Müller, A.; Heißing, B., Audi AG Ingolstadt, Das Fahrwerk des Audi A4, 5. Aachener Fahrzeug und Motoren-Kolloquium 1995, Aachen Okt. 1995

[NN099] N.N., Zielkonflikt aufgelöst – Das ABC des Regelns – Ein Automobil-zwei Fahrwerke, Sonderheft Mercedes Benz CL Entwicklung ABC-Fahrwerk 1999

[RAK89] Rake, H.: Umdruck zur Vorlesung Regelungstechnik der RWTH Aachen, 1989

[REI86] Reimpell, J.: Fahrwerktechnik: Reifen und Räder, Vogel-Buchverlag, Würzburg 1986

[RIC89] Richter, B.: Die Vierradlenkung des iRVW4 Vortrag auf der HDT-Tagung T-30-930-056-9 Allrad-Lenksysteme bei PKW 11/89

[WOL99] Wolfried, St.; Schiffer, W.: DaimlerChrysler AG Sindelfingen, Active Body Control – das neue aktive Federungs- und Dämpfungssystem des CL-Coupés von DaimlerChrysler, VDI Berichte Nr. 1494, 1999

[WAL01] Wallentowitz, H.: Institut für Kraftfahrwesen aachen (ika), Vertikal-/Querdynamik von Kraftfahrzeugen, Vorlesungsreihe Fahrzeugtechnik II, Schriftenreihe Automobiltechnik 03/2001

1.5 Hardware-in-the-Loop Simulation
G. Frey

Zusammenfassung

Der Entwicklungsprozeß elektronischer Steuergeräte für den Einsatz im Kraftfahrzeug hat in den letzten Jahren an Dynamik gewonnen. Neue Funktionen im Fahrzeug werden zunehmend durch Elektronik realisiert. Diese Konzepte substituieren immer mehr die Komponenten aus den Hydraulik- und Mechanikdisziplinen. Zusätzliche Freiheitsgrade, bedingt durch die Informationsverarbeitung im Steuergerät, erhöhen die Komplexität des Gesamtsystems. Damit steigen natürlich auch die Anforderungen im Testbereich. In diesem Beitrag wird am Beispiel eines Verbundes von elektronischen Steuergeräten aufgezeigt, wie ein HIL-Simulator Anwendungs- und Umgebungsmodell mit dem Verbund von Steuergeräten in einer verteilten Rechnerarchitektur in geeigneter Weise verknüpft wird. Die Grundlage dazu bildet ein Simulationsbus, der die notwendigen Teilnehmer zu einer virtuellen Testumgebung integriert. In dieser HIL-Umgebung kann das Zusammenwirken aller Komponenten in ihrem Gesamtsystem-Verhalten untersucht und optimiert werden.

Summary

Recently the development process of electronic control units has reached a significant dynamic. Sophisticated vehicle functions are being increasingly realised by electronics. These concepts substitute components from hydraulic and mechanic disciplines step by step. Additionaly options increase system's complexity caused by available software techniques and its data processing in ECU's. Simultaneously an adequate test environment will be needed due to the growth of funktionalities. This paper outlines e.g. by a network from Electronic Control-Unit how the Hardware-in-the-Loop Simulator combines models (application, environment) with ECU's, based on a distributed computer architecture. Substantial element is a simulation bus which is able to integrate the single simulators into a virtual test bench. It can be realised by using a specific simulationsbus. Within this HIL environment the interaction of the components and their behaviour can be analysed by real-time simulation. Occurred errors will be checked towards the specification and eliminated in the design environment.

1.5.1 Entwicklungstendenzen im Automobilbereich

Das Kundenverhalten orientiert sich zunehmend an den Maßstäben: Umweltverträglichkeit, Variabilität, Dynamik und Fahrkomfort. Die elektronischen Systeme im Kraftfahrzeug unterstützen diese Anforderungen. Der Einsatz der Elektronik zur Regelung und Steuerung von Antriebsstrangfunktionen eröffnet zusätzliche Freiheitsgrade zur individuellen Anpassung des Fahrzeugverhaltens an den Fahrerwunsch. Über eine Fahrertypklassifikation lassen sich beispielsweise die Motordrehzahlen festlegen bei welcher, in Abhängigkeit vom Fahrerwunsch, eine Getriebeschaltung eingeleitet wird. Die Fahrwerke sind mit adaptiven Regel- und Steueralgorithmen ausgestattet. Die Adaptionsparameter sind über die aktuelle Geschwindigkeit und über die Beladung bestimmbar.

Der Aufbau heutiger Steuergeräte besteht im wesentlichen aus einem Signalinterface und einem Mikrocontroller mit externem Speicher. Das Signalinterface bereitet die vom Fahrzeug gelieferten Sensorsignale mittels Pegelwandler und analogen Filterschaltungen für die Verarbeitung im Mikrocontroller auf. Die Endstufen des Signalinterface stellen die notwendige Leistung zur Ansteuerung der Aktuatorik zur Verfügung. Für sicherheitsrelevante Funktionen werden Zweirechnersysteme eingesetzt. Beide Rechner verarbeiten sicherheitsrelevante Funktionen und tauschen über eine schnelle Prozessorschnittstelle die Zustands- und Ausgangsvektoren aus. Die Ergebnisse werden einem Vergleich unterzogen und aktivieren bei Unterschieden ein Notlaufprogramm. Die Signalübertragung zwischen den Steuergeräten, Aktoren und Sensoren erfolgt ausschließlich über Einzeldrahtleitungen. Bei zunehmenden Fahrzeugfunktionen und bereichsübergreifendem Signalaustausch entsteht ein sehr hoher Verkabelungsaufwand.

Die speziellen Kommunikationsanforderungen im Automobilbereich erfüllt das von Bosch entwickelte Datenbussystem CAN (Controller Area Network). Der CAN-Datenbus wurde erstmals im Motormanagement der S-Klasse eingesetzt, siehe Bild 1.5.1 [1]. Der CAN-Bus hat sich zum Standardmedium für den Datenaustausch im Kraftfahrzeug etabliert. Die Halbleiterindustrie bietet Mikrocontroller mit integriertem CAN-Chip für den automotiven Einsatz an. Das CAN Protokoll ist genormt und die Botschaften können bereichsübergreifend, auch von unterschiedlichen Herstellern elektronischer Steuergeräte, inter-

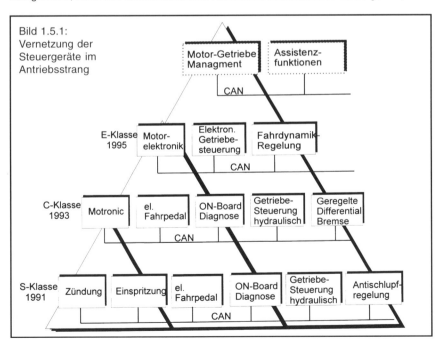

Bild 1.5.1: Vernetzung der Steuergeräte im Antriebsstrang

pretiert werden. In der Vergangenheit wurden Einzelsysteme betrachtet und deren Steuerungen und Regelungen lokal analysiert und synthetisiert. Die Einführung des CAN-Bus erlaubt die funktionsorientierte Betrachtungsweise von Systemen und zeigt damit neues Optimierungspotential auf. Motor, Getriebe und Fahrzeug tauschen über den CAN-Bus Statusinformationen sowie Ist- und Sollwerte aus. Damit ist eine ganzheitliche Betrachtungweise des Antriebsstranges möglich.

Durch die aggregateorientierte und lokale Betrachtungsweise wurde die Funktionssoftware bisher eindimensional entwickelt. Die Softwarearchitektur der vernetzten Systeme wird aufwendiger, da neben den Eingangs- und Ausgangssignalen zum Steuergerät die Datenbuskommunikation zu verarbeiten ist. Notlaufeigenschaften und Diagnosefunktionalitäten anderer Busteilnehmer müssen berücksichtigt werden. Weitere Integrationen und Funktionen von Fremdaggregaten werden in die Steuergeräte integriert. Diese zunehmende Vernetzung und Integration der elektronischen Systeme im Kraftfahrzeug erfordert moderne Entwicklungsmethoden und Werkzeuge, die den gesamten Entwicklungsprozeß unterstützen.

1.5.2 Werkzeuge für den Systementwurf

Die ganzheitliche Betrachtung von Fahrzeugfunktionen ist mit manuellen Entwurfsverfahren nicht mehr zu bewältigen und erfordert den Einsatz leistungsfähiger Werkzeuge. Die technischen Systeme lassen sich grundsätzlich in 3 Disziplinen einteilen: kontinuierliche Systeme, zustands- und ereignisorientierte Funktionen sowie in Warteschlangenmodelle. Für jedes dieser Gebiete gibt es spezielle Werkzeuge, die spezifische Hilfsmittel zur Bearbeitung der entsprechenden Problemstellungen bereitstellen. Die Werkzeuge zur Bearbeitung von Warteschlangen basieren auf statistischen Methoden und dienen zur

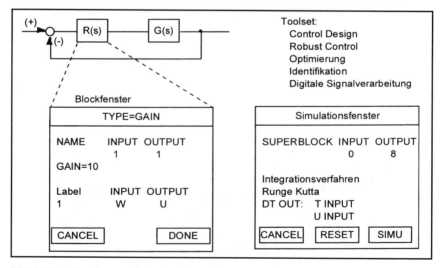

Bild 1.5.2: Regelungstechnische Entwurfsebene

Ermittlung von mittleren Auslastungen der Prozessoren und Bussysteme. Fast alle modernen Werkzeuge besitzen mittlerweile eine grafisch, hierarchisch strukturierbare Programmierumgebung mit konfigurierbaren Bedien- und Beobachtungsoberflächen.

Bei der Beschreibung der kontinuierlichen Systeme werden bevorzugt regelungstechnische Basisblöcke eingesetzt. Diese sind in einer 3 dimensionalen Umgebung darstellbar und simulierbar. Die dritte Dimension wird durch die hierarchische Struktur belegt. Diese unterstützt die Einführung von unterschiedlichen Abstraktionsebenen. Die Hierarchien führen zu einer transparenten Systembeschreibung und vereinfachen den Systementwurf und den Systemtest, Top Down oder Bottom Up. Neben der Systemanalyse sind für die Bearbeitung von regelungstechnischen Problemstellungen Toolsets wie Robust Control Design oder Modern Control Design verfügbar, siehe Bild 1.5.2.

Die Modellierung von zustands- und ereignisorientierten Funktionen erfolgt mit Werkzeugen die auf den klassischen Zustandsautomaten aufbauen. Moderne Werkzeuge auf diesem Gebiet ergänzen die klassische Theorie um 3 wesentliche Mechanismen: Abbildung von Hierarchien, Einführung von Prioritätsmechanismen und Abbildung von parallelen Automaten. Die Systeme unterscheiden auch zwischen einer funktionalen Sicht, einer Verhaltenssicht und den Modulcharts, siehe Bild 1.5.3. Die Activity Charts basieren auf den klassischen Datenflußdiagrammen, während die Statecharts auf der klassischen Automatentheorie basieren. Ein System ist mit den Activities aus funktionaler Sicht modellierbar. Das Top Level Activity repräsentiert das Gesamtsystem und enthält wiederum Sub-Activities, zwischen denen Informationen fließen. Die Steuerung der Activities übernehmen die Statecharts. Mit Hilfe der Modulcharts können Funktionen, die auf mehrere Steuergeräte verteilt sind, optimal abgebildet und simuliert werden.

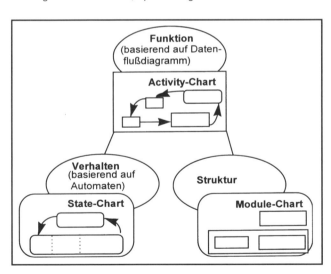

Bild 1.5.3:
Die 3 Sichtweisen moderner zustandsorientierter Werkzeuge

1.5.3 Entwurfsprozess

Aufgrund der Komplexität und der interdisziplinären Problemstellung beim Entwurf innovativer Kraftfahrzeugsysteme müssen problemspezifische Werkzeuge den Entwicklungsprozeß durchgängig begleiten. Bei herkömmlichen Systemen sind die Übergänge der einzelnen Entwicklungsphasen mit einem hohen Dokumentationsaufwand und die Medienbrüche mit einem zusätzlichen Informationsverlust verbunden. In verschiedenen Anwendungsprojekten wurden die spezifischen Werkzeuge der einzelnen Entwicklungsstufen über intelligente Schnittstellen, mit einem Software-Bus so verknüpft, daß die Funktionsbasis und die Datenbasis mit dem Projektfortschritt ergänzt und in den einzelnen Stufen angewendet werden kann. Diese methodische Vorgehensweise beinhaltet ein großes Potential zur Reduktion der Entwicklungszeiten und der Entwicklungskosten.

Neben den Entwicklungszeiten und den Entwicklungskosten ist die Qualität und die Zuverlässigkeit der Systeme von entscheidender Bedeutung. Um diesen Anforderungen gerecht zu werden, ist das Gesamtsystem bereits in der Entwurfsphase, ohne Einbin-

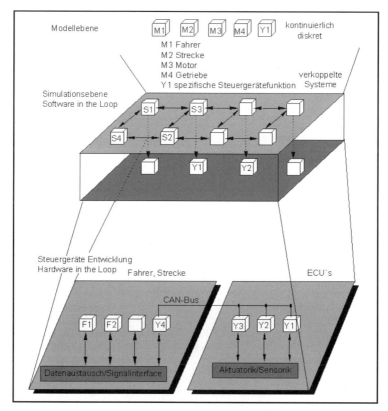

Bild 1.5.4:   Ablauf Hardware-in-the-Loop Simulation

dung von Hardware, simulierbar auszuführen. In dieser frühen Phase kann der Automobilhersteller und der Automobilzulieferer die simulierbare Funktionsbasis und die Datenbasis austauschen und in die Umgebungsmodelle einbinden. Die modellhafte Beschreibung des technischen Systems ist eindeutig und unterliegt nicht der sprachlichen Unschärfe. Parallel zur Funktionsentwicklung werden die automatischen Testprozeduren (ATP) entwickelt. Zur Erzielung von Transparenz bei zunehmender Vernetzung der Kfz-Komponenten ist eine modulare, hierarchisch strukturierbare Funktionsabbildung zu wählen, siehe Bild 1.5.4. Die Module müssen auf jeder Ebene unabhängig simulierbar sein. Der Automobilzulieferer entwirft, entsprechend der Funktionsbeschreibung ein auf die Zielhardware ausgerichtetes Steuergeräteprogramm. Mit der Software-in-the-Loop Simulation wird der Funktionsteil des Steuergerätes in das Umgebungsmodell eingebunden und das Gesamtverhalten untersucht. Die Schnittstellen zwischen den beiden Programmen, Funktionsteil und Umgebung, orientieren sich am technischen System.

1.5.4 Simulations-Bus

Der Simulations-Bus ist die Basis für den werkzeugunterstützten Entwicklungsprozeß. Durch die Entwicklung lokaler Netze wie Ethernet, ergeben sich weitreichende Möglichkeiten zum Aufbau verteilter Systeme. Ein sehr weit verbreiteter Transportdienst für lokale Netze ist das Transmission Control Protocol / Internet Protocol (TCP/IP). Als Basis für den interdisziplinären Datenaustausch werden sogenannte Sockets eingeführt [2]. Sockets sind allgemeine Kommunikationsendpunkte und erlauben unabhängigen Prozessen Nachrichten auszutauschen. Sie bilden die Schnittstelle zum Betriebssystem für die Abwicklung von Kommunikationsaufträgen. Weiterhin werden Sockets nach dem Typ der Kommunikation klassifiziert (z.B. Datagramme). Eine Kommunikation zwischen zwei Sockets ist genau dann möglich, wenn beide Sockets der gleichen Domain angehören und vom gleichen Typ sind. Die Internet Domain besteht aus der Internet Protokoll Familie. Wesentliche Protokolle dieser Protokoll Familie sind das TCP und das UDP (User Datagram Protocol). Die Datagramm Sockets erlauben bidirektionale Übertragung ohne Übertragungssicherung. Datagramm Sockets arbeiten nicht verbindungsorientiert. Bei jeder Nachricht muß die Zieladresse angegeben werden. Es besteht die Möglichkeit ein Broadcast durchzuführen. Das TCP Protokoll arbeitet verbindungsorientiert. Hierbei wird zuerst eine Verbindung zwischen zwei Sockets aufgebaut, danach ist ein sicherer, bidirektionaler Datenaustausch möglich. Der Overhead bei verbindungsloser Kommunikation ist sehr gering und daher weniger zeitintensiv. Aus diesem Grund wird das UDP-Protokoll eingesetzt.

Die Vernetzung der Simulationsteilnehmer erfolgt über einen Server, siehe Bild 1.5.5. Der Server registriert die Teilnehmer, die einen Verbindungsaufbau anfragen. Der anfragende Teilnehmer ermittelt dabei zuerst den eigenen freien Port und teilt dem Server diese Portnummer, die eigene Hostadresse und den Partnerwunsch mit. Ein zweiter anfragender Partner übergibt dem Server die gleichen Informationen. Ist der Partnerwunsch in der Anmeldeliste enthalten, teilt der Server den Teilnehmern die Portnummer, die Hostadresse und den Namen des Partners mit. Anschließend bauen die Partner eine bidirektionale Verbindung auf und melden sich beim Server ab.

Das Konzept ist hardwareunabhängig und gewährt einen durchgängigen Werkzeugeinsatz vom Systementwurf bis zur Systemabsicherung mit Hardware-in- the-Loop. Die interdisziplinäre und abteilungsübergreifende Projektbearbeitung wird durch den Einsatz

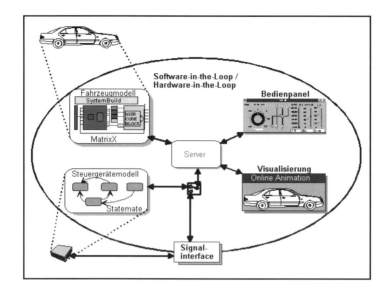

Bild 1.5.5: Vernetzung der Werkzeugumgebung

des Softwarebusses unterstützt. Weiterhin erlaubt die Einführung der Socketschnittstelle einen standardisierten Datenaustausch zwischen den Werkzeugen. Die koordinierte Anwendung der Werkzeuge wird vollständig vom Softwarebus übernommen.

1.5.5 Hardware-in-the-Loop Simulation

Bei der Hardware-in-the-Loop Simulation für elektronische Kraftfahrzeugsysteme wird das reale Steuergerät an einen Simulationsrechner angeschlossen [3]. Das Fahrzeugmodell, welches bereits bei der Software-in-the-Loop Simulation eingesetzt wurde, kann auch für Hardware-in-the-Loop Anwendungen verwendet werden. Hierfür ist lediglich der Funktionsteil des Steuergerätes in der Simulation durch das reale Steuergerät zu ersetzen. Die Umschaltung kann ein Softwareswitch vornehmen. Allerdings ist bei der Hardware-in-the-Loop Simulation die Echtzeitbedingung einzuhalten. Dies bedeutet, ein vollständiger Programmzyklus einschließlich der Signalaufbereitung muß innerhalb der Abtastzeit des elektronischen Steuergerätes liegen. Zusätzlich muß die Modellintegrationsschrittweite um ein ganzes Vielfaches kleiner sein, als die Abtastzeit des Steuergerätes. Die Simulationsanlage für Anwendungen im Nutzfahrzeug ist auch durch den Einsatz von Standardkomponenten gekennzeichnet. Die Berechnung des Fahrzeugmodells erfolgt auf einem VME-Bus Rechner mit mehreren über Shared Memory gekoppelten PowerPC Prozessoren, siehe Bild 1.5.6. Intelligente und leistungsfähige VME-Bus Interface Boards verbinden das Netz von Steuergeräten mit dem VME-Bus. Über die TCP/IP-Schnittstelle können weitere Rechnerplattformen mit entsprechenden Tools für die Animation, Datenhaltung und Bedienung mit dem HIL-Simulator On-Line verbunden werden. Die Kommunikationsteilnehmer melden sich beim Server an, siehe Bild 1.5.5 und erhalten Informationen über den Kommunikationspartner zurück. Anschließend erfolgt der bidirektionale Datenaustausch zwischen den Teilnehmern. Der Server ist bei dieser direkten Kommunikation nicht mehr beteiligt. Für die CAN-Kommunikation und für die Signalvorverarbeitung wurden Standard-VME-Bus Komponenten eingesetzt. Zwischen dem Steuergerätebetrieb im Fahrzeug und dem Laborbetrieb ist bei gleichen Eingangsdaten kein Unterschied festzustellen.

1.5.6 Steuergerätetest

Für den Hardware-in-the-Loop Simulator ergeben sich vielfältige Einsatzmöglichkeiten. Ein wichtiges Hilfsmittel ist er bei der Funktionsentwicklung und Erprobung. Die Entwicklung ist unabhängig von der Fahrzeugverfügbarkeit. Mit dem Bedienpanel, das als Software oder Hardware ausgeführt sein kann, erzeugt der Anwender dynamische Zufallstests. Grenzwertanalysen sind ebenfalls durchführbar. Grenzwerte und Testvektoren sind aus der Spezifikation ableitbar. Die Ergebnisse der Tests mit Spezifikationsdaten lassen sich wieder mit den Simulationsergebnissen aus der ausführbaren Spezifikation vergleichen. Über die Diagnoseleitung können auch steuergeräteinterne Zustände geprüft werden. Ein ganz wichtiger Punkt, der zunehmend an Bedeutung gewinnt, ist die Parametervariation der Regelstrecke. Diese gezielte Parametervariation testet die Robustheit des Steuergerätes. Das veränderte Streckenverhalten kann durch Alterung, Fertigungstoleranzen oder auch durch den Wechsel von Komponenten während der Produktion erfolgen. Bei Softwareänderungen lassen sich besonders gut vergleichende Tests durchführen. Bei Neuentwicklungen von Steuergeräten, mit Beteiligung unterschiedlicher Zulieferer, kann der Integrationstest die Beeinflussung von mehreren Steuergeräten untersuchen. Sämtliche Versuche und Tests sind reproduzierbar, dies ist mit einem Fahrzeug auf der Straße nicht zu erzielen, da sich Fahrer und Umwelt nie exakt gleich verhalten.

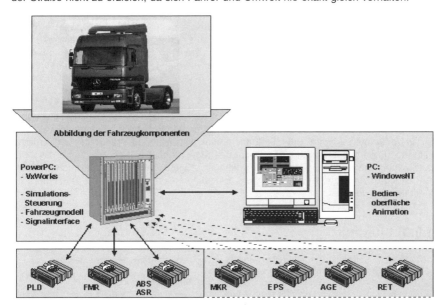

Bild 1.5.6: Hardware-in-the-Loop Simulator

1.5.7 Leistungsmerkmale

Der durchgängige Werkzeugeinsatz, von der Spezifikation bis zum Integrationstest mit Hardware-in-the-Loop, steigert in einer sehr frühen Entwicklungsphase die Qualität des Produktes. Der Nachweis hierfür wurde bereits in mehreren Anwendungsprojekten in der elektronischen Steuergeräteentwicklung erbracht. Das funktionale Verhalten läßt sich bereits in der Entwurfsphase ohne Erprobungsträger verifizieren. Sind zwischen dem Istverhalten und dem Sollverhalten Unterschiede festzustellen, kann das funktionale Verhalten unmittelbar geändert werden. Neben den kurzen Iterationszyklen beim Entwicklungsprozeß unterstützt die Werkzeugarchitektur "Concurrent Engineering". Dies führt zu einer weiteren Reduktion der Entwicklungszeiten. Die Robustheit des Systems läßt sich in der Simulation durch eine Parametervariation der Regelstrecke nachweisen. Besonders vorteilhaft ist auch der Integrationstest, hierbei wird die gegenseitige Beeinflussung der Steuergeräte unterschiedlicher Hersteller untersucht. Die Fehlersimulation ist eine weitere wichtige Komponente des Hardware-in-the-Loop Simulators. Hierbei wird gezielt das Fehlverhalten des Steuergerätes untersucht. Über die Fehlersimulationseinheit lassen sich beispielsweise die Sensorsignale stören oder Error Frames auf den CAN-Bus senden. Damit können Sicherheitskonzepte in der Simulationsumgebung überprüft werden.

1.5.8 Ausblick

Die Komplexität der zukünftigen Steuergeräte und Softwarefunktionen erfordert den Einsatz von Betriebssystemen und standardisierten Softwaremodulen. Das spezifizierte OSEK-Betriebssystem (OSEK Offene Systeme und deren Schnittstellen für die Elektronik im Kraftfahrzeug) erzeugt die Basis, mit der Softwaremodule unterschiedlicher Hersteller integrierbar werden. Mit Hilfe von Werkzeugen läßt sich die Funktionssoftware modularisieren und auf mehrere Steuergeräte verteilen. Dieser Vorgang kann auch automatisch ablaufen. Um das Systemverhalten mit Betriebssystemen in der Simulation zu beurteilen, müssen künftig neben der Funktion auch die Kfz-Betriebssysteme in die Simulationsumgebung integriert werden.

Weiterhin ist der Aufbau einer Datenbank geplant. Diese Datenbank speichert Expertenwissen und verwaltet Meßdaten von Fahrversuchen und Fahrzyklen, die mit dem Simulator aufgenommen wurden. Eine Testbeschreibungssprache zur Erzeugung von Testprozeduren steigert zusätzlich die Effektivität des Simulators. Zukünftig kann über die Diagnoseleitung auf steuergeräteinterne Funktionen zugegriffen werden, dadurch wird ein mehrstufiger strukturierter Test möglich: Einzelmodultest, Funktionstest mit mehreren Modulen und der Integrationstest.

1.5.9 Literatur

[1]　Raith T.: Netzwerke zur Integration von Systemfunktionen in der Kraftfahrzeugelektronik, Informationstechnik und Technische Informatik 6/95
[2]　Gauweiler T.: Unix als Basis für verteilte Systeme, Technische Informatik 6/87
[3]　Frey G.: Echtzeitsimulation für die Kfz-Elektronikentwicklung, Fortschritte in der Simulationstechnik Band 6, Vieweg Verlag 93

1.6 Aufbau moderner Steuergeräte – im Bereich Antriebsstrang – Derzeitiger Stand und Zukunft

S. Bolz, G. Lugert

1.6.1 Einleitung

Die bestimmenden Faktoren bei der Weiterentwicklung von Steuerungssystemen für Kraftfahrzeuge ergeben sich aus den Zielvorgaben zur

- Erhöhung der aktiven und passiven Sicherheit
- Senkung der Abgasemissionen
- Senkung des Kraftstoffverbrauchs
- Verbesserung der Fahrbarkeit und des Fahrkomforts

bei fortschreitender Kostenreduktion.

Aus den sich daraus ergebenden Anforderungen lassen sich Trends im Hinblick auf höhere Funktionalität und zunehmende Funktionsintegration bei Mechanik und elektronischen Schaltungen ableiten.
Im Bereich der Antriebssteuerungen sei hier die Integration von Motorsteuerung und Getriebesteuerung zur Powertrain-Steuerung genannt.

Tabelle 1.6.1 zeigt als Beispiel für die Gesetzgebung die Abgaswerte, wie sie im „Low Emission Vehicle" Programm Kaliforniens nach einer Laufleistung von 50.000 Meilen zu erfüllen sind [1].

[1)	NMOG	CO	NO$_x$	HCHO
TLEV	0,125	3,4	0,4	0,03
LEV	0,075	3,4	0,2	0,026
ULEV	0,04	1,7	0,2	0,008

1) TLEV: Transitional Low Emission Vehicle
LEV: Low Emission Vehicle
ULEV: Ultra Low Emission Vehicle
NMOG: Non Methane Organic Gases

Tabelle 1.6.1: Emissionsgrenzwerte in g/mile

Die zunehmende Verschärfung der Abgasvorschriften und des Flottenverbrauches erfordert neue Ansätze bei der Entwicklung elektronischer Motorsteuerungen in den Bereichen Gemischbildung, Ventilsteuerung und Überwachung der Abgasnachbehandlung. Dies führt zu neuen Diagnosekonzepten, einem steten Wachstum der Rechnerleistung und einem Wandel der Architektur.

Auch die Entwicklung neuer Getriebekonzepte, wie beispielsweise dem automatisierten Handschaltgetriebe im 3 Liter Lupo wird davon getrieben.

Im Folgenden wird eine Auswahl wichtiger neuer Konzepte beschrieben.

1.6.2 Motor- und Getriebetechnik

Wichtige neue Konzepte in der Motor- und Getriebetechnik betreffen die Gemischaufbereitung und die verbesserte Steuerung der Einlaß- und Auslaßvorgänge sowie die Einführung neuer Getriebeformen. Dies sind

- Common Rail bei Dieselmotoren
- HPDI (High Pressure Direct Injection) bei Ottomotoren
- EVT (Electronic Valve Timing) bei Ottomotoren
- ISG (Integrated Starter Genrator)
- 6 – Stufen Automatikgetriebe
- AMT (Automated Manual Transmission)
- CVT (Continuous Variable Transmission)
- Transfer Case (Zwischengetriebe 2 / 4 Rad Antrieb)

1.6.3 Diagnosesystematik

Die schon erwähnte US-Gesetzgebung fordert neben den drastisch reduzierten Abgaswerten auch ein anderes Konzept für die Absicherung zur Einhaltung dieser Werte.

Anstelle einer regelmäßigen Messung der Abgaswerte im 2 Jahresrhythmus fordert die US-Gesetzgebung eine ständige Diagnose der zur Absicherung der Funktionsfähigkeit notwendigen Systeme. Der Defekt eines Teils oder, wenn entsprechende Funktionen aus ihrem zulässigen Toleranzbereich gelangen, werden per Kontrollleuchte dem Fahrer gemeldet und in einem Diagnosespeicher hinterlegt. Über einen Diagnosestecker werden die Informationen der Werkstatt zugänglich gemacht. Das Konzept wird bezeichnet als:

- OBD II (On Board Diagnosis, zweite Generation)

    oder mit geringfügig anderen Anforderungen für Europa

- EOBD (European On Board Diagnosis)

Das OBD II Konzept erfordert eine enge Abstimmung von Software- und Hardwareentwicklung, da die Funktionsfähigkeit vieler für die Abgaseinhaltung betroffener Systeme nicht direkt erfaßt werden kann.

Im Einzelnen werden folgende Komponenten bzw. Systeme diagnostiziert:

Katalysator	Nachkat Sonde, Plausibilität
Lambdasonde	Sensorelement: Signalpegel, Heizelement: Endstufendiagnose
NOx Speicherkatalysator	NOx Sensor, Plausibilität
NOx Sensor	Sensorelement: Signalpegel, Heizelement: Endstufendiagnose
Sekundärluftsystem	Endstufendiagnose
Zündaussetzer	Zündendstufendiagnose, Laufunruheerkennung
Kraftstoffsystem	Messung Druckabfall Leak Detection Pump: Endstufendiagnose
Tankentlüftungsventil	Endstufendiagnose

1.6.4 Elektromagnetische Verträglichkeit (EMV)

Um die Elektromagnetische Verträglichkeit elektronischer Steuergeräte im Kraftfahrzeug sicherzustellen, muß der Nachweis der Konformität mit Störfestigkeits- und Störaussendungsvorschriften auf Komponenten- und Fahrzeugebene erbracht werden.
Dies gilt sowohl für Störfestigkeit als auch für Störaussendung.

1.6.4.1 Störfestigkeit

Im Folgenden werden die wesentlichsten Störgrößen, die sich auf alle elektronischen Steuerungen im KFZ auswirken, kurz beschrieben, ihre Ursachen aufgezeigt und die entsprechenden Standards angeführt.

a) pulsförmige, transiente Störgrößen

Sie werden verursacht durch Schaltvorgänge auf dem Kfz-Bordnetz (z.b. induktive Verbraucher) und Mängel im Bordnetz (z.b. Generatorlastabwurf),
  Nachweis auf Steuergeräteebene (Komponente):
  DIN VDE 40839 Teile 1-3, ISO 7637-1...3, GM9105P.

b) leitungsgeführte Störgrößen

Sie sind verursacht durch Kfz-interne und externe Störquellen (z.B. Sendefunkanlagen), Einkopplung auf den Fahrzeugkabelbaum.
  Nachweis vorwiegend auf Steuergeräteebene (Komponente):
  z. B. BCI (Bulk Current Injection Method), GM9112P, ISO 11452-4

c) gestrahlte Störgrößen

Diese werden verursacht durch starke Kfz-interne (z.B. Telefone, andere ECU's) und externe Störquellen (z.B. Rundfunksender)
  Nachweis sowohl auf Komponenten- als auch Fahrzeugebene:
  ISO 11451-1...3, ISO 11452-x, GM9120P,

d) Entladung statischer Elektrizität

Der Schutz vor Entladung statischer Elektrizität ist notwendig zur Sicherstellung einer einwandfreien Gerätefunktion im Betrieb und zum Schutz ESD-empfindlicher Bauteile im Steuergerät (packaging und handling requirements bei Austausch und Einbau z.B. im Reparaturfall),
  Nachweis der Konformität momentan fast ausschließlich auf Steuergeräteebene (Komponente):
  ISO TR 10605, GM9109P, GM9119P.

1.6.4.2 Störaussendung

a) leitungsgeführte Störemissionen

Damit wird die Erfassung von Störaussendungen auf dem Kfz-Bordnetz bezeichnet, verursacht durch Rückwirkungen von Schaltvorgängen ohmscher und induktiver Verbrau-

cher (z. B. Ansteuerung von Ventilen durch Leistungshalbleiter, PWM-Betrieb), 150 kHz – 30 MHz (108 MHz),
   Nachweis: CISPR25, Komponententest.

b) gestrahlte Störemissionen

Darunter werden die Störemissionen des Steuergerätes erfaßt, die die Empfangsqualität von Empfängern im selben Fahrzeug beeinträchtigen können (z. B. Rundfunk, Mobilfunk, Taxifunk, Polizei-/Behördenfunk).
   Der Nachweis dieser Emissionen erfolgt auf Komponentenebene z. B. mit Hilfe der TEM-Zelle, Antennenmessung (CISPR25), Stripline, Triplate, Reverberation chamber method (GM9114P). Im Fahrzeug wird am empfangsseitigen Antennenanschluß der entsprechenden Empfänger die Feldstärke ermittelt (z. B. Messung der Störabstrahlung des Steuergeräts über die Fahrzeugantenne am Antennenanschluß des Autoradios), CISPR25.

Als Ursachen für die Emissionen in den betroffenen Funkbändern kommen in Frage:

Lang-/Mittel-/Kurzwellenbereich (150 kHz – 6,2 MHz):

– Schaltverhalten von Leistungshalbleitern zur Ansteuerung ohmscher und induktiver Lasten (Ventile), PWM-Betrieb [2]

UKW (76 MHz – 108 MHz), Sonderfunkbänder (Polizei, Taxi), Mobilfunk (C-Netz):

– Harmonische (Oberwellen) des Microcontrollersystems (clock system, pad driver)
– Datenverkehr auf Bussystemen

1.6.4.3 Maßnahmen zum EMV-gerechten Steuergerätedesign

Welche Maßnahmen sind bei der Entwicklung EMV-gerechter Steuergeräte zu berücksichtigen? Diese Frage wird im Folgenden in einem kurzen Aufriß besprochen. Eine Übersicht über die wichtigsten Einflußfaktoren zeigt Bild 1.6.1.

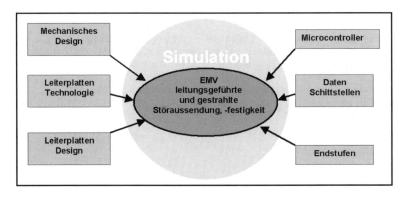

Bild 1.6.1:   Aktuelle und künftige Maßnahmen zur Verbesserung der EMV

Auswahl EMV-gerechter Bauteile (Controller, Leistungshalbleiter, ...):
Ausnutzen des vollen Entstörpotentials an der Quelle selbst (im IC) ist die wirksamste aller EMV-Maßnahmen, Kooperation mit dem Lieferanten sinnvoll;

- *Anpassung des Schaltverhaltens an die geforderte Gerätefunktion:*
  „nur so schnell wie unbedingt nötig schalten", Flankendesign Leistungshalbleiter, Amplitudendichtespektrum von Schaltpulsfolgen.
- *Wahl EMV gerechter Leiterplattentechnologien:*
  Durchkontaktierungen, Masselagen, integrierte Bauelemente (buried components), Substratdicken, Feinstleitertechniken, ... ermöglichen viele Freiheitsgrade für ein EMV-gerechtes Layout, d. h. zur perfekten Umsetzung von Layoutvorgaben.
- *EMV-optimiertes Layout:*
  Layouterstellung unter Beachtung von Design-/Layout-Richtlinien, Lagenaufbau, Bauteileplazierung, Versorgungs-/Massekonzept, IC-Abblockung, Leitungsabschluß, Filterung, Steckerbelegung,...
- *Gehäusemechanik:*
  Schirmung des Schaltungsträgers, Auswahl des Steckverbinders, Einbeziehung der Mechanik ins EMV-Konzept (Massekonzept), insbesondere zur Minimierung der Störungen, die das Steuergerät verlassen und über den Fahrzeugkabelbaum abgestrahlt werden.
- *Einsatz von EMC-PCB-Simulationstools*
  zum Detektieren von Schwachstellen bei der Layouterstellung, zur Untersuchung von Schaltungs-/Layoutdetails, trägt zur Vermeidung von Musterständen bei.
- *Der Einsatz umfassender Filtermaßnahmen*
  (insbesondere für den Lang-/Mittelwellenbereich, 150 kHz – 2 MHz) ist aus Platz- und Kostengründen nur bedingt möglich.

1.6.5 Steuerungselektronik

Den prinzipiellen Aufbau einer Motorsteuerung zeigt Bild 1.6.2 mit den wesentlichen Modulen.

Auf der Elektronikseite werden verschiedene Ansätze verfolgt, um die eingangs erwähnten Eigenschaften zu verbessern. Das sind zum einen Maßnahmen zur Erhöhung der Funktionsdichte auf den Schaltungsträgern. Damit werden bei gleichbleibender Gerätegröße die Hardware- und Rechenleistungen zur Realisierung erweiterter Funktionen bereitgestellt.

Ein anderer Ansatz liegt in einer erweiterten Schaltungsarchitektur mit dem Ziel einer optimierten Abstimmung zwischen Motor- und Getriebesteuerung. Der Architekturansatz heißt:

- Elektronische Powertrain-Steuerung (integrierte Steuerung für Motor, und Getriebe)

Ziel ist dabei, die Steuerung des gesamten Antriebstranges zu optimieren. (z.B. den Steuerungswunsch des Fahrers am Gaspedal in ein entsprechendes Drehmoment am Antriebsrad umzusetzen.)

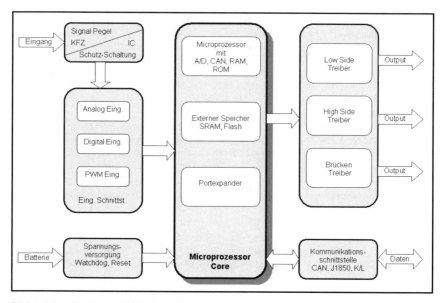

Bild 1.6.2: Blockschaltbild einer Motorsteuerung

Die Vorteile der integrierten Powertrain-Architektur liegen vor allem in

- optimal abstimmbaren Leistungsmerkmalen
- Datenhaltung vor Ort
- keine spezifischen Motordaten in der Getriebesteuerung
- einfachere Logistik bzgl. Kombination unterschiedlicher Motoren und Getriebe
- dynamische Optimierung des Gesamtsystems
- Anpassung der Schaltstrategie an Mechaniktoleranzen und Alterung
- dynamische Anpassung des Schaltverhaltens an Fahrergewohnheiten

1.6.6 Anforderungen an die elektronischen Steuergeräte

Aus all den Entwicklungen auf der Motoren-, Gemischaufbereitungs- und auch Elektronikseite ergeben sich erweiterte Anforderungen an elektronische Steuergeräte, die sich wie folgt charakterisieren lassen:

- zunehmende Funktionalität
  Elektronische Zündung → Motorsteuerung → Powertrain
- erhöhte Schaltungsintegration
  diskrete Lösung → integrierte Schaltung → Multifunktions IC
- ansteigende Verlustleistung
  5 Watt → 30 Watt → 100 Watt

- Einbauort verstärkt motornah bzw. direkt am Motor
  Passagierraum → E-Box Motoranbau → Integration in Mechanik
- erhöhte Anforderungen an Aufbau- und Verbindungstechnik
  Motor-, Fahrzeugstecker, Miniaturisierung, erhöhte Anforderungen an Temperatur, Schock und Vibration

1.6.6.1 Funktionalität und Integration

1.6.6.1.1 Mechanische Integration

In Analogie zur Schaltungsintegration muß ein wesentliches Ziel zukünftiger Steuergeräteentwicklungen sein, die Vereinfachung der Aufbau- und Verbindungstechnologie weiter voranzutreiben. Dies kann z.b. bedeuten, daß Gehäuseteile nicht nur den Schutz des Schaltungsträgers vor Umwelteinflüssen übernehmen, sondern daneben auch Kühl- und Dichtaufgaben leisten, sowie die Verbindungselemente und Gerätestecker bereits integriert bereitstellen. Im Ergebnis werden so weniger Teile durch eine geringere Prozessschrittzahl zusammengefügt. Zwangsläufig führt dies zu einer Erhöhung der Ausbringungsqualität und trägt dadurch zur Kostensenkung bei.

Dem Druck, die Teilevielfalt und den Montageaufwand zu reduzieren, kann auch dadurch begegnet werden, dass Herstellungstechniken aus Industriebereichen mit gleich gelagertem Kostendruck kritisch auf ihre Einsetzbarkeit geprüft werden. Beispielhaft seien hier der Telekommunikationsbereich und Unterhaltungselektronik genannt (z.B. Kunststoff- oder Aluminiumgehäuse mit angespritzten Steckermodulen, Scharnieren und Elastomerdichtungen).

Um den Miniaturisierungstrends auf dem Halbleitermarkt folgen zu können, werden in Zukunft verstärkt entsprechende Entwicklungen bei den Bauelementeanbindungen und den dazugehörigen Verbindungstechnologien eingesetzt.
Aus der Vielzahl der Aufbau- und Gehäusekonzepte erscheinen Ball-Grid-Array (BGA) und FBGA-Package derzeit am sinnvollsten, da sie bei einer Reduzierung des Flächen-

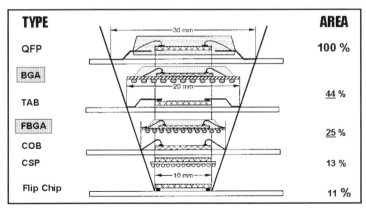

Bild 1.6.3: Minaturisierungsformen von IC Gehäusen und Leiterplattenverbindung

bedarfs auf 44 – 25 % eine Entkopplung von Chipgröße und Footprint erlauben. Dies gestattet die Standardisierung von Gehäusen (Second Source) und eine Verkleinerung der ICs (z.B. durch Technologiewechsel) ohne Änderung der Substratgeometrie. Die mechanische Integration mit Hilfe der Aufbau- und Verbindungstechnik ermöglicht es, den Substratflächenbedarf bei gleichzeitigem Anstieg der Anschlusszahl pro Bauelement zu reduzieren.

Vereinfacht ausgedrückt bedeutet dies, dass steigende Schaltungsfunktionalität auf einer immer kleineren Schaltungsträgerfläche und in kleiner werdenden Gehäusevolumina untergebracht wird. Man kann deshalb in analoger Weise auch von einem Trend zur Integration oder Multifunktionalität im Bereich der Aufbau- und Verbindungstechnik sprechen.

1.6.6.1.2 Schaltungsintegration

Die zunehmende Funktionalität erfordert einen höheren Integrationsgrad bei den Integrierten Schaltungen und den Einsatz von 32-bit Prozessoren bei der nächsten Generation von elektronischen Steuerungssystemen. Bild 1.6.3 zeigt die Entwicklung des Einsatzes von der Prozessorgeneration von 8 bit bis 32 bit über der Zeit bei Motorsteuerungen.

Die Frage des richtigen Integrationsgrades ist ein Schlüssel für die Wirtschaftlichkeit der künftigen Produktgeneration. Durch den höheren Integrationsgrad steigt die Anwen-

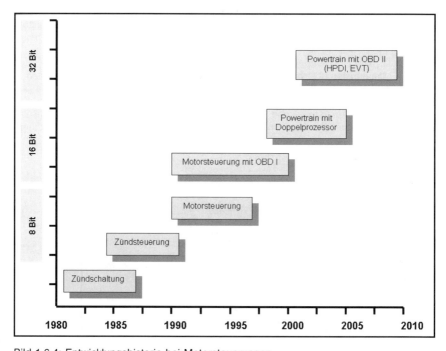

Bild 1.6.4: Entwicklungshistorie bei Motorsteuerungen

dungsorientierung der Integrierten Schaltungen und damit sinkt im allgemeinen die Verwendbarkeit in der Breite und damit das Produktionsvolumen. Dies verteuert die Bauelemente.

Magnetic Pick up Knock Sensor Oxygen Sensor Ignition Diagnostics Oil Temperature Coolent Temperature Manifold Pressure Vehicle Speed	Gemeinsam in allen Applikationen ➔ INTEGRATION
Oil Pressure Transmission Output Speed Alternator Control Linear Oxygen Sensor Vehicle Antitheft	Kundenspezifische Applikationen ➔ Integration bei erwartetem Marktbedarf

Tabelle 1.6.2: Mögliche Integration am Beispiel Sensor Interface IC

Sichert man andererseits eine gewisse Universalität der Schaltungen, so enthalten sie im jeweils spezifischen Anwendungsfall ungenutzte Schaltungsteile, für die ein Kunde i.a. nicht bereit ist zu bezahlen.

Ein Lösungsansatz besteht z.B. darin, die zu integrierenden Schaltungsteile an der möglichen Zylinderzahl der potentiellen Anwendungsfälle zu orientieren und entsprechend in Pakete (ICs) zu bündeln.

Tabelle 1.6.2 zeigt eine weitere mögliche Integrationsstrategie: zunächst integriert man Standardfunktionen, die in allen Anwendungen eingesetzt werden. In einem zweiten Schritt können dann – je nach Marktentwicklung – weitere Funktionen integriert werden. Dies erlaubt eine flexible Reaktion auf neue Markttrends.

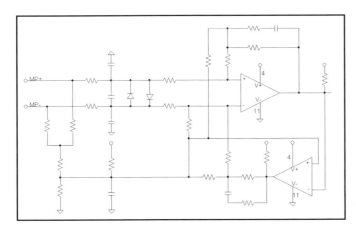

Bild 1.6.5:
Diskrete Lösung einer Schaltung zur Drehzahlerfassung

153

Bilder 1.6.5 – 1.6.7 zeigen am Beispiel der Drehzahlerfassung und -auswertung (Magnetic Pick up) die Entwicklung von einer diskreten Lösung über eine integrierte Lösung zu einer hochintegrierten Lösung.

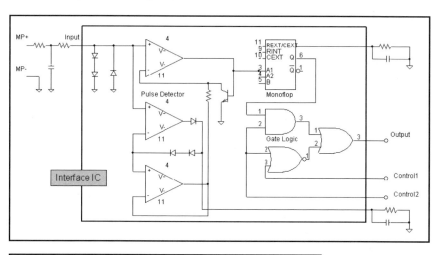

Bild 1.6.6: Integrierte Lösung

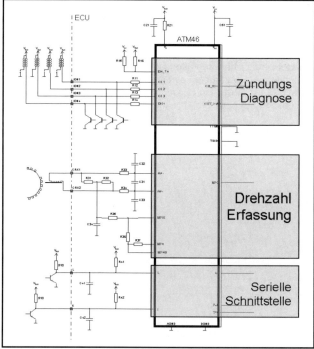

Bild 1.6.7: Hochintegrierte Lösung

1.6.6.2 Verlustleistung, Einbauort, Mechanikkonzept

Tabelle 1.6.3 verdeutlicht den Anstieg der elektrischen Verlustleistung in modernen Fahrzeugen.

Verbraucher	Spitzenleistung	Mittlere Leistung
Kat-Heizung	1 – 3 kW	20 – 40 W
Elektromagnetische Ventilsteuerung (EVT)	2 – 3kW	500 – 700 W
ISG Steuerung	6 kW	1 - 6 kW
Frontscheibenheizung	0,4 –1,5 kW	100 – 200 W
Elektrohydraulische Servolenkung	1 kW	170 W
Elektromechanische Bremse	1,5 – 2 kW	
Aktive Wankstabilisierung	2,5 kW	1 kW
Elektrische Klimaanlage	3 kW	1,5 – 2 kW

Tabelle 1.6.3: Leistungsverbrauch moderner Systeme (Daten auch aus [3])

Heutige Motorsteuerungen haben eine Verlustleistung bis ca. 25 W, Steuerungen für HPDI- und Common Rail Systeme bis ca. 60 W.

EVT-Systeme erzeugen – bei einem Wirkungsgrad der Elektronik von etwa 85% – eine abzuführende Spitzenverlustleistung von bei ca 300 – 400 W. Bei diesen Steuerungen ist die Schaltleistung drehzahlabhängig, so daß bei hochtourigem Fahrbetrieb die mittlere Verlustleistung dann nahe dem Spitzenwert liegt.

Dies erfordert neue Mechanikkonzepte zur verbesserten Entwärmung der Leistungsbauteile und der Abführung grosser Verlustleistungen aus kleinen Gehäusen. Die fortschreitende Verlagerung des Einbauortes in Motornähe verschärft die thermische Situation noch weiter.

1.6.6.2.1 Einbauort und Wärmeabfuhrkonzepte

Die Einbausituation heutiger Kfz- bzw. Nfz-Elektronik kann grob in Bereiche bzgl. der Lage im Fahrzeug eingeteilt werden (vgl. Tabelle 1.6.4).

Ort	Umgebungstemperatur	Vibrationsbelastung
Innenraum, E-Box	-40 ... +85°C	... 5g
Motorraum	-40 ... +105°C	... 25g
am Motor, am Getriebe	-40 ... +125°C	... 30g
im Getriebe	-40 ... +140°C	... 40g

Tabelle 1.6.4: Typische Anforderungen für Temperatur und Vibration (sin) von Antriebssteuerelektronik.

Die Charakterisierung und somit die Validierung geschieht tatsächlich in einem viel detaillierteren Umfang (z.B. zeitlich variierende Belastungsprofile), als in der Tabelle durch die Umgebungstemperatur und die Vibrationsbelastung angegeben.
Abweichungen ergeben sich auch noch durch spezifische Fahrzeuganforderungen – wie bei Trucks – oder Einsatzorte mit extremen Umgebungsverhältnissen. Die geforderte Lebensdauer kann mit Hilfe der Betriebsstunden (5 000 bis 20 000 Std.) oder der Kilometerleistung (200 000 bis 1 Mio km) beschrieben werden.

Die größten Herausforderungen ergeben sich beim Anbau direkt an den Motor bzw. ins Getriebe. Diese Einbauorte bieten aber gleichzeitig für den Automobilhersteller die größten Einsparpotentiale (Kabelstrang, Montage, Test,...). Man kann deshalb damit rechnen, dass in Zukunft die Steuergeräte zunehmend in unmittelbarer Motor- bzw. Getriebenähe montiert werden. Damit steigen selbstverständlich die Anforderungen an die Mechanik und Aufbautechnologie bzgl. des Schutzgrades gegenüber flüssigen und festen Stoffen (IP Schutzklassen).

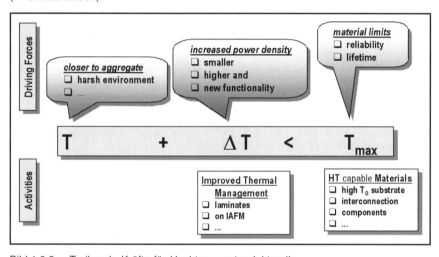

Bild 1.6.8: Treibende Kräfte für Hochtemperaturelektronik

Die erhöhten Temperatur- und Vibrationsanforderungen stellen dabei nur vordergründig die größte Herausforderung an die Aufbautechnologie. Es gilt daneben die lokalen Temperaturüberhöhungen (ΔT) durch die immer höherintegrierten Schaltungen, die steigenden Anforderungen an die Zuverlässigkeit und vieles mehr mit dem immensem Kostendruck in Einklang zu bringen.
Damit bei Halbleitern ($T_{amb} + \Delta T$) nicht höher als $T_{junction}$ wird (z.B. 150 °C), müssen geeignete Strategien zur Abführung der Verlustleistung angewandt werden.

Für das thermische Management gilt deshalb:
- die entstehende Verlustleistung ist möglichst schnell zu spreizen, um sie dann mit geringstmöglichem Wärmewiderstand an die Wärmesenke und Umgebung abführen zu können (dies vermeidet „Hot Spots")

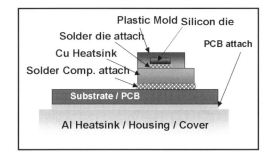

Bild 1.6.9:
Beispiel für optimiertes thermisches Management [6]

- die Bauelemente, Substrate und Gehäuseteile mit Steckern sind bezüglich ihres Ausdehnungsverhaltens aufeinander anzupassen, um Scherkräfte an den Verbindungsstellen klein zu halten
- es sind geeignete Verbindungstechniken einzusetzen, die bei Wechselbelastung wenig Ermüdung zeigen.

Ein unverzichtbares Entwicklungswerkzeug zur gezielten Optimierung sind hierbei thermische und mechanische Simulationen.

1.6.6.2.2 Gehäusetechnologien

Einfache Steuergeräte in SKE Gehäusetechnologie mit FR4 Substrat sind kaum noch kostengünstig herstellbar. Bedingt durch die dreidimensionale Dichtungskontur läßt sich damit auch kein hermetisch dichtes Gehäuse herstellen, so daß der Einsatz auf Montageorte wie Passagierraum und E-Box beschränkt ist.
Diese Technologie kommt deshalb bei Neuentwicklungen kaum mehr zur Anwendung.

Bild 1.6.10:
Steuergerät in SKE Gehäusetechnologie

Als Standardtechnologie für erhöhte Anwendungen hat sich ein Konzept mit drei Komponenten etabliert.
- Aluminium Gehäuseboden mit auflaminierter FR4 Leiterplatte.
- Aluminium Deckel mit umlaufender Dichtung.
- Kunststoff Gerätestecker, der im Gehäuseboden oder Deckel montiert ist.

Die funktionale Integration von Gehäuseboden und Schaltungsträger ergibt einen gleichförmigen Wärmeübergangswiderstand auf dem gesamten Substrat. Dies bietet substantielle Vorteile bei der Entwärmung der Bauteile und einem EMV-gerechten Layout. Da die Lage der Leistungsbauteile nun fast beliebig wählbar ist, ergeben sich zusätzliche Vereinfachungen bei der Entflechtung.
Der Gehäusedeckel ist tiefgezogen; die Dichtung ist zweidimensional. Sie wird in der Regel in den Deckel dispensed.
Der Stecker wird im Gehäuseboden dicht verklebt und verstemmt.

Dieses recht einfache Konzept erlaubt die Entwicklung robuster, dichter und kostengünstiger Steuergeräte. Der Einsatzbereich erstreckt sich vom Passagierraum über die E-Box bis hin zum motornahen Anbau (z.B Integration ins Ansaugmodul).

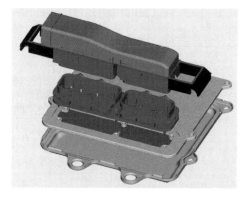

Bild 1.6. 11: Steuergerät in Standard Gehäusetechnologie [6]

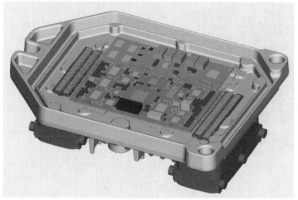

Bild 1.6.12: Steuergerät in LTCC Technologie [6]

Bild 1.6.13: Integrierte Getriebesteuerung [6]

Die für höchste Anforderungen an Temperatur oder Miniaturisierung verwendeten starren Keramiksubstrate machen ein steifes Aluminium Druckgußgehäuse erforderlich, das zur besseren Wärmeabfuhr zudem verrippt ist.

Die Substrate werden hier direkt in das Gehäuse geklebt und mit Silikonmasse zur Abdichtung vergossen. Ein eingeklebter Blechdeckel sorgt für mechanischen Schutz und zusätzliche Abdichtung. So lassen sich sehr kleine, robuste Steuergeräte konstruieren, die für den Motoranbau geeignet sind. Sogar der Einbau in die Mechanik einer Getriebeglocke hinein ist für Getriebesteuerungen bereits gelungen.

1.6.6.2.3 Substrattechnologien

Die Auswahl der Substrattechnologie für den Schaltungsträger beeinflußt wesentlich die Größe, die Kosten und den möglichen Einbauort des Steuergerätes. Diese Wahl kann jedoch nicht losgelöst von speziellen Anforderungsprofilen des Kunden zur Einbaulage des Steuergerätes und der Verfügbarkeit der Bauelemente erfolgen. [4]

Die einfache FR4 Leiterplatte im SKE Gehäuse wird in Zukunft nicht mehr für Neuentwicklungen eingesetzt.

Auf Aluminium laminiertes FR4 Substrat bietet dem gegenüber substantielle Kosten – und Entwärmungsvorteile und stellt den de facto Standard dar.

Zur Erhöhung der Packungsdichte finden zunehmend auch SBU (Sequential Build Up) Substrate – auch µ-via Leiterplatten genannt – Einsatz. Diese ermöglichen eine Steigerung des Bedeckungsgrades von ca. 60 % auf bis zu 85 % bei vergleichbaren Kosten je Funktion. Ein typischer Aufbau einer 5-lagigen SBU Leiterplatte wäre dabei: 2 µ-via Lagen oben, ein 2-lagiger Kern innen und eine µ-via Lage unten.

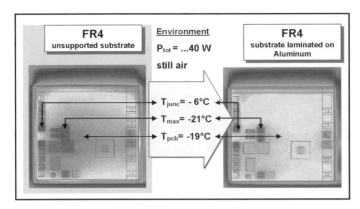

Bild 1.6.14: Reduzieung der Spitzentemperaturen durch verbessertes thermisches Management [6]

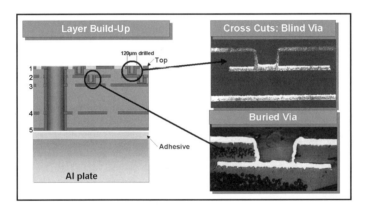

Bild 1.6.15: Aufbau einer 5-lagigen SBU Leiterplatte mit FR4 Material [6]

Für höchste Anforderungen an Temperatur oder Miniaturisierung eignen sich LTCC (Low Temperature Cofired Ceramic) Substrate mit bis zu 6 Lagen.

Bauteileverbindungen erfolgen bei FR4 und SBU Substraten in der Regel mit eutektischem Lot. Dies begrenzt heute die Einsatztemperatur auf = 125 °C an der Lötstelle. Entsprechend eignet sich diese Technologie derzeit für Steuergeräte mit einer Umgebungstemperatur von 105 °C bis 110 °C.

Bei LTCC Substrat dient leitfähiger Kleber zum Verbinden passiver Bauteile. Die – gehäuselosen – integrierten Schaltkreise werden durch Drahtbondung verbunden.
Der heutige technische Stand ermöglicht den Einsatz von Steuergeräten bis ca. 125 °C, es wurden jedoch bereits integierte Steuerungen bis 140 °C realisiert.

1.6.6.2.4 Steckertechnologien

Die Forderungen nach Stromtragfähigkeit, Isolation, Dichtigkeit, Vibrations- und Korrosionsbeständigkeit, sowie leichter Steckbarkeit und sicherem Halt führen zu einer fortschreitenden Vereinheitlichung der Steckerkonzepte. Vorschläge wie der des VDA Arbeitkreises 'Steuergeräte' zielen zudem auf eine Standardisierung der Steckermodule. Die heutige Fahrzeugarchitektur führt zu einem stetigen Anstieg der Steckkontakte. Den unterschiedlichen Anforderungen (z. B. 4 – 8 Zylinder Motorsteuerungen) kann durch Konfiguration von mehreren Modulen zu einem oder zwei Steckern Rechnung getragen werden. Der derzeitige Stand erlaubt Stecker mit bis zu 154 Kontakten.

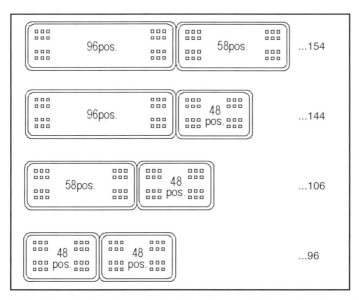

Bild 1.6.16: Kombinationsmöglichkeiten mit verschiedenen Steckermodulen

1.6.7 Entwicklungsstrategien

Zuammengefaßt läßt sich den Marktforderungen nach Standardisierung, Kostenreduzierung je Funktion und Verkürzung der Entwicklungszyklen mit einigen grundsätzlichen Entwicklungsstrategien Rechnung tragen:

- Kompatibilität der Steuerungen zu Sensoren und Aktoren unterschiedlicher Hersteller. Dies entspricht der Forderung der Automobilhersteller nach Unabhängigkeit von einzelnen Komponentenlieferanten (Second Source Strategie).
- Vereinheitlichte Fertigungsprozesse, die weltweit einsetzbar sind Einfache Fertigbarkeit, um der Globalisierung zu folgen.
- Funktionsintegration im Mechanik- und Elektronikdesign Reduzierung der Bauteile und Prozessschritte in der Fertigung

- Robustes Design hinsichtlich Toleranzen und Fertigbarkeit
  Erhöhung der Zuverlässigkeit und Fertigbarkeit; Senkung der Garantiekosten.
- Verwendung von Standardkomponenten wo immer sinnvoll
  Ausnutzung der günstigeren Stückkosten und schnelle Verfügbarkeit
- Entwicklung von ASICS für breit gefächerten Einsatz in eine Produktgruppe
  Kostenreduktion durch Erhöhung der Stückzahlen, Verteilung der Entwicklungskosten (vgl.Funktionsintegration)
- Secound Source für ASICS, wo immer möglich
  Vermeidung der Abhängigkeit von einem einzelnen Lieferanten
- Skalierbare µProzessorkerne mit Wachstumspotential für 2 – 3 Generationen
  Generisches Design, das künftigen Produktanforderungen einfach angepaßt werden kann
- Modularer Aufbau der Steuerungen und Kompatibilität der Module zueinander
  Vereinfachung der Entwicklungsprozesses / kürzere Entwicklungszeiten
- Konfiguration der kundenspezifischen Steuerungen überwiegend aus generischen Funktionsmodulen
  Verkürzte Entwicklungsdauer; Start mit dem B Muster möglich
- Einsatz von Simulationstools für das Konfigurationsmanagement
  Absicherung des Designs (thermisch, mechanisch, elektrisch) ab Projektstart

1.6.8 Allgemeine Trends

Einige allgemeine Trends treiben die künftige Entwicklung der Steuergeräte.

- Sinkende Emissionsgrenzwerte, steigende Kraftstoffkosten (Gesetzgebung)
- Steigender Funktionsumfang und Rechnerleistung, getrieben durch die Gesetzgebung (Auch für standard MPI Motorsteuerungen)
- Wachsende Integration bei reduziertem Bauvolumen und sinkenden Kosten je Funktion (z. B. beim Wechsel von MPI zu HPDI als Standard)
- Verschärfung der Umgebungsanforderungen (Temperatur, Schock, EMV) bedingt durch motor- und getriebenahen Anbau
- Standardisierung der Hardware von Benzin- und Dieselmotorsteuerungen
- Dezentralisierung durch intelligente Sensoren und Aktoren
- Vernetzung im Fahrzeug, Realisierung von Fahrzeugfunktionen durch das Zusammenwirken meherer Steuergeräte im Verbund
- Migration von hydraulischen Verbrauchern zu elektrischen Hochleistungsverbrauchern (elektrische Ventiltrieb / Bremse / Lenkung / Klimaanlage)
- Einführung des 14 / 42V Bordnetzes mit ISG (Integrated Starter Generator)

1.6.9 Schlussbetrachtung

Die Kraftfahrzeugelektronik hat sich innerhalb weniger Jahre zu einem integralen Bestandteil des Kraftfahrzeugs entwickelt. Die ständigen Verbesserungen der aktiven und passiven Sicherheit, die Vorschriften zur Abgasreduzierung, die Ziele zur Komforterhöhung beim Fahren, der Zwang zur Kostensenkung bei Entwicklung, Produktion und Stückkosten sind auch in der Zukunft ein andauernder Anstoß für die Entwicklung in neue Leistungsklassen bei der Funktionalität, Rechnerleistung und Konzeption der Mechanik von elektronischen Steuergeräten.

1.6.10 Referenzen

[1] California Code of Regulations Section 1960.1
[2] G. Scheid, G. Schmid; Switching Noise of Power Drivers in 150 kHz to 10 MHz Range, SAE Paper No 980197, 1998
[3] R. Schöttle, D. Schramm, J. Schenk; Zukünftige Energiebordnetze im Kraftfahrzeug, VDI Berichte Nr. 1287, 1996
[4] S. Bolz, G. Lugert, F. Ruf; Trends in der Motor-Elektronik, Elektronik im Kraftfahrzeug, Technikum Joanneum, Graz, 1997
[5] S. Bolz, G. Lugert, F. Ruf; Aufbau moderner Steuergeräte, 7. Seminar Elektronik im Kraftfahrzeugwese, Technische Akademie Esslingen, 1998
[6] Jens Brandt, Günter Lugert, Friedrich Ruf; Mechanische Aufbau- und Verbindungstechnik, in Vorbereitung

2 Antriebsstrang

2.1 Steuerung für Ottomotoren
O. Glöckler

Zusammenfassung

Seit der Entwicklung des Spritzdüsenvergasers von Wilhelm Maybach vor mehr als 100 Jahren hat die Gemischbildung für Ottomotoren eine stürmische Entwicklung erfahren. Der Vergaser wurde weiterentwickelt und perfektioniert, stand dann aber seit Beginn der 50er Jahre im Wettbewerb mit der Einspritztechnik. Erst mit Einführung von strengen Abgasgrenzwerten ab Ende der 80er Jahre konnte die Benzineinspritzung die Vergaser-Domäne brechen und zur Standard-Ausrüstung von Ottomotoren werden. Heute ist die Benzineinspritzung Teil eines komplexen mikrocomputergesteuerten Motormanagement-Systems, das außer der Benzineinspritzung auch die Zündung, die Luftsteuerung, die Abgasreinigung und viele andere Systeme und Funktionen umfaßt. Der Weg von heutigen äußeren Gemischbildungssystemen (Saugrohreinspritzung) zur inneren Gemischbildung im Brennraum (Benzin-Direkteinspritzung) ist vorgezeichnet. Die Entwicklung steht nicht still, die Systeme werden an die veränderten und verschärften Anforderungen angepaßt.

Mit freundlicher Genehmigung des VDI-Verlags wiedergegeben aus:
VDI-Berichte Nr. 1256, 1996, Seiten 105-124.

2.1.1 Vom Maybach-Vergaser zu integrierten Motorsteuerungssystemen

Der von Maybach entwickelte Spritzdüsenvergaser aus dem Jahre 1894 war die entscheidende Voraussetzung für den Siegeszug des schnellaufenden Benzinmotors.

Bild 2.1.1 zeigt eine Prinzipzeichnung des Spritzdüsenvergasers, der mit der Prallplatte zur besseren Gemischbildung bereits Elemente enthielt, an die man sich heute zur Verbesserung der Gemischaufbereitung bei Einspritzsystemen wieder erinnert.

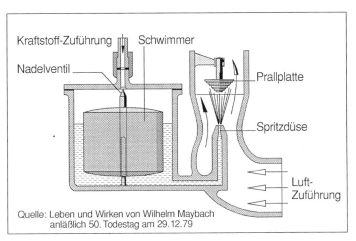

Quelle: Leben und Wirken von Wilhelm Maybach anläßlich 50. Todestag am 29.12.79

Bild 2.1.1: Spritzdüsenvergaser mit Prallplatte zur besseren Gemischbildung für den Phoenix-Motor von 1894

Bild 2.1.2 zeigt einen modernen Registervergaser mit 2 Mischkammern.

Die Vergasertechnik war zumindest bis Anfang der 80er Jahre die dominierende Technik zur Gemischbildung von Ottomotoren. Erst als zunehmende Forderungen nach Absenkung der schädlichen Abgasemissionen gemischgeregelte Systeme verlangten, erfolgte auf breiter Front die Ablösung durch elektronisch geregelte Einspritzsysteme.

Zwischenzeitlich traten jedoch verschiedene Einspritzsysteme in Wettbewerb zu den anfangs relativ einfachen und kostengünstigen Vergasern. 1951 wurden die Zweitaktmotoren von Goliath und Gutbrod mit den ersten Benzin-Einspritzanlagen (Bild 2.1.3) ausgerüstet. 1954 fand der erste Serienanlauf von Benzineinspritzpumpen für Kraftfahrzeug-Viertaktmotoren statt.

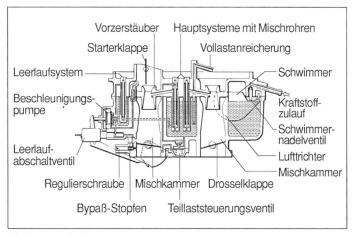

Bild 2.1.2: Schema eines Registervergasers

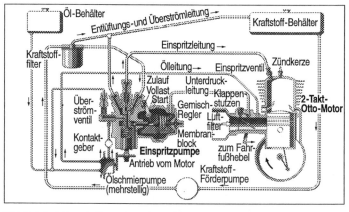

Bild 2.1.3: Bosch-Einspritzanlage für Zweitakt-Ottomotoren (1951)

Bild 2.1.4 zeigt den Motor mit Direkteinspritzung des berühmt gewordenen Sportwagens Mercedes-Benz 300 SL.

Dieses System wurde später durch Einspritzpumpen abgelöst, die den Kraftstoff in die Saugrohre unmittelbar vor die Einlaßventile einspritzten (Bild 2.1.5).

Neben den Bosch-Einspritzpumpen bedienten sich auch die Kugelfischer-Pumpen (Bild 2.1.6) dieses Prinzips. Die hohen Kosten der Einspritzpumpen im Vergleich zu den kostengünstigen Vergasern führten zu keinen hohen Stückzahlen, die Anwendungen waren

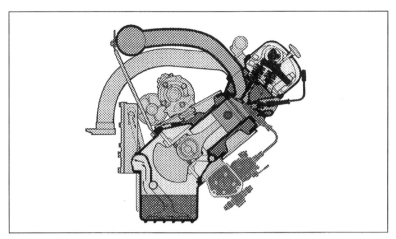

Bild 2.1.4: Motor des Mercedes-Benz 300 SL mit Direkteinspritzung (1954)

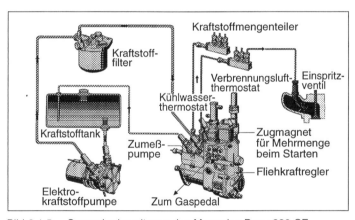

Bild 2.1.5: Saugrohreinspritzung des Mercedes-Benz 220 SE

auf Spitzenmodelle beschränkt. Die Möglichkeit, Drehmoment und Leistung durch getunte Saugrohre zu steigern, waren die wesentlichen technischen Vorteile.

Erst in den 60er Jahren eröffneten die Fortschritte der Halbleitertechnik neue Möglichkeiten für die Entwicklung elektronisch gesteuerter Einspritzsysteme. Die beginnende kalifornische Abgasgesetzgebung war der entscheidende Grund für die Serieneinführung der weltweit ersten elektronisch gesteuerten Anlage, der sog. D-Jetronic.

In Bild 2.1.7 ist das System dargestellt. Die Elektrokraftstoffpumpe fördert den Kraftstoff und erzeugt den erforderlichen Systemdruck, der vom Kraftstoffdruckregler konstant auf 2,5 bar gehalten wird. Die elektromagnetisch betätigten Einspritzventile werden aus die-

167

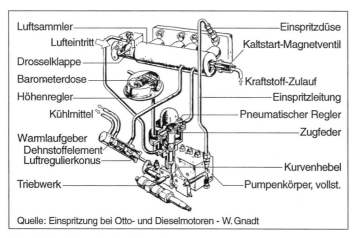

Bild 2.1.6: Kugelfischer-Einspritzanlage

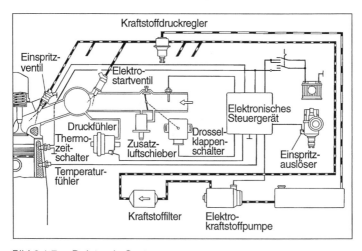

Bild 2.1.7: D-Jetronic-System

sem konstanten Systemdruck versorgt und spritzen den Kraftstoff ins Saugrohr vor die Einlaßventile jeden Zylinders. Für die Zumessung enthalten die Einspritzventile eine mengenbestimmende Drosselstelle. Da die Einspritzventile als Schalter arbeiten, ist die Kraftstoffzumessung damit auf eine reine Zeitsteuerung zurückgeführt. Es besteht ein eindeutiger und linearer Zusammenhang zwischen der Öffnungsdauer im Bereich einiger Millisekunden und der eingespritzten Kraftstoffmenge. Die Berechnung der jeweils optimalen Einspritzdauer erfolgt im elektronischen Steuergerät mit Hilfe von Sensorsignalen über den Motorbetriebszustand.

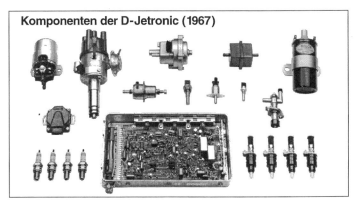

Bild 2.1.8: Elektronische Benzineinspritzung D-Jetronic

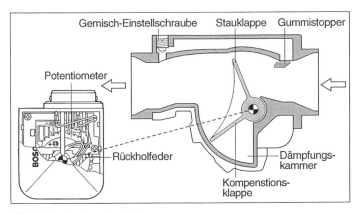

Bild 2.1.9: L-Jetronic Luftmengenmesser

Die Hauptsteuergröße ist der absolute Saugrohrdruck. Weitere Eingangsgrößen sind die Motordrehzahl, die Motortemperatur, die Drosselklappenstellung und die Temperatur der Ansaugluft. Die Komponenten des modular aufgebauten Systems sind in Bild 2.1.8 dargestellt. Das elektronische Steuergerät war trotz eher bescheidenem Funktionsumfang noch relativ groß. Zur Verfügung stand nur die analoge Schaltungstechnik. Das beschriebene Grundprinzip hat sich bis zu den heutigen Motorsteuerungssystemen erhalten und durchgesetzt. Eine gemeinsame Leitung mit geregeltem Kraftstoffdruck und Zeitsteuerung für die Kraftstoffdosierung ist inzwischen auch von der „Diesel-Fakultät" unter dem Begriff „Common Rail" als sehr geeignet und flexibel aufgegriffen worden. Von der D-Jetronic zu den heutigen Systemen läßt sich eine gerade Linie verfolgen. System-Parameter, die sich veränderten, sind die Füllungserfassung, die Steuergerätetechnik und die

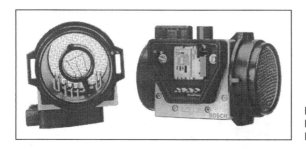

Bild 2.1.10:
Hitzdraht-
Luftmassenmesser

Bild 2.1.11:
Heißfilm-
Luftmassenmesser

Funktionen. Bei der D-Jetronic war der absolute Saugrohrdruck die Meßgröße für die Füllungserfassung. 1973 begann die Umstellung auf Luftmengenmessung (L-Jetronic) durch eine mechanische Stauklappe, die gegen eine Federkraft durch die angesaugte Luftmenge ausgelenkt wird (Bild 2.1.9). Später folgten die thermischen Luftmassenmesser, 1981 der Hitzdraht-Luftmassenmesser in der LH-Jetronic (Bild 2.1.10) und der Heißfilm-Luftmassenmesser (Bild 2.1.11). Der Übergang von der analogen Schaltungstechnik zur digitalen Schaltungstechnik vollzog sich ab 1979 mit der Verfügbarkeit von geeigneten Mikrocomputern. Damit war auch die Voraussetzung gegeben, Einspritzung und Zündung zu integrieren, die Motronic-Systeme waren geboren.

Der Zeitraum 1967 bis heute war jedoch nicht ausschließlich den rein elektronisch gesteuerten Systemen vorbehalten. 1973 ging parallel zum System L-Jetronic das ebenfalls luftmengenmessende System K-Jetronic in Produktion. Dieses System war zunächst rein mechanisch/ hydraulisch gesteuert (Bild 2.1.12).

Hier wird der Kraftstoff kontinuierlich ins Saugrohr vor die Einlaßventile eingespritzt. Die Zumessung erfolgt über präzise gefertigte Schlitze, die von einem Kolben mehr oder weniger freigegeben werden. Dieser Kolben in einem Mengenteiler steht in direkter mechanischer Verbindung mit einer rotationssymmetrischen Stauscheibe, welche entsprechend der angesaugten Luftmenge gegen eine hydraulische Kraft ausgelenkt wird.

Die Komponenten der K-Jetronic sind in Bild 2.1.13 dargestellt.

Ein Meilenstein für die Motorsteuerung war die Einführung der Gemischregelung mittels der Lambda-Sonde im Abgas. Die Einführung von verschärften Abgasgrenzwerten –

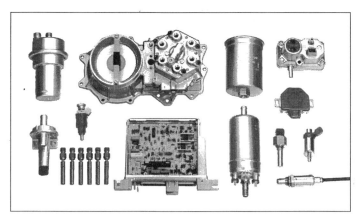

Bild 2.1.12: K-Jetronic-System

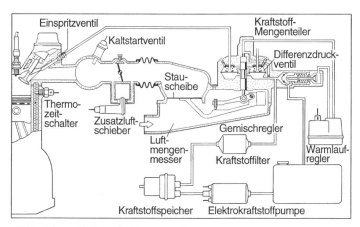

Bild 2.1.13: K-Jetronic-Komponenten

zunächst in USA, später in allen Industrieländern – erzwang die Anwendung von Dreiwegekatalysatoren in Verbindung mit bleifreiem Kraftstoff und von Lambda-geregelten Systemen. So entstand aus der K-Jetronic 1976 das System K-λ und später die KE-Jetronic bzw. KE-Motronic mit integrierter Zündung.

Die bisher beschriebenen Systeme waren durchweg Multipoint-Einspritzanlagen, bei denen jedem Motorzylinder ein Einspritzventil zugeordnet ist. Um den Markt von Benzineinspritzsystemen auch für kleine 4-Zyl.-Motoren zu erschließen, wurde die sog. Singlepoint-Einspritzung entwickelt. Solche Zentraleinspritzsysteme sind den Vergaseranlagen nachempfunden und verwenden Komponenten der elektronisch gesteuerten Multipoint-Systeme (Bild 2.1.14/15).

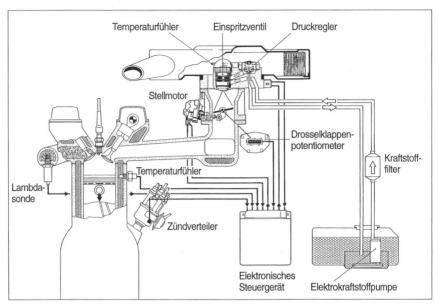

Bild 2.1.14: Mono-Jetronic System

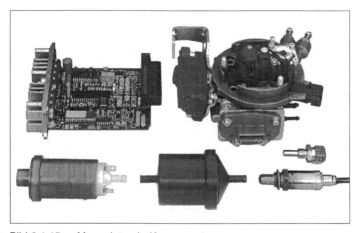

Bild 2.1.15: Mono-Jetronic Komponenten

Kostenvorteile ergaben sich dadurch, daß man nur 1 zentrales Einspritzventil benötigt und gleichzeitig auf die einfachste Füllungserfassungs-Methode, Drosselklappenstellung und Drehzahl, zurückgriff.

Bild 2.1.16: Mono-Jetronic auf Saugrohr montiert

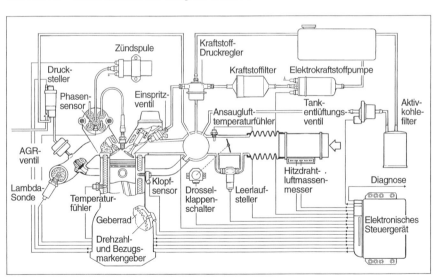

Bild 2.1.17: Motronic-System

Der Übergang vom Vergaser auf solche Mono-Jetronic-, später Mono-Motronic-Systeme, war relativ applikationsfreundlich, weil im allgemeinen das Vergasersaugrohr ohne große Modifikation verwendet werden konnte (Bild 2.1.16). Bei der Umstellung auf λ-geregelte Systeme mit Dreiwegekatalysatoren in den 80er Jahren zur Erfüllung der verschärften Abgasgrenzwerte in Deutschland und Europa war dies von großem Vorteil. Bei den meisten 6/8-Zyl.-Motoren war die Umstellung auf Benzin-Einspritzung jedoch schon weitgehend vollzogen. Zur Erfüllung von zunehmenden Forderungen nach geringeren Abgasemissionen mit Überwachung durch Onboard-Diagnose sowie der Notwendigkeit, den Kraftstoffverbrauch bzw. die CO_2-Emission abzusenken, werden heute für neue Applikationen bevorzugt integrierte Multipoint-Systeme eingesetzt. Bild 2.1.17 zeigt das Systembild einer der ersten Motronic-Anlagen.

2.1.2 Entwicklungsstand heutiger Einspritzsysteme

Die Systemkonfiguration erlaubt eine Unterteilung des Systems in
- Kraftstoffversorgung
- Sensoren
- Stellglieder
- Elektronisches Steuergerät

2.1.2.1 Kraftstoffversorgung

Die Kraftstoffversorgung besteht aus Kraftstoffpumpe, Filter und Druckregler zur Förderung des Kraftstoffs aus dem Tank und zur Aufrechterhaltung eines auf konstanten Wert geregelten Kraftstoffdruckes. Diese drei Komponenten werden zunehmend zu einer sog. Tankeinbaueinheit zusammengefaßt und als vormontierte Einheit oder Modul direkt in den Kraftstofftank eingebaut.

Bild 2.1.18 zeigt einen solchen Modul, der häufig auch noch mit der Einrichtung zur Tankstandserfassung versehen ist. Das Förderprinzip der elektromotorisch angetriebenen

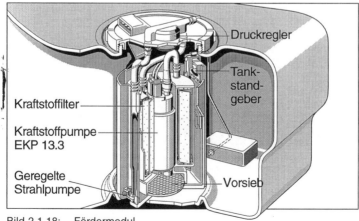

Bild 2.1.18:   Fördermodul

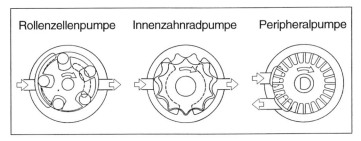

Bild 2.1.19:   Pumpenprinzipien für Elektrokraftstoffpumpe

Pumpe hat sich in den letzten Jahrzehnten mehrfach verändert. Während früher zwangsfördernde Prinzipien zunächst als Rollenzellenpumpe, später als Innenzahnradpumpe, angewandt wurden, geht die Entwicklung jetzt eindeutig zu Strömungspumpen. Im Bild 2.1.19 sind diese 3 Prinzipien dargestellt, die Peripheralpumpe ist ein Beispiel für eine Strömungspumpe. Strömungspumpen benötigen zwar wirkungsgradbedingt höhere Drehzahlen, sie arbeiten aber mit geringeren Druckpulsationen und damit geräuschärmer als die anderen Prinzipien. Es lassen sich Kunststoffe einsetzen und die Pumpen sind verschleißarm. Fördermenge und Druck sind zwar stark drehzahl- bzw. spannungsabhängig, aber dieser Nachteil, der besonders unter Startbedingungen relevant ist, läßt sich mit elektronischen Mitteln kompensieren. Der Einbau des Fördermoduls im Tank bietet Vorteile bei der Verbindungstechnik sowie im Crash-Fall.

Die Integration des Druckreglers in einen solchen Modul setzt allerdings den Übergang von gespülten Kraftstoffkreisläufen mit einer Rücklaufleitung zum Tank zu rücklauffreien Systemen voraus. Im Bild 2.1.20 ist der Vergleich einer Kraftstoffversorgung mit Rücklaufleitung und einer rücklauffreien Anordnung dargestellt. Beim rücklauffreien System

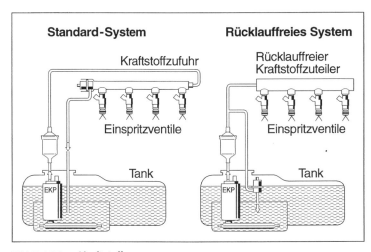

Bild 2.1.20:   Kraftstoffversorgung

müssen bestimmte Auslegungsrichtlinien bei der Gestaltung des Kraftstoffverteilers beachtet werden, um die Versorgung der Einspritzventile mit flüssigem Kraftstoff in der kritischen Heißstartphase sicherzustellen. Die Vorteile liegen auf der Hand, nämlich Kosteneinspanungen durch Entfall der Rücklaufleitung zum Tank sowie geringere bzw. langsamere Aufheizung des Kraftstoffs im Tank, da kein aufgeheizter Kraftstoff mehr aus dem Motorraum zum Tank zurücktransportiert wird. Damit lassen sich die gesetzlichen Forderungen nach Begrenzung der Kraftstoffverdunstung in die Umgebung leichter erfüllen.

Der prinzipielle Aufbau der Einspritzventile hat sich in den letzten 30 Jahren zumindest äußerlich kaum verändert. Bild 2.1.21 zeigt im Schnitt ein heutiges Standardventil, welches in dieser oder ähnlicher Ausführung jährlich in millionenfacher Stückzahl gefertigt wird. Die wichtigsten Merkmale sind: kleine Öffnungszeiten, großer Linearitätsbereich (Einspritzmenge pro Hub als Funktion der Einspritzdauer), hohe Dichtheit und gute Kraftstoffzerstäubung (Tröpfchengröße). Außerdem werden Forderungen nach sehr guter Reproduzierbarkeit (Hub zu Hub-Zumessung), nach geringer Fertigungstoleranz, nach geringer Temperaturabhängigkeit und sehr gutem Heißstartverhalten erfüllt.

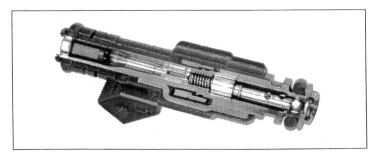

Bild 2.1.21:   Einspritzventil (EV6)

2.1.2.2 Sensoren

Unverzichtbare Eingangssignale für jedes elektronisch gesteuerte Einspritzsystem sind die Motordrehzahl und die Motorfüllung.

Die sehr hohen Anforderungen an die Genauigkeit der Drehzahlerfassung und insbesondere die Güte der Auflösung werden durch Geberräder auf der Kurbelwelle mit 60 minus 2 Zähnen bestens erfüllt. Die Lücke von 2 Zähnen dient der Erfassung des oberen Totpunktes eines bestimmten Zylinders. Die Geberradzähne werden mit induktiven, passiven Drehzahlsensoren abgetastet. Die Geberräder selbst werden mechanisch mit kleinstmöglichen Toleranzen gefertigt. Für die Steuerung des Motors ist diese Genauigkeit bei weitem ausreichend. Da aber der zeitliche Verlauf der Kurbelwellendrehzahl auch zur gesetzlich geforderten Aussetzererkennung herangezogen wird, muß die Erfassungsgenauigkeit noch gesteigert werden. Dazu werden die verbleibenden mechanischen Winkeltoleranzen mit elektronischen Maßnahmen im Steuergerät individuell für jeden Motor über lernende Verfahren (Adaption) korrigiert.

Die Art der Füllungserfassung, d. h. die Vorausbestimmung der Luftmasse, die sich nach Schließen der Einlaßventile im jeweiligen Brennraum befindet, führte in den letzten Jahrzehnten zu regelmäßigem Expertenstreit. Die direkteste Methode, nämlich das Wiegen des Luftvolumens im Brennraum, ist wenig realistisch. Daher muß man auf Ersatzgrößen zurückgreifen. Bei heutigen Motorsteuerungssystemen konkurrieren zwei Verfahren. Die Bestimmung der Luftmasse aus absolutem Saugrohrdruck und Drehzahl stellt eine kostengünstige Methode mit besonderer Eignung im Instationärbetrieb des Motors dar. Einschränkungen ergeben sich bei sog. High-tech-Motoren mit füllungsbeeinflussenden Einrichtungen wie variable Saugsysteme oder variable Ventilsteuerung oder Abgasrückführung.

Luftmassenmesser, die üblicherweise im Saugsystem vor der Drosselklappe eingebaut sind, bieten hohe Genauigkeit im Stationärbetrieb des Motors und eignen sich auch bei Einsatz der oben beschriebenen füllungsverändernden Motorfunktionen. Voraussetzung ist allerdings, daß das Meßelement eine hohe Dynamik aufweist und im Falle von starken Pulsationen der Ansaugluft auch eine momentane Strömungsumkehr richtig erfaßt wird. Meßfehler ergeben sich zunächst beim Instationärbetrieb, da der Sensor nicht unterscheiden kann, welcher Anteil des Luftmassenstroms tatsächlich in die Zylinder strömt und welcher Anteil nur zur Auffüllung des Saugrohr-Sammelvolumens verwendet wird.

Das Vorhandensein einer hochpräzisen Referenz im Abgasstrom, nämlich der Lambda-Sonde, erlaubt in Verbindung mit Modellen eine sehr gute Korrektur der prinzipbedingten Schwächen der beiden Verfahren. Dadurch haben sich die beiden Verfahren in ihrer Tauglichkeit stark angenähert. Bild 2.1.22 zeigt einen Drucksensor und einen modernen Heißfilm-Luftmassenmesser, der auch Strömungsumkehr richtig erfaßt und korrigiert.

Weitere Sensoren in heutigen Systemen sind der Phasengeber an der Nockenwelle zur Erfassung der Phasenlage des Motors, Temperatursensoren für die Messung von Kühlwasser- und Ansauglufttemperatur, Klopfsensor und Lambda-Sonde. Zur Gemischregelung erfaßt die Lambda-Sonde (Bild 2.1.23) im Abgasstrom das Abgas aller Zylinder vor dem Katalysator. Über eine Sauerstoffmessung erhält man eine präzise Aussage, ob das

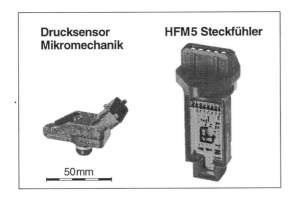

Bild 2.1.22: Lastsensoren

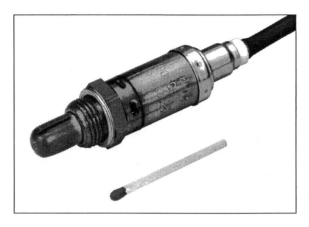

Bild 2.1.23:
Lambda-Sonde

Gemisch bei der Verbrennung fetter oder magerer als das stöchiometrische Gemisch Lambda = 1 ist. Damit ist es möglich, den Dreiwegekatalysator so zu betreiben, daß alle drei Schadstoffe CO, HC, NOx gleichzeitig minimiert werden. Bei Fahrzeugen für den US-Export ist zur Onboard-Diagnose des Katalysators eine zweite Lambda-Sonde hinter Katalysator eingebaut. Diese Sonde wird zusätzlich für die Überwachung der Vorkat-Lambda-Sonde verwendet und mit ihrem Signal wird eine Führungsregelung überlagert, die der Langzeitstabilität der Emissionen dient.

2.1.2.3 Stellglieder

Das wichtigste Stellglied jeder elektronisch gesteuerten Einspritzanlage ist das Einspritzventil. Es wurde bereits unter 2.1.2.1 beschrieben. Für die Leerlaufdrehzahlregelung wurden in der Vergangenheit Bypaßsteller parallel zur Drosselklappe eingesetzt. Heute geht der Trend eindeutig zu Systemen, welche die Drosselklappenstellung selbst beeinflussen. Weitere Stellglieder betreffen die Onboard-Diagnose (siehe 2.1.2.6) und Systeme, die teilweise heute und künftig zunehmend mit der Einspritzung zusammen in Motorsteuerungssystemen integriert sind: Zündung, EGAS (2.1.2.5), Abgasreinigung (2.1.2.6).

2.1.2.4 Elektronisches Steuergerät

Das elektronische Steuergerät mit Mikrocomputer und Speicher stellt das Herz des Systems dar. Aufbau und Wirkungsweise sind in Bild 2.1.24 dargestellt. Die unter Kapitel 2.1.2.2 beschriebenen Sensorsignale werden in einer Signalaufbereitungsschaltung so umgewandelt, daß sie vom Mikrocomputer weiterverarbeitet werden können. Dort werden unter Echtzeitbedingungen Rechenoperationen und Verknüpfungen nach vorgegebenen Algorithmen durchgeführt und daraus die erforderlichen Steuersignale für die Stellglieder ermittelt. Das Programm läuft in verschiedenen Rechenrastern (1, 10 und 100 ms sowie kurbelwellensynchron) bzw. in einem zeitunkritischen Hintergrundprogramm ab. Dabei müssen rund 30 Mio. Rechenoperationen pro Sekunde (mips = mega instructions per second) durchgeführt werden. Im Systemspeicher sind die relevanten

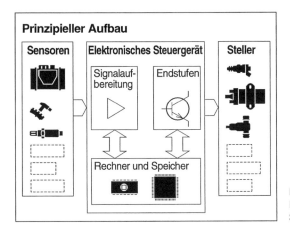

Bild 2.1.24: Elektronische Steuergeräte

Funktionen und Daten gespeichert. Infolge ständig steigender Anforderungen an die Motorsteuerung ist der erforderliche Programm- und Datenspeicherbedarf in den letzten Jahren ständig angestiegen (Bild 2.1.25). Trotz des erweiterten Funktionsumfangs bei der Benzineinspritzung und der Integration von zusätzlichen Motorsteuerungsfunktionen ist es gelungen, die Steuergeräte zu verkleinern. Bild 2.1.26 zeigt den Größenvergleich typischer Steuergeräte von 1990, 1993 und 1996. Beim Gerät des Jahres 1996 handelt es sich um ein Steuergerät in Mikrohybridtechnik. Hochintegrierte intelligente Ein- und Ausgabebausteine sowie kleine Bauelemente auf der Ober- und Unterseite der Hybridplatte und Leitenbahnführung in mehreren Ebenen erlauben diese kleine Bauform. Die Temperaturfestigkeit macht das Gerät motorraumtauglich und die zulässige Schüttelbeanspruchung ermöglicht einen Motoranbau.

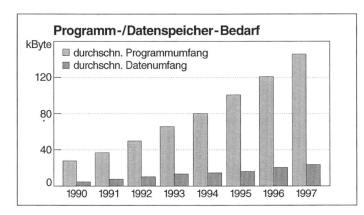

Bild 2.1.25: Motronic-Steuergeräte

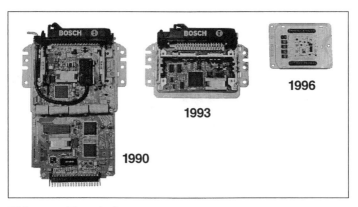

Bild 2.1.26: Motronic-Steuergeräte

2.1.2.5 EGAS

„Drive-by-wire"-Systeme als separate Systeme sind seit Jahren in Serienproduktion. Jetzt wurde erstmals die Integration zusammen mit Benzineinspritzung und Zündung realisiert. Die Zusammenfassung von Motronic und EGAS zu einem ME-System wurde in einem Funktionsrechner und einem zusätzlichen Sicherheitsrechner dargestellt. Pedalwertgeber und elektromotorisch angetriebene Drosselvorrichtung sind in Bild 2.1.27 dargestellt.

Die Auftrennung der seither mechanischen Verbindung zwischen Fahrpedal und Drosselklappe erlaubt völlig neue Möglichkeiten der Motorsteuerfunktionen. Die Funktionen, die man heute größtenteils mit EGAS realisiert, sind in Bild 2.1.28 dargestellt.

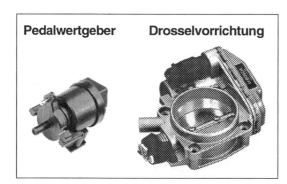

Bild 2.1.27: EGAS-Komponenten

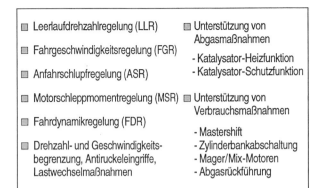

Bild 2.1.28: EGAS-Funktionen

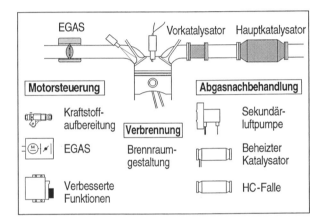

Bild 2.1.29: Maßnahmen zur Emissionsreduzierung

2.1.2.6 Abgasreinigung

Zur Erfüllung von Low-Emission-Vorschriften in USA und künftig auch in Europa kann die Motorsteuerung einen wichtigen Beitrag leisten. Im Bild 2.1.29 sind mögliche Maßnahmen der Motorsteuerung und Abgasnachbehandlung aufgeführt.

Die Hauptziele können durch 3 Aufgaben beschrieben werden:
- Minimale Rohemissionen
- Schnellstmögliche Betriebsbereitschaft des Katalysators
- Höchstmögliche Konvertierung beim Betrieb des Katalysators

Die wichtigsten Stichworte hierzu sind Optimierung des Starts, Lambda-geregelter Warmlauf, Katalysatorheizfunktion mit Hilfe von Spätzündung, verbesserte Gemischaufbereitung und EGAS, optimierte modellgestützte Instationärfunktionen und eine hochdynamische stetige Lambda-Regelung, die zu sehr guten Konvertierungsraten des be-

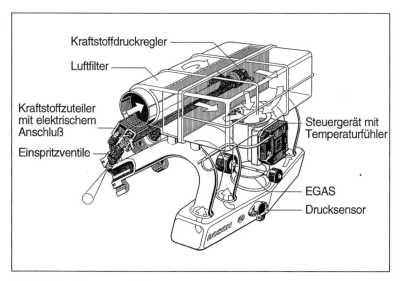

Bild 2.1.30: Ansaugmodul

triebswarmen Katalysators führt. Für die stetige Lambda-Regelung kommt eine neue Lambda-Sonde mit stetiger Kennlinie zum Einsatz. Dadurch hat man Kenntnis über das jeweils aktuelle Kraftstoff/Luft-Verhältnis im Abgas, während man früher nur den Umschaltzeitpunkt von fetter zu magerer als Lambda = 1 und umgekehrt erfassen konnte.

2.1.2.7 Module

Im Kapitel 2.1.2.1 wurde eine Tankeinbaueinheit als Beispiel eines Moduls beschrieben. Eine weitere Möglichkeit, die zunehmend genutzt wird, ist die Zusammenfassung von Komponenten und Bauteilen zu einem Ansaugmodul. Die Darstellung in Bild 2.1.30 zeigt einen solchen Ansaugmodul. Hier sind alle Komponenten des Ansaugtraktes vom Luftfilter bis zum Zylinderkopfflansch zusammengefaßt: das Luftfilter, das komplette Saugrohr, der EGAS-Steller, der Lastsensor, hier ein Saugrohrdrucksensor, der Kraftstoffzuteiler mit den Einspritzventilen und dem Druckregler. An das Saugrohr ist auch das Steuergerät mit Lufttemperaturfühler angeflanscht. Dies ist ein unter 2.1.2.4 beschriebenes Mikrohybridgerät. Selbstverständlich sind alle pneumatischen, hydraulischen und elektrischen Verbindungen innerhalb dieses Moduls vormontiert.

2.1.2.8 Onboard-Diagnose

Diagnosefunktionen haben eine besondere Bedeutung erlangt. Anfangs bestand die Hauptaufgabe darin, die Verfügbarkeit des Fahrzeugs zu erhöhen und dem Werkstattpersonal Hilfestellung bei der Fehlersuche zu geben. Die Verbesserung der Verfügbarkeit wurde dadurch erreicht, daß bei erkannten Fehlern Ersatzgrößen bereitgestellt wurden, um wenigstens ein „Limp-home" zu ermöglichen. Inzwischen verlangt der Gesetzgeber in

Überwachung aller wesentlichen Komponenten und Systeme

Schützen von gefährdeten Komponenten

Speichern von Informationen über aufgetretene Fehler

Reagieren um Notlaufmaßnahmen einzuleiten

Anzeigen wichtiger Fehler,
z.B. bei Überschreitung vorgegebener Grenzwerte

Übertragen der gespeicherten Informationen bei Werkstattaufenthalt

Interpretieren der Informationen zur
Fehlerlokalisierung und -beschreibung

Bild 2.1.31: Diagnosesystem

Hauptforderungen
- ☐ Überwachung Katalysator
- ☐ Überwachung λ-Sonden
- ☐ Erkennung Verbrennungsaussetzer
- ☐ Überwachung Kraftstoffsystem
- ☐ Überwachung Sekundärluftsystem
- ☐ Überwachung Abgasrückführung
- ☐ Überwachung Tankentlüftung
- ☐ Überwachung weitere Systeme

- ☐ Standardisierte Testerschnittstelle
- ☐ Speicherung der Betriebsbedingungen
- ☐ Standardisierte Fehlerlampensteuerung
- ☐ Meldung Inspektionsbereitschaft
- ☐ Eingriffschutz Steuergerät

Bild 2.1.32:
On Board Diagnose II
(OBDII)

USA und künftig auch in Europa, daß die abgasrelevanten Funktionen und Systeme mit Onboard-Mitteln ständig überwacht und auftretende Fehler zur Anzeige gebracht werden. Die Aufgaben eines solchen Diagnosesystems sind in Bild 2.1.31 zusammengefaßt.

Dabei ist bemerkenswert, daß die gesetzlichen Forderungen (Bild 2.1.32) einen Umfang angenommen haben, welcher zu spürbaren Belastungen des Rechners führt und zu einem Speicherplatzbedarf von in der Größenordnung 40 kByte. Um die verschärfte Forderung nach Aussetzererkennung im gesamten Kennfeld des Motors erfüllen zu können, wird für hochzylindrige Motoren sogar ein separater Rechner erforderlich.

2.1.2.9 Gesamtsystem Motorsteuerung

Das heute umfangreichste und modernste Motorsteuerungssystem ist in Bild 2.1.33 dargestellt. Es hat die Systembezeichnung ME (Motronic/EGAS) und vereint in sich folgende Teilsysteme bzw. Funktionen:

- Zylinderindividuelle Kraftstoffeinspritzung
- Elektronische Zündung und Zündverteilung

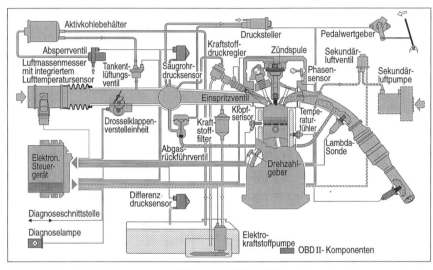

Bild 2.1.33: Motorsteuerung mit EGAS und OBD II (ME)

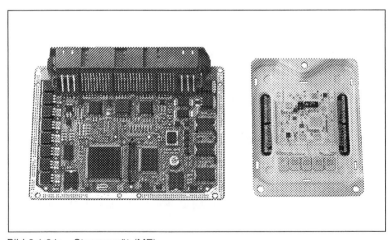

Bild 2.1.34: Steuergerät (ME)

- Luftsteuerung über elektromotorisch verstellte Drosselklappe (EGAS)
- Onboard-Diagnose (OBD II)
- Funktionen zur Emissionskontrolle
- Motordrehmomentkoordination
- Leistungsfähige Vernetzung mit anderen Fahrzeugsystemen

Die Steuergerätehardware ist in Bild 2.1.34 gezeigt, wahlweise in Leiterplattentechnik und in Mikrohybridtechnik. Diese Gerätepattform hat einen weiten Funktionsumfang und eine große Flexibilität, um für die nächsten Jahre als Standard zu dienen. Für die Entwicklung und Applikation dieses Systems steht ein transparenter rechnerunterstützter Entwicklungsprozeß zur Verfügung.

2.1.3 Motorsteuerung der Zukunft

Die Weiterentwicklung der Motorsteuerung und der Einspritztechnik ist geprägt von den Forderungen nach weiterer Absenkung der Emissionen, konsequenter Überwachung aller emissionsrelevanten Funktionen und Systeme sowie nach Absenkung der CO_2-Emission, d. h. Einführung von verbrauchssenkenden Maßnahmen. Dabei zeichnen sich zwei unterschiedliche Wege ab.

2.1.3.1 Weiterentwicklung des Lambda=1-Konzepts

Diese Entwicklungsrichtung nutzt die Emissionsvorteile bei Einsatz des Dreiwegekatalysators. Der Motorbetrieb erfolgt mit homogenem stöchiometrischen Gemisch. Die wichtigsten Maßnahmen zur Verbrauchssenkung nutzen die Möglichkeiten zur Reduzierung von Drosselverlusten und Maßnahmen zur Wirkungsgradverbesserung:

- Hohe Abgasrückführung
- Variable Ventilsteuerung
- Motorregelung auf Basis von Brennraumsignalen

Außer den steuerungstechnischen Aspekten ist die Motorsteuerung bei der Gemischbildung gefordert. Von den Motoren werden turbulenzerzeugende Maßnahmen gefordert, um die Magerlauffähigkeit zu züchten. Die zunehmende Entdrosselung zwingt zu guter Gemischaufbereitung. Dies kann möglicherweise zum Einsatz von Benzindirekteinspritzung mit homogener Gemischbildung bei Lambda=1 führen.

Dieser Weiterentwicklungsweg schöpft vermutlich nicht das komplette Verbrauchssenkungspotential des Ottomotors aus. Andererseits sind mit stöchiometrischen Konzepten die künftigen Emissionsforderungen mit Hilfe von kochentwickelten Dreiwegekatalysatoren leichter erfüllbar.

Ein Motorsteuerungssystem mit Erfassung des Brennraumdruckes in jedem Zylinder ist in Bild 2.1.35 dargestellt. Der Brennraumdrucksensor selbst ist in Bild 2.1.36 gezeigt. Es handelt sich um einen aktiven, piezoresistiven Sensor mit Elektronik vor Ort. Der Brennraumdruck weist von allen Brennraumsignalen (Druck, Ionenstrom, Licht) das höchste Potential für die Motorsteuerung auf. Bei konsequenter Nutzung seiner Möglichkeiten können andere Systemkomponenten, wie z. B. die Sensoren für die Füllungserfassung,

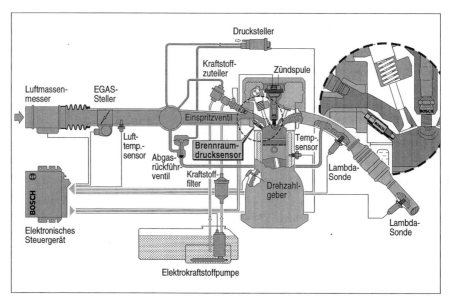

Bild 2.1.35: Motorsteuerung mit Brennraumdruckerfassung

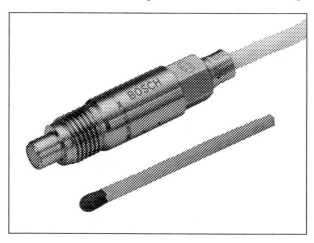

Bild 2.1.36:
Brennraumdrucksensor

für die Klopferkennung und für die Phasenerkennung entfallen, so daß sich die Mehrkosten in Grenzen halten. Andererseits setzen sich die funktionalen Vorteile zwar aus mehreren, aber eher kleinen Verbesserungsschritten im Verbrauch und bei der Applikation zusammen.

Die Ionenstromauswertung als Information über die Vorgänge im Brennraum stellt nach wie vor eine interessante Alternative zum Brennraumdruck dar.

2.1.3.2 Übergang zu extremen Magerkonzepten mit Schichtladung

Hier steckt nach heutigen Erkenntnissen das größte Verbrauchspotential aber mit Abgasproblemen insbesondere bei der Nachbehandlung der Stickoxide. Die Verbrauchsreduzierung eines Schichtladeottomotors im Vergleich zu einem homogen betriebenen Lambda=1-Motor hat mehrere Ursachen:

- Weitgehende Entdrosselung
- Reduzierte Wärmeverluste
- Wirkungsgradverbesserung durch erhöhte Verdichtung und erhöhte Füllung (Gemisch-Innenkühlung)
- Absenkung Leerlaufdrehzahl (geringerer Restgasanteil)

Den Hauptbeitrag liefern etwa zu gleichen Teilen die Entdrosselung und die Wärmeverlustreduzierung. Kompromisse sind auch hier unumgänglich, da bei völliger Entdrosselung die Abgastemperatur so niedere Werte annimmt, daß eine katalytische Nachbehandlung unwirksam wird. In Bild 2.1.37 ist ein Common-Rail-System für Benzin-Direkteinspritzung dargestellt. Neue Kernkomponenten sind die Hochdruckpumpe, das Common Rail mit Druckregelventil und Drucksensor sowie das elektromagnetische Einspritzventil zur Einspritzung direkt in den Brennraum. Man geht heute von Systemdrücken um 100 bar aus. Im Wettbewerb zu technischen Alternativen wie Stempelpumpen und Gemischeinblasung mit Hilfe einer Luftpumpe hat man sich wegen der höheren Flexibilität und der niedrigeren Kosten für die Common-Rail-Technik entschieden. Die wichtigste zu lösende Aufgabe für Benzin-Direkteinspritzung ist das Brennverfahren. Von ihm wird eine stabile Ladungsschichtung mit einem Kern zündfähigen Gemischs mit ungefähr Lambda =1, umgeben von reiner Luft oder Abgas, gefordert. Stabil heißt, im gesamten Motorbetriebskennfeld und über der Motorlebensdauer. Eine zweite wichtige Voraussetzung für

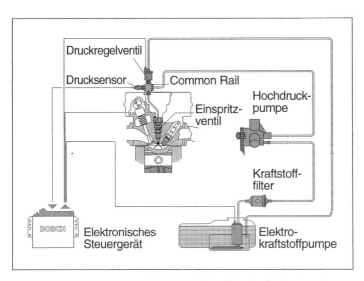

Bild 2.1.37: Common Rail-System (CR) – Benzin-Direkteinspritzung

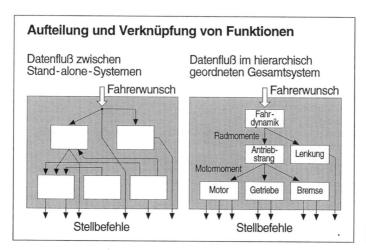

Bild 2.1.38: Cartronic

einen Serieneinsatz solcher Motoren ist die Verfügbarkeit einer leistungsfähigen NOx-Nachbehandlung.

2.1.3.3 Systemverknüpfungen

Die Verknüpfung von Systemen im Kraftfahrzeug wird sich fortsetzen. Die Aufteilung und Verknüpfung von Funktionen, wie dies heute bei Einzelsystemen erfolgt, wird einer hierarchisch geordneten Verknüpfung weichen (Bild 2.1.38). Die richtigen physikalischen Größen sind Radmomente und Motormomente. Eine solche hierarchische Ordnung ist unabhängig von der hardwaremäßigen Realisierung. Bei der Hardwaregestaltung erwarten wir die Erweiterung der Motorsteuerung zu einer Triebstrangsteuerung. Mit zunehmendem Ausrüstungsgrad von elektronisch gesteuerten Getrieben macht die Integration der Getriebesteuerung in die Motorsteuerung Sinn.

2.1.3.4 Ausblick

Die Fachleute sind sich einig, daß das Potential des Ottomotors trotz erfolgreicher Entwicklungen in den letzten Jahren bei weitem noch nicht ausgeschöpft ist. Die konsequente Weiterentwicklung des Ottomotors zu einem noch umweltfreundlicheren Antriebsaggregat für den Pkw wird die Motorsteuerung entscheidend beeinflussen. Andererseits wird die Motorsteuerung selbst Impulse geben und ihren Beitrag zur Zielerreichung leisten.

2.2 Diesel-Motor-Regelung
A. Kellner

2.2.1 Einleitung

Ständig strenger werdende Emissionsgrenzwerte verbunden mit Forderungen nach höherem Drehmoment und höherer Leistung und nach niedrigerem Verbrauch erfordern eine intensive Weiterentwicklung heutiger Einspritzsysteme für moderne Pkw-Dieselmotoren. Wegen des Verbrauchsvorteil von ca. 15 % des Diesel-DI-Motors gegenüber dem IDI-Motor sind fast alle neuentwickelten Dieselmotoren DI-Motoren.

Die heute gültigen Emissionsgrenzwerte EU3 (Bild 2.2.1) können nur mit elektronisch geregelten, magnetventil-gesteuerten Einspritzsystemen erfüllt werden. Für künftige Emissionsgrenzwerte EU4 werden für schwerere Fahrzeuge zusätzliche Abgasnachbehandlungssysteme (Russfilter und/oder DeNOx-Katalysator) erforderlich. Neben der Verteilerpumpe (VPxx) in Axial- oder Radialkolbenbauweise und dem Pumpe-Düse-System (UIS) entwickelt Bosch ein Common Rail Einspritzsystem (CRS), das durch seinen modularen Aufbau die Anpassung an verschiedene Motoren vereinfacht.

Die wichtigsten Einflußgrößen für den Betrieb eines Dieselmotors sind
- Einspritzdruck
- Anzahl der Einspritzungen und Einspritzmenge
- Einspritzbeginn(e)

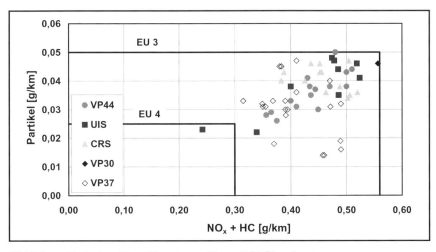

Bild 2.2.1: Emissions-Typprüfwerte von Pkw mit DI-Dieselmotor

- Abgasrückführrate und
- Ladedruck (bei Turbomotoren)

Für einen optimalen Betrieb des Motors müssen diese Größen in jedem Betriebspunkt angepaßt werden. Mit Hilfe der elektronischen Dieselregelung (EDC) kann ein Common Rail System alle diese fünf Parameter betriebspunktabhängig vorgeben. Bei der Verteilerpumpe und der Pumpe-Düse dagegen hängt der Einspritzdruck hauptsächlich über die Nockenform von Einspritzmenge und Motordrehzahl ab. Die EDC arbeit wo immer möglich mit geschlossenen Regelkreisen, um die Vorgabewerte präzise einzustellen.

Neben den notwendigen Grundfunktionen zum Betrieb eines Dieselmotors ermöglicht die EDC Funktionen zur Erhöhung des Fahrkomforts wie

- Laufruheregelung
- Ruckeldämpfung

und erlaubt den Eingriff von Sicherheitssystemen wie ABS, ASR und Fahrdynamikregelung (FDR, ESP) in das Motorantriebsmoment.

2.2.2 Komponenten eines Common Rail Systems

In Bild 2.2.2 sind die Komponenten eines EDC-System am Beispeil eines Pkw CRS der 1. Generation dargestellt. Ein CRS ist nur als EDC-System realisierbar.

2.2.2.1 Common Rail Einspritzsystem

Beim CRS sind generell die Hochdruckerzeugung und die Einspritzung getrennt und unabhängig voneinander. Bild 2.2.3 zeigt den Aufbau der Standardvariante des Bosch CRS der 1. Generation /1/, das seit 1997 in Serie ist. Hauptmerkmale sind

- ein Systemdruck von maximal 1350 bar,
- Druckregelung über ein hochdruckseitiges Druckregelventil und
- zwei Einspritzungen pro Zylinderarbeitszyklus (Vor- und Haupteinspritzung).

Eine Elektrokraftstoffpumpe versorgt über ein Filter die Hochdruckpumpe mit Dieselkraftstoff aus dem Tank. In der Hochdruckpumpe, die mechanisch vom Motor angetrieben wird, wird ein Teil des Kraftstoffes zur Schmierung und Kühlung der Pumpe und des Druckregelventils abgezweigt. Die übrige Menge wird von der Hochdruckpumpe auf maximal 1350 bar verdichtet und in den Druckspeicher, das Common Rail, gefördert. Der dort befindliche Raildrucksensor erfaßt den Istdruck. Die Regelung des Druckes erfolgt auf der Hochdruckseite über das an der Pumpe angebrachte Druckregelventil, das auf den vom Steuergerät gegebenen Solldruck einregelt. Der Druck ist proportional dem Strom durch den Magneten des Druckregelventils.

Über kurze Leitungen sind die elektrisch betätigbaren Einspritzventile, die Injektoren, mit dem Rail verbunden. Die Einspritzung erfolgt durch entsprechende Ansteuerung der Magnetventile der Injektoren, die Einspritzmenge ist abhängig vom Raildruck und der Ansteuerdauer.

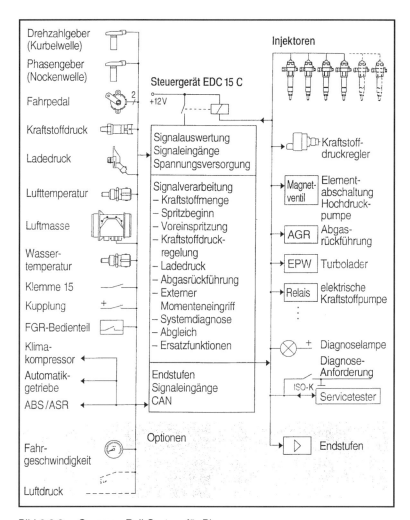

Bild 2.2.2: Common Rail System für Pkw

Da der Injektor die Schlüsselkomponente des CRS ist, wird dessen Funktion genauer beschrieben (Bild 2.2.4). Der Hochdruck gelangt über den Hochdruckanschluß sowohl vor die Düse als auch über die Zulauf-(Z-)Drossel in den Steuerraum. Der Steuerraum ist über die Ablauf-(A-)Drossel, die über ein Magnetventil geöffnet werden kann, mit dem Kraftstoffrücklauf verbunden. Ist das Magnetventil geschlossen, ist die hydraulische Kraft auf den Ventilkolben größer als die auf die Druckstufe der Düsennadel: die Düsennadel wird in ihren Sitz gepresst und schließt dicht zum Brennraum ab. Wird das Magnetventil angesteuert, öffnet es die A-Drossel, der Druck in Steuerraum fällt ab: die nun größere

191

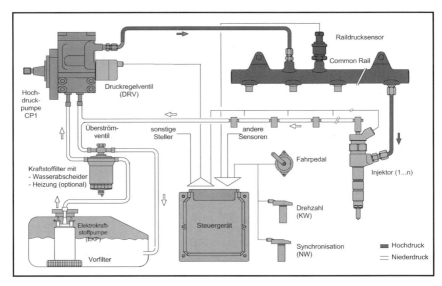

Bild 2.2.3: Common Rail System Pkw – Hochdruckregelung mit CP1

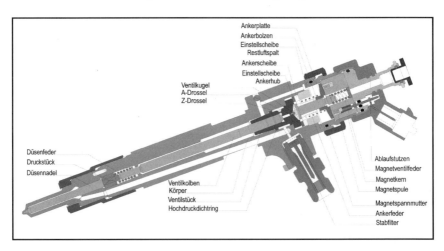

Bild 2.2.4: Common Rail Injektor

Kraft auf die Düse öffnet die Düsennadel. Nach dem Ende der Ansteuerung drückt eine Feder das Magnetventil wieder zu und verschließt die A-Drossel, so daß sich über die Z-Drossel wieder Druck aufbauen kann: die jetzt wieder größere Kraft auf den Ventilkolben schließt die Düsennadel.

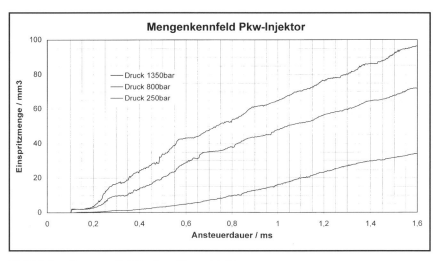

Bild 2.2.5:   Common Rail System Pkw – Injektor

Auch bei kleinsten Einspritzmengen (Voreinspritzung) bewegt sich das Magnetventil bis zu seinem Anschlag. Im Gegensatz dazu wird die Düsennadel bei kleinen Einspritzmengen ballistisch betrieben. Neben der Ansteuerdauer und dem Raildruck (Bild 2.2.5) bestimmen der Durchfluß durch A- und Z-Drossel, der Öffnungsdruck und der Durchfluß der Düse die Einspritzmenge.

Das CRS der 2. Generation, seit 2000 in Serie, unterscheidet sich vom CRS der 1. Generation in folgenden Punkten:

- Systemdruck von maximal 1600 bar
- Druckregelung über saugseitige Fördermengenverstellung der Hochdruckpumpe und
- bis zu vier Einspritzungen pro Arbeitsspiel (zwei Vor-, eine Haupt- und eine Nacheinspritzung)
- geringere Toleranzen der Einspritzmenge und kürzere Abstände zwischen den Einspritzungen

Die Standardvariante zeigt Bild 2.2.6. Eine auf der Hochdruckpumpe montierte mechanisch angetriebene Zahnradpumpe (ZP) saugt durch den Kraftstofffilter aus dem Tank Kraftstoff an und fördert diesen zur Hochdruckpumpe. In der Hochdruckpumpe stellt ein Kaskadenüberstromventil einen Druck von etwa 5 bar ein und zweigt den Schmierstrom für das Pumpentriebwerk ab. Die Zumesseinheit (ZME), eine proportionales Schieberventil, dosiert die Füllung der Hochdruckpumpenelemente so, daß nur die für den hochdruckseitigen Bedarf des CRS nötige Menge auf Hochdruck komprimiert und in das Rail gefördert wird. Die nicht benötigte Fördermenge der ZP wird vom Kaskadenüberstromventil zurück auf die Saugseite der ZP abgesteuert.

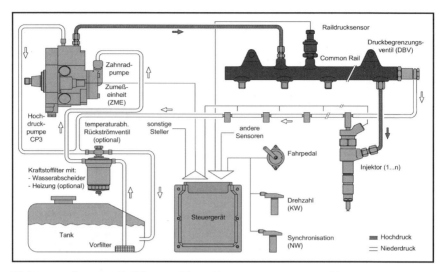

Bild 2.2.6: Common Rail System Pkw – Hochdruckregelung mit CP3

Durch dieses Regelprinzip sinkt die Antriebsleistung der Hochdruckpumpe, der Gesamtwirkungsgrad des CRS wird verbessert und damit die Kraftstofferwärmung reduziert. Motorisch ergibt sich eine Verbrauchsreduzierung von bis zu 4 % (bei sonst identischer Motorapplikation).

2.2.2.2 Sensoren

Die Drehzahlgeber sind induktive Sensoren, die Änderungen der magnetischen Eigenschaften der Geberräder in Spannungssignale abbilden. Der Fahrpedalsensor ist ein (doppelter) Potentiometer-Geber. Der Raildruck-, der Luftdruck- und der Ladedrucksensor sind Halbleitersensoren, die eine dehnungsempfindliche Widerstandsmeßbrücke auf einer Membran besitzen und ein elektrisch verstärktes druckproportionales Spannungssignal liefern. Der Luftmengensensor nutzt wie bei Benzineinspritzungen den durch die vorbeiströmende Luftmasse verursachten Temperaturabfall eines elektrisch beheizten Drahtes. Der Temperaturabfall hat eine elektrische Widerstandsänderung zur Folge. Temperatursensoren sind die im Kfz üblichen NTC-Widerstandsgeber.

2.2.2.3 Sonstige Aktoren

Die elektropneumatischen Wandler (EPW) für Abgasrückführung und Ladedruck stellen an ihrem Ausgang einen Unterdruck bereit, dessen Höhe dem elektrischen Steuerstrom proportional ist. Das Steuergerät stellt den Strom über eine getaktete Endstufe ein. Die Wandler beziehen ihre Hilfsenergie aus einem Unterdruckreservoir, das auch den Bremskraftverstärker speist. Der Unterdruck wird dann von einem pneumatischen Steller, z.B. einer federbelasteten Membran, in eine Stellbewegung umgesetzt /2/.

Alternativ werden auch elektromechanische Steller (Elektromotoren) verwendet.

2.2.2.4 Steuergerät

Das Steuergerät errechnet aus den momentanen Meßwerten mittels der programmierten Algorithmen und Daten Sollwerte für die einzelnen Ausgabegrößen. Diese werden entweder über Kennfelder gesteuert (z.b. Einspritzbeginn, -menge) oder die Istwerte über geschlossene Regelkreise den Sollwerten angeglichen (z.B. Raildruck, Ladedruck).

Darüberhinaus gibt das Steuergerät Datensignale an andere Fahrzeugkomponenten, wie z. B. Drehzahlmesser, Verbrauchsrechner, Glühzeitsteuerung oder Getriebesteuerung. Ebenso empfängt es Datensignale von anderen Komponenten (Getriebesteuerung, ABS, ASR oder FDR).

Alle diese Aufgaben arbeitet das Steuergerät sequentiell in verschiedenen Zeitscheiben (drehzahlsynchron, zeitsynchron in mehreren Zeitrastern und ereignissynchron) je nach ihrer Notwendigkeit ab. Zeitkritischere Aufgaben haben die höhere Priorität.

In Bild 2.2.7 ist schematisch die Struktur des Steuergerätes des CRS der 1. Generation dargestellt /3/:

Das Herz des digitalen Steuergerätes ist der Rechnerkern (CPU). Er besteht im Fall des CR-Steuergeräts EDC15C aus einem Mikroprozessor, der durch eine Reihe von Peripherie wie Programm-Daten-Speicher und Logikbausteinen ergänzt ist. Spezielle Ein- und Ausgabeschaltkreise verbinden den Rechnerkern mit den Sensoren und Stellern und schützen ihn vor Störungen aus der elektrisch rauhen Umgebung der eigenen Leistungsausgänge und des Fahrzeugs.

Wegen der immer höheren Rechnerleistung und Speicherdichte und der einfacheren Pflege sind Teile der Software in der Hochsprache C, laufzeitkritische Teile wie bisher in

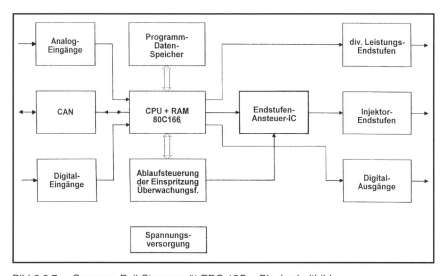

Bild 2.2.7: Common Rail Steuergerät EDC 15C – Blockschaltbild

Assemblersprache geschrieben. Um flexibler auf Änderungen reagieren zu können, ist die Software modular und über mehrere Ebenen hierarchisch strukturiert aufgebaut.

Bei der 2. Generation kommt ein noch leistungsfähigeres Steuergerät, die EDC16C, zum Einsatz. Dessen Software ist durchgängig in CARTRONIC-Struktur gegliedert, d.h. die Softwarefunktionen sind analog dem pyhsikalischen System strukturiert, das sie steuern /4/.

Das Steuergerät befindet sich im Fahrgastraum, in einer geschützten Elektronikbox oder direkt im Motorraum. Es ist konzipiert für einen Temperaturbereich von -40 °C bis +85 °C und für Bordnetzspannungen von 6 V bis 16 V. Darüberhinaus muß das Gerät widerstandsfähig gegenüber Spannungsimpulsen auf den Versorgungsleitungen von über 100 V, gegen Verpolung und Kurzschluß sein. Ein wirksamer EMV-Schutz gegen eingestrahlte Störungen und auch gegen Abstrahlung des Steuergerätes wird garantiert durch geeignete Filterkondensatoren an den Anschlußklemmen des Steckers.

2.2.3 Funktionen

Um die bestmöglichen Emissions- und Verbrauchswerte zu erzielen, muß das EDC-Steuergerät für eine exakte Einstellung aller für die Verbrennung wesentlichen Parameter in jedem Betriebspunkt des Motors sorgen.

2.2.3.1 Steuerung der Einspritzmenge und des Einspritzbeginns

Das Steuergerät EDC15C berechnet abhängig der Fahrpedalstellung einen Mengenwunsch des Fahrers und korrigiert diesen gegebenenfalls wegen interner (Tempomat, Geschwindigkeitsbegrenzung,...) oder externer Eingriffe (Getriebe, ABS, ASR, FDR). Diese Wunschmenge wird motordrehzahlabhängig von Drehmomentbegrenzung (Motor- und Getriebeschutz) und Rauchbegrenzung (abhängig Ladedruck und Abgasrückführrate bzw. Frischluftmasse) nach oben eingeschränkt. Falls die Gesamtmenge für einen stabilen Motorbetrieb mit einer Drehzahl größer oder gleich der Leerlaufdrehzahl nicht ausreicht, greift der Leerlaufregler ein und stellt eine stabile Mindestdrehzahl des Motors sicher. Die resultierende Einspritzmenge wird noch von der Ruckeldämpfung und zylinderindividuell von der Laufruheregelung bzw. Mengenausgleichsregelung korrigiert (Bild 2.2.8).

Bei der EDC16C erfolgen diese Berechnungen gemäß der CARTRONIC-Definition je nach physikalischem Zusammenhang in Drehmomenteinheit (Fahrerwunschmoment, Drehmoment-begrenzung,...) oder Mengeneinheit (Rauchgegrenzung, Mengenausgleichsregelung,...). Die Verbindung erfolgt über das Motorwirkungsgradkennfeld.

Passend zu diesen Einspritzmengen wird über Kennfelder der Einspritzdrucksollwert, der gleich dem Sollwert des Raildruckreglers ist, die notwendige Anzahl der Einspritzungen und die Ansteuerbeginne jedes Injektors berechnet. Der Ansteuerbeginn berücksichtigt bereits die Totzeit zwischen elektrischem Ansteuerbeginn und dem Einspritzbeginn. Anschließend wird für jeden Zylinder noch die Ansteuerdauer aus dem Injektorkennfeld abhängig des aktuellen Raildruckes berechnet. Diese Werte werden dann mit einer präzisen Winkelauflösung in ein Ansteuersignal für das Magnetventil des jeweiligen Injektors

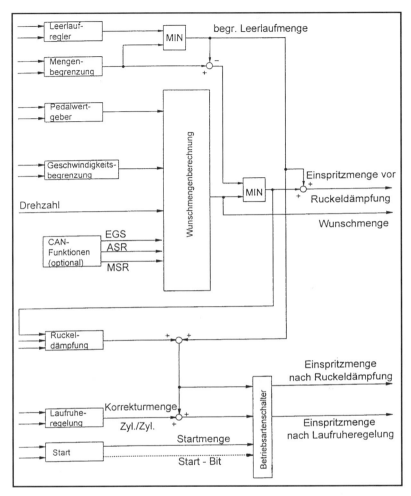

Bild 2.2.8: Common Rail System – Einspritzmengenberechnung

umgesetzt. Die Genauigkeit der Einspritzmenge hängt nur noch von der Meßgenauigkeit des Raildruckes und den Toleranzen des Injektors ab. Die Genauigkeit des Spritzbeginns wird im wesentlichen von der Anbaugenauigkeit des Kurbelwellensensors bestimmt, das Steuergerät ist ± 1° genau.

Je nach Steuergerät (und Injektor) kann vor die Haupteinspritzung eine oder zwei Voreinspritzung(en) zur Geräusch- und Emissionsverbesserung gesetzt werden, ebenso ist eine Nacheinspritzung zur Rußnachoxidation oder zum Betrieb eines NOx-Katalysators möglich.

2.2.3.2 Hochdruckregelung

Die Einstellung des Raildruckes erfolgt beim CRS der 1. Generation in zwei geschlossen Regelkreisen, dem mechanischen des Druckregelventils und dem überlagerten im Steuergerät.

Das Druckregelventil an der Hochdruckpumpe (Bild 2.2.9) stellt einen konstanten Druck über das Kräftegleichgewicht an seinem Anker ein. Die hydraulische Kraft wirkt öffnend, die Federkraft und die dem elektrischen Strom proportionale Magnetkraft schließend. Das Druckregelventil verändert hochdynamisch seine Ankerposition, so daß nur die zur Druckeinstellung nicht benötigte Menge abgesteuert wird.

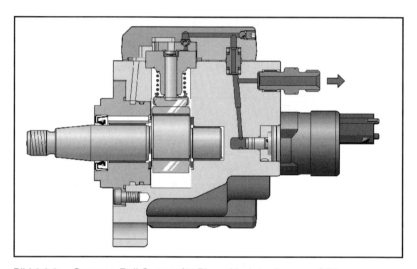

Bild 2.2.9: Common Rail System für Pkw – Hochdruckpumpe CP1

Der überlagerte Regelkreis im Steuergerät gleicht den gemessenen und gefilterten Istwert dem betriebspunktabhängig in einem Kennfeld abgelegten Sollwert an und stellt so den mittleren Raildruck ein.

Beim CRS der 2.Generation wird eine saugseitig mengenverstellbare Pumpe zur Druckregelung verwendet, über deren bedarfsabhängige Fördermenge der Raildruck verstellt wird. Diese Regelstrategie hat einen besseren Gesamtwirkungsgrad, eine unnötige Erwärmung des Kraftstoffs durch Absteuerverluste des Druckregelventils wird vermieden.

Der im Steuergerät implementierte Regler vergleicht Soll- und Istdruck und bestimmt abhängig der Regeldifferenz über einen $PIDT_1$-Regelalgorythmus die für den jeweiligen Betriebspunkt nötige Fördermenge der Hochdruckpumpe. Die Pumpenfördermenge wird abhängig der Pumpenkennlinie, d.h. Fördermenge als Funktion des mittleren Stromes durch die ZME (Bild 2.2.10), in einen Sollstrom für die ZME umgerechnet und dieser über eine Stromregelung eingestellt.

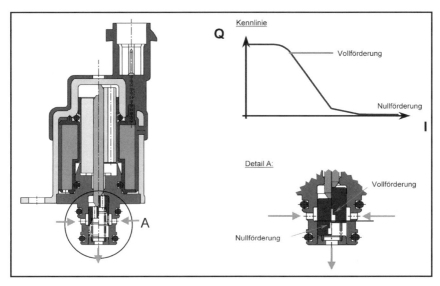

Bild 2.2.10: Zumesseinheit (ZME) für die Hochdruckpumpe CP3

2.2.3.3 Abgasrückführung

Mit der Abgasrückführung wird der Ausstoß von Stickoxiden gesenkt. Allerdings verändern sich die Partikelemissionen gegenläufig zur Stickoxidemission. Die Abgasrückführrate kann also nicht beliebig hoch gewählt werden. Da beim CR System der Raildruck frei gewählt werden kann, kann die Zunahme der Partikel durch höheren Raildruck teilweise kompensiert werden. Höhere Abgasrückführraten werden mit CR möglich.

Die rückgeführte Menge wird indirekt gemessen über die Menge der angesaugten Frischluft. Dazu dient ein Luftmengensensor, wie er auch bei der Benzineinspritzung eingesetzt wird. Aus einem Kennfeld entnimmt das Steuergerät den betriebspunktabhängige Sollwert der Rückführrate, rechnet ihn in einen Sollwert für die angesaugte Frischluftmenge um und vergleicht ihn mit dem gemessenem Wert. Jede Abweichung beantwortet das Steuergerät so lange mit einer Änderung des Stromes durch den elektropneumatischen Wandler, bis durch den veränderten Unterdruck das unterdruckgesteuerte Abgasrückführventil wieder in Sollposition ist /2/.

2.2.3.4 Ladedruckregelung

Zur Ladedruckregelung wird das Ausgangssignal eines Drucksensors benutzt, der den Überdruck im Ansaugtrakt mißt. Das Steuergerät berechnet mit Hilfe eines gespeicherten Kennfeldes für jeden Betriebspunkt den maximal zulässigen Ladedruck und vergleicht den aktuell gemessenen Wert damit. Je nach Bedarf variiert dann das Steuergerät den

Ausgangsstrom an einem angeschlossenen elektropneumatischen Wandler und damit den abgegebenen Unterdruck. Dieser steuert einen pneumatischen Steller, der so die Position des waste-gate-Ventils oder die Turbinengeometrie bei einem VTG-Lader verändert.

Damit ist es beispielsweise möglich, das Ansprechverhalten eines Motors bei niedrigen Drehzahlen durch einen gezielten „overboost" zu verbessern, oder sein Schleppmoment im Schiebebetrieb zu reduzieren /2/.

2.2.3.5 Laufruheregelung/Mengenausgleichsregelung

Kleine systematische Unregelmäßigkeiten der Injektoren und am Motor bewirken, daß einzelne Zylinder einen unterschiedlichen Beitrag zur Motorleistung liefern. Dies erzeugt vor allem in Leerlauf ein Aufschaukeln der Motorbewegung, die über die Motoraufhängungen auf die Karosserie übertragen wird. Die Fahrzeuginsassen empfinden diesen Effekt als Schüttelbewegung des gesamten Fahrzeugs. Bei der Laufruheregelung werden systematische Abweichungen der Einspritzmenge oder des Motormoments von Zylinder zu Zylinder bei niedrigen Drehzahlen erkannt und ausgeregelt, indem die Dieselregelung durch Filterung der Motordrehzahl den unrunden Lauf erkennt und im richtigen Takt gegensteuert.

Bei Drehzahlabweichungen vom Mittelwert lernt das System, welcher Zylinder einen besonders hohen Momentenbeitrag liefert und welcher einen niedrigen. Dementsprechend werden diese Zylinder mit niederer oder höherer Kraftstoffmenge versorgt, indem die Einspritzmengen zylinderindividuell korrigiert werden. Die Ansteuerdauern der Injektoren schwanken von Zylinder zu Zylinder trotz gleichen Raildrucks, die Drehzahl schwankt jedoch nahezu nicht mehr. Das Schütteln des Fahrzeugs ist vermieden.

Diese Funktion wird künftig nicht nur im subjektiven Komfortbereich (Leerlauf und niedrige Drehzahlen bei Teillast) sondern im gesamten Drehzahlbereich eingesetzt (Mengenausgleichsregelung), um die Toleranzen von Injektor zu Injektor zu korrigieren und die Emissionen zu verbessern.

2.2.3.6 Ruckeldämpfung

Die Rückeldämpfung gehört ebenfalls zu den Komfortfunktionen und ist ein wichtiger Bestandteil der elektronischen Dieselregelung.

Bei Dieselfahrzeugen ist aus Gründen der Geräuschoptimierung die Motoraufhängung häufig recht weich ausgelegt oder der Antriebsstrang bei heckgetriebenen Fahrzeugen selbst ist weich ausgelegt. Bei schlagartigen Lastwechseln von Schub auf Last und umgekehrt neigen die Fahrzeuge daher zu einer Längsschwingung: Fahrzeug und Motor schwingen gegeneinander. Verbesserungsmöglichkeiten mit mechanischen Mitteln sind begrenzt.

Die EDC hilft weiter. Einerseits werden abrupte Lastwechsel am Pedalwertgeber nur gefiltert in der Einspritzmenge weitergegeben, so daß die Längsschwingung nicht oder nur leicht angeregt wird. Anderseits wird eine beginnende Schwingung erkannt und durch

Gegensteuern der Einspritzmenge im Takt dieser Schwingung die Drehzahl und damit die Längsschwingung des Fahrzeugs beruhigt. Im praktischen Fahrbetrieb merkt der Fahrer das Ruckeln nicht mehr /2/.

2.2.4 Überwachung

Das Überwachungssystem ist ein weiterer wesentlicher Bestandteil des EDC-Steuergeräts. Es umfasst Sensoren, Stellglieder und das Steuergerät selbst /2/.

2.2.4.1 Fehlerermittlung

Während des Betriebes überprüft der Rechner laufend, ob die von den Sensoren abgegebenen Signale innerhalb plausibler Grenzen liegen. Wichtige Sensoren sind redundant oder werden mit anderen Sensoren verglichen (z.B. doppelter Pedalwertgeber oder Pedalwertgeber mit Null- und Vollastschalter, Plausibilität Raildruck zu Druckregelventilstrom).
Die Endstufenbausteine melden dem Rechnerkern mit Hilfe von Statussignalen, ob korrekte Funktion, oder aber ein Kurzschluß oder ein Lastabfall in der Leitung zum Steller vorliegt.
Der Hochdruckbereich des CRS wird über den Raildrucksensor und die Ansteuerung des Druckregelventils bzw. der Zumesseinheit überwacht. Der Raildruck muß innerhalb einer bestimmten Zeit auf den Solldruck eingeregelt werden und die Stellgröße des Druckregelventils bzw. der Zumesseinheit darf ihren Maximalwert oder Minimalwert nur kurzzeitig erreichen. Im Schub und im Nachlauf nach Ausschalten der Spannungsversorgung testet das Steuergerät abwechselnd verschiedene Komponenten.
Schließlich kontrolliert der Rechner bei jedem Einschalten der Spannungsversorgung, ob die Peripheriebausteine noch fehlerfrei arbeiten. Der Rechner selbst wird von einer Sicherheitslogik auf Funktion überwacht.

2.2.4.2 Fehlerbehandlung

Ist ein Fehler identifiziert worden, so müssen schnell Gegenmaßnahmen eingeleitet werden. Diese sind auf die Schwere des Fehlers abgestimmt und reichen vom alleinigen Eintrag in den Fehlerspeicher des Steuergeräts, über eine Leistungsreduzierung bis zum sofortigen Abstellen des Motors.
So ist es nicht sinnvoll, z.B. bei Ausfall des Luftdrucksensors, den Fahrer über eine Warnlampe zu alarmieren oder gar den Motor abzustellen. Es genügt, den Fehler abzuspeichern und den Motor mit einem Ersatzwert für niedrigere Einspritzmenge zu betreiben, um Rauch im Abgas zu vermeiden. Liegt dagegen ein Fehler im Raildrucksensor vor, muß die Warnlampe aktiviert und in ein Notfahrprogramm übergegangen bzw. der Motor abgestellt werden, da die Raildruckeinstellung mittels Druckregelventil nur ungenau bzw. über die Zumesseinheit nicht mehr möglich ist. Ebenso entfällt die Überwachung des Hochdruckbereichs. Wenn wegen Leckage im Hochdruckbereich die Raildrucküberwachung anspricht, wird der Motor immer abgestellt, um ggf. Schäden zu verhindern.
Die Reaktion des Steuergerätes auf verschiedene erkannte Defekte läßt sich den Wün-

Fehler bei		Reaktion
Sensoren	Wasser-, Lufttemperatur, Ladedruck, Luftmasse	Ersatzsignale verwenden, Leistung reduzieren
	Raildruck	Notfahren, Warnlampe an
Steller	Ladedruck-, AGR-Steller	Leistung reduzieren
	Elektrokraftstoffpumpe	Motor abstellen
	Druckregelventil	Motor abstellen
Steuergerät	Sensorerfassung, Endstufen	Leistung reduzieren, Notlauf, Motor abstellen
	Rechnerkern	Motor abstellen
System	Leckage	Motor abstellen

Tabelle 2.2.1: Common Rail System – Fehlerreaktionen

schen des Fahrzeugherstellers flexibel anpassen, es kann für jeden Defekt z.B. bestimmt werden, um wieviel die Motorleistung durch Verringerung der Einspritzmenge reduziert werden soll oder ob die Warnlampe den Fahrer informieren soll.

Das CRS kann über mindestens zwei Pfade, durch Nichtansteuerung der Injektoren oder durch zu kleinen Raildruck über Nichtansteuerung des Druckregelventils bzw. Unterbrechen der Pumpenförderung durch die Zumesseinheit oder Abstellen der Elektrokraftstoffpumpe, sicher abgestellt werden.

Tabelle 2.2.1 zeigt die Reaktion der EDC auf verschiede Fehler.

2.2.5 Service

Das gesamte Überwachungssystem kann dazu benutzt werden, bei der Fehlersuche in der Werkstatt zu helfen. Dazu wird ein Testgerät über eine serielle Schnittstelle mit dem EDC-Steuergerät verbunden. Der Tester liest dann im Steuergerät vorhandene Meßwerte aus, um Rückschlüsse auf etwaiges Fehlverhalten zu ziehen. Außerdem ist es möglich, alle Fehler abzufragen, die das Steuergerät bereits erfaßt und abgespeichert hat. Besonders vorteilhaft ist dies bei sporadisch auftretenden Fehlern (z.B. Wackelkontakt).

Weiterhin können über den Tester die Steller angesteuert werden, um herauszufinden, ob die Verbindungsleitungen intakt sind und die Steller richtig arbeiten. Dies erleichtert die Fehlersuche im Service sehr und hilft, die Zahl der „auf Verdacht" ausgewechselten Teile zu verringern /2/.

2.2.6 Zusammenfassung

Ohne die elektrische Dieselregelung kann ein Dieselmotor künftige Emissionsgrenzwerte nicht mehr einhalten. Durch die individuelle Anpassung der wichtigsten Einspritzparameter in jeden Betriebspunkt an den Motorbedarf sind höheres Drehmoment, höhere Leistung bei gleichzeitig niedrigerem Verbrauch gegenüber einer mechanisch geregelten Einspritzanlage möglich. Zudem lassen sich mit einem EDC-System Komfortregler, Überwachungs- und Servicefunktionen darstellen, die mechanisch nicht realisierbar sind.

Das Common Rail Einspritzsystem bietet zudem die Möglichkeit, innerhalb gegebener Systemgrenzen den Raildruck unabhängig von Drehzahl und Last frei vorzugeben, um eine optimale Gemischbildung zu erreichen. Die Vorteile der freien Raildruck- und Einspritzbeginnwahl im gesamten Betriebsbereich werden noch ergänzt durch die Möglichkeit variabler Vor-, Haupt- und Nacheinspritzung. Ein so flexibles Dieseleinspritzsystem ist ohne eine elektronische Dieselregelung undenkbar.

2.2.7 Literaturhinweise

/1/ G. Ziegler, K. Hummel, K. Krieger: Common Rail Einspritzsystem für Pkw-Dieselmotoren, 6. Aachener Kolloquium Fahrzeug- und Motorentechnik '97
/2/ M. Kirschner: Diesel-Motor-Regelung, Vortrag Technische Akademie Esslingen 1997
/3/ R. Isenburg: EDC-CR-Seminar 1996
/4/ Robert Bosch GmbH: Technische Unterrichtung Elektronische Dieselregelung, 2000

2.3 Die Steuerung des Antriebstrangs bei Nutzfahrzeugen
L. Paulsen

2.3.1 Einleitung

Seit den Anfängen der Nutzfahrzeugentwicklung war die Verbesserung der Wirtschaftlichkeit das Hauptziel der Konstrukteure. Dazu hat sich seit einigen Jahren die Forderung nach reduzierter Umweltbelastung gesellt.

Das Bemühen der Hersteller um die konsequente Weiterentwicklung ihrer Produkte hat im vergangenen Jahrzehnt zu beachtlichen Verbesserungen geführt. Der erreichte hohe technische Stand wird besonders deutlich an der Tatsache, daß der Kraftstoffkonsum schwerer Lastzüge von 1967 bis heute um 16 l/100 km gesenkt und die Durchschnittsgeschwindigkeit gleichzeitig um 20 km/h gesteigert werden konnte.

Gerade die trotz massiv gestiegener Verkehrsdichte zunehmenden Fahrgeschwindigkeiten verlangen nach einer Erhöhung der aktiven Sicherheit. Dabei muß die Entlastung und Unterstützung des Fahrers im Mittelpunkt stehen, da menschliches Versagen mit Abstand die häufigste Unfallursache ist.

Durch die inzwischen verfügbaren Kfz-tauglichen Elektroniken ist es möglich, nicht nur die physische Anstrengung des Fahrers zu vermindern, sondern auch eine sehr einfache Bedienung zu realisieren und ihn mit zusätzlichen Informationen zu unterstützen. Insbesondere der Antriebsstrang vom Motor bis zum Getriebe bietet sich dafür als Einsatzfeld an.

2.3.2 Vollautomatische Lastschaltgetriebe

2.3.2.1 Prinzipbeschreibung

Erstmalig eingesetzt wurden Elektroniken im Nfz-Triebstrang bei Automatgetrieben. Diese bestehen – wie auch die in Pkw eingesetzten Ausführungen – aus einem hydrodynamischen Drehmomentwandler mit einem nachgeschalteten mehrstufigen Planetengetriebe. Die verschiedenen Übersetzungen werden durch hydraulisch betätigte Lamellenkupplungen und -bremsen gesteuert. Häufig findet eine integrierte Strömungsbremse (Retarder) Verwendung, wodurch der Verschleiß die Radbremsen wirksam reduziert werden kann.

Vorteile des Automatgetriebes sind die vollautomatischen Gangwechsel, das hervorragende Anfahrverhalten über den Drehmomentwandler sowie Gangwechsel, die prinzipbedingt ohne Unterbrechung der Zugkraft und damit ohne Ruck ablaufen können (daher der Begriff Lastschaltgetriebe: 'Unter Last schalten').

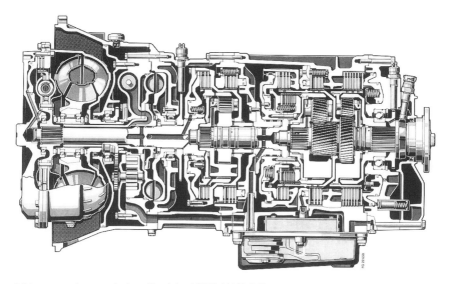

Bild 2.3.1:   Automatisches Getriebe W4E 110/3,4 R

Nachteilig sind der gegenüber Schaltgetrieben etwas schlechtere Wirkungsgrad sowie der hohe Bauaufwand (Bild 2.3.1), der Getriebe mit mehr als 6 Gangstufen aus Kostengründen verhindert. Entsprechend werden Automatgetriebe bei Nfz nur in bestimmten Segmenten eingesetzt, wo sie ihre Vorteile voll ausspielen können, also z. B. bei Bussen, Kommunalfahrzeugen, Schwertransportern.

Die Druckversorgung der Kupplungen und Bremsen, des Wandlers und Retarders sowie die Steuerung der Gangwechsel wird durch eine Hydrauliksteuerung bewerkstelligt, die normalerweise in der Ölwanne unter dem Getriebe angeordnet ist (Bild 2.3.2).

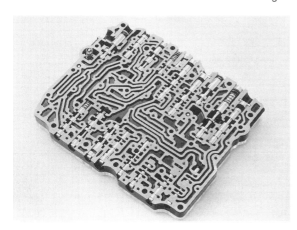

Bild 2.3.2:
Hydrauliksteuerung
des Automatgetriebes

2.3.2.2 Elektroniksteuerung

Die Ergänzung des Automatgetriebes um eine Elektronik dient prinzipiell der Verbesserung und Erweiterung der Steuerungsmöglichkeiten. Weiterhin wird die Langzeitstabilität des Getriebes erhöht und die Genauigkeit der Schaltpunkte verbessert. Da wesentlich mehr Eingangsparameter verarbeitet werden, ist eine komfortablere Steuerung aller Schaltungen möglich. Erweiterungen sind realisierbar durch die Steuerung höherer Gangzahlen und die Integration einer abgestimmten Retardersteuerung. Mehrere Fahrprogramme mit konstanten oder lastabhängigen Anschlußdrehzahlen bzw. Enddrehzahlen erlauben die Auswahl zwischen leistungs- oder verbrauchsoptimiertem Fahren.

Zusatzfunktionen können integriert werden. Beispielsweise kann die Getriebeelektronik zur Verbesserung des Regelvorgangs auf das Ansprechen eines Antiblockiersystems reagieren, die Steuerung einer Wandlerüberbrückung übernehmen oder für Kundendienstzwecke eine abrufbare Speicherung aller kurzzeitigen Störungen vornehmen.

Bei dem nachfolgend beschriebenen Ausführungsbeispiel (Bild 2.3.3) wird zwischen Elektronik und Hydraulik folgende Aufgabenteilung vorgenommen: Die Hydraulik steuert den Arbeitsdruck, den Schaltdruck und teilweise den Schaltübergang. Sie übernimmt außerdem die Bremsmomentenregelung bei Retarderbetrieb und die Regelung auf ein konstantes gangunabhängiges Bremsmoment.

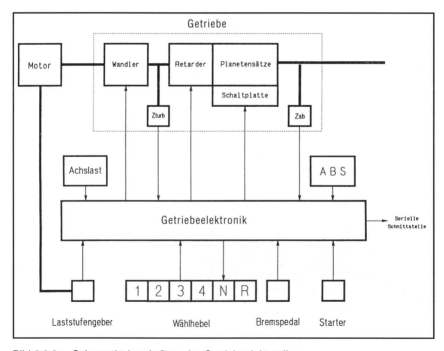

Bild 2.3.3: Schematischer Aufbau der Getriebeelektronik

Die Elektronik verarbeitet die Betriebsparameter Motorlast (fünfstufiger Schalter inkl. Kickdown), Turbinendrehzahl (Induktivgeber am Getriebeeingang), Abtriebsdrehzahl (Induktivgeber am Getriebeausgang), Bremspedal (dreistufiger Schalter am Bremspedal), Fahrereingriff (Wähltaster '1, 2, 3, 4, N, R') und ABS-Regelsignal.

Mit den in einem EPROM abgelegten Schaltdrehzahlen und der Schaltablaufsteuerung wird der Gangwechsel vorgenommen, die Retardersteuerung durchgeführt und die Wandlerüberbrückung geschaltet.

Funktions- und Sicherheitsüberprüfungen wie der Test auf richtige Getriebeübersetzung (Plausibilität), Messung der Schaltzeit und Kontrolle auf richtige Magnetventilansteuerung werden laufend durchgeführt. Der Eingriff der Elektronik auf die Hydraulik erfolgt für jeden Gang durch je ein Magnetventil am Hydraulikblock. Bei nicht bestromten Ventilen ist kein Gang geschaltet, infolgedessen könnte bei einem Defekt der Elektronik oder auch nur ihrer Stromversorgung während der Fahrt der Kraftfluß plötzlich unterbrochen werden. Andererseits muß zuverlässig verhindert werden, daß durch fehlerhafte Ansteuerung von zwei Magnetventilen zwei Gänge gleichzeitig betätigt werden und damit das Getriebe blockiert. So ist zur Sicherstellung der erforderlichen hohen Funktionssicherheit sowohl software- als auch hardwareseitig ein großer Aufwand bei der Steuerung zu betreiben.

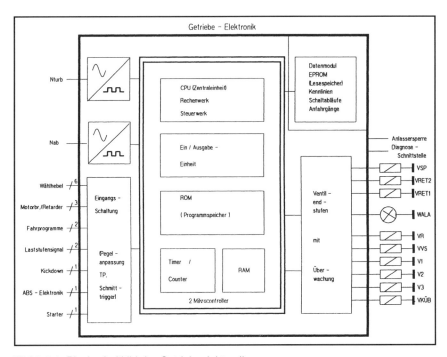

Bild 2.3.4: Blockschaltbild der Getriebeelektronik

2.3.2.3 Die Hardware der Getriebeelektronik

Die Elektronik läßt sich in die drei Gruppen

- Pegelanpassung für alle Eingangssignale,
- Rechnerkern,
- Ausgangstreiber mit Leistungsendstufen

aufteilen (Bild 2.3.4).

Der rein funktionell erforderliche Hardwareaufwand wurde zur Verbesserung der Funktionssicherheit um etwa 40 % erweitert. Die wichtigsten Teile sind

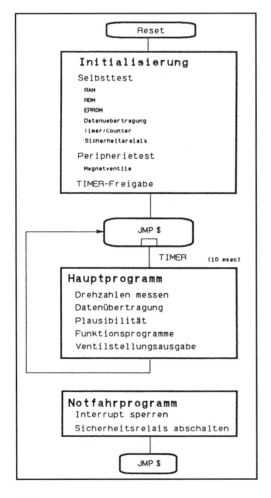

- zwei voneinander unabhängige Mikrocontroller (eigene Taktversorgung, diversitäre Software, getrennte Spannungsversorgung),
- Doppelte Spannungsversorgung,
- Sicherheitslogik (durch beide Mikrocontroller schaltbar),
- Sicherheitsschalter,
- Reserveendstufen (schaltbar durch Sicherheitsrelais zur Ansteuerung des direkten Gangs),
- Magnetventilendstufen mit Stromrückmeldung.

Bild 2.3.5:
Struktureller Softwareablauf

2.3.2.4 Die Software der Getriebeelektronik

Die Software läßt sich in die Blöcke Initialisierung, Hauptprogramm und Notfahrfunktion aufteilen (Bild 2.3.5).

2.3.2.4.1 Die Initialisierungsphase

Nach dem Power-Up beginnt die Elektronik mit einem Selbsttest vom Rechnerkern ausgehend bis zur Peripherie (Bild 2.3.6). Nach bestandenem Test wird der elektronikinterne Sicherheitsschalter geprüft. Zur Überprüfung der Kabelverbindungen zu den Magnetventilen werden alle Endstufen kurzzeitig eingeschaltet. Über die Stromrückmeldesignale der Endstufen wird der Stromfluß gemeldet. Vor Abschluß der Initialisierungsphase werden die auf dem Chip der beiden Mikrocontroller implementierten Timer/Counter, die Interruptquellen und Interruptprioritäten eingestellt und freigegeben.

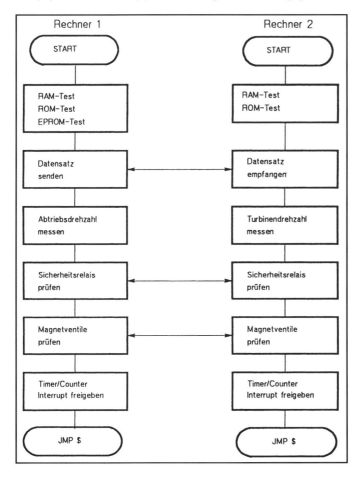

Bild 2.3.6: Initialisierungsablauf

2.3.2.4.2 Das Hauptprogramm

Das Hauptprogramm wird zyklisch alle zehn Millisekunden durchlaufen (Bild 2.3.7). Unmittelbar nach Start eines jeden Zyklus werden die Drehzahlen gemessen. Anschließend erfolgt der Datenaustausch zwischen beiden Rechnern. Erreicht wird durch diese Reihenfolge, daß die Drehzahlwerte für jeden Zyklus aktuell sind. Mit diesen aktuellen Wer-

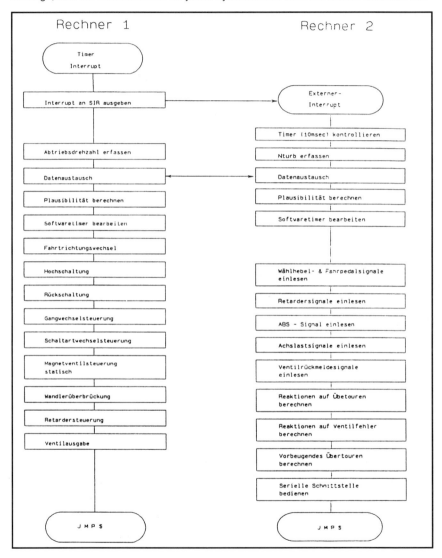

Bild 2.3.7:   Ablauf des Funktionsprogramms

ten kontrollieren beide Rechner getrennt das Übersetzungsverhältnis. Nachfolgend werden von beiden Rechnern funktionell unterschiedliche Programme verarbeitet.

Der Sicherheitsrechner 2 liest die Eingangssignale ein, führt eine Filterung durch und bereitet die Informationen zur Übertragung an Rechner 1 im nächsten Zyklus auf. Alle weiteren Aufgaben beschäftigen sich ausschließlich mit Sicherungs- und Kontrollfunktionen. Zum Abschluß des Programms wird die serielle Schnittstelle bedient.

Rechner 1 kontrolliert Fahrtrichtungswechsel, bei eingelegter Fahrtrichtung 'Vorwärts' werden die Schaltschwellen für eine Hoch- oder Rückschaltung abgefragt und bei einem positiven Ergebnis die Voreinstellungen zur Steuerung des gewählten Schaltübergangs vorgenommen.

Die Gangwechselsteuerung selbst wird von einem weiteren Softwaremodul gesteuert. Für jeden Gangwechsel ist ein spezieller Bereich im EPROM zur Ansteuerung der Magnetventile vorhanden.

Drei weitere Module steuern die Gangventile, die Wandlerüberbrückung und den Retarder außerhalb eines Gangwechsels.

Rechner 1 schließt sein Programm mit der Ausgabe der Rechenergebnisse ab. Die ermittelten Ventilstellungen werden an die Endstufen übergeben.

2.3.2.4.3 Die Notfahrfunktion

Die Software aktiviert die Notfahrfunktion durch Sperren aller Interruptquellen und Öffnen des Sicherheitsschalters. Der Rechnerkern wird mit dieser Maßnahme abgeschaltet und die Steuerung der Notfahrfunktion der Hardware übergeben.

2.3.2.4.4 Der Sicherheitsanteil der Software

Der Anteil der allein für Sicherheitsbelange implementierten Software am Gesamtumfang beträgt etwa 40 %. Zu unterscheiden sind die elektronikinternen Tests und Prüfungen sowie die Funktionsabsicherungen bei Fehlern in der Peripherie bzw. bei Fehlbedienungen durch den Fahrer.

Elektronikintern werden die in 2.4.1 beschriebenen Tests bei der Initialisierung durchgeführt. Im EPROM ist zur weiteren Absicherung im Datenbereich jedes Nutzbyte mit einem Kontrollbyte versehen, wodurch Fehlerkorrektur (Einbit) und Mehrbit-Fehlererkennung ermöglicht wird.

Durch den Einsatz zweier Mikrocontroller mit Austausch der Daten wird eine unabhängige Kontrolle der Rechenergebnisse beider Rechner ermöglicht. Zusätzlich zu den reinen Funktionskontrollen wird die Systemtaktzeit (10 msec) überwacht.

Die Software ist so ausgelegt, daß kritische Fahrzustände, verursacht durch Fehlbedienung des Fahrers oder durch Defekte in der Peripherie, vermieden werden.
Von der Fehlerart sind drei Unterscheidungen getroffen worden:

- korrigierbare Fehler,
- tolerierbare Fehler,
- nicht tolerierbare Fehler.

Folgende daraus abgeleitete Fehlerreaktionen der Getriebeelektronik sind realisiert:

- Fehlertoleranz, wenn möglich Fehlerkorrektur,
- Ganghalten,
- Aktivieren der Notfahrfunktion.

Einige Beispiele:

Die Elektronik reagiert auf Fahrpedalfehler tolerant, da als Folge allenfalls die Schaltung nicht mehr optimiert abläuft bzw. die Schaltpunkte nicht mehr stimmen.

Sollte während des normalen Fahrprogramms festgestellt werden, daß das Übersetzungsverhältnis nicht mehr stimmt und sonst keine weiteren Fehler auftreten, so wird die Elektronik die Ganghaltefunktion einschalten.

Falls zusätzlich zu einem Übersetzungsverhältnisfehler noch ein weiterer Fehler festgestellt wird, (z. B. eine falsche Ventilansteuerung) so ist als Fehlerreaktion das Aktivieren der Notfahrfunktion vorgesehen.

2.3.3 Elektronisch gesteuerte Schaltgetriebe

2.3.3.1 Anforderungen

Mechanische Schaltgetriebe haben in schweren Nutzfahrzeugen bis zu 18 Gangstufen. Wenn man sich vor Augen hält, daß ein Gangwechsel bis zu drei zeitlich ineinandergreifende Schaltvorgänge in den Getriebegruppen erfordert, werden die Anforderungen an die Handhabung durch den Fahrer deutlich. Außerdem werden in Folge der rasant gestiegenen Motorleistungen – 500 PS sind heute keine Seltenheit – die beim Schaltvorgang zu bewegenden Getriebemassen naturgemäß deutlich größer, so daß schon die erforderliche physische Leistung des Fahrers erheblich ist. Die Forderung nach kraftstoffsparender Fahrweise und sich ständig verändernde Verkehrsbedingungen erzwingen dazu besonders häufige Gangwechsel. Diese werden dadurch erschwert, daß zwischen dem aus Komfortgründen weich gefederten Fahrerhaus und dem rahmenfesten Getriebe starke Relativbewegungen auftreten und der Schalthebel infolgedessen mehr oder weniger starke Bewegungen ausführt.

Dies erklärt die Notwendigkeit einer Servounterstützung der Getriebeschaltung, die wegen der komplexen Funktionsanforderungen elektronisch gesteuert werden muß. Gleichzeitig mit der Einführung des 'integralen Antriebsystems', das sich durch optimal aufeinander abgestimmte Komponenten auszeichnet, hat Mercedes-Benz als erster Automobilhersteller bereits 1985 die elektronisch-pneumatische Schaltung EPS angeboten, damit der Fahrer die vorhandenen Möglichkeiten auch nutzt. Seit 1986 zählt die EPS bei den Fahrzeugen der schweren Klasse sogar zur Serienausstattung.

Sie sichert einen schnellstmöglichen Gangwechsel bei geringen Schaltkräften und eine präzise Gangfindung zur Vermeidung unbeabsichtigter Gangfalschwahl. Gleichzeitig ist die Bedienungsweise stark dem Ablauf bei der mechanischen Schaltung angenähert, um Umstellungsschwierigkeiten insbesondere bei gemischtem Fuhrpark zu vermeiden. Somit bietet die EPS dem Fahrer einen hohen Komfort und damit einen Anreiz, die jeweils optimale Übersetzung zu wählen, ohne vom Verkehrsgeschehen abgelenkt zu werden.

Gegenüber den vorher diskutierten Lastschaltgetrieben sind deutlich geringe Anforderungen an das Sicherheitskonzept zu stellen. Zum einen bleibt beim Ausfall der Elektronik der gerade geschaltete Gang eingelegt, zum anderen ist – bedingt durch die Getriebebauart – ein Blockieren durch zwei gleichzeitig eingelegte Gänge unmöglich. Daher kann insbesondere auf ein 2-Rechner-Konzept und diversitäre Software verzichtet werden. Die Hauptaufgabe der Elektronik ist neben der Steuerung des Gangwechsels das Verhindern von Auswirkungen durch Fahrer-Fehlbedienungen.

2.3.3.2 Aufbau der EPS

Die EPS ist als 'Add-on'-Lösung eines gewöhnlichen mechanischen Schaltgetriebes realisiert (Bild 2.3.8). Dies ermöglicht die fast ausschließliche Verwendung von Gleichteilen, aber auch eine spätere Rückrüstung, z. B. für den Verkauf gebrauchter Fahrzeuge in Drittländer.

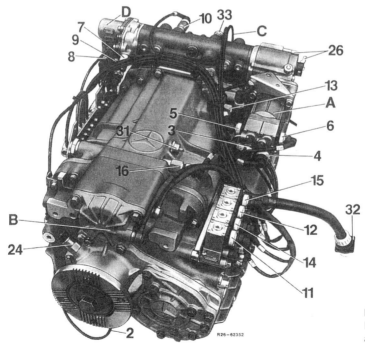

Bild 2.3.8:
EPS-Bauteile
am Getriebe

Das 16-Gang-Getriebe besteht aus 4-Gang-Hauptgetriebe, einem vorgeschalteten Splitter und einem nachgeschalteten Bereichsgruppen-Planetengetriebe (Bild 2.3.9). Schon in der handgeschalteten Ausführung werden zur Entlastung des Fahrers Split- und Bereichsgruppe pneumatisch betätigt. So sind bei der EPS-Ausführung je noch ein Pneumatikzylinder zum Schalten von Gang und Gasse des Hauptgetriebes vonnöten. Die Stellzylinder werden über Magnetventile mit Druckluft beaufschlagt. Durch Pulsieren der Ventile wird ein allmählicher Druckaufbau gewährleistet, so daß die mechanische Belastung der Getriebeteile beim Gangwechsel auf ein Minimum beschränkt bleibt.

Weiterhin besteht die EPS aus den Komponenten Steuerelektronik, Gebergerät, Ganganzeige und Sensoren. Die Elektronik verarbeitet die Eingangssignale des Gebergerätes und der Sensoren. Sie zeigt den augenblicklich eingelegten Gang auf der LCD-Anzeige an und aktiviert die Magnetventile. Das Gebergerät besteht aus dem eigentlichen Schaltgeber und einem Notschalter, mit dem bei Ausfall der Elektronik zwei Vorwärtsgänge und ein Rückwärtsgang sowie Neutral direkt eingelegt werden können.

2.3.3.3 Funktionsweise der EPS

Der Schaltgeber ist im Gegensatz zum konventionellen Schaltgestänge in nur einer Gasse geführt. Im unbetätigten Zustand befindet er sich stets in Mittelstellung – unabhängig vom eingelegten Gang. Zum Hochschalten wird der Schaltgeber nach vorne, zum Rückschalten nach hinten bewegt. Neutral wird durch eine Linksbewegung zum Fahrer hin geschaltet. Zum Einlegen des Rückwärtsgangs, was nur bei Fahrzeugstillstand möglich ist, muß aus Sicherheitsgründen zusätzlich der Funktionsknopf betätigt werden. Analog zum konventionellen Schaltgetriebe können die Gangsprünge über den Splitgruppenschalter halbiert werden

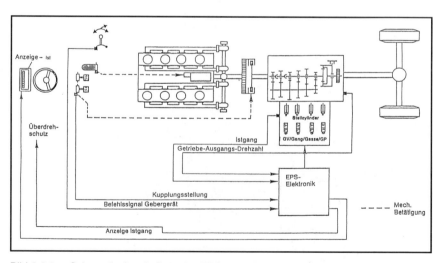

Bild 2.3.9:   Schematischer Aufbau der EPS

Eine Schaltung wird aber nur dann ausgeführt, wenn das Kupplungspedal vollständig niedergetreten ist. Die Pedalstellung wird über einen Sensor abgefragt und gibt so zusammen mit einer Plausibilitätsprüfung des Schaltwunsches den Beginn des Gangwechsels frei.

Wegsensoren im Getriebe messen die von den entsprechenden Zylindern ausgeführten Wege und melden diese an die Elektronik. Wenn der Schaltvorgang sämtlicher Gruppen im Getriebe abgeschlossen ist, erkennt sie den Schaltvollzug. Dann wird eine Raste freigegeben, die das Vor- bzw. Zurückschieben des Schaltgebers über einen Druckpunkt erlaubt, an dem er bis zum vollständig vollzogenen Gangwechsel festgehalten wird. Erst dann darf der Fahrer das Kupplungspedal loslassen und so den Kraftfluß wiederherstellen.

Diese haptische Rückmeldung des vollzogenen Gangwechsel im Schaltgeber ist der konventionellen Gestängeschaltung bezüglich der Sensomotorik sehr gut angenähert, denn auch hier verspürt der Fahrer im Schalthebel so lange einen Widerstand, bis die Synchronisierung im Getriebe abgeschlossen ist.

Ein Rückschaltbefehl, der zu einer unzulässig hohen Motordrehzahl führen würde, löst schon beim Betätigen des Schaltgebers den Warnsummer aus. Wird das Kupplungspedal trotzdem getreten, so wird der eingelegte Gang aus Sicherheitsgründen dennoch nicht verlassen.

Umfangreiche Vorkehrungen dienen dazu, die Betriebssicherheit zu gewährleisten bzw. die Auswirkung von Störungen zu verringern. Dies betrifft zunächst die Wegsensoren als Stellungsmelder. Abgesehen von der neutralen Mittelstellung soll damit lediglich signalisiert werden, daß der Betätigungszylinder seine jeweilige Endstellung erreicht hat, weshalb es nahe läge, anstelle der Wegsensoren weniger aufwendige Endschalter einzusetzen. Dies erfordert jedoch einen höheren Aufwand an Verkabelung, insbesondere da die Sensoren laufend von der Elektronik auf Funktion geprüft werden sollen. Außerdem müßten Endschalter wegen der Toleranzen der Getriebe individuell justiert werden. Deshalb werden verschleißlose Sensoren, die den gesamten Betätigungsweg erfassen, eingesetzt. Diese Sensorsignale können mittels eines speziellen Einlernvorgangs hinsichtlich der zugeordneten Zylinderstellung geeicht werden, wobei die festgestellten Eichwerte in einem nichtflüchtigen elektrisch löschbaren Speicher (EEPROM) abgelegt werden. Schließlich eröffnet die stetige Wegmessung die Möglichkeit, in der Ansteuerung des Gangzylinders einen vorgegebenen Kraft-/Wegverlauf der Betätigungseinrichtung wesentlich präziser einhalten zu können.

Der Datenspeicher dient gleichzeitig auch der Aufnahme von Fehlercodes, die auf aufgetretene Funktionsstörungen und die fehlerhaften Komponenten hinführen. Störung und Fehlercode werden in einem Display dargestellt. Im einzelnen erkennt die Elektronik Kurzschluß und Leitungsunterbrechungen bei sämtlichen Sensoren und Magnetventilen, alle Endstufen werden zyklisch überprüft. Desweiteren werden viele elektronikinterne Prüfungen laufend vorgenommen, so daß bei einem Defekt unmittelbar eine angemessene Reaktion durchgeführt werden kann.

Bei totalem Elektronikausfall schließlich steht die schon erwähnte elektrisch-pneumatische Notschaltung zur Verfügung.

2.3.4 Elektronisch gesteuerte Trockenkupplungen

2.3.4.1 Anforderungen

Bei Kraftfahrzeugen mit Schaltgetriebe findet als Anfahr- und Trennelement die Trockenkupplung in Ein- oder Zweischeibenausführung Verwendung. Die Betätigung erfolgt hydrostatisch vom Fußpedal aus.

Zur Automatisierung bieten sich drei Aktuator-Ausführungen an:
- Hydraulisches Proportionalventil mit direktem Zugriff auf die im übrigen serienmäßige Kupplungshydraulik.
- Pneumatisches Proportionalventil, wobei die Kupplungsausrückung direkt oder unter Zwischenschaltung der Hydraulik mit Hilfe eines Druckluftzylinders erfolgt.
- Elektromotorisch, wobei die aufzubringende Kraft entweder durch eine Kompensationsfeder oder mit Druckluftunterstützung reduziert wird.

Einerseits muß die Zeit für die Kupplungsbetätigung, z. B. beim Gangwechsel möglichst kurz sein, andererseits stellt der Anfahrvorgang – insbesondere bei starker Beschleunigung und am Berg – höchste Anforderungen an das Regelverhalten. Zum einen sind die Kennlinien der für große Drehmomente ausgelegten Trockenkupplungen sehr 'giftig', da schon kleine Änderungen der Ausrückung das übertragene Moment massiv verändern, zum anderen zeigt das Motorkennfeld im Bereich der angestrebten niedrigen Anfahrdrehzahlen eine starke Abhängigkeit des Moments von der Drehzahl.

Die besten Ergebnisse wurden bisher mit einer Lageregelung des Kupplungswegs mit einem elektromotorischen Stellglied und Ausnutzen der Differenzdrehzahl als Führungsgröße erzielt. Dagegen bewirken die beiden ersten Varianten eine Regelung der Ausrückkraft.

Sicherheitskritisch ist eine elektronisch gesteuerte Kupplung nur im nicht geschlossenen Zustand. Hier müssen Vorrichtungen greifen, die bei einem Fehler insbesondere das ungewollte Schließen der Kupplung zuverlässig verhindern.

2.3.4.2 Aufbau

Das elektronische Kupplungssystem besteht aus Aktuator, Steuer- und Leistungselektronik sowie verschiedenen Sensoren (Bild 2.3.10). Entsprechend besteht die Elektronik aus einer Anzahl von Funktionsblöcken, die folgende Aufgaben erfüllen:
- Erfassen des Fahrzustandes mittels Sensoren,
- Berechnung einer Kupplungsposition,
- Ansteuerung von Aktuatoren,
- Sicherheitsrelevante Funktionen.

Die wichtigsten Hardwarebausteine sind
- Signalein- und -ausgänge,
- Mikrocontroller,

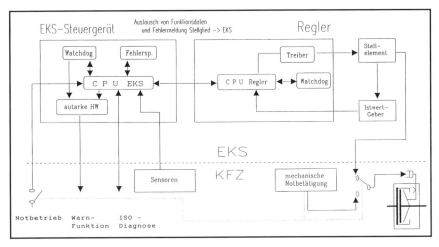

Bild 2.3.10: Hardwarekonzept der elektronischen Kupplungssteuerung

- Spannungsversorgung,
- Sicherheitsschaltung,
- Dauerspeicher.

Das System ist zwar an sich einkanalig ausgelegt, aber es findet eine gegenseitige Kontrolle der beiden Prozessoren statt, indem sie neben dem Austausch der Funktions-

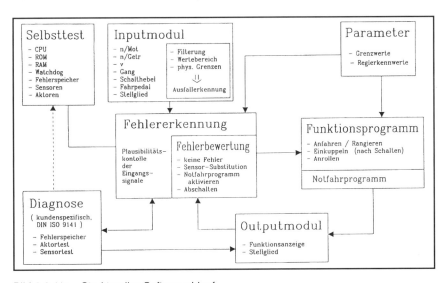

Bild 2.3.11: Struktureller Softwareablauf

daten bei Bedarf Fehlermeldungen austauschen und sich gegenseitig abschalten. Die Prozessoren werden jeweils durch eine Watchdog-Schaltung überwacht. Bei Fehlern wird der Prozessor zurückgesetzt und der Aktuator solange abgeschaltet, bis der Prozessor wieder störungsfrei arbeitet.

2.3.4.3 Software

Den prinzipiellen Softwareaufbau zeigt Bild 2.3.11. Die eigentliche Kupplungsregelung findet im Funktionsprogramm-Modul statt. Dort werden in einem sogenannten Modulverteiler die einzelnen entsprechend aufbereiteten Sensorsignale zyklisch abgefragt (Bild 2.3.12). Aus der Charakteristik der Signale und deren Beziehung untereinander wird die aktuelle Fahrsituation erkannt und das dieser entsprechende Funktionsmodul aktiviert.

Das angesprochene Modul verarbeitet die relevanten Signale und ermittelt hieraus die erforderliche Sollgröße der Kupplungsposition. Das Sollsignal wird dem Lageregelkreis zugeführt. Situationsabhängig erfolgt nun eine Steuerung oder Regelung des zu übertragenden Kupplungsmoments durch den funktionalen Zusammenhang zwischen Ausrückweg und Kupplungsmoment.

Eine Steuerung der Kupplung erfolgt in den Funktionsmodulen Abschalten, Auskuppeln, Anhalten, Anrollen und Anschleppen, eine Regelung in der Anfahrphase, im Rangierbetrieb, in der Einkuppelphase nach dem Gangwechsel und zur Differenzdrehzahlregelung.

Das Sicherheitskonzept garantiert, daß das System bei Störungen den Fehler erkennt und sinnvoll darauf reagiert. Ist eine sinnvolle Reaktion nicht möglich, schaltet das Sys-

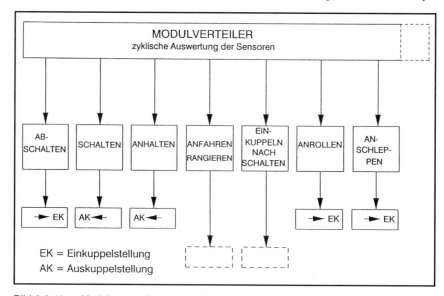

Bild 2.3.12: Modularer Aufbau der EKS-Software

tem ab und verharrt in der momentanen Stellung. Abgestufte Systemreaktionen werden durch eine Reihe von Maßnahmen in Hard- und Software ermöglicht.

2.3.4.3.1 Selbsttest

Beim Start jeder Programmschleife bzw. nach dem Auftreten eines Reset-Impulses wird das System in einen definierten Anfangszustand versetzt und der Selbsttest des Steuergerätes durchgeführt. Dabei werden folgende Systemkomponenten überprüft:

- CPU,
- ROM und RAM,
- nichtflüchtiger Fehlerspeicher,
- Watchdog-Schaltung,
- prüfbare Teile der Sensorik,
- prüfbare Teile der Aktuatorik bis zum Treiber.

Erkannte Fehler werden dem Fehlererkennungs- und Fehlerbewertungsmodul gemeldet, das die entsprechenden Gegenmaßnahmen veranlaßt.

2.3.4.3.2 Input-Modul

Im Input-Modul werden alle digitalen Eingänge gefiltert, analoge Eingänge werden zusätzlich bezüglich ihres Wertebereichs überprüft. Die Interrupt-Eingänge dienen zur Erfassung zeitabhängiger Größen wie z. B. Motor-, Getriebeeingangsdrehzahl und Fahrzeuggeschwindigkeit. Im Input-Modul findet eine erste Ausfallerkennung und ggf. eine Protokollierung der Fehler statt.

2.3.4.3.3 Fehlererkennungs- und -bewertungsmodul

Im Fehlererkennungsmodul wird der Ausfall eines Sensors bzw. eines Aktuators ermittelt. Zur Überprüfung der Sensorik werden die durch das Input-Modul vorverarbeiteten Signale auf Plausibilität geprüft. Dazu werden die funktionalen Abhängigkeiten der Sensorsignale benutzt.

Bei einem Sensorausfall wird der Sensor substituiert und eine Notfahrfunktion aktiviert. Erst bei Ausfall mehrerer wichtiger Sensoren oder des Stellgliedes wird das System abgeschaltet. Der Benutzer wird mittels der Funktionsanzeige, die bis hin zur Darstellung von alphanumerischem Text im Display reicht, auf den Fehler des Systems hingewiesen. Für die spätere Fehlerlokalisierung wird der Sensor- oder auch Aktuatorausfall im Fehlerspeicher protokolliert.

2.3.5 Elektronische Antriebssteuerung

2.3.5.1 Prinzipbeschreibung

Ein ganz erheblicher Fortschritt bei der Entlastung des Fahrers läßt sich erreichen, wenn die gesamte Schaltung von der Elektronik gesteuert wird. Dazu muß nicht nur der Kupplungsvorgang automatisiert, der Gangwechsel im Getriebe gesteuert, sondern auch die

Motordrehzahl bzw. das Motordrehmoment ohne Eingriff des Fahrers an die jeweiligen Erfordernisse angepaßt werden. Die von Mercedes-Benz entwickelte EAS (elektronische Antriebssteuerung) besteht aus der Zentraleinheit MKR (Motor-/Kupplungsregelung), den Betätigungssystemen EPS, FMR (Fahrzeug-Motorregelung) und EMK (elektromotorische Kupplungsbetätigung) sowie der für Gangwahl und Schaltzeitpunkt verantwortlichen AGE (automatische Gangermittlung). Da die serienmäßigen Teilsysteme FMR und die im 3. Abschnitt beschriebene EPS bereits über die erforderliche Sensorik verfügen, beschränkt sich der Mehraufwand im wesentlichen auf die zusätzlichen Elektroniken MKR und AGE sowie die EMK.

Während die anderen Elektroniken umweltgeschützt im Fahrerhaus untergebracht sind, ist die Endstufe der EMK direkt am aus Elektromotor mit Spindeltrieb bestehenden Stellglied montiert. Dies ist zum Erzielen kurzer Leitungen erforderlich, da der Motor der EMK kurzfristig beim Beschleunigen mit sehr hohem Strom beaufschlagt wird. Dieser könnte sonst in den empfindlichen Steuerelektroniken Störungen induzieren.

Die Kommunikation der zentral untergebrachten Elektroniken erfolgt gleichberechtigt über einen CAN-Bus, an den auch weitere Fahrzeugsysteme wie z.B. ABS/ASR und Retarder angeschlossen werden können (Bild 2.3.13). Lediglich die EMK, die ohnehin nicht autark funktionsfähig ist, wird von der MKR-Elektronik im Master-Slave-Betrieb versorgt. Daher kann hier der einfachere basic-CAN-Bus eingesetzt werden, der wegen seiner Übertragungsrate unter 100 kbaud auch im Fahrgestellbereich mit nicht abgeschirmten Leitungen auskommt.

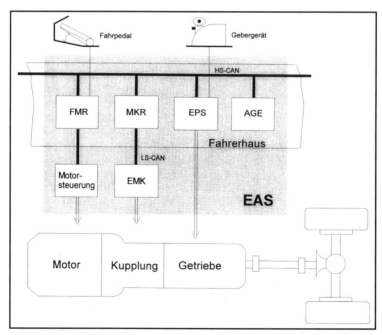

Bild 2.3.13: Verknüpfung der EAS-Komponenten

Der Fahrer wählt zwischen den Betriebsarten 'automatisch' und 'manuell'. Im automatischen Betrieb betätigt er nur noch das Gaspedal, und die Elektronik übernimmt Gangwahl und Gangwechsel. Allerdings kann der Fahrer jederzeit durch Betätigen des Gebergerätes die Automatik 'überstimmen' und einen von ihm als richtig erachteten Gang schalten. Im manuellen Betrieb leitet der Fahrer durch Antippen des Schaltgebers den Gangwechsel unmitelbar ein. Der Ablauf der Schaltung mit Gaswegnahme, Kuppeln, Gangwechsel im Getriebe, Wiedereinkuppeln und Einleiten des Motordrehmoments wird wiederum automatisch von der Elektronik gesteuert ('halbautomatischer Betrieb').

In der vollautomatischen Betriebsweise sorgt die AGE dafür, daß die Schaltungen jeweils zum bestmöglichen Zeitpunkt durchgeführt werden sowie der Gang geschaltet wird, der – abhängig von der durch die Fahrpedalstellung vorgegebenen Momentenanforderung – den Motor in den Bereich des niedrigsten Kraftstoffverbrauchs bringt. Allerdings muß die Gangwahl eines solchen Systems außerordentlich zuverlässig und zweckmäßig sein, da im Gegensatz zur reinen Gangempfehlung das Auslösen der Schaltvorgänge nicht mehr vom Fahrer bestimmt wird.

Dabei wachsen die Schwierigkeiten mit feinerer Getriebeabstufung stark an. Bei den in unserem Haus eingesetzten 16-Gang-Getrieben mit Gangsprüngen unter 1,2 sind in bestimmten Betriebspunkten bei einer Geschwindigkeit 5 und mehr Gangstufen möglich. Schon daraus wird deutlich, daß hier weit mehr Einflußgrößen für die optimale Gangwahl berücksichtigt werden müssen als für Getriebe mit geringer Gangzahl. Besonders im dynamischen Fahrbetrieb werden Gänge übersprungen bzw. z. B. aus Verbrauchsgründen zweckmäßige Schaltungen unterdrückt, um keine übermäßige Schalthäufigkeit auftreten zu lassen.

Durch die feinfühlige Motor-/Kupplungsregelung sind sowohl Anfahrvorgänge am Berg als auch auf glattem Untergrund sogar für ungeübte Fahrer gut beherrschbar. Verbunden ist der erhöhte Fahrkomfort mit einer Verschleißreduzierung des Kupplungsbelags, was durch niedrige Anfahrdrehzahlen und das Heranführen der Motor- an die Getriebedrehzahl beim Gangwechsel sichergestellt ist.

2.3.5.2 Bedienungs- und Steuerungskonzept

Die Bedienung der EAS wurde weitgehend der der EPS angenähert. Zur Erhöhung der Fahrsicherheit trägt u. a. bei, daß der Fahrer den Motorbremsschalter während der Schaltung unverändert betätigt lassen kann. Die Steuerung der Motorbremse beim Gangwechsel wird von der Elektronik vorgenommen und ist auf die kürzestmögliche Unterbrechung der Bremswirkung ausgelegt.

Die MKR als die zentrale Steuerelektronik verarbeitet die Eingangssignale der Bedienungselemente und der Sensoren. Unter Berücksichtigung des augenblicklichen Betriebszustands setzt sie den Fahrerwunsch in eine geeignete Ansteuerung von Motor, Kupplung und Getriebe um. Dabei sind prinzipiell die folgenden drei Fahrzustände zu unterscheiden:

2.3.5.2.1 Stationäre Fahrt

Die Stellung des Fahrpedals ist ein direktes Maß für das geforderte Motordrehmoment. Die MKR und damit auch EPS, AGE und EMK sind passiv geschaltet.

2.3.5.2.2 Anfahren und Rangieren

Im Gegensatz zur automatischen Kupplungsbetätigung als 'Stand-alone'-System lassen sich hier wegen des Zusammenspiels von Motor und Kupplung die Regelvorgänge mit größerer Qualität realisieren. Allerdings ist auch ein entsprechend ausgeklügeltes Regelungskonzept notwendig, um insbesondere beim Rangieren Schwingungen im Antriebsstrang zu vermeiden.

Zur automatischen Betätigung von Reibkupplungen sind verschiedene Verfahren bekannt, die im wesentlichen darauf beruhen, die Drehzahl des Dieselmotors beim Anfahren auf einen vorgegebenen Wert zu regeln.

Die Motordrehzahlregelung wird hierfür nur deshalb realisiert, um aus dem dabei anfallenden Gleichgewichtszustand 'Motormoment = Kupplungsmoment' beim Anfahrvorgang größere Drehzahlabweichungen, insbesondere das Ausgehen des Motors, zu vermeiden.

Dazu gibt es prinzipiell zwei unterschiedliche Ansätze:

2.3.5.2.2.1 Regelung der Motordrehzahl über den Kupplungsweg

Als eine erste Möglichkeit benutzen einige bekannte Verfahren für diese Regelung das Drehmoment der Kupplung als Stellgröße, um die Motordrehzahl unabhängig von dem über das Fahrpedal vorgegebenen Motormoment (Störgröße) auf den vorgegebenen Sollwert einzuregeln, Bild 2.3.14. Zur Konstanthaltung der Motordrehzahl muß die Kupplung dann genau das Moment übertragen, das der Fahrer als Motormoment mit dem Fahrpedal vorgibt, wodurch die Anfahrbeschleunigung vom Fahrer dosiert werden kann.

Nachteilig an diesem Verfahren sind die erheblichen Anforderungen an die Schnelligkeit der Kupplungsstelleinrichtung und die Schnelligkeit der Signalübertragung, um bei der hohen Dynamik der Motordrehzahlregelung ein stabiles Regelverhalten, eine akzeptable Regelgenauigkeit (Drehzahlfehler) und eine feinfühlige Dosierbarkeit des Anfahrmoments erreichen zu können. Dabei ist die Motordrehzahlregelung für den Fahrer gar nicht das primäre Ziel, er möchte vielmehr nur sein Anfahrmoment bzw. die Anfahrbeschleuni-

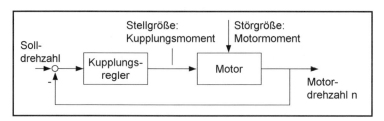

Bild 2.3.14:   Drehzahlregelung mittels Kupplungsmoment

gung dosieren. Daraus ergibt sich aber ein weiterer Nachteil des Verfahrens 1, der darin besteht, daß sich durch die hier unvermeidbare Einbeziehung der Triebstrangkomponenten mit geringer Torsionssteifigkeit in den Drehzahlregelkreis störende Triebstrangschwingungen ausbilden und evtl. sogar Stabilitätsprobleme auftreten können. Ein Vorteil dieses Verfahrens ist dagegen, daß eine zum Motorstillstand führende Überlastung des Motors bei ausreichender Regelqualität sicher vermieden wird.

2.3.5.2.2.2 Regelung der Motordrehzahl über das Motormoment

Eine zweite Möglichkeit beruht auf dem umgekehrten Prinzip, Bild 2.3.15. Dabei wird zwar ebenfalls eine Drehzahlregelung des Motors durchgeführt, diese wird aber allein durch die entsprechende Dosierung des Motormoments (Stellgröße) realisiert. Der Fahrer kann über das von ihm bediente Fahrpedal – welches beim Anfahren den Motor nicht direkt beeinflußt – der Kupplungsstelleinrichtung einen Schließweg vorgeben und so im Ergebnis ein Kupplungsmoment so dosieren, daß die gewünschte Anfahrbeschleunigung eintritt. Die Motordrehzahlregelung regelt diese durch das Kupplungsmoment gebildete Störgröße durch entsprechende Nachführung des Motormoments aus. Auch hier ist im Gleichgewicht das Motormoment gleich dem Kupplungsmoment.

Vorteilhaft ist bei diesem Verfahren, daß zur Erzielung einer guten Stabilität und Dynamik des Motordrehzahlregelkreises vorhandene schnelle Stellglieder, die die Einspritzmenge dosieren, verwendet werden und nicht die deutlich langsamere Kupplungsstelleinrichtung. Auch die Signalverarbeitung läuft in der Regel schneller ab, weil die zeitkritischen Meßgrößen bereits Bestandteil des Motormanagements sind und nicht über den externen Datenbus übertragen werden müssen. Eine feinfühlige Dosierbarkeit des Anfahrmoments ist durch den direkten Zugriff des Fahrpedals auf die Kupplungsstelleinrichtung gegeben, weil der Umweg über die Drehzahlregelung hier entfällt. Daraus resultiert als weiterer Vorteil, daß die Triebstrangkomponenten mit ihren geringen Torsionssteifigkeiten nicht störender Bestandteil des Drehzahlregelkreises sind.

Nachteilig bei diesem letzteren Verfahren 2 ist jedoch, daß insbesondere bei einer niedrigen geregelten Anfahrdrehzahl der Motor zum Stillstand kommen kann, wenn er durch zu hohe Kupplungsmomente (auch nur kurzzeitig) überfordert wird. Gerade eine niedrige Anfahrdrehzahl ist aber erwünscht, um andererseits die Reibarbeit in der Kupplung gering zu halten und so den Belagverschleiß und den Kraftstoffverbrauch sowie das Motorgeräusch ebenfalls niedrig zu halten. Da die Reibarbeit mit dem Quadrat der Anfahrdrehzahl ansteigt, ergibt sich umgekehrt schon durch eine geringe Absenkung der Anfahrdrehzahl eine deutliche Verringerung der Reibarbeit.

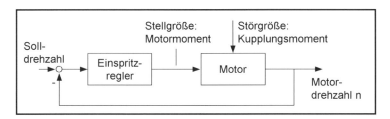

Bild 2.3.15: Drehzahlregelung mittels Motormoment

Ungelöst ist bei diesem Verfahren das Übergangsproblem, das sich ergibt, wenn – nachdem die Drehzahl der Kupplungsscheibe die Motordrehzahl erreicht hat und der Anfahrvorgang dadurch abgeschlossen ist – das Fahrpedal wieder seine ursprüngliche Funktion der Vorgabe des Verbrennungsmoments erhält, weil dann zum zuletzt vorhandenen Kupplungsmoment ein erheblicher Unterschied bestehen kann, der sich in einem Übergangsruck unangenehm äußern kann.

Ein weiterer Nachteil dieses Verfahrens 2 entsteht durch die ungenaue und je nach Betriebsbedingung (Kupplungstemperatur) wechselhafte Zuordnung zwischen dem Ausrückweg der Kupplung (Vorgabe durch Fahrpedal) und dem von ihr übertragenen Moment, was sich dadurch äußern kann, daß bei gleicher Fahrpedalstellung unterschiedliche Kupplungsmomente und damit Fahrzeugbeschleunigungen erzielt werden.

2.3.5.2.2.3 Regelverfahren der elektronischen Antriebsteuerung

Für die EAS wurde ein neues Verfahren entwickelt, das auf dem Verfahren Nr. 2 aufbaut, weil hier aus regelungstechnischer Sicht die gewichtigsten Vorteile zu erzielen sind. Dieses im folgenden vorgestellte neue Verfahren, Bild 2.3.16, wurde gegenüber dem Verfahren Nr. 2 so ergänzt, daß die damit verbundenen Nachteile vermieden werden.

Dies gelingt durch den regelungstechnischen Verbund von zwei Regelkreisen, nämlich der Kupplungsmomentregelung und der Motordrehzahlregelung. Die Motordrehzahlregelung mit der Motordrehzahl als Regelgröße wird realisiert über die Kraftstoffeinspritzmenge als Stellgröße mit dem Vorteil einer sehr hohen Stelldynamik. Wird der so drehzahlgeregelte Motor über ein Kupplungsmoment (Störgröße) belastet, so zeichnet sich diese Belastung durch entsprechende Nachregelung der eingespritzten Kraftstoffmenge ab, die zur Konstanthaltung der Drehzahl erforderlich ist. Dieser Umstand ermöglicht eine indirekte Messung des Kupplungsdrehmoments, welches im Gleichgewichtszustand mit dem vom Motor aufgebrachten Verbrennungsmoment identisch ist. Kurzzeitig auftreten-

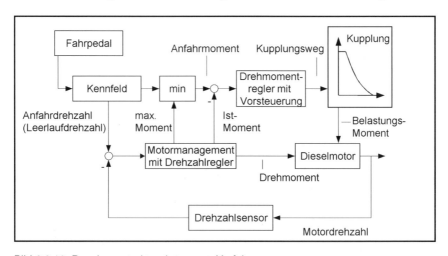

Bild 2.3.16: Regelungsstruktur des neuen Verfahrens

de Motordrehzahländerungen verfälschen diesen Drehmomentmeßwert. Dieser Fehler wird durch die zusätzliche Berücksichtigung von entsprechenden "Schwungmomenten" korrigiert. Mit Hilfe dieses indirekten Drehmomentmeßwertes (Istmoment) wird ein Regelkreis zur Einstellung eines gewünschten Kupplungsdrehmoments gebildet (Drehmomentregelung).

Das Motormanagement, das u.a. zur Drehzahlregelung des Motors und zur Erfassung des Motormoments (gegebenenfalls einschließlich Schwungmoment) dient, liefert zusätzlich ein Signal, welches das zum momentanen Zeitpunkt maximal mögliche Drehmoment des Motors beschreibt, sofern die Kraftstoffeinspritzung maximal ausgesteuert würde. Dieses Maximalmoment hängt von Zustandsgrößen wie z.B. Drehzahl, Ladedruck, Temperatur usw. ab. Dieses Signal wird vor der Kupplungsdrehmomentregelung einem Begrenzer zugeführt. Durch diesen Begrenzer wird der Sollwert für die Drehmomentregelung gegebenenfalls auf einen Wert begrenzt, den der Dieselmotor gerade noch sicher aufbringen kann, ohne daß er durch Überlastung zum Stillstand kommt. Das Ausgehen des Motors wird zuverlässig vermieden, wenn das Sollmoment durch den Begrenzer auf z. B. 90 % des möglichen Maximalmoments reduziert wird. Als Drehzahlregler kann insbesondere der vorhandene Leerlaufregler verwendet werden, der auch schon bei Fahrzeugen ohne automatisierte Kupplung zum Anfahren genutzt werden kann. Dadurch wird eine niedrige Anfahrdrehzahl im Bereich der Leerlaufdrehzahl ermöglicht, wodurch der Belagverschleiß stark reduziert wird und auch der Kraftstoffverbrauch entsprechend verringert wird. Im Vergleich zum konventionellen Fahrzeug kann dabei aber das theoretisch mögliche Anfahrmoment bei Leerlaufdrehzahl auf die gerade beschriebene Weise wesentlich besser ausgenutzt werden.

Durch diese Momentregelung ist der Fahrpedalstellung unabhängig von Störgrößen wie z. B. Kupplungstemperatur und -verschleiß und Unzulänglichkeiten im hydraulischen Stellweg-Übertragungssystem (Verlust / Zugewinn von Flüssigkeitsmengen) im Ergebnis stets das gleiche Kupplungsmoment zugeordnet. Damit entfällt die bei Verfahren Nr. 2 zu beanstandende wechselhafte Zuordnung. Erst durch diese genaue Zuordnung ist es überhaupt möglich, den Motor bis nahe an seine Momentgrenze zu belasten und trotzdem sicher zu verhindern, daß er ausgeht.

Das beim Verfahren Nr. 2 ebenfalls nachteilige Übergangsproblem vom Schleifbereich in den schlupffreien Zustand der Kupplung wird bei dem neuen Verfahren dadurch beseitigt, daß in den beiden genannten Zuständen bei gleicher Fahrpedalstellung das gleiche Drehmoment vorgegeben wird. Dies wird dadurch erreicht, daß die Sollwerte für die Momentregelung auf identische Weise aus der Fahrpedalstellung abgeleitet werden, wie sich die Drehmomente des Motors entsprechend dem Motorkennfeld im Fahrbetrieb bei schlupffreier Kupplung aus der Fahrpedalstellung ergeben. Bei gegebener Fahrpedalstellung überträgt die Kupplung im Schleifbereich – also beim Anfahren – das gleiche Drehmoment, das der Dieselmotor in der anschließenden schlupffreien Kupplungsphase entwickeln wird.

Da durch die Momentregelung zu jedem Zeitpunkt innerhalb der Schleifphase der Kupplung der Ausrückweg automatisch auf den Wert eingeregelt wird, der das angeforderte Kupplungsmoment ergibt, läßt sich mit diesem Verfahren z.B. im Neuzustand des Fahrzeugs auch ein Abgleichvorgang durchführen, von dem dann nur wenige Eckwerte der Kupplungskennlinie (z. B. Anrollpunkt, Kupplung offen, Kupplung zu) abgespeichert werden müssen. Mit Hilfe dieser abgespeicherten Werte der Kupplungskennlinie wird eine Vorsteuerung durchgeführt, die den Drehmomentregelkreis unterstützt.

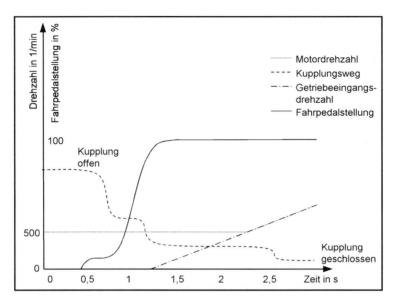

Bild 2.3.17: Verlauf einiger Zustandsgrößen beim Anfahrvorgang

Bei den unter Nr. 1 und 2 genannten Verfahren sind hingegen solche Abgleichkennlinien in der Regel komplett und jeweils möglichst aktuell erforderlich, um die notwendige Schnelligkeit und Genauigkeit der Regelvorgänge zu erzielen, wozu relativ häufig Abgleichvorgänge durchzuführen sind.

Bild 2.3.17 zeigt den typischen Signalverlauf eines solchen Anfahrvorgangs. Daraus ist ersichtlich, daß die Motordrehzahl beim Anfahren sehr genau auf der Leerlaufdrehzahl von ca. 500/min eingeregelt wird.

Das beschriebene Motor- und Kupplungsmanagement veranlaßt gegebenenfalls eine rechtzeitige Übertemperaturwarnung in den Fällen, in denen durch Bedienfehler, z.B. durch zu langes Halten des Fahrzeugs am Berg mit schleifender Kupplung, übermäßige Reibarbeit erzeugt wird. Hierzu ist in der KS ein Erwärmungsmodell implementiert, welches über eine Integration der Reibarbeit und der Wärmeabfuhr die Kupplungsbelagstemperatur schätzt und bei Überschreiten eines Grenzwertes eine Warnung ausgibt.

2.3.5.2.3 Gangwechsel

Beim Gangwechsel wird der Motor unabhängig von der Bedienung durch den Fahrer auf die nach der Schaltung erforderliche Drehzahl gebracht. Dazu wird bei Rückschaltungen unmittelbar nach dem Öffnen der Kupplung die Einspritzmenge erhöht, bei Hochschaltungen die Motorbremse betätigt. Dadurch erfolgt der Momentenübergang sehr weich, und die Zeit der Zugkraftunterbrechung wird minimiert. Der gesamte Schaltvorgang dauert nur zwischen 0,9s für reine Splitschaltungen und 1,3s bei gleichzeitigem Wechsel von Gang und Bereichsgruppe.

2.3.5.3 Notfahrfunktionen und Sicherheitskonzept

Da der Einsatz der Elektronischen Antriebsteuerung analog zur EPS hauptsächlich für schwere Fernverkehrsfahrzeuge konzipiert ist, kommt – z.B. wegen der eingeschränkten Reparaturmöglichkeit im Ausland – der Verfügbarkeit des Fahrzeugs bei Ausfall einzelner Komponenten besondere Bedeutung zu. Der Notbetrieb des Gesamtsystems bei einem defekten Teilsystem hat das Ziel, die vom Ausfall nicht berührten Komponenten möglichst uneingeschränkt bedienen zu können. Fällt etwa die EMK aus, so lassen sich Motor und Getriebe weiterhin direkt über die FMR mit Fahrpedal bzw. über die EPS mit Gebergerät steuern. Als Ersatz des defekten Teilsystems ist jeweils eine Notbetätigung oder Notfunktion für das betroffene Aggregat vorhanden.

Bei Bedienungsfehlern oder Defekten müssen sicherheitskritische Zustände des Fahrzeugs sowie Folgedefekte verhindert werden. Um dieser Forderung gerecht zu werden, benötigt ein so komplexes System wie die EAS ein sorgfältig durchdachtes Sicherheitskonzept. Dieses ist hierarchisch auf drei Ebenen ausgelegt, die auf die – je nach Defekt – noch vorhandenen Reaktionsmöglichkeiten des Gesamtsystems abgestimmt sind (Bild 2.3.18).

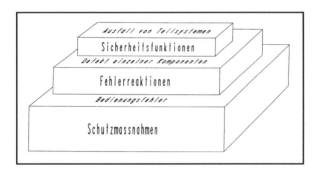

Bild 2.3.18: Schematischer Aufbau des Sicherheitskonzeptes

Auf der untersten Ebene werden Schutzmaßnahmen gegen Bedienungsfehler bei voll funktionsfähigem Gesamtsystem eingeleitet. Beispielsweise verhindert eine Drehrichtungsüberwachung, daß bei vorwärts rollendem Fahrzeug ein Rückwärtsgang eingelegt wird. Die mittlere Ebene definiert die Fehlerreaktionen bei Defekt der an die Elektroniken angeschlossenen Komponenten und Bauteile (z. B. Drehzahlgeber). Auf der höchsten Ebene schließlich sind Sicherheitsfunktionen festgelegt, die beim Ausfall kompletter Teilsysteme in Kraft treten. Dazu besitzt jedes Teilsystem ein autarkes Überwachungskonzept. Nach Aktivieren der Sicherheitsfunktion wird das Teilsystem dann kontrolliert auf Notbetätigung geschaltet.

Da der MKR neben ihrer Regelaufgabe die Überwachung des Gesamtsystems und ggf. das Einleiten geeigneter Maßnahmen bei Defekten obliegt, müssen an ihren Aufbau entsprechend hohe Sicherheitsanforderungen gestellt werden. Die im einzelnen dazu durchgeführten Maßnahmen entsprechen im wesentlichen denen bei automatischen Lastschaltgetrieben. Da die MKR als übergeordnetes System das einwandfreie Funktionieren der Teilsysteme überwacht und über den Datenbus sämtliche Sensor-Informationen derselben auswertet, kann der sicherheitstechnische Aufwand der Teilsysteme entsprechend reduziert werden.

2.3.6 Ausblick

Die bisherigen Darlegungen haben gezeigt, daß die Elektroniken der verschiedenen Triebstrangkomponenten sehr unterschiedliche Anforderungen erfüllen müssen. Diese ergeben sich primär aus sicherheitstechnischen Überlegungen, weiterhin spielt die Vernetzung mit anderen Steuerungen eine große Rolle. Die für die Zukunft mit Sicherheit zu erwartende intensivere Vernetzung, verbunden mit einer ständig steigenden Zahl von Elektroniksystemen, ist nur dann sinnvoll zu realisieren, wenn die Zahl der Verbindungskabel zumindest nicht vergrößert wird. Heute sind bereits z.t. über 100 Adern zwischen kippbarem Fahrerhaus und Rahmen erforderlich, was zu konstruktiven und wegen der Störanfälligkeit der Verbindungen auch zu Zuverlässigkeitsproblemen führt. Die Übertragung der bei Fahrwerks- und Aggregateelektroniken anfallenden Datenmengen mit ihren schnellen Änderungen erfordert den Einsatz leistungsfähiger Bussysteme, wie den auch bei der EAS eingesetzten CAN. Bei dieser ließ sich die Zahl der Verbindungsadern beispielsweise um 75 % reduzieren.

Weiterhin werden zukünftige Fahrzeuge durch eine konsequente räumliche Trennung von Steuerelektronik und Leistungsteil gekennzeichnet sein. Damit lassen sich sämtliche Steuerelektroniken platzsparend und umweltgeschützt zentral unterbringen und mit kurzen Datenleitungen verbinden. Der leistungsführende Teil ist – ggf. mit intelligenter Sensorik und Aktuatorik ausgestattet – dezentral an dem jeweiligen Stellglied angebracht, u.a. um möglichst keine Störungen zu induzieren.

Durch die in Zukunft weiter zunehmen Verknüpfungen wird der Hersteller des Fahrzeugs zunehmend gefordert, das einwandfreie Zusammenspiel der Teilsysteme zu gewährleisten. Die Aufgabe der Zulieferer wird hingegen erschwert, da sie oft nur unzureichende Kenntnis über die anderen am Gesamtsystem beteiligten Komponenten besitzen. Hier sind auch neue Formen der Zusammenarbeit zwischen Fahrzeughersteller und Zulieferer erforderlich, um die notwendige Zusammenarbeit zu sichern, ohne die berechtigten Geheimhaltungswünsche aufzuweichen.

2.3.7 Literatur

Bader, Chr.: EPS – Elektronisch-pneumatische Schaltung – wirtschaftlich fahren mit erhöhter aktiver Sicherheit durch Elektronik. VDI-Bericht 612 (1986), S. 191 – 202

Müller, W.; Kraft, K. F.; Paulsen, L.: Neue vollautomatische Nutzfahrzeuggetriebe von Daimler-Benz. ATZ 88 (1986), S. 677 – 682

Westendorf, H.: EKS – Das elektronische Kupplungssystem von Fichtel & Sachs. VDI-Bericht 878 (1991), S. 117 – 129

Paulsen, L.: Das Antriebsmanagement schwerer Nutzfahrzeuge – ein Beitrag zur Erhöhung der aktiven Sicherheit. Verkehrsunfall und Fahrzeugtechnik 7/8 (1992), S. 195 – 199

Neumann, H.: Elektronische Steuerung von Nfz-Automatgetrieben; in: Elektronik im Kfz-Wesen. Expert-Verlag, Renningen (1997), S. 178 – 196

Paulsen, L.: Die Steuerung des Antriebstrangs bei Nutzfahrzeugen; in: Elektronik im Kfz-Wesen. Expert-Verlag, Renningen (1997), S. 159 – 177

Hofmann, R.; Baumgartner, F.; Paulsen, L.; Raiser, H.: Die Telligent-Schaltautomatik des Actros von Mercedes-Benz VDI-Bericht 1418 (1998), S. 499 – 516

3 Sicherheit

3.1 Aktive Fahrsicherheitssysteme – ABS/ASR/ESP

H. J. Koch-Dücker

3.1.1 Zusammenfassung

Mit den Serieneinführungen des Antiblockiersystems ABS in 1978, des Antriebschlupfregelsystems ASR in 1987 und des elektronischen Stabilitäts-Programms ESP in 1995 hat die Robert Bosch GmbH wichtige Erstbeiträge zur Erhöhung der aktiven Sicherheit im Straßenverkehr geleistet.

ABS-, ASR- und ESP-Systeme von Bosch sind weltweit bei nahezu allen Fahrzeugherstellern und in allen Fahrzeugklassen im Einsatz. Anfang des Jahres 2002 waren mehr als 77 Mio. Systeme ausgeliefert.
Die Systeme haben sich in der Praxis ausgezeichnet bewährt. Sie unterliegen einer intensiven Weiterentwicklung, um den sich ändernden Anforderungen zukünftiger Fahrzeuggenerationen gerecht zu werden.

Ausgehend von den Kräften am Fahrzeug und von Momentenbetrachtungen am Rad werden die grundlegenden physikalischen Zusammenhänge und prinzipiellen regelungstechnischen Eigenschaften des ABS/ASR/ESP erklärt.
Nach der Betrachtung des Systemaufbaus werden Steuergeräte-Hardware und -software dargestellt. Beispiele ausgeführter Anlagen schließen den Beitrag ab.

3.1.2 Einleitung

Erste Patente zu Antiblockiersystemen findet man in den zwanziger Jahren. Versuchsanlagen rein mechanischer ABS-Systeme sind um 1940 bekannt. Sie erfüllten nicht die Serienanforderungen in Bezug auf Regelgeschwindigkeit und -genauigkeit. In den sechziger Jahren setzte bei Bosch und weltweit eine intensive Entwicklung elektronischer Systeme ein. Die komplexen Anforderungen an die Bremsregelung führten zu umfangreichen elektronischen Steuergeräten. Die Signalverarbeitung war überwiegend analog und mit diskreten Bauteilen. Es finden sich aber auch schon ein Reihe von Hybridbausteinen. Bis zum Beginn der siebziger Jahre konnten mit diesen analogen Systemen die wesentlichen regelungstechnischen Probleme des ABS gelöst werden. Trotz hoher Leistungsfähigkeit dieser 1. Generation wurde wegen noch nicht ausreichender Zuverlässigkeit von einer Serieneinführung Abstand genommen. Nach digitaler Hochintegration in nunmehr verfügbar werdenden kundenspezifischen Schaltkreisen war 1978 das Serienziel erreicht. Das Steuergerät beinhaltete nun statt vorher 1000 nur noch 140 elektronische Bauelemente. Die weitere Integration führte 1983 zur Reduzierung auf 70 elektronische Bauteile. Mit der Einführung der Hybridtechnologie im Jahre 1989 konnte nochmals auf 40 Bauelemente verringert werden. Die weitere Entwicklung ist gekennzeichnet durch die Systemerweiterung um ASR und ESP bei gleichzeitigem Übergang auf Mikroprozessoren und die Integration des elektronischen Steuergerätes in das Hydraulikaggregat mit Hilfe der Hybridtechnologie.

3.1.3 Kräfte und Momente an Fahrzeug und Rad

Das grundsätzliche dynamische Verhalten des Fahrzeugs während der Fahrt ist im wesentlichen gekennzeichnet durch die vertikale Aufstandskraft, die in Fahrzeuglängsrichtung wirkende Antriebs- oder Bremskraft, die in Fahrzeugquerrichtung wirkende Seitenführungskraft sowie die um die jeweilige Achse wirkenden Rad- und Fahrzeugmomente (Bild 3.1.1).

Sehr anschaulich verdeutlicht der Kamm'sche Reibungskreis, dass (in erster Näherung) Brems- und Seitenkraft an einem Rad als vektorielle Zerlegung einer resultierenden Gesamtkraft aufgefasst werden können (Bild 3.1.2). Daraus folgt sofort die Erkenntnis, dass bei vollem Ausnutzen der Brems- oder Antriebskraft die Seitenkraft zu null wird. In dieser Situation mit blockierten oder durchdrehenden Rädern ist das Fahrzeug nicht mehr lenkbar, es kann ins Schleudern geraten. Es ist daher Aufgabe des ABS, den Bremsdruck in den einzelnen Rädern bei zu starkem Bremsen so zu dosieren, dass die maximalen

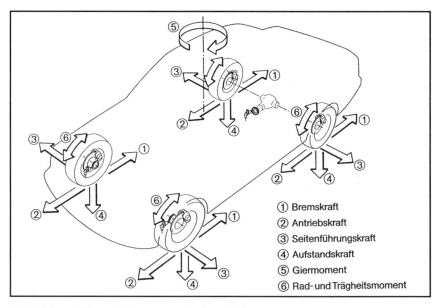

① Bremskraft
② Antriebskraft
③ Seitenführungskraft
④ Aufstandskraft
⑤ Giermoment
⑥ Rad- und Trägheitsmoment

Bild 3.1.1: Kräfte und Momente an Rad und Fahrzeug

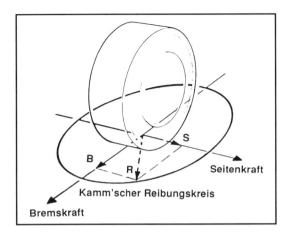

Bild 3.1.2:
Zusammenhang zwischen Brems- und Seitenführungskraft

Bremskräfte ohne ein Blockieren der Räder eingesteuert werden. Beim ASR wird durch Motorleistungs- und Bremseneingriff ein Schlupfwert eingeregelt, der einen guten Kompromiss zwischen Vortriebskraft und Seitenführung darstellt. Somit wird das Schleudern verhindert, das Fahrzeug bleibt lenkbar.

Aus Bild 3.1.1 war auch ersichtlich, dass durch gezieltes Abbremsen eines Rades Momente um die Hochachse eines Fahrzeugs eingeleitet werden können. ESP nutzt dies, um lenkunterstützend zu wirken.

Bild 3.1.3 zeigt Brems- und Seitenkraftbeiwert als Funktion des Radschlupfes auf trockener Straße. Man erkennt das Prinzip der Kräftezerlegung des Kamm'schen Reibungskrei-

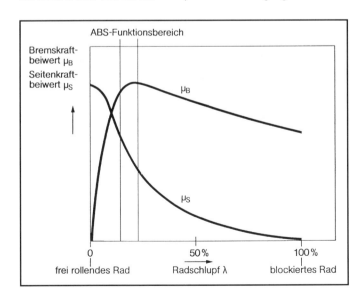

Bild 3.1.3:
Brems - und Seitenkraftbeiwerte als Funktion des Radschlupfes I

ses wieder. Der Bremskraftbeiwert steigt mit zunehmendem Schlupf steil an, erreicht sein Maximum bei etwa 5 ... 40 % Schlupf und fällt bei 100 % Schlupf, d.h. blockiertem Rad deutlich unter den Maximalwert.

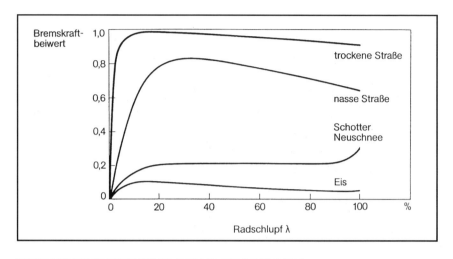

Bild 3.1.4: Abhängigkeit des Bremskraftbeiwertes vom Straßenzustand

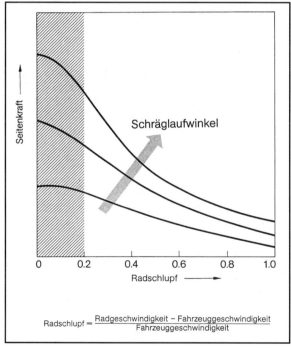

Bild 3.1.5: Abhängigkeit des Seitenkraftbeiwertes vom Schräglaufwinkel

Der Seitenkraftbeiwert fällt ausgehend von seinem Maximalwert bei 0 % Schlupf schnell ab und erreicht bei blockiertem Rad sein Minimum bei nahezu null. Das ABS regelt nun den Schlupf am gebremsten Rad auf das Maximum der µB-Schlupfkurve ein. Dabei ergibt sich noch ein guter Wert für die Seitenführungskraft. In Grenzfällen wird der Regelalgorithmus immer zugunsten der Seitenführungskraft, d.h. also zu mehr Stabilität beeinflusst.

Der Bremskraftbeiwert ist stark abhängig vom Straßenzustand und von der Reifenart. Dies zeigt Bild 3.1.4.

Bei Neuschnee/Schotter ist ein Ansteigen der Bremskraft bei blockierten Rädern zu erkennen. Dies ist darauf zurückzuführen, dass das blockierte Rad einen Schnee-/Schotterkeil vor sich herschiebt, der die Bremskraft erhöht.

Die Seitenführungskraft wiederum ist abhängig vom sich aus dem Lenkeinschlag aufbauenden Schräglaufwinkel. Mit zunehmendem Schräglaufwinkel nimmt auch die Seitenkraft zu, bei sehr großen Schräglaufwinkeln dann aber wieder ab (Bild 3.1.5).

Die Reibungskräfte beim Bremsen und Antreiben zeigt Bild 3.1.6. Anders als beim Bremsen vermag das angetriebene Rad positive Schlupfwerte von mehr als 100 % beim Durchdrehen infolge zu hoher Antriebskräfte anzunehmen.

Die Kräfte und Momente an einem gebremsten Rad einer Antriebsachse zeigt Bild 3.1.7.

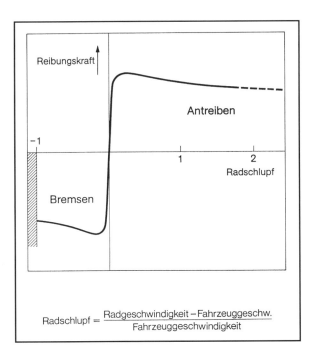

$$\text{Radschlupf} = \frac{\text{Radgeschwindigkeit} - \text{Fahrzeuggeschw.}}{\text{Fahrzeuggeschwindigkeit}}$$

Bild 3.1.6:
Radschlupf beim Bremsen und Antreiben

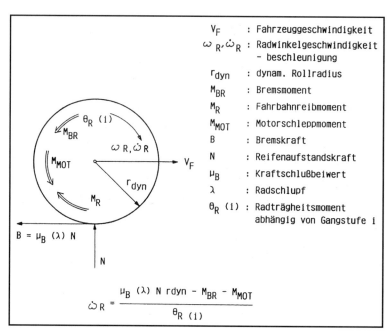

Bild 3.1.7: Winkelbeschleunigung eines gebremsten Antriebrades

Aus der Gleichung für die Radwinkelbeschleunigung in Abhängigkeit der am Rad wirkenden Momente kann man erkennen, dass die Radwinkelbeschleunigung und der Radschlupf als Regelgrößen in Frage kommen.

Das von der Fahrbahn auf das Rad übertragene Fahrbahnreibmoment M_R ist proportional zum Kraftschlußbeiwert $\mu_B(\lambda)$, der Reifenaufstandskraft N und dem dynamischen Rollradius Rdyn und wirkt beschleunigend auf das Rad. Das durch die Bremse aufgebrachte Bremsmoment M_{BR} wirkt verzögernd auf das Rad, genauso wie das Motorschleppmoment M_{MOT}, das bei eingekuppeltem Motor an den Antriebsrädern wirkt. In die Beziehung für die Winkelgeschwindigkeit ω_R geht noch das am Rad wirksame Trägheitsmoment $\Theta_R(i)$, das bei eingekuppeltem Motor durch das Motorträgheitsmoment mitbestimmt wird und von der Gangstufe i abhängt, ein.

Beim Bremsen im stabilen Gebiet der µ-Schlupf-Kurve gleicht sich das Fahrbahn-Reibmoment weitgehend der Summe aus Bremsmoment und Motorschleppmoment an, so dass die Radwinkelverzögerung $\dot\omega_R$ verhältnismäßig klein bleibt (im allgemeinen kleiner als 1 g). Sobald jedoch die Summe aus Bremsmoment und Motorschleppmoment größer wird als das maximal übertragbare Fahrbahnreibmoment, kann diese Angleichung nicht mehr stattfinden, so dass die Radwinkelverzögerung schnell große Werte annimmt. Dieses plötzliche Anwachsen der Radwinkelverzögerung ist ein wichtiger Indikator für die Blockierneigung des Rades und wird vom elektronischen Steuergerät erfasst und zur Bremsregelung benutzt.

3.1.4 Prinzip der ABS-Regelung

Für die ABS-Bremsregelung werden die Radwinkelverzögerung bzw. -beschleunigung sowie eine dem Bremsschlupf ähnliche Größe als Regelgrößen benutzt. Das elektronische Steuergerät erzeugt Regelsignale, wenn die Radwinkelverzögerung -a unterschritten, oder die Radwinkelbeschleunigungen +a bzw. +A überschritten werden. Aus mehreren Radgeschwindigkeiten (z.B. rechtes Vorderrad und linkes Hinterrad) wird eine Referenzgeschwindigkeit abgeleitet, die etwa der Radgeschwindigkeit mit optimaler Bremskraft entspricht.

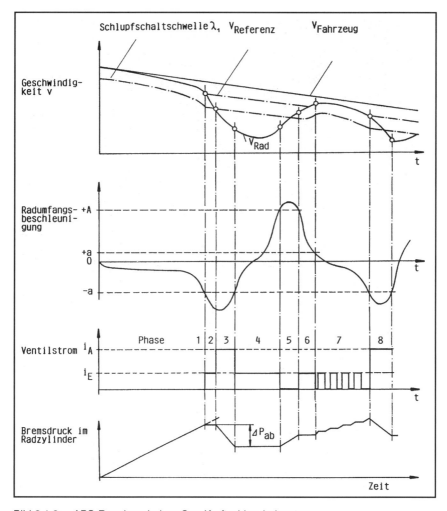

Bild 3.1.8: ABS-Regelung bei großen Kraftschlussbeiwerten

Bei Teilbremsungen bestimmt im allgemeinen das schneller drehende der Räder die Referenzgeschwindigkeit. Sobald die Bremsregelung eingesetzt hat, folgt die Referenzgeschwindigkeit nicht mehr der Radgeschwindigkeit. Sie fällt mit einer bestimmten Steigung ab, die unterschiedliche Werte entsprechend logischen Signalen des elektronischen Steuergerätes annehmen kann.
Bild 3.1.8 zeigt am Beispiel eines Rades eine Bremsregelung, die typisch für große Kraftschlussbeiwerte ist.
Phase 1 zeigt das Anbremsen. Der Bremsdruck wird hier mit der Zeit linear aufgebaut. Die Referenzgeschwindigkeit ist identisch mit der Radgeschwindigkeit. Aus ihr wird die Schlupfschaltschwelle λ_1 abgeleitet, die sich von der Referenzgeschwindigkeit um einen bestimmten Geschwindigkeitsbetrag unterscheidet.

Am Ende der Phase 1 unterschreitet die Radumfangsverzögerung die Schwelle -a und zeigt eine Blockierneigung an. Die Referenzgeschwindigkeit folgt jetzt nicht mehr der Radgeschwindigkeit, sondern fällt mit einer bestimmten Steigung ab. Der Bremsdruck im Radbremszylinder wird in der Phase 2 konstant gehalten.

Am Ende der Phase 2 unterschreitet die Radgeschwindigkeit die Schlupfschaltschwelle. Daraufhin wird der Bremsdruck abgebaut, und zwar so lange, wie das -a-Signal ansteht (Phase 3). In der Phase 4 wird der Druck zunächst eine bestimmte Zeit lang konstant gehalten. In diesem Beispiel überschreitet die Radumfangsbeschleunigung innerhalb dieser Zeit die positive Schwelle +a. Dies führt zu weiterem Druckhalten (Phase 4). Am Ende der Phase 4 überschreitet die Radumfangsbeschleunigung die verhältnismäßig große Schwelle +A. Dies ist ein Anzeichen dafür, dass das Rad unterbremst ist und zu stark beschleunigt. Der Bremsdruck wird darum erhöht, so lange das +A-Signal ansteht.

In der Phase 6 wird, genauso wie in der Phase 4, der Bremsdruck konstant gehalten. Am Ende der Phase 6 wird die +a-Schwelle wieder unterschritten. Dies ist ein Anzeichen dafür, dass das Rad wieder den stabilen Bereich der µ-Schlupf-Kurve erreicht und etwas unterbremst ist.

In der Phase 7 wird daher der Druck in Stufen aufgebaut, bis am Ende der Phase 7 erneut eine Blockierneigung erkannt wird. Mit Erreichen des -a-Signals wird diesmal und auch bei weiteren Regelzyklen der Bremsdruck sofort abgebaut, ohne dass die Radgeschwindigkeit die Schlupfschaltschwelle schon unterschritten hat. Beim ersten Regelzyklus war dies notwendig, um ein vorzeitiges Ansprechen der Bremsregelung im Teilbremsgebiet zu vermeiden.
In der Phase 7 ist das Rad anfangs etwas unterbremst. Günstig wäre es, mit der ersten Druckstufe in Phase 7 den Bremsdruck so weit anzuheben, dass ca. 90 % des Blockierdruckes erreicht werden. Zur Optimierung des Druckanstieges in dieser Phase gibt es daher spezielle selbstlernende Algorithmen.

3.1.5 Systembeschreibung des Bosch-ABS, -ASR und -ESP

Da ABS, ASR und ESP als aktive Sicherheitssysteme grundlegend auf den gleichen physikalischen Gegebenheiten basieren, sind sie baukastenartig aufeinander aufgebaut. Die prinzipielle Anordnung der Komponenten eines ABS/ASR-Systems zeigt das folgende Bild 3.1.9.

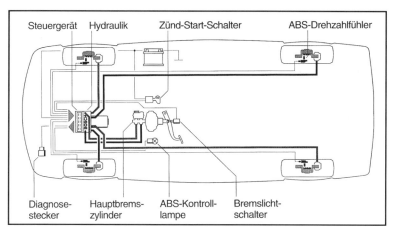

Bild 3.1.9: Anordnung der Komponenten des ABS

Drehzahlfühler an allen Rädern messen die Raddrehzahlen und geben sie an das elektronische Steuergerät. Bei einer Blockierneigung steuert das elektronische Steuergerät Magnetventile, die mit einer Rückförderpumpe in einem Hydroaggregat zusammengefasst sind, an. Die Vorderräder sind in der Regel individuell beeinflussbar, während sich der Bremsdruck an der Hinterachse nach dem Rad mit dem kleineren Kraftschlußbeiwert bemisst (Select-low-Prinzip zugunsten Fahrstabilität). Das Hydraulik-Aggregat ist zwischen herkömmlichem Hauptbremszylinder und den Radbremszylindern angeordnet. Eine Funktionskontrollleuchte, ein Signalabgriff am Bremslichtschalter und ein Diagnoseanschluss vervollständigen das System.

Die Grundmerkmale des Bosch ABS5 zeigt Bild 3.1.10. Als separates System nach dem Rückförderprinzip ist es einfach applizierbar. Der Hydraulikkreis bleibt geschlossen. Zwei

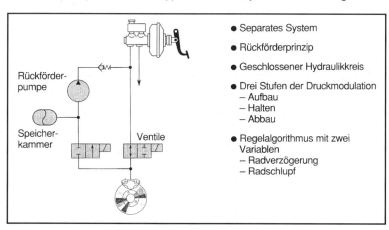

Bild 3.1.10: Grundmerkmale Bosch ABS 5

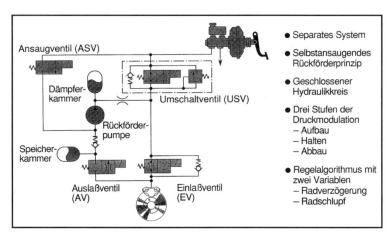

Bild 3.1.11: Grundmerkmale Bosch ASR 5

Magnetventile je Rad sowie eine Rückförderpumpe je Bremskreis ermöglichen die Druckmodulation am Radbremszylinder.

Ergänzt um je ein Umschalt- und Ansaugventil pro Bremskreis sowie durch eine selbstansaugend ausgelegte Rückförderpumpe wird der hydraulische Systemteil ASR- und ESP-tauglich (Bild 3.1.11).

Bei Antriebsschlupfregelsystemen wird die vorhandene ABS-Anlage um Algorithmen und Komponenten ergänzt, die das Durchdrehen der Räder erkennen und je nach Auslegung

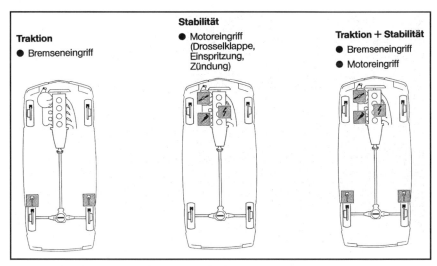

Bild 3.1.12: Bosch ASR-Konzepte

zugunsten von Traktion mit Bremseneingriff, zugunsten von Stabilität mit Motoreingriff über Drosselklappe, Einspritzung und Zündung oder einer Kombination beider Eingriffe reagieren (Bild 3.1.12).

Die Sperrdifferentialwirkung durch Abbremsen des auf dem niedrigeren Reibwert durchdrehenden Rades zeigt Bild 3.1.13.

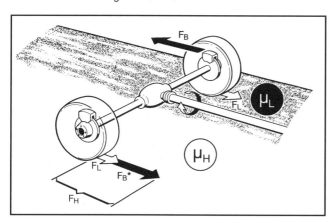

Bild 3.1.13: Sperrdifferentialwirkung durch Bremseneingriff

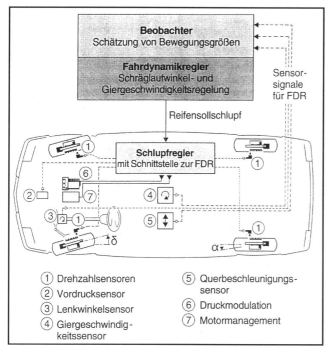

① Drehzahlsensoren
② Vordrucksensor
③ Lenkwinkelsensor
④ Giergeschwindigkeitssensor
⑤ Querbeschleunigungssensor
⑥ Druckmodulation
⑦ Motormanagement

Bild 3.1.14: Fahrdynamikregelung mit ABS und ASR

239

Während ohne Eingriff auch am Rad auf hohem Reibwert nur die kleine Kraft FL beschleunigend wirkt, kann mit Bremseneingriff die Kraft am Rad auf hohem Reibwert bis zur vollständigen Ausnutzung seines Kraftschlussbeiwertes gesteigert werden.
Zur Schonung der Bremsen wird der Bremseneingriff zeitlich und geschwindigkeitsmäßig begrenzt. Das überschüssige Motormoment wird daher durch einen überlagerten Regelkreis durch Drosselklappen- und/oder Einspritz- und Zündungseingriff abgebaut.
Der Arbeitspunkt der ASR-Regelung liegt im Vergleich zur ABS-Regelung bei niedrigeren Schlupfwerten, da der Verlust an Seitenführung schnell zur Instabilität des Fahrzeuges führen kann (Stabilität hat Vorrang vor Traktion).

Durch folgende Komponenten (Bild 3.1.14) wird das ASR zum ESP ergänzt. Über einen Drucksensor (2) wird der durch den Fahrer am Bremspedal eingestellte Bremsdruck sensiert (Bremswunsch) und daraus die Bremskräfte an den Rädern geschätzt. Der Lenkwinkelsensor (3) signalisiert den Fahrtrichtungswunsch des Fahrers. Durch den Giergeschwindigkeitssensor (4) wird die Drehung des Fahrzeugs um die Hochachse und durch den Beschleunigungssensor (5) die Beschleunigung in Fahrzeugquerrichtung erfasst. Daraus wird zusammen mit den schon bekannten anderen Messgrößen und einem intelligenten Schätzverfahren in einem „Beobachter-Algorithmus" die tatsächliche Bewegung des Fahrzeugs und die durch den Fahrer gewünschte Fahrzeugsollbewegung ermittelt. Der Fahrdynamikregler erkennt Abweichungen zwischen Soll- und Ist-Verhalten und verteilt die Brems- und Antriebskräfte so auf die Räder, dass die gewünschte stabile Fahrzeugbewegung realisiert wird.

ESP bietet damit einen zusätzlichen Sicherheitsgewinn durch aktiv unterstützte Beherrschbarkeit des Fahrzeugs in kritischen Situationen und eine erweiterte Fahrstabilität im Grenzbereich bei allen Betriebszuständen inklusive ABS und ASR.

Bild 3.1.15 zeigt das für ABS-, ASR- und ESP-Steuergeräte gleichermaßen gültige Blockschaltbild mit redundanter Anordnung der Rechner im Kern.

Die Signale der Radgeschwindigkeitssensoren durchlaufen zur Filterung und Verstärkung eine Eingangschaltung. Die Rechner erkennen aus dem zeitlichen Verlauf der Raddrehzahlen und der anderen Sensoren eine auftretende Blockier- oder Durchdrehneigung bzw. eine Kursabweichung und steuern über Leistungsendstufen die Magnetventile zur Beeinflussung des Bremsdruckes in den Radbremszylindern an. Zusätzliche Stellbefehle werden an ASR-Ventile und nachgeordnete Steuergeräte zur Beeinflussung der Motorleistung oder auch des Getriebeverhaltens im Falle von Automatikgetrieben gegeben. Die überwachte Kommunikation geschieht bidirektional entweder über Schaltsignale, pulsweitenmodulierte Signale oder als digitale Datenübertragung über Bussysteme (z.B. CAN-Bus).

Als Rechner finden komplexe 16 bit CMOS-Controller mit intelligentem Interface und On-Chip-Memory Verwendung. Alle Ein- und Ausgabeinterfacebausteine sind kundenspezifisch integriert.

Die Magnetventiltreiber für ABS- und ASR-Ventile sind geschaltet oder stromgeregelt mit integrierter Überwachung ausgeführt.
Ein Diagnoseinterface ermöglicht den Anschluss an einen SG-Diagnoseverbund nach ISO oder Kundenstandard.

Ein weiterer Baustein enthält neben der Spannungsversorgung zusätzlich die Spannungsüberwachung, einen 2-kanaligen Watch-Dog, einen Fehlerspeicher und Relais und Lampentreiber zum Spannungsfreischalten der Ventilendstufen und zur Ansteuerung der Sicherheitslampe bei einem eventuellen Defekt der Anlage.

ABS, ASR und ESP müssen fehlersicher sein. Dies wird gewährleistet durch überprüfte aktive Redundanz der Mikrocontroller, eine entsprechende Sicherheitssoftware und durch überprüfte redundante Abschaltpfade. Es werden 2 gleiche mit gleicher Software programmierte Mikrocontroller verwendet.

Beide Mikrocontroller lesen zur selben Zeit an den gleichen hardwaremäßig verbundenen Eingängen die gleiche Eingangsinformation. Bei gleicher Eingangsinformation und gleicher Software werden beide Mikrocontroller normalerweise zur gleichen Ausgangsinformation kommen. Beide Mikrocontroller lesen die nach außen gegebene Information von den hardwaremäßig verbundenen IC-Pins ein und vergleichen diese. Bei Ungleichheit wird nach einer Fehlerbewertung ein externer Fehlerspeicher angesteuert. Durch die open drain Ausgangsportkonfiguration kann ein Mikrocontroller den Passivzustand dominant ausgeben.

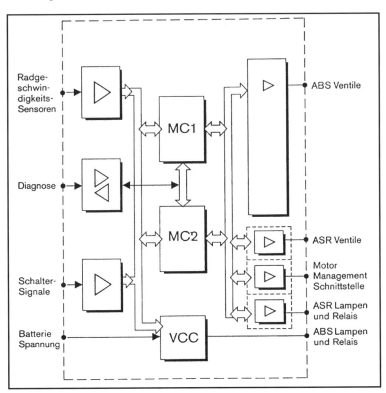

Bild 3.1.15: Blockschaltbild ABS/ASR/ESP Steuergeräte

Über ein serielles Interface zwischen beiden Mikrocontrollern werden alle Ein- und Ausgangssignale sowie interne Statusinformationen von beiden Mikrocontrollern verglichen und bei Ungleichheit nach einer Fehlerbewertung ein externer Fehlerspeicher angesteuert. Dadurch werden frühzeitig zu fehlerhaften Ausgaben führende Zwischenergebnisse erkannt.

Die Software kann in 4 Modulblöcke aufgeteilt werden. (Bild 3.1.16):

- Systemsoftware
- Sicherheitssoftware
- Anwendersoftware
- Diagnosesoftware

Die gesamte Software ist so modularisiert, dass die möglichen Systemvariationen durch Hinzufügen oder Entfernen von Software-Modulen einfach und überschaubar realisierbar sind.

Die Systemsoftware (Bild 3.1.17) beinhaltet die Rechner- und Peripherie-Initialisierung, die Pre-Drive-Checks, sowie die Programmablaufsteuerung der redundant, parallel laufenden Software.

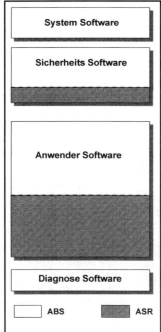

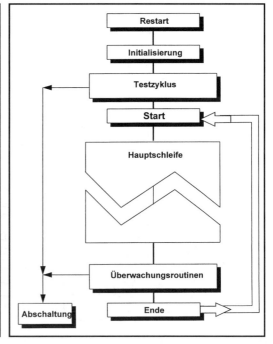

Bild 3.1.16:
ABS/ASR Softwaregliederung

Bild 3.1.17:
ABS/ASR Systemsoftware

In der Rechner- und Peripherie-Initialisierung werden alle I/O-Funktionsblöcke auf ihre im Anwenderprogramm verwendete Funktion initialisiert.

Anschließend werden im Pre-Drive-Check alle Stellglieder auf dominante Passivansteuerung der redundant vorhandenen Mikrocontroller überprüft. Das interne RAM wird auf Schreib-, Lese- und Adressierbarkeit geprüft.

Der Programmablauf wird durch eine immer wieder durchlaufene Hauptschleife von konstanter Länge gesteuert. In beiden Mikrocontrollern starten nach einer Synchronisierung die Hauptschleifen und rufen die durch das Anwendersystem gekennzeichnete Reihenfolge von Softwaremoduln auf. Zur Synchronisation des Ablaufs und zum Datenaustausch findet eine modulgesteuerte Kommunikation über das serielle Interface statt. Das Hauptschleifeinende wird durch den als Master deklarierten Mikrocontroller bestimmt und vom Slave überprüft.

Die Anwendersoftware (Bild 3.1.18) beschreibt die Signalverarbeitung und den eigentlichen Regelalgorithmus des ABS- oder ASR-Systems.

Da für ABS und ASR die Radgeschwindigkeiten von denselben Sensoren erfasst werden und nach den gleichen Regelgrößen Schlupf und Beschleunigung geregelt wird, können die Software-Module

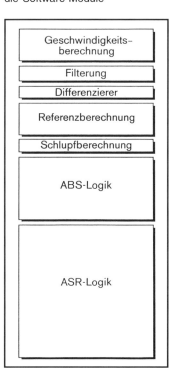

- Geschwindigkeitsberechnung
- Geschwindigkeitsfilterung
- Radgeschwindigkeitsdifferenzierer
- Referenzberechnung
- Schlupfberechnung

für ABS und ASR verwendet werden. Was als ABS- bzw. ASR-spezifischer Teil übrig bleibt, ist die individuelle Ventilansteuerlogik.

Die Sicherheitssoftware überprüft ständig bei passivem und aktivem Systemzustand die Funktion der redundanten Mikrocontroller, der Redundanz selbst und der Peripherie. Wird ein Fehler festgestellt, so wird nach einer Fehlerbewertung das System teilweise oder auch ganz dadurch abgeschaltet, dass der Watch-Dog nicht mehr bedient wird.

Rechnerinterne Prüfabläufe, wie ROM- und RAM-Test werden in der der Hauptschleife zur Verfügung stehenden Restzeit durchgeführt.

Bild 3.1.18:
ABS/ASR Anwendersoftware

Jedes Eingangs- und Ausgangsignal der Mikrocontroller sowie interne Statusinformationen von beiden Mikrocontrollern werden auf Gleichheit geprüft. Die Vergleichsdaten erhält jeder Mikrocontroller über das serielle Interface. Bei Ungleichheit der Eingangs-, Ausgangs- oder Statusinformation wird in einem Fehlerbewertungsmodul der Fehler bewertet und gespeichert.

Alle peripheren Sensoren und Stellglieder werden durch Plausibilitätsvergleiche auf elektrische und teilweise auch auf mechanische Funktion geprüft. ASR-spezifisch werden nur Erweiterungen der ABS-Sicherheitssoftware vorgenommen.

Ein wesentliches Merkmal des mit Mikrocontrollern aufgebauten ABS/ASR-Steuergerätes ist die Eigendiagnose. Sie versetzt den Anwender in die Lage, Hinweise über den Fehlerort über eine busfähige serielle Schnittstelle aus dem permanent speichernden Fehlerspeicher abzurufen. Mit Hilfe eines Tester wird über eine Reizleitung und eine busfähige bidirektionale Datenleitung eine Kommunikation zwischen Tester und SG nach ISO Standard oder kundenspezifischem Protokoll aufgebaut. Danach können im Dialog Hinweise auf den Fehlerort abgerufen werden oder in einer erweiterten Ausbaustufe Rechner- oder Peripherie-Tests initiiert werden.

3.1.6 Ausgeführte Systeme

Bild 3.1.19 zeigt die Komponenten eines Standard-ABS der 2. Generation mit 4 Sensoren und 4 hydraulischen Kanälen für diagonale Bremskreisaufteilung, bestehend aus Wegbausteuergerät, 4 Raddrehzahlsensoren und Hydraulikaggregat.

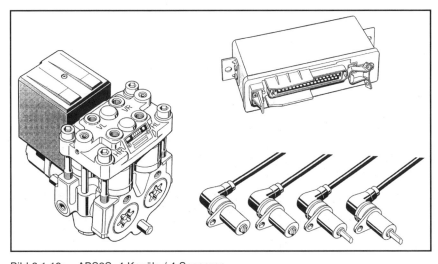

Bild 3.1.19:   ABS2S, 4 Kanäle / 4 Sensoren

Bild 3.1.20 verdeutlicht beim ABS2E die Integration des Steuergerätes in Hybridbauweise mit dem Hydraulikaggregat. Die Vorteile für den Automobilhersteller durch Entfall von Kabelbaumaufwand und Bereitstellung eines für ein Wegbau-Steuergerät geeigneten Anbauorts veranschaulicht Bild 3.1.21.

Bild 3.1.22 und 3.1.23 zeigen an Hand des hydraulischen Blockschaltbildes, wie aus einem ABS5 durch Ergänzung von vier 2/2-Ventilen und 2 Druckbegrenzern ein ASR5 für diagonale Bremskreisaufteilung wird.

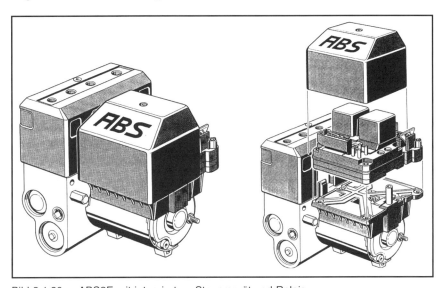

Bild 3.1.20: ABS2E mit integriertem Steuergerät und Relais

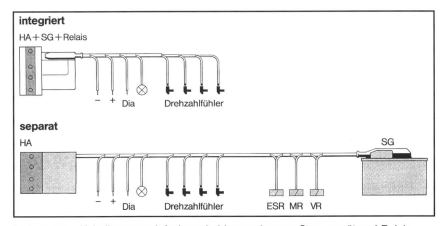

Bild 3.1.21: Kabelbaumvereinfachung bei Integration von Steuergerät und Relais

Da bei 2/2-Ventilen verlustleistungsarme geschaltete Endstufen verwendet werden können, drängt sich der Schritt zur an das Hydroaggregat integrierten Hybridbauweise geradezu an.

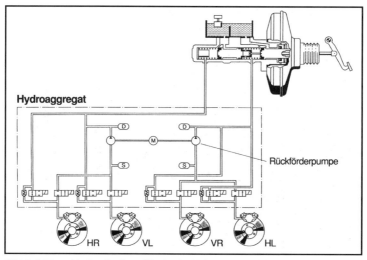

Bild 3.1.22: Hydraulisches Blockschaltbild Bosch ABS5, diagonale Bremskreisaufteilung

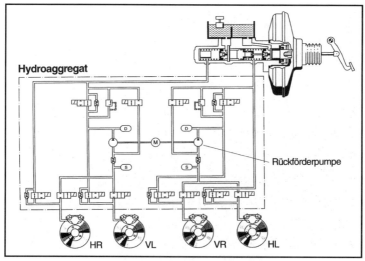

Bild 3.1.23: Hydraulisches Blockschaltbild Bosch ASR5, diagonale Bremskreisaufteilung

Bild 3.1.24 zeigt ein ASR5 Hydraulikaggregat mit integriertem Hybridsteuergerät.

Bild 3.1.25 die Variante mit separatem Steuergerät. Hier sind die geschalteten Endstufen direkt auf der Leiterplatte ohne zusätzliche Kühlkörper montiert.

Bild 3.1.26 führt die Komponenten eines ESP-Systems auf der Basis eines ASR5.7 mit integriertem Steuergerät auf.

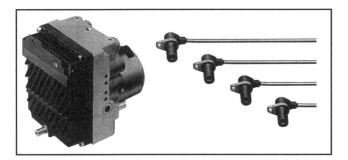

Bild 3.1.24:
ABS/ASR5 mit integriertem Steuergerät,
4 Kanäle /
4 Sensoren

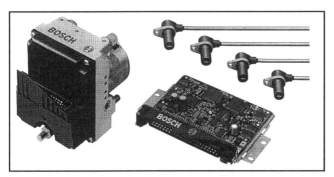

Bild 3.1.25:
ABS/ASR5 mit separatem Steuergerät,
4 Kanäle /
4 Sensoren

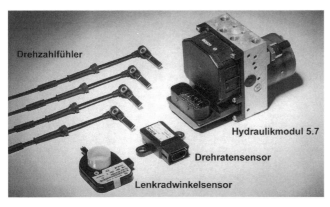

Bild 3.1.26:
FDR Komponenten

Bild 3.1.27 zeigt die Weiterentwicklung vom ABS5.0 zum ABS5.3, dem derzeit kleinsten und leichtesten ABS von Bosch.

Bild 3.1.28 demonstriert die Entwicklung der Hybridsteuergeräte. Frappierend ist die durch die Verlustleistungsverminderung mögliche Verkleinerung des ABS5-Hybrides. Beim Mikro-Hybrid wird die nochmalige deutliche Größenreduzierung durch die Verwendung von Mehrlagen-Keramik erreicht.

Abschließend stellt Bild 3.1.29 die Fortschritte bei Gewicht und Volumen der ASB Hydraulikaggregate mit Anbausteuergerät dar. Beide Kenngrößen wurden innerhalb einer Dekade auf deutlich unter ein Drittel reduziert.

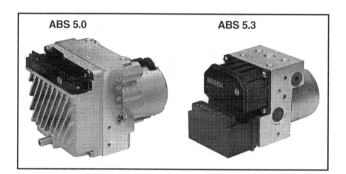

Bild 3.1.27: Vergleich ABS5.0 mit ABS5.3

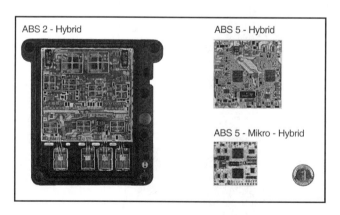

Bild 3.1.28: Entwicklung des Hybridsteuergerätes

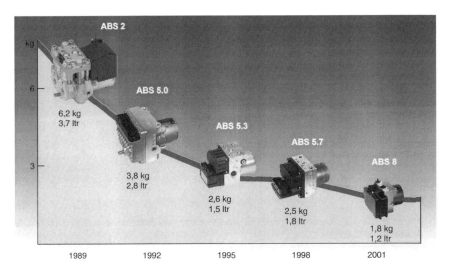

Bild 3.1.29: 4 Kanal Hydraulikaggregate verschiedener Generationen mit integriertem Steuergerät im Vergleich

3.1.7 Ausblick

Die fortschreitende Verbreitung der aktiver Fahrsicherheitssysteme auch in den unteren Fahrzeugklassen zwingt zu weitergehenden noch kostengünstigeren Lösungen. Diese werden durch Reduzierung systeminterner Schnittstellen, Übergang zu Rechnerkonzepten mit verteilten Aufgaben und Einsatz mikromechanischer Sensoren realisiert.

Am oberen Ende des Leistungsspektrums wird intensiv an Systemen gearbeitet, die durch Einbeziehung der Informationen zusätzlicher Sensoren die Leistungsgrenzen heutiger ABS/ASR/ESP-Systeme überwinden und dem Fahrer zusätzliche Sicherheits- und Komfortfunktionen bieten werden.

3.1.8 Schrifttum

H. Leiber, A. Czinczel: Antiskid system for passenger cars with digital electronic control unit. SAE paper 790453

H. Leiber, A. Czinczel, J. Anlauf: Antiblockiersystem (ABS) für Personenkraftwagen. Bosch Technische Berichte Band 7 (1980) Heft 2

M. Satoh, S. Shiraishi: Performance of antilock brakes with simplified control technique. SAE 830484

H.W. Bleckmann, J. Burgdorf, H.-E. von Grünberg, K. Timtner, L. Weise: The first compact 4-wheel anti-skid system with integral hydraulic booster. SAE 830485

H. Schürr, A. Dittner: A new anti-skid-brake system for disc and drum brakes. SAE 830483

W.R. Newton, F.T. Riddy: Evaluation criteria for low cost anti-lockbrake systems for FWD passenger cars. SAE 840464

W.D. Jonner, A. Czinczel: Upgrade levels of the Bosch ABS. SAE 860508

M. Burckhardt: Die Mercedes-Benz/Bosch-Antriebsschlupfregelung (ASR). Verkehrsunfall und Fahrzeugtechnik, Oktober 1986, Heft 10

W. Maisch, W.-D. Jonner und A. Sigl: ASR – Traction Control – A Logical Extension of ABS. SAE 870337

R. Lichnofsky und A. Straub: Automatic Stability Control ASC – A Contribution of Active Driving Safety. 1st International Conference in Powertrain and Chassis Engineering, Strasbourg, 1987

W. Maisch, W.-D. Jonner und A. Sigl: Die Antriebschlupfregelung ASR – eine konsequente Erweiterung des ABS. ATZ 90 (1988) 2

H.-J. Schöpf und J. Paul: ASR Acceleration Skid Control – A Further Contribution Towards Increasing the Active Safety of Daimler-Benz Vehicles. SAE 885050

H.Demel und H. Hemming: ABS and ASR for Passenger Cars – Goals and Limits. SAE 890843

W. Maisch und K. Müller: Circuits et groupes hydrauliques pour ABS et ASR. Exposé SIA à Paris en mai 1989

H.-J. Kraft und H. Leffler: Entwicklung des Bremssystems des BMW 850i einschließlich ABS und ASC. ATZ 92 (1990) 2

A. Kolbe, B. Neitzel, N. Ocvirk und M. Seiermann: Teves MK IV Anti-Lock and Traction Control System. SAE 900208

W. Huber, B. Lieberoth-Leden, W. Maisch und A. Reppich: New Approaches to Electronic Throttle Control. SAE 910085

A. Sigl und A. Czinczel: Antriebsschlupfregelung – mögliche Lösungen und Entwicklungstendenzen. ISBN 528-06435-8, Verlag F. Vieweg und Sohn, Braunschweig 1991

R. Lichnofsky und H.-J. Ohnemüller: ABS, ASR und MSR der neuen S-Klasse. ATZ 94 (1992) 6

H.T. Dorißen und N. Höver: Antriebsschlupfregelung (ASR) – Ein Beitrag zur aktiven Fahrsicherheit. ATZ 95 (1993) 4

W. Maisch, W.-D. Jonner, R. Mergenthaler und A. Sigl: ABS 5 and ASR 5: The New ABS/ASR Family to Optimize Directional Stability and Traction. SAE 930505

W. Maisch, W.-D. Jonner, R. Mergenthaler und A. Sigl: Antiblockiersystem und Antriebsschlupfregelung der fünften Generation, ATZ 95 (1993) 11

M. Burckhardt: Fahrwerktechnik: Radschlupfregelsysteme ISBN 3-8023-0477-2, Vogel Verlag, Würzburg (1993)

A. van Zanten, R. Erhardt, G. Pfaff: FDR – Die Fahrdynamikregelung von Bosch. ATZ 96 (1994) 11

M. Maier, K. Müller: ABS5.3: The new and compact ABS5 unit for passenger cars. SAE 950757

R. Schleupen, W. Reichert, P. Tauber, G. Walter: Electronic Control Systems in Microhybrid Technology. SAE 950431

A. van Zanten, R.Erhardt, A. Lutz, W. Neuwald, H.Bartels: Simulation for the Development of the Bosch-VDC. SAE 960486

3.2 Nutzfahrzeug-Bremsanlagen
Gerhard P. Rist

Weltweit kann auf das Nutzfahrzeug in der Verkehrslogistik als wirtschaftliches Transportmittel nicht verzichtet werden. Gerade weil das Nutzfahrzeug für einen großen Bereich des Güterverkehrs unerläßlich ist, werden ständig steigende Anforderungen an seine Verkehrssicherheit gestellt.

Bekanntlich ist die Sicherheit im Straßenverkehr nicht nur abhängig vom Fahrzeug, sondern auch vom Fahrer und der Umwelt.

Unfallstatistiken machen deutlich, daß menschliches Versagen bis zu 90 % unfallverursachend ist. [1]
Um den ständig steigenden Sicherheitsanforderungen gerecht zu werden, nimmt bei der Entwicklung moderner Fahrzeuge neben
– der passiven Verkehrssicherheit zur Verminderung der Unfallfolgen
– die aktive Verkehrssicherheit zur Verhinderung von Unfällen
und hier besonders die Bremsanlage einen immer breiteren Raum ein.

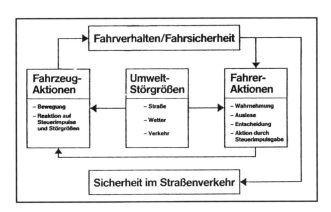

Bild 3.2.1:
Wirksystem:
Fahrer –
Fahrzeug –
Umwelt

3.2.1 Forderungen an die Bremsanlage

Die gängige Druckluftbremsanlage wurde laufend verbessert und hat einen hohen technischen Stand erreicht. In der Bremsenentwicklung ist durch den zunehmenden Einsatz von elektronischen Systemen wie ABS, ASR und EBS ein stetig fortschreitender Prozeß der Leistungssteigerung und damit verbunden eine Erhöhung der aktiven Verkehrssicherheit zu beobachten.

An die Bremsanlage von schweren Nutzfahrzeugen werden sehr hohe technische Forderungen gestellt. Die gesetzlichen Mindestforderungen wie Abbremsung für ziehendes und gezogenes sowie leeres und beladenes Fahrzeug sind in der ECE-Regelung R13 bzw. EG-Richtlinie 71/320 einschließlich Änderungsrichtlinien festgelegt.

3.2.1.1 Bremsleistung

Die Bremsanlage muß so ausgelegt sein, daß auch in einer Notsituation ein möglichst kurzer Anhalteweg bei gleichzeitiger Spurtreue erreicht wird. Die dabei erforderliche Bremsleistung ist besonders bei schweren Nutzfahrzeugen wesentlich größer als die installierte Motorleistung für den Vortrieb.
An folgendem Beispiel wird deutlich welch hohe Bremsleistung an die Radbremse gestellt wird.

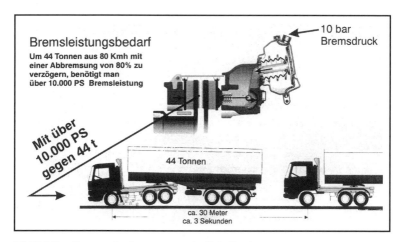

Bild 3.2.2: Pneumatisch zugespannte Scheibenbremse

Um ein Sattelkraftfahrzeug mit 44 t Gesamtgewicht aus einer Geschwindigkeit von 80 km/h in der Zeit von ungefähr 3 Sekunden zum Stehen zu bringen, ist eine Bremsleistung von 7.354 KW (10000 PS) erforderlich.
In den heutigen schweren Nutzfahrzeugen werden Motoren bis zu 440 KW eingebaut, wobei die Schleppleistung dieser Motoren nur einen Teil von der Vortriebsleistung erreicht.
Die dabei erforderliche Bremsleistung ist zirka sechzehnmal größer als die installierte Motorleistung für den Vortrieb.

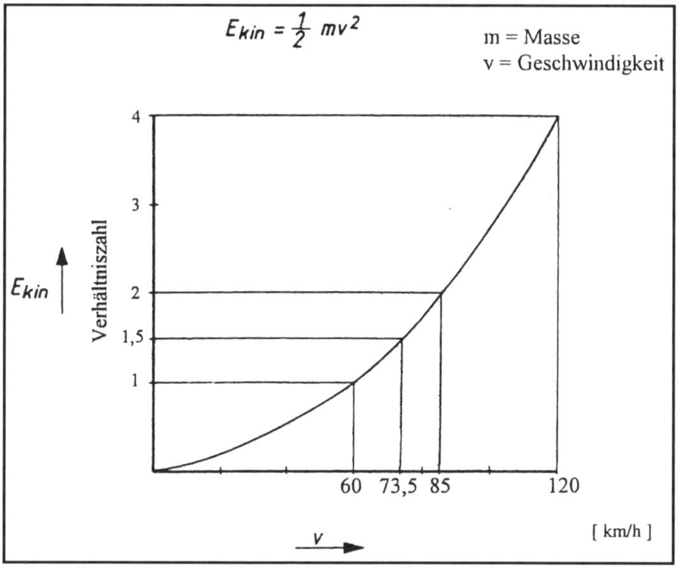

$$E_{kin} = \frac{1}{2} mv^2$$

m = Masse
v = Geschwindigkeit

Bild 3.2.3:
Energie

3.2.1.2 Energie (Wärmeenergie)

Auf den Energiehaushalt hat die Geschwindigkeit, die im Quadrat eingeht, entscheidenden Einfluß. Im Vergleich zu einem Fahrzeug, das aus 60 km/h abgebremst wird, muß bei 120 km/h beim Abbremsen die vierfache kinetische Energie abgebaut werden.

3.2.1.3 Radbremse

Über viele Jahre wurde die S-Nocken-Trommelbremse überwiegend im Nutzfahrzeug eingesetzt. Erst seitdem es gelungen ist, druckluftbetätigte Scheibenbremsen mit einem verbesserten mechanischen Wirkungsgrad in der Zuspannung und einer integrierten automatischen Nachstellung für den Belagverschleiß serienmäßig zu bauen, kamen diese in schnellen Reisebussen, in mittelschweren und schweren Nutzfahrzeugen zum Einsatz. [2]
Bei schweren Anhängefahrzeugen setzen sich Scheibenbremsen verstärkt durch, sie sind für den Einsatz von EBS unerläßlich.

Die Vorteile der Scheibenbremse im Vergleich zur Trommelbremse sind:

- gleichmäßige Stufbarkeit der Bremswirkung durch linerare Bremsenkennung;
- höhere Wärmeabstrahlung durch zulässig höhere Temperaturen im Betrieb;
- kleineres Fading bei linearem Kennwertverhalten. [3]

3.2.2 Antiblockiersystem (ABS)

Das Antiblockiersystem, kurz ABS genannt, greift nur im Grenzfall „Räder neigen zum Blockieren" regelnd in das Bremsgeschehen ein und deckt eine Teilfunktion im Bremsmanagement ab.
Es macht durch Einsatz von Elektronik das Bremsen mit Fahrzeugen wesentlich sicherer und trägt zur Erhöhung der aktiven Verkehrssicherheit bei. Das ABS nutzt die bremstechnischen Möglichkeiten innerhalb der physikalischen Grenzen voll aus. Das gilt sowohl für den Bremsweg als auch für die Kurvengrenzgeschwindigkeit.

Es verhindert das Blockieren der Räder bei Überbremsung auf normaler, schlüpfriger oder auf einseitig glatter Fahrbahn und erhält die Lenkbarkeit des Fahrzeugs.
Fahrzeuge mit ABS haben während des Regelzyklus folgende Sicherheitsmerkmale:

- bleiben richtungsstabil;
- bleiben lenkbar;
- erreichen optimale Verzögerungswerte;
- weniger Gegenlenken bei einseitig glatter Fahrbahn;
- Anhängefahrzeuge brechen nicht aus;

Bremsplatten an den Reifen werden vermieden.

3.2.2.1 Kraftschluß zwischen Reifen und Fahrbahn

Der Kraftschluß bestimmt, welcher Anteil der Rad- oder Achslast als Antriebs-, Brems- oder Seitenführungskraft auf die Fahrbahn übertragen wird. Die Höhe des Kraftschlusses ist abhängig von:

- Fahrbahnzustand;
- Reifenprofil; Schräglaufwinkel und Reifenaufstandsfläche;
- Fahrzeuggeschwindigkeit;
- Achslast/Radlast;

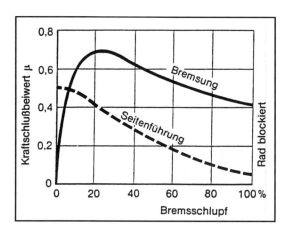

Bild 3.2.4:
Kraftschluß

Überschreitet die Verzögerung des gebremsten Rades den Grenzwert des Kraftschlusses zwischen Reifen und Fahrbahn, so kommt das Rad in einen größeren Bremsschlupf und neigt zum Blockieren. Ein blockiertes Rad kann gegenüber einem nicht blockierendem Rad keine Bremskräfte übertragen. Gleichzeitig geht dabei die Lenkbarkeit durch Verlust der Seitenkräfte verloren.

3.2.2.2 ABS-Komponenten

Das ABS besteht aus drei Komponenten, die je nach Fahrzeugtyp und Art der Konfiguration in unterschiedlicher Anzahl eingesetzt werden. Es sind dies:

- Drehzahlsensor mit Polrad,
- Elektronisches Steuergerät,
- Magnetregelventil mit oder ohne Relaisfunktion.

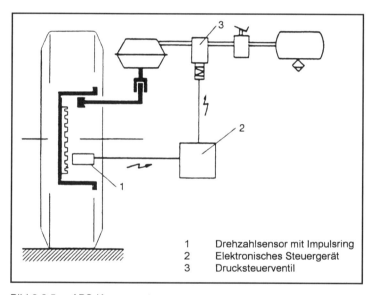

Bild 3.2.5: ABS-Komponenten

3.2.2.3 Regelprinzip

Das ABS erfaßt die Geschwindigkeit der sensierten Räder. An jedem sensierten Rad erzeugt der sich drehende Impulsring über den feststehenden Drehzahlsensor Impulse, deren Frequenz proportional zur Raddrehzahl ist. Aus der Drehzahländerung beim Bremsvorgang ermittelt der Rechner im elektronischen Steuergerät den Bremsschlupf der Räder.

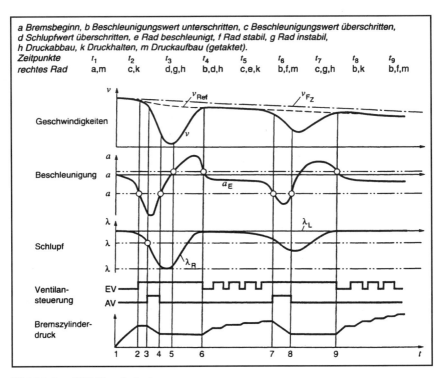

Bild 3.2.6: ABS-Regelprinzip

Das elektronische Steuergerät gibt Steuerimpulse an die Magnetventile der Drucksteuerventile. Entsprechend den Vorgaben des elektronischen Steuergerätes wird der eingesteuerte Bremsdruck so geregelt, daß die Räder nicht Blockieren und im optimalen Bremsschlupf bleiben.

Die Straßenoberfläche kann je nach Belag und Witterung unterschiedlich sein.
Große unterschiedliche Adhäsionsverhältnisse stellen hohe Anforderungen an die Regeltechnik. Dies gilt besonders wenn die Räder auf der einen Fahrzeugseite auf einem hohem Reibwert (nasser Beton, µ 0,6) und auf der anderen Seite auf niedrigem Reibwert (Schnee, µ 0,2) laufen.

Mit der Individual-Regelung (IR) erzielt man den kürzesten Bremsweg. Bei dieser Regelart wird jedes Rad individuell nach dem vorhandenen Haftbeiwert der Straßenoberfläche geregelt. Bei µ-Split sind die Bremskräfte je Fahrzeugseite unterschiedlich groß. Es entsteht ein Giermoment um die Fahrzeughochachse und dadurch erwachsen hohe Kräfte an der Lenkachse. Das Fahrzeug neigt zum Ausbrechen, auch auf Geraden. Im Extremfall ist eine so große Lenkkorrektur am Lenkrad nicht praktikabel. Das Fahrzeug bricht mit Individual-Regelung (IR) bei µ-Split aus.

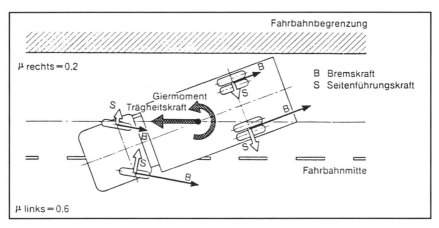

Bild 3.2.7: Giermoment

Im Vergleich mit der Individual-Regelung (IR) ergibt sich bei der Select-Low-Regelung (SLR) ein längerer Bremsweg mit einem sehr stabilen Fahrverhalten bei voller Lenkfähigkeit. Bei dieser Regelart wird jedes Rad einer Achse nach dem niedrigsten Haftbeiwert der Straßenoberfläche geregelt.

Eine bessere Lenkbarkeit wird durch die Modifizierte Individual-Regelung (MIR) erreicht, welche ein Regelsystem zwischen IR und SLR ist. Bei MIR wird bei µ-Split das zum Blockieren neigende Rad in einem höherem Schlupf nahe der Blockiergrenze gehalten und am anderen Rad mit höherem Haftbeiwert die Bremskraft langsam gesteigert. Das dabei entstehende Giermoment ist bedeutend kleiner als bei IR. Fahrzeuge mit MIR an gelenkten Achsen und IR an starren Achsen erreichen eine hohe Bremswirkung bei gleichzeitig guter Lenkfähigkeit und Spurtreue.

Die Wirkung der von den Radbremsen der Betriebsbremsanlage unabhängigen, verschleißfreien Dauerbremsanlage (Motorbremse, Retarder, Konstantdrossel) wird während des ABS-Zyklus abgeschaltet.

Die ABS-Anlage des Anhängefahrzeugs wird über eine Spannungsleitung vom ziehenden Fahrzeug versorgt, arbeitet jedoch selbst unabhängig vom Motorwagen-ABS.
Die Anlagen verschiedener Hersteller sind an der Schnittstelle (Steckverbindung) zwischen ziehenden zum gezogenem Fahrzeug kompatibel.

3.2.2.4 Warn- und Informationseinrichtungen

Im Zugfahrzeug ist neben der Warnleuchte für das ziehende Fahrzeug eine Warn- und Info-Leuchte für das ABS des Anhängefahrzeugs installiert. Tritt während der Fahrt eine Störung auf, so zeigt die Warnlampe dem Fahrer diese Störung an.

Für das gesamte ABS enthält das Steuergerät umfangreiche Vorkehrungen zur Fehlererkennung. Bei Fehlererkennung schaltet das Steuergerät die Anlage teilweise oder ganz ab und speichert einen Fehlercode. Bei Ausfall der ABS-Anlage bleibt die konventionelle Bremsanlage voll wirksam.

3.2.3 Antriebsschlupfregelung (ASR)

Die Antriebsschlupfregelung, kurz ASR genannt, ist eine Erweiterung des ABS und nutzt dessen Komponenten. Es verhindert das Durchdrehen und Gleiten der Antriebräder, regelt und optimiert die Traktion auf ein- oder beidseitig glatter Fahrbahn.
Beim Beschleunigen führt ein überschüssiges Antriebsmoment schnell zum Durchdrehen eines oder beider Antriebsräder. ASR greift bei Bedarf automatisch ein, regelt den Antriebsschlupf auf übertragbare Werte und verhindert das Durchdrehen der Räder. Damit wird die Traktion erhöht und die Fahrzeugstabilität (Spurtreue) sichergestellt. [4]

3.2.3.1 Regelprinzip

Neigen beim Anfahren und Beschleunigen die Antriebsräder zum Durchdrehen, so wird durch gezielten Motoreingriff die Kraftstoffmenge über die Einspritzpumpe zurückgenommen und dadurch das Drehmoment an der Antriebsachse reduziert. Hierzu sendet das ABS/ASR-Steuergerät über die CAN-Schnittstelle einen Reduzierbefehl an das Motorsteuergerät, das dieses Signal unmittelbar umsetzt. Der Bremseneingriff steuert über ein Magnetventil den Druck in den Steuerventilen, und diese regeln über den Druck im Bremszylinder des durchdrehenden Rades die Bremskraft der Radbremse. Damit wird praktisch die Funktion einer Differentialsperre an der Antriebsachse erreicht.
Der Bremsregelkreis wirkt ohne Betätigung der Bremse durch den Fahrer auf die Radbremse der Antriebsachse: einseitig, oder, wenn erforderlich beidseitig.

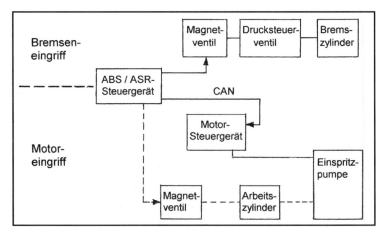

Bild 3.2.8:   ASR – Eingriff und Steuerung der Traktionsübertragung

Der Bremsregelkreis wirkt beim Anfahren bis max. 30 km/h. Über 30 km/h wirkt nur noch der Motorregelkreis.

Zur Fahrrerinformation leuchtet bei aktiver ASR die ASR-Leuchte auf, die somit auch eine Schlupfanzeige ist.

3.2.4 Elektronisch geregeltes Bremssystem (EBS)

EBS ist ein voll automatisiertes, intelligentes und schnell ansprechendes Bremssystem und wird in schwere Nutzfahrzeuge von führenden Nutzfahrzeug-Herstellern serienmäßig eingebaut. [5]
Wie bereits erwähnt, werden immer mehr Steuerfunktionen in der Nutzfahrzeugbremsanlage von elektronischen Systemen mit höheren technischen Anforderungen vorteilhaft übernommen.

Ziel ist, mit dem EBS ein Fahrzeug bzw. eine Fahrzeugkombination optimal zu bremsen, wobei die aktive Verkehrssicherheit neben dem Anwendernutzen an erster Stelle steht. Die Systeme ABS und ASR stellen nach wie vor eine Teilfunktion dar, die nur wirksam wird, wenn sich bei ABS das gebremste Rad dem Blockierbereich nähert bzw. bei ASR das getriebene Rad zum Durchdrehen neigt.
Gegenüber konventionellen Bremsanlagen wird bei EBS eine höhere aktive Verkehrssicherheit, höhere Wirtschaftlichkeit bei mehr Komfort erreicht.

Erhöhte Sicherheit durch:

- schnellere Bremsbetätigung an allen Achsen,
- kürzere Bremswege,
- variable Bremskraftverteilung zwischen Vorder- und Hinterachse,
- verbesserte Fahrzeugstabilität bei Bremsmanövern,
- verbesserte Bremsabstimmung zwischen Zug- und Anhängefahrzeug,
- gezielte Fahrerinformation.

Erhöhte Wirtschaftlichkeit durch:

- gleichmäßigeren Abrieb und höhere Standzeiten der Reifen,
- längere Abstände zwischen den Wartungsintervalle,
- EOL-programmierbare Bremscharakteristik (EOL-End Of Line),
- gleichmäßigen Bremsbelagverschleiß durch Verschleißregelung,
- höhere Bremsbelagstandzeiten durch intelligentes EBS-System das über den Einsatz von Motorbremse, Retarder und Betriebsbremse entscheidet.

Mehr Komfort durch:

- mit PKW vergleichbares Bremsverhalten.
- schnell umgesetzten Verzögerungswunsch,
- angezeigte und überprüfbare Bremsendaten (Verschleiß, Druckniveaus, Fehleranzeige im Display oder als Zahlencode etc.)

3.2.4.1 Komponenten

Zunächst bleiben von der konventionellen Druckluftbremsanlage im Zugfahrzeug die Drucklufterzeugung, -aufbereitung, -speicherung, die Bremszylinder an den Radbremsen sowie die Feststellbremsanlage noch unverändert.
Aber auch an diesen Komponenten wird weiter entwickelt. So ist z. B. in Entwicklung und Erprobung ein Druckluftmanagement, das die anzuordneten Komponenten zwischen Luftpresser und Luftbehältern auf eine elektronisch gesteuertes Einheit reduziert, zusätzliche Funktionen übernimmt und eine bessere Überwachung erlaubt.
Alle anderen Komponenten der konventionellen Bremsanlage werden durch EBS-spezifische Komponenten ersetzt, wobei ABS und ASR integriert sind.

3.2.4.2 Regelung

Beim Betätigen der Bremse wird die Bremspedalstellung über den Bremswertgeber als Verzögerungswunsch an das EBS-Steuergerät des Zugfahrzeugs übertragen. Die Elektronik setzt diesen Verzögerungswunsch in ein Signal an die entsprechende Druckregelkomponente um und steuert Druckluft aus dem Vorratsbehälter in die Bremszylinder ein. Gleichzeitig erhält der Drucksensor der Druckregelkomponente diesen Druck und gibt das dazugehörige Signal an die Elektronik weiter, die den Soll-/Istwert vergleicht und bei Bedarf den Druck an der entsprechenden Druckregelkomponente nachregelt. Dies stellt den Regelkreis der Betriebsbremse dar.

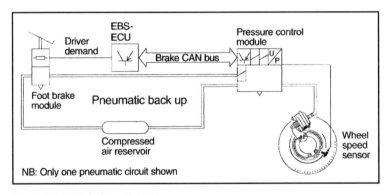

Bild 3.2.9: EBS-Grundfunktion

Alle relevanten Parameter wie der Beladungszustand, die Raddrehzahlen oder die Koppelkräfte zwischen Zug- und Anhängefahrzeug werden ebenfalls, direkt oder indirekt, erfaßt. Unter Berücksichtigung all dieser fahrzeugabhängigen Größen regelt EBS mit Hilfe der Drucksteuerventile die Bremsdrücke an Vorder- und Hinterachse(n). Ohne Komforteinbuße kann zusätzlich beim Bremsen die Dauerbremsanlage (Motorbremse, Retarder, Konstantdrossel) mit eingesetzt werden. Dadurch werden die Verschleißteile der Radbremsen geschont und die Sicherheit weiter erhöht. Außerdem kann am Motorwagen an sensierten Rädern innerhalb eines Bremsdruckbandes der Bremsdruck zwischen Vor-

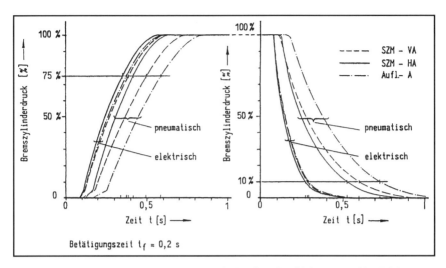

Bild 3.2.10: Gemittelte Bremsdruckverläufe im Sattelkraftfahrzeug – Vergleich penumatische/elektrische Steuerung

der- und Hinterachse variiert werden, um eine gleichmäßige Belagabnutzung zu erreichen (wirkt nur im Teilbremsbereich).
Bei der konventionellen Druckluftbremsanlage wird die Bremse pneumatisch gesteuert. Bei EBS erfolgt die Ansteuerung der Bremse elektronisch zu den Drucksteuerventilen (Magnetventilen). Dadurch wird eine kürzere Ansprech-, Schwellzeit und Lösezeit erreicht. Bedingt durch die kürzere Ansprech- und Schwellzeit wird der Anhalteweg des Fahrzeugs kürzer.

Beim Anhängefahrzeug mit EBS sind viele der oben genannten Vorteile ebenfalls wirksam (keine Verschleißregelung). Ein eindeutiger Vorteil des Anhänger-EBS ist die drastisch gesunkene Anzahl von Komponenten.

3.2.4.3 Kompatibilität [6]

Bei einer Zugkombination mit EBS im ziehenden und gezogenem Fahrzeug wird der Abbremsungssollwert über die elektronische Motorwagen-Anhänger-Schnittstelle übertragen. Eine volle Tauschbarkeit wird durch eine standardisierte Schnittstelle nach ISO 11992 gewährleistet. Die bekannte Steckverbindung für die ABS nach ISO 7638 ist für das EBS auf 7 Pole erweitert worden. Sensoren erfassen die Bremsparameter, die zum Steuergerät des Anhänger-EBS gesendet werden. Von dort aus erfolgt die Regelung der Bremsdrücke nach Verschleiß- und Stabilitätkriterien.
Da bei der Einführung zunächst fast alle im Verkehr befindlichen Fahrzeuge ohne EBS sind, muß für eine lange Übergangszeit sichergestellt werden, daß die ziehenden und gezogenen Fahrzeuge sowohl mit elektronischen als auch mit pneumatischen Steuerfunktionen kompatibel sind.

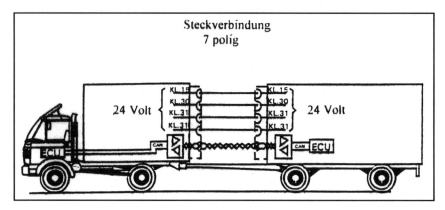

Bild 3.2.11: Schnittstelle nach ISO 11992

Das Anhänger-EBS arbeitet, solange eine Spannungsversorgung über die ABS-Steckdose gewährleistet ist, unabhängig von einem konventionell gebremsten Motorwagen und stellt gegenüber einer konventionellen Anhängebremse – das zeigen die Reaktionen von Kunden – eine Verbesserung dar. Die Ansteuerung erfolgt hier pneumatisch über die Steuerleitung an das EBS-Anhängersteuerventil.

3.2.4.4 Anhängersteuerung

Mit den Mitteln der EBS-Anhängersteuerung wird das Ansprech- und Löseverhalten der Anhängerbremsen deutlich beschleunigt, und die Anhängerbremswirkung kann gegenüber derjenigen des Zugfahrzeuges erhöht oder reduziert werden. Dadurch ist es möglich, die Bremswirkung sowie den Verschleiß von ziehendem und gezogenem Fahrzeug aufeinander abzustimmen und den Auflaufstoß zu reduzieren. Es wird erreicht, daß jede Achse einer Fahrzeugkombination die eigene Last anteilig abbremst. Das führt bei Gliederzügen zu einer kleineren Deichselkraft, bei Sattelkraftfahrzeugen zu einer der vertikalen Sattellast entsprechenden Bremskraftübernahme durch die Sattelzugmaschine.

3.2.4.5 Systemüberwachung

Die zusätzliche Sensorik und Intelligenz des Systems erlaubt eine Vielzahl von Überwachungsfunktionen und Plausiblitätsprüfungen über den Umfang der heutigen ABS/ASR-Sicherheitsfunktionen hinaus. Daraus resultieren Fahrerinformationen, die im Fall schwerwiegender Fehler sofortige Aktion erfordern, im Falle kleinerer Mängel eine vorausschauende Serviceplanung erlauben.

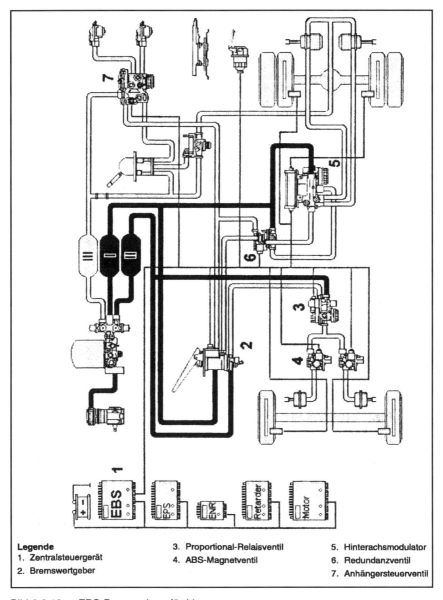

Bild 3.2.12: EBS-Bremsanlage für Lkw

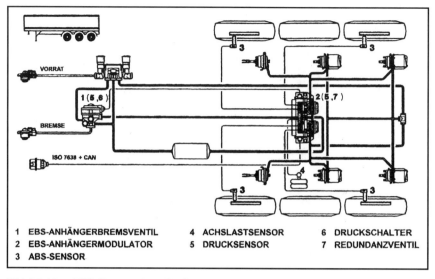

1 EBS-ANHÄNGERBREMSVENTIL	4 ACHSLASTSENSOR	6 DRUCKSCHALTER
2 EBS-ANHÄNGERMODULATOR	5 DRUCKSENSOR	7 REDUNDANZVENTIL
3 ABS-SENSOR		

Bild 3.2.13: EBS-Bremsanlage für Sattelanhänger

3.2.5 Zusammenfassung

Die bekannte Druckluftbremsanlage für Nutzfahrzeuge stellt durch Einsatz von elektronischen Komponenten wie ABS und ASR einen hohen technischen Stand dar.
Bei EBS wird die aktive Verkehrssicherheit und Wirtschaftlichkeit bei mehr Komfort erhöht.
Darüber hinaus werden für das Nutzfahrzeug weitere Sicherheitssysteme wie „Fahrdynamikregelung" (FDR) [7] und „Abstandsregelung" (ACC) erprobt und für den Einsatz in der Serie vorbereitet. Diese Systeme greifen ohne Einfluß des Fahrers partiell in die Bremsanlage ein.
Zur weiteren Komfortoptimierung werden Systeme wie „Elektronische Luftfederung" und „Elektronisch gesteuerte Fahrwerksdämpfung" angeboten.

Bei all diesen neuen Systemen ist bei Wartung, Pflege und technischer Überwachung Sorgfalt geboten.

Der Fahrer ist weiterhin gehalten, seine Fahrweise den Straßen- bzw. Witterungsverhältnissen sowie der Verkehrssituation anzupassen.

3.2.6 Literaturliste

[1] GRANDEL, J; BERG, F. A.; NIEWÖHNER, W.: Sicherheitsanalyse im Straßengüterverkehr. Berichte der Bundesanstalt für Straßenwesen; Mensch und Sicherheit (1993), Heft M7, S. 19-40.

[2] MICKE, S; HOLL, F. H.; GOCKEL, H.; u. a.: Mit sicherheit aktiv: Scheibenbremsen in LKW und Bus. VDI-Berichte (1989), Heft Nr. 744, S. 185-200.

[3] GÖRING, E.; GLASNER, E.-C., von: Vergleich der Leistungsfähigkeit von Trommelbremsen und Scheibenbremsen für schwere Nutzfahrzeuge. AI Automobil-Industrie 35 (1989), Heft Nr. 5, S. 501-509.

[4] PETERSEN, E.; Rothen, J.: Antriebsschlupfregelung (ASR) in das Anti-Blockier-System (ABS) für Nutzfahrzeuge integriert. AI Automobil-Industrie 33 (1988) Heft nr. 4, S. 415-423, u. Heft Nr. 5, S. 505-512.

[5] NEUHAUS, D.; KLEIN, B.: Elektronisches Bremssystem – Serienerfahrungen und Weiterentwicklungen. IAA-TC, 1998.

[6] LINDEMANN, K.; PETERSEN, E.; SCHULT, M.: EBS and Traktor Trailer Brake Compatibility. SAE Paper 97C-113.

[7] ZANTEN, A. v.; ERHARD, R.; PFAFF, G.: FDR – Die Fahrdynamikregelung von BOSCH. ATZ 96, Vol. 11, 1994.

3.3 Servicekonzept für Eigendiagnose-Auswertung
D. Nemec, R. Endermann

3.3.1 Einleitung und Übersicht

Von einem Kraftfahrzeug werden eine möglichst langfristige Werterhaltung, wirtschaftliches Fahren und Betriebs- und Verkehrssicherheit sowie Einhaltung der vom Hersteller angegebenen Daten gefordert.
Diesen Forderungen wird in der Werkstatt durch Inspektion, Wartung und Instandsetzung Rechnung getragen.
Um eine kostengünstige fehlerfreie Motordiagnose durchführen zu können, werden Hilfsmittel in Form von Testgeräten im Servicebereich verwendet. Mit dem zunehmenden Anteil elektronischer Komponenten im Kraftfahrzeug müssen der Werkstatt für diesen Einsatz weitere wirksame Hilfsmittel für eine einfache Fehlerlokalisierung zur Verfügung gestellt werden.

Neue Halbleitertechnologien haben zu einem rasch steigenden Einsatz mikrocomputergesteuerter Systeme geführt. Elektronik regelt den Motor, sorgt für Sicherheit und Komfort und liefert Informationen. Elektronik wurde mit zunehmender Integration zuverlässiger, verschleißt nicht, kann aber auch vorbeugend nicht geprüft und gewartet werden.
Eine rasche und sichere *Diagnose im Fehlerfall,* das „Gewußt-wo", wurde zur wichtigsten Aufgabe für den Kundendienst.
Je enger jedoch Fahrzeugfunktionen miteinander verknüpft werden, um so schwieriger wird die Diagnose und Fehlersuche. Die Lösung liegt darin, daß sich diese Systeme selbst überwachen und kontrollieren. Sie beinhalten Software-Module für

- Eigenüberwachung und
- Eigendiagnose-Auswertung.

Durch die Eigenüberwachung der Elektronik, der Zuleitungen zu Sensoren und Stellgliedern und der Stromversorgung wird eine effiziente Fehleranalyse und damit kostengünstige Serviceabwicklung ermöglicht.
Erkannte Fehlfunktionen werden im Speicher als Fehlercodes abgelegt und gleichzeitig *dem Fahrer über eine Warnlampe pauschal angezeigt.*

Wurden die Fehlercodes in den ersten Jahren noch als Blinkcode über eine Signallampe ausgegeben, hat sich inzwischen eine serielle Datenleitung etabliert. Die Kommunikation über diese Diagnoseschnittstelle ist nur teilweise durch Normen festgelegt. Nur im Bereich der vom Gesetzgeber festgelegten Diagnoseanforderungen (z.B. OBD II in den USA oder OBD seit 2000 in Europa) sind Kommunikation, Diagnosestecker und Auswertung durch Normen festgelegt. Im Bereich der vom Gesetzgeber nicht festgelegten Diagnoseanforderungen haben sich daher viele herstellerspezifische Varianten von der Adaption bis zur Dateninterpretation herausgebildet.

In der Zukunft wird auch die Diagnose über CAN zunehmend eingesetzt werden. Damit ist eine wesentliche Voraussetzung für den Einsatz

universeller Service-Eigendiagnose-Auswertegeräte

für die Systemanalyse mikrocomputergesteuerter Fahrzeugeinheiten geschaffen.
Im Dialog zwischen Auswertegerät und Steuergerät über diese Schnittstelle werden die Eigendiagnose-Funktionen des Steuergerätes für eine umfangreiche Fehlerbehandlung voll genutzt.
Diese gehen über das Auslesen des Fehlercodes weit hinaus. Mit dem steigenden Elektronikanteil und komplexeren Systemen ist die Auswertung der Eigendiagnose neben dem konventionellen Motortest zum Schwerpunkt bei der Fehlersuche im Kundendienst geworden.
Diesem hohen Stellenwert entsprechend soll hier auf die Eigendiagnose näher eingegangen und Service-Auswertegeräte mit ihren vielfältigen Möglichkeiten vorgestellt werden (Abschnitt 3.3.4).
Abschnitt 3.3.5 behandelt aktuelle Schwerpunkte, die momentan das Geschehen auf dem Markt der Eigendiagnose-Auswertung beherrschen.

3.3.2 Service-Prüfkonzept mit Motortestern

Dieses Prüfkonzept umfaßt die

- *Überprüfung der System-Peripherie* und einen
- Funktionstest des Gesamtsystems

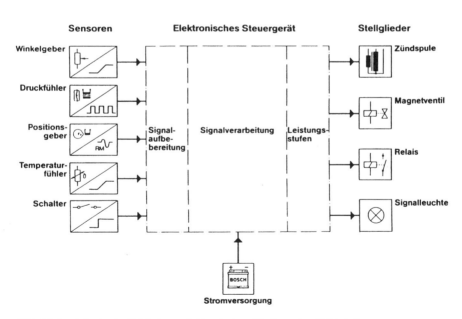

Bild 3.3.1: Blockschaltbild eines elektronischen Systems im Fahrzeug

Das Prüfverfahren ist im Service eingeführt und wird angewendet zur Fehlerlokalisierung und Überprüfung elektronischer Systeme.

Wie in Bild 3.3.1 prinzipiell dargestellt, erfassen Sensoren alle für das System maßgeblichen Daten und melden diese dem elektronischen Steuergerät.

Im Steuergerät werden die Signale aufbereitet, verarbeitet und so verknüpft, daß die in Fahrversuchen oder auf dem Prüfstand als optimal ermittelten Daten für die *Ansteuerung der Stellglieder* gewonnen werden.

3.3.2.1 Prüfgeräte-Konfiguration

Bild 3.3.2 zeigt eine mögliche Anordnung für die Überprüfung eines elektronischen Systems im Fahrzeug.

Die Steckverbindung zwischen Steuergerät und Kabelbaum wird aufgetrennt. Das *Systemkabel* wird zwischengeschaltet und macht so die Komponenten des Systems den Prüfgeräten zugänglich.

Das *Vorschaltgerät* ist als universell einsetzbares Modul zwischen den Testgeräten und dem systemspezifischen Anschlußkabel ausgelegt. Es beinhaltet entsprechende Schutz-

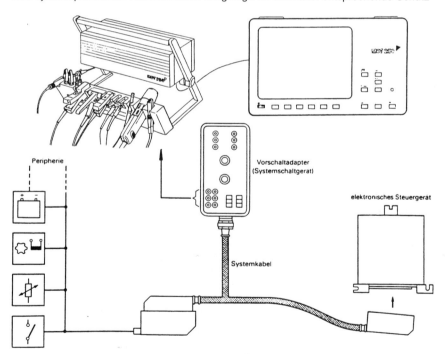

Bild 3.3.2: Prüfung eines elektronischen Systems im Fahrzeug

schaltungen gegen eingangsseitige Überspannungen, Fehlbedienungen und Falschanschluß.
Ein Vorschaltgerät stellt also eine einfache, sichere Adaption am Fahrzeug dar. Problematisch wird diese Art der Adaption aber immer dann, wenn das Steuergerät nur sehr schwer zugänglich ist oder durch die Trennung des Steuergerätes im Fehlerspeicher ein Fehlercode gesetzt wird oder gesetzte Fehlercodes gelöscht werden und einer Diagnose dann nicht mehr zur Verfügung stehen.
Die vielfältige Meßtechnik eines Motortesters (Strom, Spannung, Widerstand, Druck, Tastverhältnis usw.) und die variablen Möglichkeiten der Darstellung (Analog, Digital, Oszilloskop) bieten mit Unterstützung von Prüfabläufen eine Fülle von Diagnosemöglichkeiten. Aber auch hier steigt der Zeitaufwand, die Meßstellen zugänglich zu machen.
Die Eigendiagnose der Steuergeräte, ohne die heute kaum ein Steuergerät mehr entwickelt wird, bietet hier für viele Diagnosezwecke eine elegante Lösung. Sie weist gegenüber der Diagnose mit dem Motortester folgende Vorteile auf.

- schnelle Auswertung
- einfache Handhabung
- kurze Rüstzeiten

3.3.3 Eigendiagnoseüberwachung und On-Board-Eigendiagnoseauswertung

Hier werden mikrocomputergesteuerte Systeme angesprochen, die ihre eigene Elektronik und die der Elektronik zugänglichen *Aggregate* (Sensoren, Aktuatoren) permanent überwachen, erkannte Fehlfunktionen abspeichern und nach außen mitteilen können.

3.3.3.1 Möglichkeiten und Grenzen

Gründe für eine Eigenüberwachung können sein:
- *Sicherheit:* Grundfunktionen müssen im Fehlerfall erhalten bleiben (ABS/ASR)
- *Zuverlässigkeit:* Umschalten auf Notlauffunktionen
- *Vorschriften:* Abgas-Gesetzgebung, z.B. ASU, AU, OBD (USA, EU)
- *Prüfbarkeit:* Diagnose und Lokalisierung fehlerhafter Komponenten
- *Schlußprüfung:* Am Bandende beim Fahrzeughersteller

So vorteilhaft die Möglichkeiten der Eigendiagnose sind, sie hat auch ihre Grenzen. Sie kann nur dann funktionsfähig sein, wenn z.B. die Prozessoreinheit, die Stromversorgung und die Zuleitungen zur Ausgabe in Ordnung sind. Hinsichtlich ihrer Aussagefähigkeit können zwar Fehlerpfad und Fehlerart ausgegeben werden, nicht jedoch der exakte Fehlerort (Sensor, Kabel, Steckverbinder).
Auch rein mechanische Fehler werden von der Eigendiagnose oft nicht erfaßt. Ursachen für Fehlfunktionen können z.B. in der Kompression, in der Kraftstoffversorgung oder im Hochspannungsteil liegen.
Die Eigenüberwachung kann kein Allheilmittel sein und verdrängt nicht die Motordiagnose, die Prüfung der Fahrzeugelektronik oder die Fehlersuche bis zum defekten Bauteil.

3.3.3.2 Diagnoseauswertung

Ist die umfassende Funktion eines Steuergerätes nicht mehr gegeben, muß der Fahrer über eine Warnlampe davon in Kenntnis gesetzt werden. Der Fahrer weiß nicht, welcher Fehler aufgetreten ist. Er wird seine Werkstatt aufsuchen.
Der Service-Techniker aktiviert das Steuergerät, d.h. das Steuergerät wird aufgefordert, Informationen hinsichtlich Fehlerpfad und Fehlerart über die Signallampe zu übermitteln.
Das Steuergerät sendet die abgespeicherten Fehlercodes. Das „Lesen" erfolgt visuell über den Service-Techniker. Die Bedeutung des Fehlercodes muß aus einer Fehlercodetabelle, z.B. aus den Herstellerinformationen, entnommen werden.
Die Aufgabe des „Lesens" und die Interpretation des Fehlercodes kann auch durch ein Testgerät übernommen werden, welches an die Signalleitung angeschlossen wird.
Die Prüftiefe der Eigendiagnose kann hier nicht voll genutzt werden, da kein komfortabler bidirektionaler Datenverkehr wie bei externen Service-Auswertegeräten gegeben ist.
Bekannt sind vielfältige Arten der Aktivierung wie Kurzschlußstecker, Kodierstecker oder bestimmte Einschaltsequenzen von Schaltern, Tasten, Gas- oder Bremspedal.

3.3.3.2.1 Beispiel Blinkcode

Bild 3.3.3 zeigt als Blockbild die On-Board-Eigendiagnoseauswertung durch *Blinkcode*.

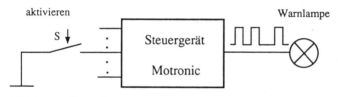

Bild 3.3.3:   Eigendiagnoseauswertung

Durch Betätigen des Schalters S (z.B. Kurzschlußstecker) im Fahrzeug wird die Eigendiagnoseauswertung eingeleitet. Der Fehlercode wird ausgegeben.

3.3.4 Eigendiagnoseauswertung mit Service-Prüfgeräten

Wie in der Fahrzeugelektronik hat auch im Testgerät die Rechnertechnik Einzug gehalten. Die Verbindung zwischen Steuergerät und Testgerät erfolgt über eine serielle Datenleitung. Dazu sind in den Fahrzeugen Diagnosesteckdosen eingebaut, an die das Testgerät angeschlossen werden kann. Damit ist eine einfache, geführte Bedienung sowie eine verständliche Auswertung möglich.

3.3.4.1 Diagnose-Schnittstelle

Universell einsetzbare und vor allem zukunftssichere Eigendiagnose-Auswertegeräte müssen so flexibel angelegt sein, daß sie die unterschiedlichen Prüfkonzepte der verschiedenen Hersteller abdecken können.
Durch die steigende Anzahl unterschiedlicher Systeme in einem Fahrzeug ist zunehmend eine busfähige Kommunikation notwendig.
In Normen wie z.b. ISO 9141, SAE J 1850 oder ISO 15765 ist zwar vereinbart, wie eine Kommunikation zwischen Testgerät und Steuergerät zustande kommen kann, sie haben aber für eine Variantenbildung weite Freiräume gelassen.
Varianten in der Praxis gibt es z.b. bei der Adaption (Diagnosestecker), der Initialisierung (Reizung), der Kommunikation selbst, der Interpretation der Daten usw.
Über die serielle Datenleitung werden also digitale Informationen zwischen Auswertegerät und Prüfling ausgetauscht (Bild 3.3.5).

Der Diagnoseablauf läßt sich gliedern in

Kommunikationsaufbau

- Reizen (Aktivieren) des Steuergerätes (SG), z.B. durch eine 5-Baud-Reizadresse
- Baudrate erkennen und generieren
- Keybytes (Schlüsselworte) lesen, die zur Kennzeichnung des Übertragungsprotokolls dienen.

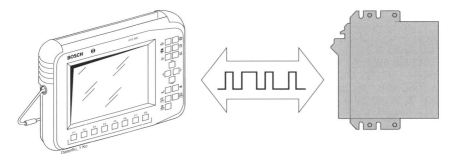

Bild 3.3.5:

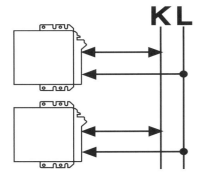

Bild 3.3.6:
Prinzipielle Konfiguration für Eigendiagnose
K = Datenleitung gemäß
  ISO 9141 bidirectional
L = Datenleitung gemäß
  ISO 9141 undirectional

Danach kann die Auswertung erfolgen. Folgende Funktionen sind in der Regel möglich:
- SG identifizieren
- Fehlerspeicher lesen
- Fehlerspeicher löschen
- Istwerte lesen
- Stellglieder ansteuern
- weitere Sonderfunktionen oder Prüfabläufe

3.3.4.2 Service-Auswertegeräte

Im Steuergerät registrierte Fehlfunktionen werden in der Kfz-Werkstatt mit dem Testgerät angezeigt, charakterisiert und lokalisiert.

Der Anwender kommuniziert menügeführt durch das Testgerät mit dem Steuergerät. Durch klare Bedienungsanweisungen wird der Service-Techniker durch das Programm geführt.

3.3.5 On Board Diagnose (OBD) in USA und Europa

3.3.5.1 Wer sind CARB, OBD, SAE und ISO?

Bei dem Ziel der Luftreinhaltung ist Kalifornien als Vorreiter weltweit bekannt. Für die Umsetzung dieses Zieles ist die „Kalifornische Behörde für die Reinhaltung der Luft" (California Air Ressources Board = CARB) beauftragt. Diese setzte bei der Umsetzung auf die Eigendiagnose im Fahrzeug (On Board Diagnosis = OBD). Damit soll das Problem gleich am Ort der Entstehung angepackt werden. Die Vorschriften dazu wurden durch die 1. Definition, die OBD I festgelegt und mit Modelljahr 1988 eingeführt. Seit dem Modelljahr 1994 gilt, für Fahrzeuge die in den USA verkauft werden, die OBD II. Einzelheiten, zum Beispiel zu Steckerbelegung, Protokoll, Kommunikation usw. wurden von einer Normungsorganisation (Society of Automobile Engineers = SAE) im Detail festgelegt und beschrieben. Die Umsetzung für Europa erfolgte dann durch die internationale Normungsorganisation ISO (International Organization for Standardization = ISO).

3.3.5.2 Die OBD I

Mit dem Modelljahr 1988 erfolgte in den USA die Einführung der On Board Diagnosis Vers. 1 (OBD I).

Zusammenfassung OBD I:
- Kraftfahrzeuge müssen mit elektronischen Systemen ausgestattet sein, die sich selbst überwachen.
- Abgasrelevante Fehler müssen über eine im Armaturenbrett eingebaute Fehlerlampe (MI) angezeigt werden.
- Im Fehlerspeicher des Steuergerätes muss der Fehler abgelegt werden und ist mit ON-Board-Mitteln auszulesen (z. B. Blink-Code).

3.3.5.3 Von OBD I zu OBD II

Ab Modelljahr 94 wurde OBD I durch die OBD II abgelöst. Sie verschärft die Anforderungen an die On Board Diagnose und erweitert ihren Umfang. Die wichtigsten Ergänzungen der OBD II sind:
- Zusätzliche Funktion „Blinken" der Fehlerlampe MI.
- Die Überwachung der Funktionen / Komponenten nicht nur auf Defekt sondern auch auf Einhaltung der Abgaswerte.
- Neben den Fehlern werden auch die Betriebsbedingungen im sogenannten „Freeze Frame" abgespeichert.
- Auslesen der Fehlerspeicher mit Diagnosetestgerät (Scan-Tool) anstelle über Blinkcode.

OBD II schreibt für folgende Komponenten die ständige Überwachung vor:
- Verbrennung
- Katalysator
- Lambdasonden
- Sekundärluftsystem
- Kraftstoffverdunstungssystem und
- Abgasrückführungssystem

Eine fehlerhafte Systemkomponente führt zum Aufleuchten der Kontrollampe.

3.3.5.4 OBD II und Diesel

Wenn von OBD II gesprochen wird, geschieht dies meist im Blick auf Fahrzeuge mit Benzinmotor. In diesem Bereich gab es auch die ersten Festlegungen. Seit dem Modelljahr 1996 muss die OBD II in den USA auch von Dieselfahrzeugen erfüllt werden. Ziele und Grundlagen sind für Fahrzeuge mit Benzinmotor und Dieselmotor gleich (Überwachung der abgasrelevanten Funktionen, Fehlerlampe, Protokolle usw.). Entsprechend der abweichenden Technologie gibt es auch Abweichungen bei den überwachten Funktionen.

3.3.5.5 Die europäische On Board Diagnose

In Europa werden ab dem Jahr 2000 nur noch Fahrzeuge typzugelassen, welche die Anforderung der OBD erfüllen. Bei diesen Fahrzeugen sind dann die abgasrelevanten Parameter auch über diese genormte Schnittstelle auslesbar. Für Diesel-Pkw ist eine Einführung ab dem Jahre 2003 geplant.

3.3.5.6 Die Kommunikation zwischen Fahrzeug und Testgerät über eine genormte Schnittstelle

Für OBD II und europäische OBD gelten z. Z. folgende Kommunikationsarten:

1. Kommunikation nach ISO 9141-2
   - verwendet bei europäischen Herstellern
   - mit langsamer (5 Baud) Reizung

2. Kommunikation nach ISO 14 230-4 (KWP 2000)
- verwendet bei europäischen Herstellern,
- mit schneller oder mit langsamer Reizung möglich

3. Kommunikation nach SAE J 1850
- verwendet bei US-Herstellern in 2 Varianten:
  SAE J 1850 10,4 KB VPW z. B. GM
  SAE J 1850 41,6 KB PWM z. B. Ford

4. Kommunikation nach ISO/DIS 15 765-4
- Diagnose über die CAN-Schnittstelle

3.3.5.7 Beispielablauf mit dem Testgerät KTS500

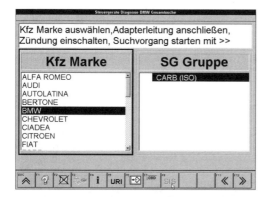

Bild 3.3.7
Nach der Auswahl der Marke kann das CARB-Programm ausgewählt werden

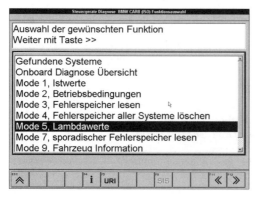

Bild 3.3.8:
Nach erfolgreichem Kommunikationsaufbau mit dem Steuergerät zeigt das Testgerät die zur Verfügung stehenden Informationsarten an

Bild 3.3.9:
Die Systeme werden in diesem Fall nicht namentlich angezeigt, sondern entsprechend der Norm wird die Zuordnung der Systeme nach Steuergeräte-Adressen in Systemgruppen vorgenommen, z.B. 0-17 für Motorsteuerungen. Weitere Systeme können sich hier melden und würden mit ihrer Adresse und Systemgruppe, z.B. 20 Antriebssteuerung, aufgelistet

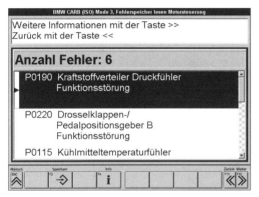

Bild 3.3.10:
Im Mode 3 z.B. kann der Fehlerspeicher ausgelesen werden. Das Testgerät ordnet dem Fehlercode einen Text für Fehlerpfad (Komponente) und die Fehlerart zu

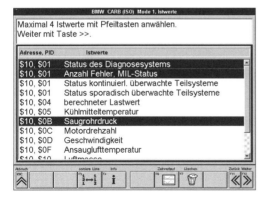

Bild 3.3.11:
Im Mode 1 können z.B. Istwerte und Stati angezeigt werden. Aus der von diesem Steuergerät angebotenen Auswahl können die gewünschten Istwerte/Stati selektiert werden

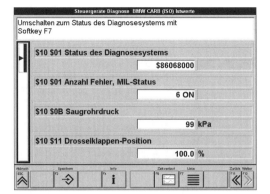

Bild 3.3.12:
Die Angezeigt ist dynamisch, d.h. die Abfrage des Steuergerätes erfolgt laufend, so das sich Änderungen im Fahrzzeug auf der Anzeige sofort auswirken

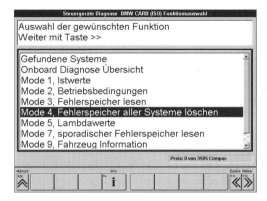

Bild 3.3.13:
Nach einer erfolgreichen Reparatur kann dann der Fehlerspeicher gelöscht werden

4 Komfort

4.1 Mechanische und hydraulische Systemelemente
M. Oberhauser

Überblick

Der nachstehende Beitrag erläutert die mechanischen und hydraulischen Komponenten moderner Automatikgetriebe und im folgenden Beitrag werden die elektronischen Komponenten und die Software erläutert. Aus allgemeinen fahrzeugtechnischen Betrachtungen zu Stufengetrieben ergeben sich die Anforderungen an die optimale Steuerung des Schaltpunktes und des Schaltablaufs per Software. Die Besonderheiten der Leistungsübertragung über Planetengetriebe und Föttinger-Wandler in modernen Automatikgetrieben und der Aufbau der Hydraulik werden dargestellt.

4.1.1 Aufgabe von Fahrzeuggetrieben

Das Getriebe ist Teil des Antriebsstrangs des Fahrzeuges. Grundaufgabe des Antriebsstrangs ist die Übertragung des Motormomentes auf die Antriebsräder. Während lange Zeit das Handschaltgetriebe und Einachsantrieb bei Pkws Standard waren, sind in den achtziger Jahren durch die verstärkte Anwendung der Elektronik und Aktorik sehr viele Innovationen im Antriebsbereich wie permanenter Allradantrieb, selbständig zuschaltende Allradantriebe (Viscokupplung, 4-matic) Antriebs-Schlupfregelung (ASR), Sperrdifferentiale und elektrohydraulische Automatgetriebe umgesetzt worden. Tabelle 4.1.1 zeigt allgemein die Aufgaben des Antriebsstrangs.

- Lieferkennlinie an Zugkraftbedarf anpassen
- Drehzahllücke des Verbrennungsmotors überbrücken
- Motor möglichst verbrauchsoptimal belasten
- Komfortabler Fahrbetrieb
- Möglichst geringe Beeinträchtigung der Seitenkräfte
- Hohe Traktion

Tabelle 4.1.1:
Aufgaben eines Antriebsstrangs

Trotz aller neuen Komponenten wird die Gesamtleistung des Antriebs nach wie vor wesentlich durch das Getriebe bestimmt.

4.1.1.1 Getriebe als Kennungswandler

Straßenfahrzeuge werden heute und in absehbarer Zukunft mit wenigen Ausnahmen (Elektrofahrzeuge, Hybridfahrzeuge) durch Verbrennungsmotoren angetrieben. Der Motor muß im gewünschten Geschwindigkeitsbereich und bei allen vorkommenden Steigungen den Fahrwiderstand überwinden und darüber hinaus eine ausreichende Beschleunigungsreserve bieten. Für den Fahrbetrieb ist aber nicht nur Antriebsleistung, sondern auch genügend Bremsleistung des Antriebsstrangs erforderlich, um die Betriebsbremse zu schonen. Bild 4.1.1 zeigt die Fahrwiderstandskraft am Rad über der Fahrgeschwindigkeit für einen mittleren Pkw.

Aus thermodynamischen und schwingungstechnischen Gründen weisen diese Antriebe jedoch Kennfelder auf, die einen Direktantrieb unmöglich machen.

Bild 4.1.2 zeigt als Beispiel die Lieferkennlinie (Vollastlinie) eines typischen Pkw-Ottomotors ohne Getriebe- bzw. Achsübersetzung zusammen mit dem Fahrwiderstandskraft am Rad.

Der Verbrennungsmotor kann nur oberhalb einer Minimaldrehzahl von ca. 600 bis 800 1/min je nach Bauart Leistung abgeben (Drehzahllücke). Zur Überbrückung dieser Drehzahllücke dient beim Handschaltgetriebe i.a. eine Trockenkupplung, bei modernen Automatikgetrieben fast ausschließlich ein Strömungswandler (Föttinger-Wandler). Bei schweren Lkws ist auch wegen des starken Wärmeanfalls beim Anfahren die Kombination einer Strömungskupplung mit einem Stufengetriebe zu finden, d.h. automatisiertes Anfahren und konventionelles Schalten.

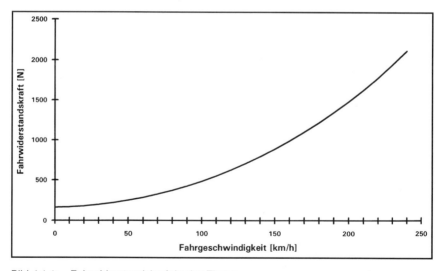

Bild 4.1.1: Fahrwiderstandskraft in der Ebene

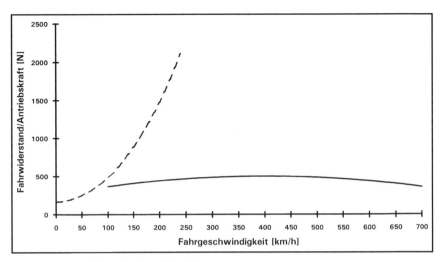

Bild 4.1.2: Antriebskraft ohne Getriebe

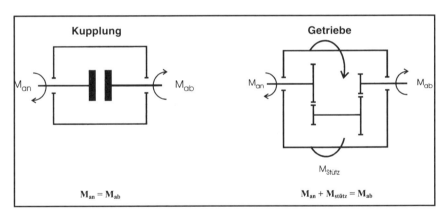

Bild 4.1.3: Kupplung und Getriebe

Die Drehzahlgrenzen liegen bei Pkw Otto- bzw. Dieselmotoren bekanntermaßen zwischen ca. 800 und 6000 1/min bzw. 800 und 4000 1/min und bei Lkw Dieseln zwischen 600 und 2000 1/min.

Im Gegensatz zur Kupplung wandelt ein Getriebe nicht nur Drehzahlen sondern auch Momente, siehe Bild 4.1.3. Für Übersetzungen ungleich eins (dann arbeitet das Getriebe wie eine geschlossene Kupplung) ist im Gegensatz zu Kupplungen stets ein Abstützmoment erforderlich. Dies ist bei der Dimensionierung des Getriebegehäuses zu berücksichtigen.

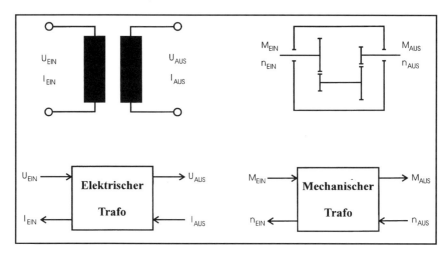

Bild 4.1.4: Getriebe als mechanischer Transformator

Ein Getriebe kann als „mechanischer Transformator" betrachtet werden. Die Modellvorstellung als Vierport wird in signalflußorientierten Simulationsprogrammen (z.B. MATLAB/SIMULINK, MATRIXx, ASCET) gerne verwendet. Zu beachten ist die Rückwirkung zwischen Moment und Drehzahl. (Bild 4.1.4)

Die Übersetzung des idealen Getriebes ist definiert als

$$i_G = \frac{n_{Ein}}{n_{Aus}} = \frac{M_{Aus}}{M_{Ein}}$$

Eine Getriebeübersetzung von 3 bedeutet also, der Motor (Getriebeeingang) dreht dreimal schneller als der Getriebeausgang (meist Kardanwelle) und das Ausgangsmoment ist dreimal größer als das Motormoment.

In der Realität gibt es in der Mechanik wie in der Elektrotechnik keine „idealen" Transformatoren. Die Ausgangsleistung ist infolge der Reibung zwischen den Zahnrädern und in den Lagern und der Panschverluste im Öl etc. stets kleiner als die Eingangsleistung. Die Getriebeverluste werden durch den Wirkungsgrad berücksichtigt.

$$\eta_G = \frac{P_{Aus}}{P_{Ein}}$$

Die Gesamtübersetzung teilt sich beim konventionellen Pkw-Einachsantrieb auf das (Schalt-)getriebe und das Achsgetriebe als konstantes Getriebe auf (Reihenschaltung). Bei Heckantrieb und Frontmotor ist das Achsgetriebe meist als Kegel- und Tellerrad ausgebildet. Die Seitenwellen übertragen dann das volle Radmoment. In schweren Lkws und in Allradfahrzeugen gibt es noch weitere Übersetzungen (z.B. Außenplanetenachsen, Verteilergetriebe) auf die hier nicht näher eingegangen werden soll.

Das Achsgetriebe beeinflußt natürlich nicht nur die Übersetzung, sondern erhöht den Leistungsverlust

$$\eta_{ges} = \eta_G \cdot \eta_{Achse}$$

Strenggenommen stellt das Differential ein weiteres Getriebe im Antriebsstrang dar. Differentiale sind Sonderformen von Planetengetrieben, deren Funktionsweise später besprochen wird. Bei Geradeausfahrt und griffigen Boden kann die Wirkung des Differentials auf die Längsdynamik jedoch vernachlässigt werden.

Mit dem „mechanischen Trafo" kann das Lieferkennfeld des Motors dem Fahrbetrieb angepaßt werden. Bild 4.1.5 zeigt die Grenzen des stationären Fahrwiderstandes auf Straßen.

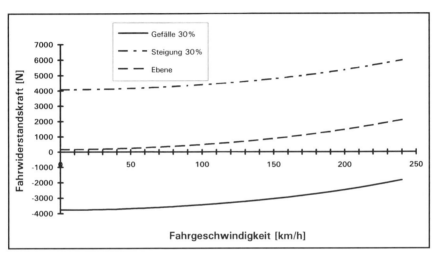

Bild 4.1.5: Fahrwiderstandskräfte

Dies ist allerdings nur das absolute Minimum. Um eine ausreichende Beschleunigung sicherzustellen und für Sonderfälle (Garagenausfahrt, Anhänger usw.) muß der Antrieb real über dieses Minimum hinaus dimensioniert werden.

Eine Erhöhung der Getriebeübersetzung verringert den in diesem Gang fahrbaren Geschwindigkeitsbereich und vergrößert die am Radumfang wirksamen Kräfte.

Ein idealer Antriebsstrang stellt bei jeder Geschwindigkeit die maximale Motorleistung am Rad zur Verfügung.

$$P_{Rad}(v) = F_{Rad} \cdot v = P_{Mot\,max}$$

$$F_{Rad} = \frac{P_{Mot\,max}}{v}$$

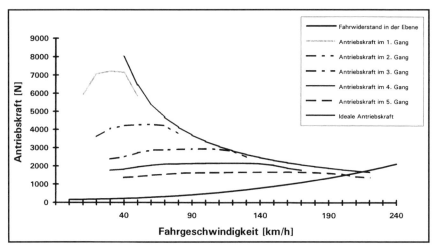

Bild 4.1.6: Antriebskraftschaubild

Bild 4.1.6 zeigt die Zusammenhänge an einem 5-Ganggetriebe. Dies gilt für Handschaltgetriebe ebenso wie für Automatikgetriebe mit geschlossener Wandlerüberbrückungskupplung.

Mit Stufengetrieben kann die ideale Lieferkennlinie aus zwei Gründen nicht nur angenähert werden:

Kinematik   Motor- und Abtriebsdrehzahl sind starr gekoppelt

Wirkungsgrad   Aufgrund der Leistungsverluste kommt nur ein Teil der Motorleistung am Rad an

Die kinematische Bindung wird bei stufenlosen Getrieben (CVTs) prinzipiell aufgelöst. Aufgrund der endlichen Regeldynamik und des im allgemeinen schlechteren Wirkungsgrades wird aber auch hier in der Praxis die optimale Kennung nur angenähert erreicht.

4.1.1.2 Verbrauchs- und abgasoptimale Belastung

Der spezifische Verbrauch und das Abgasverhalten des Verbrennungsmotors ist stark betriebspunktabhängig und unterschiedlich im stationären bzw. instationären Betrieb. Im folgenden soll der Verbrauch vereinfachend nur stationär betrachtet werden.

Der Kraftstoffverbrauch wird üblicherweise spezifisch angegeben.

$$b_e = \frac{\dot{m}_{Br}}{P_{mech}} = \frac{m_{Br}}{W_{mech}} \quad \left[\frac{g}{kWh}\right]$$

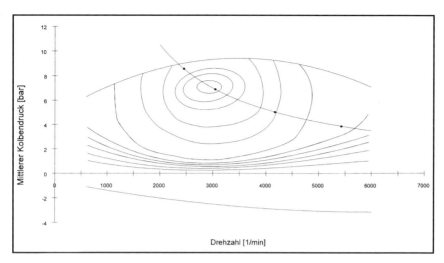

Bild 4.1.7: Verbrauchskennfeld

Man kann b_e Kraftstoffstrom pro Leistungseinheit oder als Kraftstoffmenge pro abgegebener Arbeitseinheit ansehen.

Im Motorkennfeld ergeben sich die typischen „Muschellinien". (Bild 4.1.7)

Betrachtet man die am Rad geforderte Leistung als gegeben, kann der Motor diese praktisch mit unendlich vielen Moment- Drehzahlkombinationen auf der entsprechenden Leistungshyperbel liefern. Der verbrauchsoptimale Punkt liegt in der Muschel b_{emin}.

Beim Stufengetrieben sind die Motordrehzahl der Raddrehzahl gangabhängig fest zugeordnet. Man kann daher in der Regel das Verbrauchsoptimum nur annähern.

Allgemein ist es günstig, die Leistung bei hohem Moment und niedriger Drehzahl, d.h. im möglichst hohem Gang, abzugeben.

Neben der Wahl des Betriebspunktes beeinflußt der Gesamtwirkungsgrad des Antriebsstrangs den Kraftstoffverbrauch. Die Leistungsverluste setzen sich aus konstanten, moment- und drehzahlabhängigen Anteilen zusammen.

Die quantitative Erfassung und Beeinflussung des Abgasverhaltens im Betrieb ist noch deutlich schwieriger als beim Verbrauch. Eingriffe werden daher rein motorseitig bzw. durch Abgasnachbehandlung (Katalysator) vorgenommen.

4.1.2 Föttinger-Wandler als Anfahrelement

Im Gegensatz zum Handschaltgetriebe sind beim Automatikgetriebe Anfahr- und Schaltfunktion nicht getrennt. Trotz vieler Versuche mit aktiv gesteuerten (automatisierten) Trockenkupplungen erfolgt der Anfahrvorgang im klassischen Automatikgetriebe passiv über Strömungswandler. Die Strömungswandler haben inzwischen einen hohen Entwicklungsstand erreicht und bieten neben der automatischen Anpassung von Motor und Getriebe zusätzlich Schwingungsdämpfung und eine Momenterhöhung um den Faktor 2 bis 2,5 bis zum Kupplungspunkt, d.h. der Wandler ist ein Getriebe für sich! Die ersten Automatikgetriebe in den USA und die ersten Busgetriebe in Europa hatten tatsächlich nur zwei mechanische Gänge. Bei den modernen Vielganggetrieben tritt dieser Vorteil aber immer mehr in den Hintergrund und man verwendet den Wandler nur zum Anfahren und im Notlauf. Neuere Entwicklungen ersetzen den Wandler komplett durch eine nasse Anfahrkupplung.

4.1.2.1 Aufbau und Funktion

Bild 4.1.8 zeigt schematisch den Aufbau des Wandlers. Er besteht aus drei Schaufelrädern. Das Pumpenrad ist mit dem Motor verbunden, das Turbinenrad mit dem Planetengetriebe und das Leitrad als drittes Rad dient der Momenterhöhung, d.h. durch dieses dritte Rad wird die Strömungskupplung zum Getriebe (Wandler). Das Leitrad stützt sein Moment am Gehäuse ab (vergleiche Vorgelegewelle). Das Öl im Wandler (gleicher Ölkreislauf wie Planetengetriebe) führt beim Durchströmen gleichzeitig eine axiale und eine radiale Bewegung aus und wird im Leitrad umgelenkt.

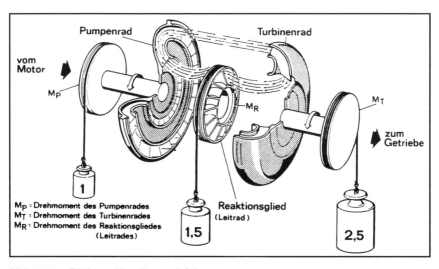

Bild 4.1.8: Föttinger-Wandler nach [1]

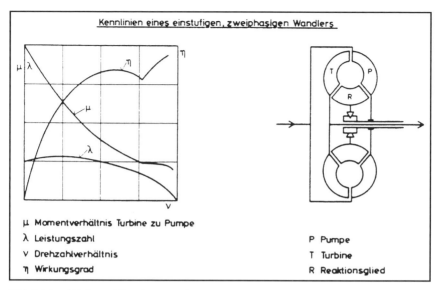

Bild 4.1.9: Föttinger-Wandler nach [1]

4.1.2.2 Kennlinien

Bild 4.1.9 zeigt die Kennlinien eines Föttingerwandlers. Im Zugbetrieb (Motor treibt Fahrzeug an) läuft das Pumpenrad schneller als das Turbinenrad. Das Drehzahlverhältnis

$$\nu = \frac{n_{Turbine}}{n_{Pumpe}}$$

liegt zwischen 0 (Fahrzeug steht) und 1 (Gleichlauf von An- und Abtrieb). Bei Drehzahlgleichheit kann allerdings kein Moment mehr übertragen werden.

Das Momentverhältnis

$$\mu = \frac{M_{Turbine}}{M_{Pumpe}}$$

ist bei Stillstand des Fahrzeuges am größten (ca. 2 bis 2,5), d.h. effektiv wirken beim Anfahren drei hintereinandergeschaltete Übersetzungen

- Wandler   ca. 2,5
- Planetengetriebe ca. 3,5
- Differential   ca. 3,5

Je schneller das Fahrzeug fährt, um so mehr geht die hydraulische Übersetzung gegen eins. Im Kupplungspunkt sind Pumpen- und Turbinenmoment gleich, d.h. der Föttinger-Wandler arbeitet als Kupplung. Das Leitrad stört oberhalb des Kupplungspunktes sogar die Strömung zwischen Pumpe und Turbine (Momentumkehr). Daher wird bei modernen Wandlern das Leitrad über einen Freilauf mit dem Getriebegehäuse verbunden. Dadurch rotiert es bei Vorzeichenwechsel des Abstützmomentes mit und erhöht so den Wirkungsgrad.

Im Schubbetrieb (Motor bremst Fahrzeug) läuft die Turbine schneller als die Pumpe.

Aus Moment- und Drehzahlverhältnis ergibt sich der Wirkungsgrad

$$\eta = \frac{P_{Turbine}}{P_{Pumpe}} = \mu \cdot \upsilon$$

Wie Bild 4.1.9 zu entnehmen ist, sind die Wirkungsgerade im Anfahrbereich relativ schlecht. Maximalwerte liegen bei ca. 80 Prozent. Da auch im Kupplungsbereich die Pumpe zur Momentübertragung schneller drehen muß als die Turbine wird ständig Leistung vernichtet. Daher gibt es zwischen Pumpe und Turbine in modernen Automatikgetrieben eine mechanische Reibkupplung, die sog. Wandlerüberbrückungskupplung (WK), die nach dem Anfahrvorgang Drehzahlgleichheit herstellt und damit die Verluste eliminiert. Die WK wird außer zum Anfahren in der Regel nur in schwingungskritischen Betriebspunkten (niedrige Drehzahlen und untere Gänge) und zum Gangwechsel geöffnet. Der Schwingungskomfort kann durch den Einsatz einer geregelter WK weiter verbessert werden. Die elektronische Steuerung läßt dabei aus Dämpfungsgründen eine definierte Differenzdrehzahl zu.

4.1.3 Leistungsübertragung über Planetengetriebe

Mechanische Leistung kann reibschlüssig oder formschlüssig übertragen werden. Im Antriebsstrang von Fahrzeugen findet man bisher überwiegend formschlüssige Übertragung mit Zahnrädern. Die für Pkw's entwickelten stufenlosen Getriebe (CVT) arbeiten dagegen reibschlüssig (Kette oder Reibräder). Es gibt verschiedene Arten von Zahnradpaarungen z.B. zwei oder mehr außenverzahnte Räder (Stirnradketten) mit ortsfesten Wellen und außen- und innenverzahnte Räder mit festen und umlaufen Wellen. Im Prinzip können Automatikgetriebe auch in Vorgelegebauweise ausgeführt werden. Aus konstruktiven Gründen haben sich aber koaxiale (rückkehrende) Planetengetriebe durchgesetzt.

4.1.3.1 Einzelplanetensatz

Aus dem bekannten Vorgelegegetriebe kann man nach Bild 4.1.10 das Planetengetriebe (Umlaufgetriebe) entwickeln. An- und Abtriebsachse des Getriebes sind koaxial. Die mit ihnen verbundenen Stirnräder drehen sich um raumfeste Punkte und werden daher als Zentralräder bezeichnet. Die mit den Zentralrädern kämmenden Stirnräder auf der Vorgelegewelle drehen sich ebenfalls um eine feste, aber zur An- und Abtriebswelle versetzte Achse.

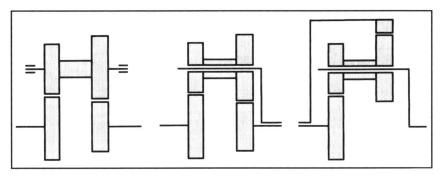

Bild 4.1.10: Entstehung des Umlaufgetriebes

Läßt man die Vorgelegewelle als Steg um die Achse der Zentralräder drehen, erhält man ein Umlauf- oder Planetengetriebe. Die Räder der Stegwelle drehen sich im allgemeinen Fall sowohl um ihre eigene Achse (Stegwelle) als auch um die Zentralachse wie z.b. der Mond um die Erde. Daher der Name Planetengetriebe.

Bei freier Stegwelle ist das Getriebe aber kinematisch unbestimmt geworden, d.h. es kann keine Leistung mehr übertragen. Man muß daher eine der Zentralwellen gegen das Gehäuse festhalten und kann dann mit dem Steg an- oder abtreiben.

Kinematisch günstiger als diese Bauweise ist es, ein Zentralrad als Hohlrad auszubilden. Faßt man noch beide Planetenräder zusammen, erhält man den klassischen Planetensatz mit Sonnenrad (kleines Zentralrad), Hohlrad (großes Zentralrad) und dem Steg als Planetenträger, siehe Bild 4.1.11. Auch hier muß für eine Leistungsübertragung jeweils eine Welle gegen das Getriebegehäuse gebremst (oder zwangsgeführt) sein. Der einfache Planetensatz erlaubt also mit Vertauschen von An- und Abtrieb theoretisch sechs Übersetzungen, von denen aber nur eine frei gewählt werden kann. Da in der Praxis aber die Abtriebswelle fest ist, verbleiben drei Übersetzungen.

Bei festgehaltenem Steg drehen sich Sonnenrad und Hohlrad in verschiedene Richtung. Die Zähnezahlen von Hohlrad z_H und Sonnenrad z_S ergeben die sogenannte Standübersetzung

$$i_0 = \frac{n_{Sonne}}{n_{Hohlrad}} = - \frac{z_H}{z_S}$$

Alle anderen möglichen Drehzahlen ergeben sich aus der sogenannten Drehzahlgrundgleichung

$$n_S - i_0 n_H - (1-i_0) n_{Steg}$$

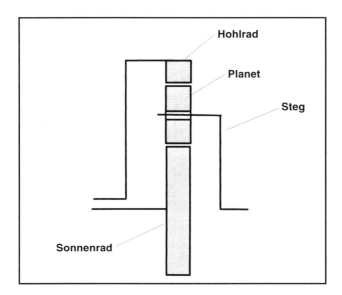

Bild 4.1.11: Einfacher Planetensatz

4.1.3.2 Gekoppelte Planetensätze

Um mehr Gänge zu erzielen, schaltet man mehrere Planetensätze hintereinander und verbindet sie mit Kupplungen bzw. Koppelwellen. Die Koppelwellen können frei umlaufen oder gegen das Gehäuse gebremst werden. Die Antriebswelle kann meist je nach Gang an unterschiedliche Räder bzw. den Steg gekuppelt werden, die Abtriebswelle ist wie bereits erwähnt in der Regel fest verbunden.

Bild 4.1.12 zeigt den Simpson-Satz, ein Dreiganggetriebe aus zwei einfachen Planetensätzen (Zweisteggetriebe). Das Hohlrad des ersten und der Steg zweiten Planetensatzes sind über die Koppelwelle K1 fest verbunden. K1 ist gleichzeitig der Abtrieb. Antrieb ist in den Vorwärtsgängen das hintere Hohlrad (Kupplung A zu) und im Rückwärtsgang die Koppelwelle K2 (Kupplung B zu). Schließt man A und B gleichzeitig, laufen alle Wellen als Block um (direkter Gang).

Die hydraulische bzw. elektrohydraulische Schaltung muß absolut sicherstellen, daß kein überflüssiges Schaltelement geschlossen wird, da dies zum Blockieren und damit zu gefährlichen Fahrzuständen führen würde.

Moderne Vier- und Fünfganggetriebe sind üblicherweise Dreisteggetriebe. Die Zahl der Schaltelemente erhöht sich entsprechend. Bild 4.1.13 zeigt als Beispiel den Radsatz des Fünfganggetriebes 5HP18 von ZF.

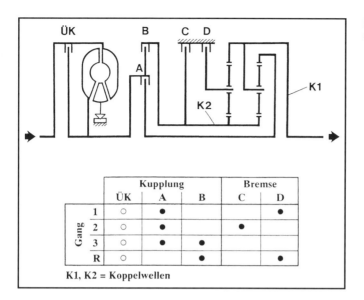

Bild 4.1.12: Simpson-Satz

Gang	Kupplung			Bremse	
	ÜK	A	B	C	D
1	○	●			●
2	○	●		●	
3	○	●	●		
R	○		●		●

K1, K2 = Koppelwellen

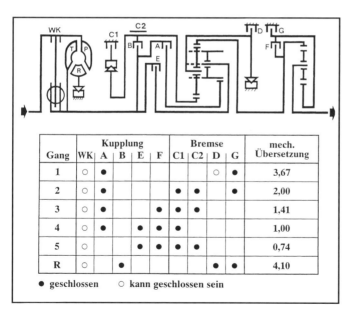

Bild 4.1.13: 5HP18 Automatikgetriebe für Pkw

Gang	Kupplung					Bremse				mech. Übersetzung
	WK	A	B	E	F	C1	C2	D	G	
1	○	●						○	●	3,67
2	○	●				●	●		●	2,00
3	○	●			●	●	●			1,41
4	○	●		●	●	●				1,00
5	○			●	●	●				0,74
R	○		●					●	●	4,10

● geschlossen ○ kann geschlossen sein

4.1.4 Hydraulik

In rein hydraulischen Getriebesteuerungen hat die Hydraulik die Aufgabe, den Schaltpunkt und den Schaltablauf über Federn, Druckflächen und mechanischen Eingangssignalen für Last und Drehzahl zu bilden. Heute übernimmt die Hydraulik bei den elektronisch gesteuerten Getrieben immer mehr nur noch die Betätigung der Schaltelemente, die als Lamellenkupplungen und -bremsen ausgeführt sind. Selten findet man auch noch Bandbremsen. Die Ventile sind kompakt in einem Block meist an der Getriebeunterseite angeordnet, die Zuführung des Öles zu den Kupplungen geschieht durch Kanäle im Druckgußgehäuse.

4.1.4.1 Schaltelemente

Die Kupplungen und Bremsen sind um die Planetensätze angeordnet. Die Momentübertragung erfolgt über Lamellenpakete. Da die Ölmassen in den Kupplungen sehr schnell rotieren, ist ein Fliehkraftausgleich vorgesehen. Der Öldruck wird durch eine Konstantpumpe zwischen Wandler und Planetensatz aufgebaut. Ein Hauptdruckventil bildet den Betätigungsdruck. Er ist in der Regel gangabhängig, da in den oberen Gängen geringere Momente durchgesetzt werden. Die Verteilung auf die Schaltelemente erfolgt im Steuerblock. Dieser Steuerblock ist mehrlagig aufgebaut und befindet sich meist an der Getriebeunterseite. Die Ölzufuhr erfolgt über die Wellen oder das Getriebegehäuse. Die Betätigung der Wandlerüberbrückungskupplung erfolgt durch eine Umlenkung des Ölstroms im Wandler. Die Anpassung an verschiedene Motordrehmomente kann in gewissen Grenzen über die Zahl der Lamellen im Schaltelement erfolgen.

4.1.4.2 Hydraulikblock

Der Hydraulikblock enthält alle Ventile für die Betätigung der Schaltelemente. In den rein hydraulischen Getrieben hatte er Steuerungs- und Stellaufgaben, bei den modernen Getrieben hat er nur noch Stellfunktion mit gewissen Redundanzen als Ergänzung zum Sicherheitskonzept der Elektronik. Die Lastabhängigkeit wird in den hydraulischen Getriebesteuerungen über eine vom Gaspedal per Seilzug betätigten Nocken in einen Steuerdruck umgewandelt. Die Drehzahl wird über einen mehrstufigen Fliehkraftregler in einen drehzahlabhängigen Druck umgewandelt.

Bei den elektrohydraulischen Getrieben erfolgt die gesamte Signalverarbeitung in der Elektronik statt. Die Drücke werden in der Regel über getaktete Magnetventile aufgebaut. Schwarz-weiß Magnetventile übernehmen die Wegefunktion. Insgesamt hat sich dadurch die Zahl der Ventile und damit der mechanische Aufwand reduziert bei gleichzeitiger Steigerung der Funktionalität über die Elektronik.

Bild 4.1.14 vermittelt einen Eindruck über die hydraulischen und mechanischen Systemelemente beim modernen Automatikgetriebe ZF 5HP19.

Bild 4.1.14

4.1.5 Literatur

[1] Schachmann: Zusammenarbeit Wandler – Motor. ZF interner Bericht.
[2] Lechner, G., Naunheimer, H.: Fahrzeuggetriebe , Berlin; Heidelberg; New York: Springer Verlag 1994.
[3] Loomann,J: Zahnradgetriebe. 2. Auflage. Berlin; Heidelberg; New York: Springer Verlag 1988.

4.2 Elektronische Getriebesteuerung – System und Funktionen

H. Vetter

Überblick

Automatikgetriebe werden von vielen Fahrzeugherstellern alternativ zu Handschaltgetrieben für ihre Pkws angeboten. In der Vergangenheit wurden Automatikgetriebe mit Kraftstoffmehrverbrauch, Behäbigkeit und gewissen Einschränkungen in bestimmten Fahrsituationen assoziiert. Diese Eigenschaften wurden aus Erfahrungen mit rein hydraulischen Automatikgetrieben abgeleitet. Die erste elektronische Steuerung für ein Automatikgetriebe wurde von Bosch in Zusammenarbeit mit BMW und ZF entwickelt und 1983 in Serie eingeführt. Mit Einführung der Tiptronic wurden systembedingte Einschränkungen bisheriger Automatikgetriebe vollends aufgehoben und eine selbstlernende Anpassung an unterschiedlichste Fahrbedingungen aufgezeigt. Die Vorteile der elektronischen Steuerung haben dazu geführt, daß rein hydraulische Automatikgetriebe durch elektronisch gesteuerte Automatikgetriebe ersetzt wurden.

Zunächst werden die Merkmale elektronischer Getriebesteuerungen (EGS) aufgezeigt und anschließend am Beispiel der EGS das enge Zusammenspiel zwischen Mechanik und Elektronik in einem mechatronischen System aufgezeigt.

4.2.1 Einführung

Die Systemüberlegungen beziehen sich zunächst auf ein Fünfgang-Automatikgetriebe mit den Funktionsblöcken Drehmomentwandler, Planetengetriebe und hydraulischer Steuereinheit, die sich im unteren Teil des Getriebegehäuses befindet.

In dieser Steuereinheit liegt der wesentliche Unterschied zwischen einem rein hydraulischen und einem elektronisch gesteuerten Automatikgetriebe. Im rein hydraulischen Getriebe bestimmt eine mechanisch-hydraulische Logik den Schaltzeitpunkt. Im Unterschied dazu werden bei einer EGS die Schaltvorgänge von einem elektronischen Steuergerät ausgelöst. Die Elektronik gibt den Schaltzeitpunkt und verschiedene Randbedingungen für den Schaltvorgang vor und aktiviert über elektromagnetische Steller die entsprechenden Kupplungen. Der Schaltvorgang selbst erfolgt über Lamellenkupplungen, die von einer hydraulischen Logik gesteuert werden.

Im Vergleich zu konventionellen Automatikgetrieben können folgende Punkte verbessert werden:

- Komfort
- Verbrauch
- Getriebelebensdauer
- Übertragung höherer Motorleistungen
- keine Funktionsnachteile gegenüber Handschalter
- Diagnosemöglichkeit

4.2.2 Grundfunktionen einer elektronischen Getriebesteuerung

Zunächst sollen die Grundfunktionen einer EGS betrachtet werden:
- Schaltpunktsteuerung
- Wandlerüberbrückung
- Optimierung des Schaltvorgangs
- Anpassung an Fahrstil und Verkehrssituation
- Sicherheitskonzept
- Eigendiagnose

Die nächstliegende Funktion einer Getriebesteuerung ist die Berechnung des optimalen Schaltpunktes.
Für den Kraftstoffverbrauch wichtig ist die Überbrückung des Wandlers, sobald dessen Eigenschaften Momentenüberhöhung und Dämpfungswirkung nicht mehr benötigt werden.
Die Elektronik eröffnet neue Möglichkeiten in der Abstimmung zwischen Motor und Getriebe während des Schaltvorgangs, so daß ein hoher Schaltkomfort erreicht wird.
Die Berücksichtigung aller von der Elektronik erfaßten Eingangssignale in selbstlernenden Verfahren ermöglicht die Erkennung des individuellen Fahrstils und eine selbsttätige Anpassung der Kennlinien an den momentanen Fahrstil des Fahrers. Ebenso lassen sich bestimmte Verkehrssituationen erkennen, die eine besondere Reaktion der EGS erfordern.
Ein Sicherheitskonzept gewährleistet auch im Falle eines Fehlers einen sicheren Betriebszustand des Getriebesystems und eine Notlauffunktion, die eine Weiterfahrt mit Einschränkungen erlaubt.
Ein Teil dieses Sicherheitskonzeptes ist die Eigendiagnose des Steuergerätes, das auftretende unplausible Zustände erkennt und entsprechende Reaktionen auslöst.

4.2.3 Systemübersicht

Um diese Grundfunktionen zu realisieren, müssen der Elektronik die notwendigen Informationen über den Zustand des Getriebes, des Motors und der Fahrsituation zur Verfügung gestellt werden. Daher werden zunächst die „Gesprächspartner" der elektronischen Getriebesteuerung vorgestellt:

- das Automatikgetriebe selbst
- die getriebespezifischen Aggregate im Fahrgastraum

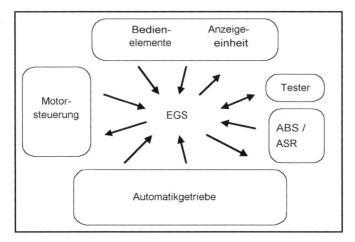

Bild 4.2.1: „Gesprächspartner" der EGS

- die Anzeigeeinheit am Armaturenbrett
- die Motorsteuerung
- das ABS/ASR Steuergerät
- der Diagnosetester

In einer Systemübersicht sind die einzelnen Ein- und Ausgangssignale einer EGS dargestellt:

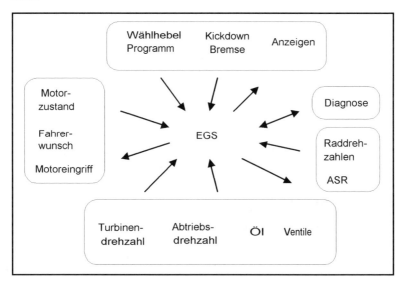

Bild 4.2.2: Systemübersicht EGS

Zunächst muß die Wählhebelstellung erfaßt werden, um die gewünschten Fahrstufen P, N, R, D und die Positionen 4, 3, 2 zu erkennen. Bei einer elektronischen Getriebesteuerung sind Programmschalter zur Auswahl leistungs- oder verbrauchsoptimierter Schaltprogramme vorgesehen. Mit Tipp-Schaltern kann der Fahrer manuell Hoch- und Rückschaltungen einleiten, die unabhängig von Schaltprogrammen sofort ausgeführt werden.
Über den Kickdownschalter gibt der Fahrer das Signal, daß er die maximale Beschleunigung des Fahrzeugs benötigt und entsprechende Unterstützung vom Getriebe erwartet.
Aus Sicherheitsgründen kann die Parkstellung nur beim Betätigen der Bremse verlassen werden. Diese Information bekommt die EGS über den Bremslichtschalter.
Vom Getriebe selbst wird die Turbinendrehzahl als Getriebeeingangsdrehzahl und die Abtriebsdrehzahl als Getriebeausgangsdrehzahl erfaßt. Über die Öltemperatur besteht die Möglichkeit temperaturabhängige Anpassungen vorzunehmen.
Von der Motorsteuerung werden die Motordrehzahl, d.h. die Eingangsdrehzahl für das Getriebe vor dem Drehmomentwandler, die Gaspedalstellung, die Motortemperatur und der Lastzustand bzw. das Motormoment übermittelt. Mit weiteren Informationen wie den Raddrehzahlen läßt sich der Radschlupf berechnen und so z.B. eine Kurvenfahrt erkennen und entsprechende Maßnahmen in der EGS vorsehen. Die Antriebsschlupfregelung gibt im Regelbetrieb ein Signal an die EGS und erwartet, daß während des Regelvorgangs keine störende Schaltung ausgelöst wird.
Die Anzahl und die Art der anzusteuernden Aktuatoren hängt vom jeweiligen Getriebetyp ab. Für einfache Schaltlogik werden ON/OFF-Ventile verwendet und zur Variation des Hydraulikdrucks werden analoge Druckregler eingesetzt. Die Druckregler stellen den Hydraulikdruck proportional zu dem von der EGS vorgegebenen Stromwert ein. Analoge Druckregler werden auch zum geregelten Zu- und Abschalten von Kupplungen beim Schaltvorgang eingesetzt um sehr komfortable Schaltübergänge zu erzielen.
Die Wählhebelstellung, das eingestellte Programm, der eingelegte Gang bei Verwendung von Tipp-Schaltern und der Hinweis auf eine Störung werden am Armaturenbrett angezeigt.
Für die Werkstatt ist die Diagnosemöglichkeit über eine serielle Schnittstelle bei einer komplexen Steuerung wie der EGS unabdingbar. Im Fehlerfall schreibt das Steuergerät einen Fehlercode in den nichtflüchtigen Speicher, der mit einem Testgerät in der Werkstatt wieder ausgelesen werden kann.

4.2.4 Schaltpunktsteuerung

4.2.4.1 Schaltkennlinien

In einer EGS können Schaltkennlinien über Programmtaster oder -schalter ausgewählt werden. Für die folgenden Betrachtungen werden möglichst verbrauchsgünstige Schaltkennlinien im Economy-Programm angenommen. Bei leistungsoptimierten (S) Schaltkennlinien sind die Schaltpunkte zu höheren Drehzahlen verschoben.
Die wichtigsten Größen für die Schaltpunktsteuerung sind die Gaspedalstellung, die den Fahrerwunsch darstellt, und die Abtriebsdrehzahl des Getriebes, die für die Fahrzeuggeschwindigkeit steht.
Für jede Ganghochschaltung gibt es eine Kennlinie z.B. eine 2-3-Kennlinie für die Hochschaltung vom 2. in den 3. Gang (Bild 4.2.3). Entsprechend gibt es eine zu niedrigeren Drehzahlen verschobene Rückschaltkennlinie z.B. eine 3-2-Kennlinie. Die Hysterese zwischen beiden Kennlinien verhindert laufendes Hoch- und Rückschalten des Getrie-

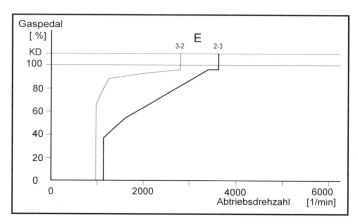

Bild 4.2.3: Kennlinien 2./3. Gang

bes, da diese Pendelschaltungen unangenehm für den Fahrer und auf Dauer schädlich fürs Getriebe sind.

Entsprechende Kennlinien gibt es auch für das Schließen der Wandlerüberbrückungskupplung um eine starre Verbindung Motor-Getriebe zu erreichen und für das Öffnen der Kupplung, wenn der Wandler wieder seine Funktion übernimmt.
Die gesamte Kennlinienschar eines Economy-Programms (BMW) für das ZF-Fünfganggetriebe 5 HP 18 sind in Bild 4.2.4 dargestellt. [1]

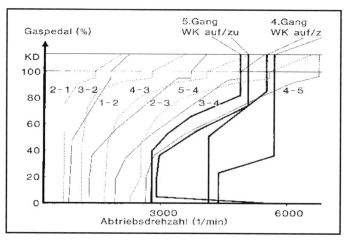

Bild 4.2.4: Schaltkennlinien Economy-Programm

4.2.4.2 Adaptive Schaltpunktsteuerung

Die Schaltkennlinien wurden mit Versuchsfahrzeugen unter bestimmten Straßenverhältnissen und bei einer festgelegten Fahrzeugbeladung optimiert. Bei wesentlich veränderten Bedingungen können die Kennlinien zu ungünstigem Schaltverhalten führen. Bei Bergfahrt oder mit Wohnwagenanhänger wären Kennlinien günstiger, deren Schaltpunkte bei höheren Drehzahlen liegen.
Nehmen wir als Beispiel die Schaltkennlinien für das Economy-Programm nach Bild 4.2.3 und eine Bergfahrt mit Wohnwagenanhänger. Das Getriebe schaltet bei Vollast und einer Abtriebsdrehzahl von ca. 3700 min^{-1} vom 2. in den 3. Gang. Im 3. Gang kann der Motor das Fahrzeug nicht mehr beschleunigen, sondern wird langsamer und schaltet bei einer Abtriebsdrehzahl von ca. 2800 min^{-1} wieder in den 2. Gang zurück. Bei dieser Übersetzung kann das Fahrzeug wieder beschleunigt werden bis zur Hochschaltung bei 3700 min^{-1}. Der Vorgang wiederholt sich und es entstehen Pendelschaltungen.
Um solche Pendelschaltungen zu vermeiden, errechnet sich das adaptive Schaltprogramm den aktuellen Beschleunigungswert des Fahrzeugs und vergleicht ihn mit einem berechneten Sollwert für eine Fahrzeugbeschleunigung ohne Anhänger und normale Straßenbedingungen. Ist der aktuelle Beschleunigungswert wesentlich kleiner als der Sollwert, dann wird die Kennlinie einfach zu höheren Drehzahlen verschoben und damit eine größere Schalthysterese vorgegeben. Damit können Pendelschaltungen vermieden werden.

4.2.4.3 Wandlerkupplung

Der hydraulische Wandler bietet beim Anfahren eine günstige Momentenüberhöhung und hat in den übrigen Fahrbereichen eine dämpfende Wirkung auf Triebstrangschwingungen, so daß hoher Fahrkomfort erreicht werden kann. Die Kehrseite ist der erhöhte Kraftstoffverbrauch durch die Verlustleistung im Wandler. Das Ziel ist nun möglichst frühzeitig den Wandler zu überbrücken ohne spürbare Komforteinbußen zu erhalten. Eine Überbrückung im 4. und 5. Gang ist im Economy-Programm für das Fünfganggetriebe in Bild 4.2.4 beispielhaft angegeben. Die Schaltpunkte zur Überbrückung des Wandlers sind als Kennlinien für jeden Gang individuell festgelegt, in dem eine Überbrückung des Wandlers zugelassen wird.
Das Schließen und Öffnen der Überbrückungskupplung kann mit einfachen ON/OFF-Ventilen erfolgen. Sobald die Kupplung greift, besteht eine starre Verbindung Motor-Getriebe ohne die dämpfenden Eigenschaften des Wandlers. Der Übergang kann für den Fahrer spürbar sein. Einen sanfteren Übergang erreicht man durch die Taktung der ON/OFF-Ventile während einer Übergangszeit, so daß ein weicheres Einsetzen der Kupplung erfolgt. Die feinste Abstimmung läßt sich durch einen analogen Druckregler erreichen, der den Hydraulikdruck optimal an den Schaltübergang anpaßt.

4.2.5 Optimierter Schaltvorgang

4.2.5.1 Motoreingriff

Aus dem Systembild der EGS (Bild 4.2.2) sind die Verbindungen zu anderen elektronischen Kfz-Systemen erkennbar. Die Motorsteuerung liefert der EGS Daten über diejenigen Eingangssignale, die die Motorsteuerung erfaßt und auswertet, wie z.B. die Motordrehzahl oder die Gaspedalstellung. Umgekehrt besteht die Möglichkeit auf die Motorsteuerung Einfluß zu nehmen, indem während eines Schaltvorgangs kurzzeitig das Motormoment reduziert wird.

Die Auswirkungen lassen sich am Beispiel einer Hochschaltung erläutern. In Bild 4.2.5 ist die vom Fahrer spürbare Fahrzeugbeschleunigung aufgezeichnet. Nach einer hydraulisch bedingten Verzögerungszeit beginnen die Kupplungen im Getriebe zu schleifen und bewirken eine spürbare Beschleunigungsüberhöhung. Sobald die Kupplungen haften, folgt ein negativer Beschleunigungssprung bei Schaltungen ohne Momentenanpassung. Auf der rechten Seite von Bild 4.2.5 sind diese Signale bei einem zeitlich abgestimmten Motoreingriff aufgetragen. Die Beschleunigungsüberhöhung und insbesondere der Beschleunigungssprung werden reduziert.

4.2.5.2 Drucksteuerung

Einen wesentlichen Einfluß auf den Komfort einer Schaltung hat neben dem Motoreingriff auch der zeitliche Verlauf des hydraulischen Druckes an den Lamellenkupplungen während des Schaltvorgangs. Dieser Modulationsdruck wird über einen Druckregler abhängig von Gangwechsel und Lastzustand eingestellt.

Veränderungen im Motor oder an den Kupplungsbelägen über der Lebensdauer oder auch Serientoleranzen können Einfluß auf den Schaltkomfort und die Dauer des Schaltvorgangs haben. Eine zu lange Schaltzeit wirkt sich negativ auf die Lebensdauer der

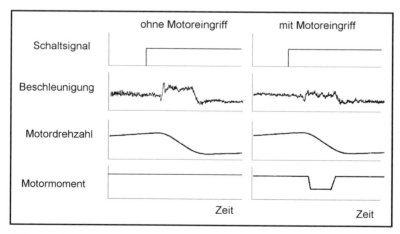

Bild 4.2.5: Motoreingriff bei Hochschaltung

Kupplungsbeläge aus. Um dies zu verhindern wird eine adaptive Drucksteuerung eingeführt.
Bei dieser adaptiven Drucksteuerung vergleicht die EGS die tatsächlichen Schleifzeiten der Kupplungen mit Sollwerten für eine bestimmte Schaltung. Wenn mehrere aufeinanderfolgende Schaltungen mit Schleifzeit-Abweichungen über einen vorgegebenen Schwellwert hinaus festgestellt werden, dann wird der Hydraulikdruck schrittweise erhöht oder vermindert. Die Korrekturgröße wird in einem nichtflüchtigen Speicher abgelegt, so daß diese Adaption schon beim Start berücksichtigt werden kann und sofort der angepaßte Hydraulikdruck wirksam ist.

4.2.6 Adaption an Fahrstil und Fahrsituation

Während sich die beim Schaltvorgang beschriebenen Adaptionen auf die Abstimmung im Triebstrang beziehen, hat Porsche mit der Tiptronic [2] im Carrera 2 eine Anpassung an Fahrstil und Fahrsituation vorgestellt, die die noch verbliebenen prinzipbedingten Nachteile von Automatikgetrieben aufgehoben hat.
Unter Tiptronic (Bild 4.2.6) verbergen sich zwei Funktionen: Ein „intelligentes Schaltprogramm" (ISP) und die Möglichkeit über Tipp-Schalter eine manuelle Gangwahl vorzunehmen.

Das ISP stellt eine adaptive Schaltstrategie dar, die für jeden Fahrzustand eine optimale Kennlinie auswählt. Während bisher nur die beiden Kennlinien Economy (E) und Sport (S) zur Auswahl standen, werden nun fünf oder mehr verschiedene Kennlinien zur Auswahl bereitgestellt. Damit kann in den Bereichen verbrauchsoptimiert (E) und leistungsoptimiert (S) durch weitere Kennlinien eine noch bessere Anpassung an die Fahrsituation

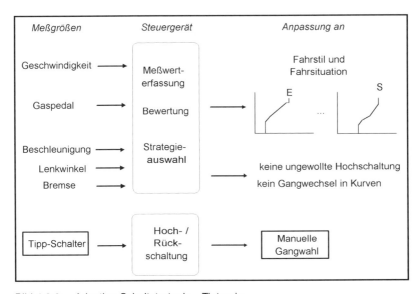

Bild 4.2.6: Adaptive Schaltstrategie - Tiptronic

erfolgen. Die Auswahl der optimalen Kennlinie wird vom Programm selbsttätig vorgenommen.
Die EGS erkennt dabei aus Größen wie „Häufigkeit bestimmter Gaspedalstellungen" und „Schnelligkeit der Gaspedalbewegung" den momentanen Fahrstil des Fahrers. Diese Werte werden mit den Größen „Geschwindigkeit", „Gang", „Längs- und Querbeschleunigung" gewichtet und zeitlich gefiltert. Aus diesen Kenngrößen wird die für den vorliegenden Fahrstil optimale Kennlinie ausgewählt.

Neben dieser zeitlich gefilterten Kennlinienauswahl sind auch sofort wirksame Schaltstrategien verwirklicht, die der aktuellen Fahrsituation Rechnung tragen. Durch Auswertung der Querbeschleunigung kann beispielsweise ein unerwünschtes Hochschalten in einer Kurve verhindert werden. Ein zusätzlich eingebauter Querbeschleunigungssensor liefert der EGS den aktuellen Wert der Querbeschleunigung. Sobald die Querbeschleunigung einen vorgegebenen Schwellwert überschritten hat, unterbindet die EGS eine Hochschaltung, auch wenn die Kennlinie dies fordern würde. Damit wird eine höhere Fahrstabilität in der Kurve erreicht, da störende Schaltvorgänge verhindert werden. Außerdem ist bei hoher Querbeschleunigung in der Kurve zu erwarten, daß das Fahrzeug nach der Kurve wieder im niedrigen Gang beschleunigt werden soll und somit eine Hochschaltung in der Kurve sofort wieder durch eine Rückschaltung korrigiert werden müßte.
Eine weitere Fahrsituation, die ein ungünstiges Fahrverhalten hervorrufen würde, ist ein plötzlich abgebrochener Überholvorgang, der nach einer kurzen Unterbrechung fortgesetzt werden soll. Durch die Gasrücknahme würde aus den Kennlinienbedingungen eine Hochschaltung erfolgen. Die adaptive Schaltstrategie erkennt diese kurzzeitige Unterbrechung des Beschleunigungsvorganges und unterbindet in diesem Fall eine kennlinienkonforme Hochschaltung.
Eine ähnliche Situation kann sich beim Heranfahren an eine Kreuzung ergeben. Auch in diesem Fall kann eine Hochschaltung unterdrückt werden.
Da auch die Raddrehzahlen vom ABS-Steuergerät zur Verfügung stehen, kann das Steuergerät die Radschlupfwerte ermitteln und bei zu großem Motorbremsmoment auf glatter Fahrbahn eine Hochschaltung zur Fahrzeugstabilisierung auslösen.
Aus den geschilderten Beispielen ist ersichtlich, daß auch störende systembedingte Schaltungen durch eine adaptive Schaltstrategie vermieden werden können und damit bisherige Funktionsnachteile von Automatikgetrieben aufgehoben werden.

4.2.7 Elektronisches Steuergerät

4.2.7.1 Blockschaltbild

Das Blockschaltbild einer EGS ist in Bild 4.2.7 dargestellt.

Die Eingangssignale lassen sich in 4 Kategorien aufteilen: Digitalsignale, Analogsignale, Frequenzen und Daten vom CAN-Bus.
Die Wählhebelposition wird digital codiert an den Mikrocontroller geliefert. Programm-, Bremslicht- und Tipp-Schalter sind ebenfalls digitale Signale und werden über I/O-Ports erfaßt. Getriebeabtriebsdrehzahl und Turbinendrehzahl werden über Timer ausgewertet.
Die Öltemperatur wird über einen A/D-Port ermittelt.
Für der Datenaustausch zwischen Motorsteuerung, ASR und EGS bietet sich der CAN-Bus an. Während die Motorsteuerung Informationen über den Motor wie z.B. Motordreh-

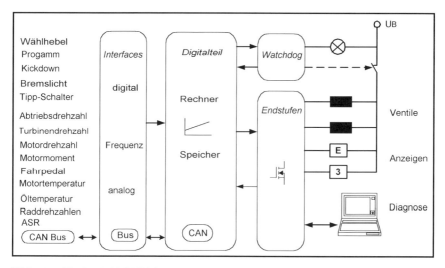

Bild 4.2.7: Blockschaltbild EGS

zahl, Lastzustand, Gaspedalstellung, Motortemperatur und Motormoment zur Verfügung stellt, empfängt sie von der EGS die Aufforderung zur Momentenreduktion während einer Schaltung und erhält Informationen zur Wählhebelstellung und aktuellen Gangsituation. ABS/ASR übermitteln die Raddrehzahlen und Informationen über die ASR-Regelung.
Die Ausgangssignale einer EGS steuern das Getriebe oder führen zu verschiedenen Anzeigen. Druckregler werden von Analogendstufen angesteuert und stellen damit einen dem Strom proportionalen Druck im Getriebe ein. Einfache Schaltventile werden digital angesteuert.
Folgende Größen werden dem Fahrer angezeigt: Die Wählhebelposition, das ausgewählte Programm und bei Tipp-Funktion der gewählte Gang.

4.2.7.2 Sicherheitskonzept

Aus den oben beschriebenen Funktionen, besonders auch den Adaptivfunktionen ist die enge Abstimmung zwischen Mechanik und Elektronik bei der EGS ersichtlich. Ein weiteres gutes mechatronisches Beispiel ist das Sicherheitskonzept einer EGS. Das Getriebe ist mechanisch so ausgelegt, daß es bei stromlosen Ventilen in den Gang schaltet, in dem die Fahrzeughöchstgeschwindigkeit erreicht werden kann. Erkennt die EGS einen schwerwiegenden Fehler im System, dann schaltet sie die Enstufen stromlos. Damit ist sichergestellt, daß im Notlauf kein unzulässiger Fahrzustand auftreten kann und ein funktionierender Gang noch zu Verfügung steht.
Den Mikrocontroller selbst überwacht eine Sicherheitsschaltung (Watchdog), die direkt die Abschaltung der Spannungsversorgung auslöst und die Störung anzeigt. Damit wird sichergestellt, daß selbst beim Ausfall des Mikrocontrollers die Notfunktion noch gewährleistet ist.

4.2.8 Ausblick

Es wurde aufgezeigt, wie durch eine ESG das Automatikgetriebe hinsichtlich Komfort, Kraftstoffverbrauch und Leistungsumsetzung verbessert wurde.
Welche Entwicklungen sind zukünftig bei Getriebesteuerungen zu erwarten?
Bisher wurden vor allem die mechatronischen Verknüpfungen auf Funktionsebene aufgezeigt. In Zukunft sind konstruktiv engere Verknüpfungen zwischen Elektronik und Mechanik zu erwarten. Die Elektronik wird, wie teilweise schon realisiert, direkt an das Getriebe angebaut. Der Getriebehersteller liefert dann ein komplett geprüftes Gesamtsystem an den Fahrzeughersteller. Ein direkter Anbau an das Getriebe hat allerdings auch konstruktive Änderungen der ESG zur Folge, da wesentlich höhere Temperaturen und Schüttelbelastungen gegenüber dem bisherigen Einbauort, z.B. dem Fahrgastraum, auftreten. Diese Umweltbedingungen lassen sich am besten mit der Hybridtechnik lösen.

Stufenautomat

Alle Betrachtungen haben sich ausschließlich auf den Stufenautomaten bezogen, der inzwischen von der rein hydraulischen Ausführung auf die elektronisch gesteuerte Ausführung umgestellt wurde. Das erste elektronisch gesteuerte Automatikgetriebe war ein 4-Gang-Getriebe. Bessere Komfort- und Verbrauchswerte erzielen 5- und 6-Gang-Automatikgetriebe.
Die EGS hat sich überzeugend durchgesetzt und elektronisch gesteuerte Getriebe werden sich weiter verbreiten. Andere Getriebetypen wie das stufenlose Getriebe oder automatisierte Schaltgetriebe werden durch die Möglichkeiten der Elektronik zu konkurrierenden Alternativen im Antriebsstrang.

Stufenloses Getriebe

Eine sehr interessante Getriebeausführung ist das stufenlose Getriebe (CVT= Continuously Variable Transmission), das bisher nur bei wenigen Fahrzeugen in Serie eingebaut wurde. Das Reizvolle ist die stufenlose Verstellbarkeit und die freie Wahl der Fahrstrategie für den Antriebsstrang. Mit elektronischer Hilfe kann eine völlig neue Fahrstrategie umgesetzt werden. Der Motor könnte z.B. so lange wie möglich im verbrauchsoptimalen Bereich gefahren werden. Die Fahrzeuggeschwindigkeit wird durch Verstellung der Getriebeübersetzung verändert und nicht wie üblich durch Verstellung der Motordrehzahl. Mit dem CVT erhofft man sich weitere Kraftstoffeinsparung und dies bei hohem Fahrkomfort, da keine störenden Schaltvorgänge auftreten.

Automatisiertes Schaltgetriebe

Handschaltgetriebe im Pkw kamen bisher ohne elektronische Steuerung aus. Die niedrigen Kosten sind eine der wichtigsten Ursachen für die große Verbreitung dieses Getriebes. Nachteil dieser Getriebe ist die manuelle Koordination des Schaltvorgangs durch zeitlich abgestimmte Kupplungsbetätigung und Gangeinlegen per Schalthebel.
In der Mercedes A-Klasse wurde ein teilautomatisiertes Schaltgetriebe [3] in Serie eingeführt. Das Kupplungspedal entfällt und die Kupplung wird über einen Elektromotor zugeschaltet. Die Gangwahl geschieht wie bisher manuell.

In einem automatisierten Schaltgetriebe (ASG) wird neben der elektronischen Zuschaltung der Kupplung auch das Gangeinlegen von der Elektronik übernommen. Der Fahrer betätigt nur noch einen Wählhebel, um den Gangwunsch anzumelden, den Rest erledigt die Elektronik. Gegenüber der halbautomatischen Steuerung wird ein zusätzlicher elektromotorischer Aktuator benötigt.

Die sehr unterschiedlichen Getriebevarianten zeigen die noch offene Entscheidungssituation auf. Es wird sich zeigen, welches Getriebe sich in welchem Fahrzeugsegment durchsetzen wird. Die notwendigen Steuer- und Regelstrategien verlangen in jedem Fall eine optimale mechatronische Lösung.

4.2.9 Literatur

[1] Neuffer,K.: Elektronische Getriebesteuerung von Bosch, ATZ 94 (1992) 9
[2] Maier, U., Petersmann, J., Seidel, W., Stohwasser, A., Wehr, T.: Porsche Tiptronic, ATZ 92 (1990) 6
[3] Berger R., Fischer R., Salecker M.: Von der Automatisierten Kupplung zum Automatisierten Schaltgetriebe, Getriebe in Fahrzeugen '98, VDI-Berichte 1393

4.3 Aktive Fahrzeugfederung
F. Frühauf

4.3.1 Einleitung

Das Thema aktive Fahrzeugfederung fasziniert seit über 5 Jahrzehnten die Entwickler und Forscher der grossen Automobilhersteller und der internationalen Hochschulen. Die über 25-jährige Forschungsarbeit von Daimler-Benz auf diesem Gebiet wurde 1999 gekrönt durch die Serieneinführung des S-Klasse Coupés mit Active Body Control (ABC). Neben einem kurzen Blick auf die interessante Historie und alternative Varianten der aktiven Federung werden aktuelle Realisierungen in verschiedenen Fahrzeugen bei DaimlerChrysler diskutiert.

4.3.2 Historie der Aktiven Federung: vom 2-Massen-Modell zum Serienprodukt

Féderspiel-Labrosse stellte 1955 zum ersten Mal eine mechanisch geregelte servohydraulische aktive Federung dar /5/. Dieses System lies sich allerdings ebensowenig realisieren wie ein mechanisch rückgekoppelter Kurvenneiger, der ca. 20 Jahre später bei Daimler Benz analysiert wurde. Zetsche /20/ wies in seiner Diplomarbeit nach, dass solche servomechanisch rückgekoppelten Systeme bei schnellen Ausweichmanövern instabil werden.

Spätestens mit dieser Erkenntnis war klar, dass die mechanische Wirkungskette aufgeschnitten und über eine elektronische Regelung geschlossen werden musste. Schon vorher hatte man begonnen, systematisch an Hand von zunächst einfachen (2-Massen-) Fahrwerks- bzw. Fahrzeugmodellen mit einer (servohydraulische) Kraftschnittstelle zwischen Aufbau- und Radmasse das System zu analysieren. Werkzeuge mussten entwickelt werden, um die mechanisch-hydraulischen Systeme zu simulieren und passende Regler und Beobachter zu entwerfen /8, 9, 15, 21/.

Unter der Regie von Dr. Lückel /15/ entstanden die im Hause Daimler-Benz berühmten 'Blauen Ordner', in denen die neu entwickelten mathematischen und regelungstechnischen Programmmodule dokumentiert wurden.

Von 1978 stammt die erste Konstruktionszeichnung eines Aktivzylinders (Bild 4.3.2) und der Hydraulikschaltplan einer vollaktiven Federung, bei der allein ein geregeltes Servoventil darüber bestimmte, was an Kräften in den Fahrzeugaufbau eingeleitet wurde. Es dauerte aber nochmals fast 10 Jahre, bis das System – nach ausgedehnten Prüfstandsversuchen in der Daimler-Benz-Forschung - in der alten S-Klasse, dem W126 (Bild 4.3.1) /1, 2, 13, 18/, realisiert wurde. Die riesige Pumpe war überaus laut und das Abrollverhalten inakzeptabel. Aber der Aufbau war dynamisch stabilisiert, dank des Regelkonzepts

Bild 4.3.1:
Über 20 Jahre Forschung und Entwicklung für die aktive Federung bei DaimlerChrysler:
O404 Forschungsbus ‚Innovisia'
(Forschung 1996),
W126 alte S-Klasse vollaktiv (Forschung 1987),
W124 alte E-Klasse ABC-Erprobungsträger
(Serie 1994),
C215 S-Klasse Coupé CL mit ABC (Serie 1999),
C112 Sportwagenstudie (Forschung, 1991),
C11 Gruppe C Rennwagen (Sauber-Mercedes 1991)

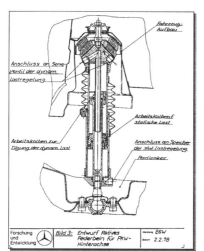 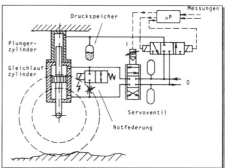

Bild 4.3.2: Konstruktionszeichnung Federbein, Hydraulikschaltplan Vollaktives System (1978)

'AKTAKON' für **AKT**ive **A**ufbau**KON**trolle /1, 2, 11/, einer modalen Entkopplung und Regelung der Aufbau-Freiheitsgrade.

Ein alternatives, 'modernes' Zustands-Reglerkonzept wurde von Prof. Lückel und seiner Mannschaft /z.B. 8, 9, 16/ weiterentwickelt und in einem Unimog realisiert /14/. Beide Realisierungen – im Unimog wie im W126 - hatten jedoch unabhängig vom Reglertyp die gleiche Schwäche: Im höherfrequenten Bereich sind die vollaktiven Systeme zu steif und unkomfortabel, außerdem ist der Energiebedarf zu hoch.

Der Durchbruch kam erst Ende der 80iger Jahre, als von der Forschung für den Rennsport eine aktive Federung für die Gruppe C (Bild 4.3.1) entwickelt werden sollte. Die Aufgabe bestand darin, den Abstand der Karosserie zur Rennpiste unter allen Betriebsbedingungen konstant zu halten, um die aerodynamischen Kräfte zu egalisieren. Die Lösung: eine Entkopplung der beiden Massenschwinger Aufbau und Rad, wobei nur der Aufbau aktiv stabilisiert wird, die Radschwingungen aber - im Gegensatz zur vollaktiven Federung - passiv gedämpft werden. Dieses System wurde 1991 auf dem Hockenheimring getestet, dann aber per Reglement für einen Einsatz im Rennsport verboten, um ein technisches Wettrüsten der Rennställe zu verhindern.

Damit war die langsam aktive Federung geboren (nicht zu verwechseln mit der semiaktiven Federung, bei der nur Steuerenergie, nicht aber Stellenergie zugeführt wird). Das System wurde ABC - Active Body Control genannt. Hier wird der Aktivzylinder in Reihe zu der Aufbaufeder geschaltet, so dass die hochfrequenten Straßenstörungen nur noch gefiltert zum Aufbau durchdringen und die Stellenenergie gegenüber dem vollaktiven Eingriff deutlich reduziert wird. Da alle Bewegungen des Aufbaus aktiv ausgeregelt (und bedämpft) werden, kann die passive Dämpfereinstellung deutlich verringert und das Abrollverhalten im gleichen Maße verbessert werden.

1994 wurde das ABC-System in einem W202, der damals neu auf den Markt gekommenen C-Klasse der Presse vorgestellt /17/. Dies war letztlich der Startschuss für die Serienentwicklung des ABC-Systems für den C215 (S-Klasse Coupé) (Bild 4.3.1) .

Schliesslich wurde 1995 von der DaimlerChrysler Forschung zusammen mit Evobus und der Universität-GH Paderborn (Prof. Lückel) der 'Innovisia', ein moderner Reisebus vom

Bild 4.3.3: 'Innovisia' mit Active Body Control (ABC) ohne und mit Kurvenneiger-Funktion auf dem Hockenheimring (1996) mit ca. 90 km/h.

Bild 4.3.4: Passiv und aktiv gefederter Van (V-Klasse)

Typ O404 - Superhochdecker, ebenfalls mit einem langsam aktiven Fahrwerk ausgerüstet und bei einem Pressetermin im Juni 1996 auf dem Hockenheimring und im September d.J. auf der Nfz-IAA in Hannover der Öffentlichkeit vorgestellt /12/. Das Besondere an diesem Bus ist der Kurvenneiger, d.h. der Bus kann sich ähnlich einem Motorradfahrer in die Kurve legen (Bild 4.3.3). Dieses Feature führt im Reisebus – neben den sonstigen Vorteilen des aktiven Fahrwerks – zu einem noch nie gekannten Fahrkomfort der Insassen gerade in den Kurven.

1999 wurde ein weiteres Fahrzeug der Forschung mit Aktiver Federung, eine V-Klasse, der Öffentlichkeit vorgestellt (Bild 4.3.4) .Auch in diesem Van kam das im Bus eingesetzte hydropneumatische Bauprinzip, auch AHP (Aktive Hydropneumatik) genannt, zum Tragen.

Im Herbst 1999 wurde dann das S-Klasse Coupé (CL) als erstes Serienfahrzeug mit einem (langsam) aktiven Fahrwerk vorgestellt, das den Fahrkomfort der S-Klasse mit der Agilität und der Fahrsicherheit eines reinrassigen Sportwagens vereint /3, 19/ (Bild 4.3.1).

4.3.3 Die aktive Federung, ein klassisches ‚mechatronisches' Fahrzeugsystem

Aus der Definition eines mechatronischen Systems lassen sich eine ganze Reihe von Aufgabenstellungen herleiten, aber auch einige damit verbundene Hürden erkennen:

> Bei einem mechatronischen System wird die mechanische Wirkungskette (Kraftkopplung) aufgetrennt und durch eine über Sensorik und Steuergerät geregelte Aktuatorik wieder geschlossen. Damit erhält man neue Freiheitsgrade und die Software bestimmt die Dynamik eines Systems.

Im Fahrwerksbereich besteht die mechanische Wirkungskette aus Feder und Dämpfer an jedem Rad (und dem Stabilisator, der das linke und rechte Rad miteinander verkoppelt, um die Seitenneigung zu reduzieren). Über diese Komponenten müssen sowohl die statische Last des Aufbaus als auch die dynamischen Kräfte bei Fahrmanövern und Fahrbahnunebenheiten gestellt werden. Ausserdem muss über diese Schnittstelle eine höherfrequente Entkopplung von der Strasse (bzgl. Abrollen und Akustik) erreicht werden.

Wird diese Wirkungskette (teilweise oder vollständig) aufgetrennt, so müssen von der Aktuatorik sowohl die statischen als auch die dynamischen Kräfte (teilweise oder vollständig) aufgenommen und gestellt (d.h. ‚geleistet') werden, ohne zusätzliche (hochfrequente) Störungen in den Aufbau zu bringen. Damit kommt dem Aktuator eine entscheidende Bedeutung zu.

Zusammengefasst werden folgende Anforderungen an ein aktives Federungssystem gestellt:

- geringe Reibung des Aktuators (Abrollverhalten),
- geringer Leistungsbedarf,
- geringer Bauraum (modulare, kompakte Systemintegration),
- geringes Gewicht,
- geringe Kosten,
- wenige bewegte Teile (Verschleiß, Wartung).

Erreicht werden sollen damit folgende Vorteile einer aktiven Federung:

Hoher Fahrkomfort

- durch aktive Stabilisierung aller Aufbaubewegungen (Wanken, Nicken, Huben),
- durch Reduzierung der Dämpfereinstellung und Wegfall des Stabilisators (Abrollkomfort),
- durch Kurvenneiger (Bus).

Hoher Fahrsicherheitsgewinn

- durch aktive Stabilisierung des Fahrzeugs in der Kurve sowie bei Notmanövern,
- durch gutmütiges, berechenbares Fahrverhalten,
- durch Reduzierung der dynamischen Radlastschwankungen,
- durch Einstellung eines neutralen bis untersteuernden Eigenlenkverhaltens.

Sportlichkeit und Fahrspass

- durch Einstellung eines 'agilen' Eigenlenkverhaltens.

Weiterer Zusatznutzen

- durch Fahrzeugabsenkung/-erhöhung im Stand und während der Fahrt (Verbesserung c_w-Wert, Fahrt durch Schnee, unebenes Gelände oder auf Bordstein, etc.),
- durch schnelle Reifen- und Schneekettenmontage.

4.3.4 Gegenüberstellung der Fahrwerkskonzepte

Im Folgenden sollen die wesentlichen Fahrwerkskonzepte (Bild 4.3.5) insbesondere hinsichtlich der o.g. Potentiale aber auch bzgl. der Eigenschaften der Aktuatorik diskutiert werden.

System	passive	semi aktive	slow aktive	full aktive (hydraulic)	full aktive (el.-magn.)
Mechanisches Modell	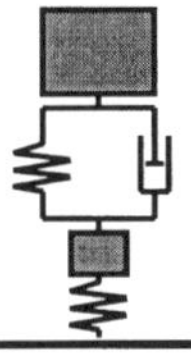	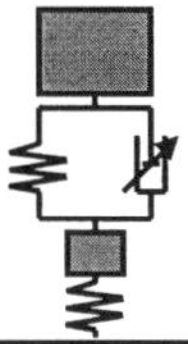	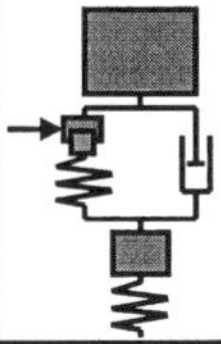	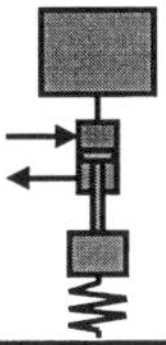	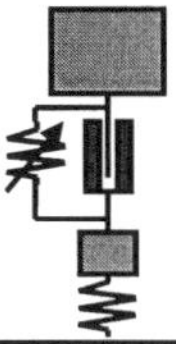
Komponenten	Feder mit hydraulischem Dämpfer und Stabilisator	kontinuierliche (schaltbare) Dämpferverstellung Verstellrate Frequenz < 50 Hz	Regelung der Aufbaubewegungen durch (hydraulische) Energieversorgung Frequenz 0...5 Hz	Regelung der Fahrzeugschwingungen durch Energieversorgung Frequenz 0...30 Hz	Regelung der Fahrzeugschwingungen durch elektromagn. Krafterzeugung Frequenz 1...100 Hz

Bild 4.3.5: 2-Massen-Modelle der wesentlichen Fahrwerkskonzepte

Passives Feder-/Dämpfer-System

Das klassische Feder-/Dämpfer-System kommt ohne zusätzliche Energie aus und stellt den Benchmark für aktive Systeme dar. Es hat inzwischen - insbesondere im Luxus-Segment - mit einer komplexen Kinematik und einer Luftbalgfeder (allerdings nur in Verbindung mit einem verstellbaren Dämpfer) einen sehr hohen Stand erreicht (Serie S-Klasse W220).

'Semi'-aktives System

Hier wird nur Steuerenergie in das System eingeführt, um z. B. die Dämpferrate bzw. die Federhärte zu verstellen. Damit lässt sich das Schwingungsverhalten (insbesondere von Nutzfahrzeugen mit hohen Beladungsunterschieden) verbessern.

Die Verstellung erfolgt i.A. über Magnetventile in 2 bis 4 Stufen: beim Dämpfer durch Öffnen / Schliessen von Bypässen mit eigenen Dämpferkennlinien, bei (hydro-) pneumatischen Federn durch Zu-/ Abschalten zusätzlicher Federspeicher. Kontinuierliche Kennlinienverstellung bei hydraulischen Dämpfern und bei elektrorheologischen bzw. magnetorheologischen Dämpfern stellen den letzten Stand der Technik dar.

Vollaktives System

Hier wird Stellenergie in Form von hydraulischer, elektrischer oder elektromagnetischer Energie in das System geleitet, um sowohl die Aufbau- als auch die Radschwingungen zu stellen und zu dämpfen. Dies erfordert neben einem hohen Energiebedarf auch eine hohe Dynamik des Stellglieds.

Beim *hydraulischen System* (siehe auch Bild 4.3.2) stellt der Hydraulikzylinder das einzige Kraft-Übertragungselement zwischen Aufbau und Rad dar. Um die hohen statischen und dynamischen Kräfte übertragen zu können, sind für schlanke Aktuatoren hohe Drücke notwendig. Diese führen wiederum an den Dichtungen zu hohen Reibungskräften, will man aus energetischen Gründen die Leckströme möglichst gering halten. Da der Zylinder mit nur einer geringen Elastizität an den Aufbau gekoppelt ist, ergibt sich ein schlechter Abrollkomfort und im ungünstigen Fall entstehen hochfrequente Eigenschwingungen.

Das *elektromagnetische System* (Patent Bose) /4/ (Bild 4.3.6a) ist zwar hochdynamisch (was aber aus energetischen Gründen nicht ausgenutzt wird), benötigt aber ein zusätzliches, niveauregulierendes (pneumatisches bzw. hydraulisches) Tragsystem. Die Ausregelung der niederfrequenten Schwingungen des Aufbaus erfordern voluminöse, schwere Wicklungen und Magnetpakete und führen (insbesondere bei stationärer Kreisfahrt) zu einer hohen Leistungsaufnahme und zu starker Erwärmung. Der ursprüngliche Gedanke, ein berührungslos arbeitendes, verschleissfreies System zu entwickeln, lies sich bisher noch nicht realisieren, da bei den auftretenden Querkräften die geforderten engen Spalte zwischen Stator und Aktor nur über eine Rollenführung erreichbar sind.

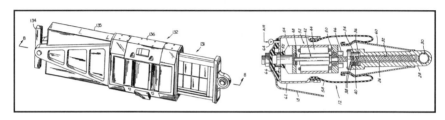

Bild 4.3.6a/b: Elektromagnetischer Aktuator (Patent Bose), elektromotorischer Aktuator (Patent Ford)

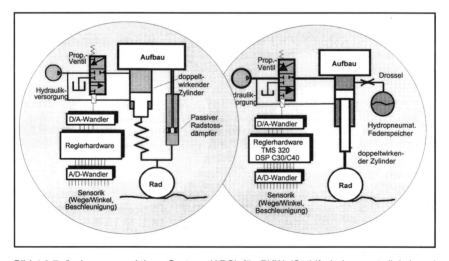

Bild 4.3.7a/b: Langsam aktives System (ABC) für PKW (Stahlfederkonzept, links) und Bus (hydropneumatisches Konzept, rechts)

Beim *elektromotorischen System* (Patent Ford) /7/ (Bild 4.3.6b) übernimmt ein hochdynamischer Elektromotor über eine Kugelumlaufspindel die Kraftkopplung zwischen Aufbau und Rad bis ca. 50 Hz (nach Angaben von Ford). Auch dieses System benötigt eine zusätzliche Niveauregulierung. Seine Stärken liegen im quasistationären Bereich; im höheren (abrollrelevanten) Bereich zeigen sich die selben Schwächen wie beim hydraulischen vollaktiven System.

Langsam aktives System

Bei diesem Konzept werden durch eine Reihenschaltung von Aufbaufeder und Aktuator nur die niederfrequenten Schwingungen des Aufbaus ausgeregelt und zwar möglichst so, dass der Aufbau immer horizontiert bleibt. Dies gelingt am Einfachsten bei Aufbaubewegungen, die durch Fahrmanöver ausgelöst werden. Bei fahrbahninduzierten Schwingungen reicht die Systemdynamik i.A. nicht aus. Die höherfrequenten Schwingungsanteile werden durch das nach wie vor vorhandene passive Feder-/ Dämpfer-System abgefedert und gedämpft. Damit kann die Dämpferkennlinie deutlich schwächer ausgelegt werden, da nur noch die niederenergetischen Radschwingungen bedämpft werden müssen. Dies kommt, ebenso wie der Wegfall der Stabilisatoren, dem Abrollkomfort und der Reduzierung der ‚Stössigkeit' zu Gute.

Im PKW (ABC im CL (Bild 4.3.7a)) stützt sich die Schraubenfeder über einen Plungerzylinder gegen den Aufbau ab. Damit kann der geregelte Hydraulikzylinder eine Federeindrückung ausgleichen, die durch zusätzliche statische oder niederfrequente dynamische Lasten hervorgerufen wird. Mit dieser Reihenschaltung wirkt sich auch eine begrenzte Dynamik des aktiven Krafteingriffs nicht mehr komfortmindernd auf den Aufbau aus.

Im Bus (Innovisia) /12/ (Bild 4.3.7b)lies sich eine solche Reihenschaltung von Stahlfeder und Aktuator wegen der hohen Lasten und Beladungsunterschieden aus Platzgründen nicht realisieren. Deshalb wurde eine hydropneumatische Federung gewählt. Hier wird an jedem Rad die gesamte passive wie aktive Krafterzeugung über einen einzigen Hydraulikzylinder geleitet. Im Unterschied zum vollaktiven System wird jedoch über die Hintereinanderschaltung von passiver Hydraulikdrossel und hydropneumatischem Federspeicher ein passives Feder-/Dämpferverhalten erzeugt, das auch ohne aktiven Eingriff die Radschwingungen kontrolliert. Durch Zu- oder Abfuhr von Ölvolumen in den Zylinder können die notwendigen Kräfte zur dynamischen Niveauregulierung erzeugt werden. Allerdings sollte nicht verschwiegen werden, daß bei der hydropneumatischen Lösung die Reibung an den Dichtflächen des Hydraulikzylinders sich ungünstiger auf den Abrollkomfort auswirkt als bei der Stahlfederlösung, wo die Feder als Filter wirkt.

Wankwinkel-Regelung

Die (langsam) aktive Federung läßt sich u.U. deutlich im Aufwand reduzieren, wenn man sich auf einen Freiheitsgrad, das Wanken, beschränkt. Bei diesem - auch als ARS (Anti Roll System) /6/ bezeichneten System – wird der Stabilisator aufgeschnitten und über einen servohydraulisch geregelten Drehzylinder geschlossen (Bild 4.3.8). Wechselseitige Strassenanregungen (Stössigkeit) können durch eine Art Leerlauf im Drehzylinder reduziert werden. Ist das System bei Kurvenfahrt im Eingriff, werden hochfrequente Störungen über den i.A. sehr steif ausgelegten Stabilisator auf den Aufbau übertragen.

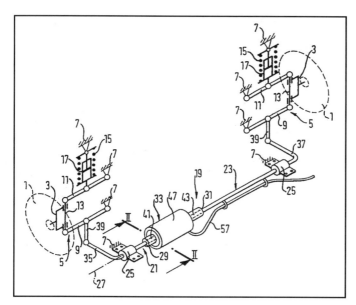

Bild 4.3.8: Aktiver Stabilisator (Patent Fichtel & Sachs)

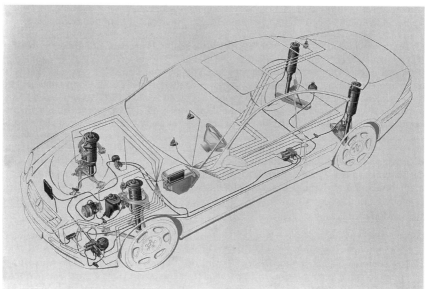

Bild 4.3.9: Gesamtsystem mit der Einbaulage der Komponenten im Fahrzeug. 13 Sensoren überwachen die Niveaulage bzgl. Wanken, Nicken und Huben, die Stellung der Hydraulikzylinder und informieren (über Beschleunigungsgeber) rechtzeitig über die dynamischen Bewegungen der Karosserie.

4.3.5 S-Klasse Coupé mit Active Body Control

Wie schon eingangs erwähnt, schliessen sich mittels der aktiven Federung Komfort und Sicherheit, gepaart mit Sportlichkeit, Agilität und Fahrspass, nicht mehr aus. Allerdings muss dafür ein nicht unerheblicher Aufwand betrieben werden, der sich jedoch mit der Weiterentwicklung des ABC-Systems deutlich reduzieren lassen dürfte. Bild 4.3.9 zeigt das Gesamtsystem ABC mit der Lage seiner Komponenten /3/.

Bild 4.3.10 zeigt die wesentlichen Hydraulikkomponenten des Systems: Die Federbeine mit den hydraulisch verstellbaren Federtellern, die Tandem-Pumpe mit Ölbehälter und Saugdrosselventil, den Kompaktblock mit Drucksensor, Überdruckventil und Pulsationsdämpfer, den Ventilblock einer Achse mit Regel- und Sperrventil. Für extreme Lastfälle begrenzt ein Ölkühler die Überhitzung des Öls.

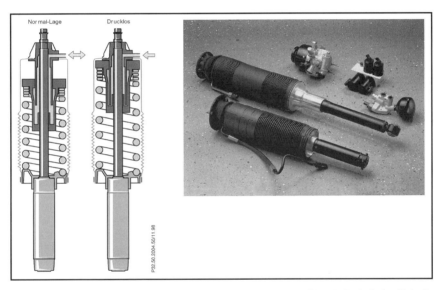

Bild 4.3.10a/b: Hydraulikkomponenten des ABC-Systems im CL mit Federbein (links in normaler und druckloser Lage, rechts für Vorder- und Hinterachse), Pumpe, Ventilblock

Bild 4.3.11 zeigt die grundsätzliche Reglerstruktur des ABC-Systems wie sie in ähnlicher Form auch im Innovisia realisiert wurde /11, 12/:

In einem ‚Skyhook'-Zweig werden die Aufbaubeschleunigungen durch eine modale Entkopplung auf die Freiheitsgrade des Aufbaus zurückgerechnet, so dass nach einer Integration (über Verstärkungsfaktoren) die Dämpfung von Wanken, Nicken und Huben eingestellt werden kann. Die Relativwege, die an den Achsen gemessen werden, werden im ‚AKTAKON'-Zweig nach der Entkopplung zur Regelung der Niveaulage bzgl. der Aufbaufreiheitsgrade genutzt. Zusammen mit den direkt gemessenen Quer- und Längsbe-

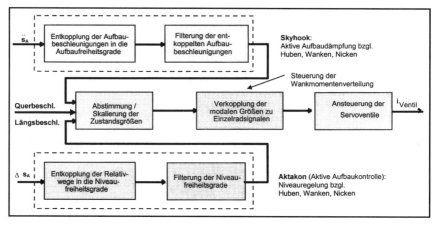

Bild 4.3.11: ABC-Reglerstruktur

schleunigungen, die auf den Fahrzeugschwerpunkt wirken, wird der Aufbau statisch wie dynamisch stabilisiert. Dabei wird der 4. Freiheitsgrad des Aufbaus - die durch diagonalsymmetrischen Krafteingriff erzeugte Verspannung - genutzt, um das Eigenlenkverhalten des Fahrzeugs zu steuern. Anschliessend werden aus diesen modalen Grössen wieder die Stellsignale für den Krafteingriff (Ansteuerung der Servoventile) an allen 4 Rädern zurückgerechnet.

4.3.6 Ausblick

Die DaimlerChrysler Forschung arbeitet nun schon seit über 25 Jahren an der Vision einer aktiven Federung. Nun ist diese Vision mit dem ABC-Konzept im neuen S-Klasse Coupé und in der S-Klasse Serien-Wirklichkeit geworden und begeistert Journalisten wie Kunden. Und das nächste Mercedes-Benz-Fahrzeug mit dem ABC-System steht schon vor der Tür.

Dank der enormen Fortschritte, die Mikrosensorik und Prozessortechnik bezüglich Leistungsfähigkeit und Kosten gemacht hat, dürfte der Siegeszug von mechatronischen Systemen gerade im Fahrzeug nicht mehr aufzuhalten sein. Letztendlich hat der ‚Elch', der die A-Klasse zum Straucheln brachte, mit dem ESP, dem elektronischen Stabilitätsprogramm, der Mechatronik zum Durchbruch verholfen. Das ABC-System war der logische weitere Schritt und bis zu einem reinen X-by-Wire ist es nicht mehr weit. Die Systeme werden kompakter, ausgereifter und dank grosser Stückzahlen und modularer Bauweise deutlich kostengünstiger. Damit können die Fahrzeuge zukünftig in Funktionalität und Charakter allein über Software konfiguriert werden.

4.3.7 Literatur

(1) Acker, B.; Darenberg, W.; Gall, H.: *Active Suspension for Passenger Cars*. The Dynamics of Vehicles, Proceedings of the 11th IAVSD Symposium, Kingston, Canada, Aug. 21-25, 1989.
(2) Acker, B.; Darenberg, W.; Gall, H.: *Aktive Federung für Personenkraftwagen*. Ölhydraulik und Pneumatik 33 (1989) Nr. 11.
(3) Automobil Industrie Special *Mercedes-Benz CL.*, Dez. 1999.
(4) Bose Corporation: *Electromechanical transducing along a path*. European Patent Application 0 415 780 A1 (31.08.90).
(5) Féderspiel-Labrosse, J. M.: *Beitrag zum Studium und zur Vervollkommnung der Aufhängung der Fahrzeuge*. Automobiltechnische Zeitschrift 57 (1955), Nr. 3, p. 6370.
(6) Fichtel & Sachs: *Stabilisatoranordnung für ein Fahrwerk eines Kraftfahrzeugs*. Offenlegungsschrift DE 444 43 809 A1 (Anmeldetag 9.12.1994).
(7) Ford Motor Company Ltd.: *Electrically powered active suspension for a vehicle*. European Patent Application 0 363 158 A2 (3.10.89).
(8) Frühauf, F.: *Entwurf einer aktiven Fahrzeugfederung für zeitverschobene Anregungsprozesse*. VDI-Verlag, Düsseldorf, 1985 (Fortschr.-Ber. Reihe 12 Nr. 57).
(9) Frühauf, F.; Kasper, R; Lückel, J.:Design of an Active Suspension for a Passenger Vehicle Model using Input Processes with Time Delays. Proc. of 9th IAVSD Symposium, 1985, pp.126-138.
(10) Frühauf, F.; Laux, R.: Design and Realization of a Digital Controller for an Active Suspension. 24th ISATA Symposium, Florence, 1991, Paper No. 911242.
(11) Frühauf, F.: *CADROC - Computergestützter Reglerentwurf und Realisierung*. 'Elektronik im Kraftfahrzeugwesen', Prof. Walliser, Expert Verlag 1994.
(12) Frühauf, F.; Rutz, R.: *Innovisia – eine Aktive Federung für den Reisebus*. at Automatisierungstechnik 46 (1998) 3.
(13) Gipser, M.: *Verbesserungsmöglichkeiten durch aktive Federungselemente aus theoretischer Sicht*, VDI-Verlag, Düsseldorf, 1990, VDI Berichte Nr. 802.
(14) Hohensee, H.-J.; Jäker, K.-P.; Rutz, R.; Gaedtke, Th.: *Aktive Fahrzeugfederung*. VDI-Verlag, Düsseldorf, 1989,VDI Berichte Nr. 778.
(15) Lückel, J.: *Die aktive Dämpfung von Vertikalschwingungen bei Kraftfahrzeugen*. Automobiltechnische Zeitschrift 76 (1974), Nr.5, S.160-164.
(16) Rutz, R.; Jäker, K.-P.: *Einsatz hierarchischer Mehrgrößenregelungen zur Realisierung aktiver KFZ-Fahrwerke mit Schwingungstilgern*. at 8 (1991), Oldenbourg-Verlag, München.
(17) Rutz, R.; Winkler, M.: *Mechatronic Suspension Design Using On-Line Optimization*. International Symposium on advanced Transportation Applications (ISATA), Aachen, Oct.31-Nov.4, 1994.
(18) Schüssler, R.; Acker, B.: *Aktives Federungssystem*. Patentschrift DE 3844803 C2. Anmeldung 28.05.1988 Deutsches Patentamt, München.
(19) Wolfsried, St. U. Schiffer, W.: *Active Body Control (ABC) – das neue aktive Federungs- und Dämpfungssystem des CL-Coupés von Daimler Chrysler*, VDI-Ber. Nr. 1494, 1999, 305-333.
(20) Zetsche, D.: *Analyse des Fahrzeugsystems DB W115 mit eingebautem Kurvenneiger*. Diplomarbeit Universität Karlsruhe 1976.
(21) Zetsche, D.: *Die Anwendung moderner regelungstechnischer Verfahren zur Synthese einer aktiven Federung*. Dissertation 1982, Uni-GH Paderborn.

4.4 Heizung- und Klimaregelung
R. Weible

4.4.1 Der Mensch im Mittelpunkt der Fahrzeugklimatisierung

Marktgerechte Klimatechnik orientiert sich primär am Menschen.

Alle technischen Entwicklungsziele wie

- Komfort
- Ergonomie
- Sicherheit
- Herstellkosten
- Betriebskosten
- Zuverlässigkeit
- Umweltverträglichkeit

lassen sich bei einer umfassenden Betrachtungsweise an den Bedürfnissen des Menschen, an seinen Schwächen und an seinen Fähigkeiten ableiten.

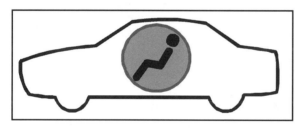

Bild 4.4.1:
Der Mensch im Mittelpunkt der Fahrzeugklimatisierung

Der Klimakomfort bzw. das Klimakomfortempfinden eines Menschen ist eine komplexe Größe, die in ihrer positiven Ausprägung in der Fachwelt „thermische Behaglichkeit" genannt wird.

Das thermische Behaglichkeitsempfinden hängt von quantifizierbaren und von nicht quantifizierbaren Einflüssen ab.

Diese lassen sich dem „physiologischen, physikalischen oder einem intermediären Bereich" zuordnen.

Die „Thermische Behaglichkeit" ist in der Gesamtheit ihrer Einflussfaktoren weder messbar noch kalkulierbar.

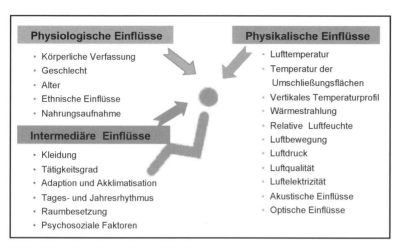

Bild 4.4.2: Thermische Behaglichkeit

In Anlehnung an die bekannte Hierarchie der sozialen Bedürfnisse nach Maslow (Bild 4.4.3), wurde von Krist und Bubb ein „Komfort-Bedürfnis-Pyramide" entwickelt (siehe Bild 4.4.4).

Die in diesen Pyramiden dargestellten „Werte" bauen auf den darunter liegenden auf. Voraussetzung für die positive Erlebnismöglichkeit der einzelnen Ebenen ist, dass sie von den darunter liegenden Ebenen „stabil getragen" werden. D. h., dass die individuellen Ansprüche an die darunter liegenden Ebenen im wesentlichen erfüllt sind.

Bild 4.4.3: Soziale Bedürfnispyramide

317

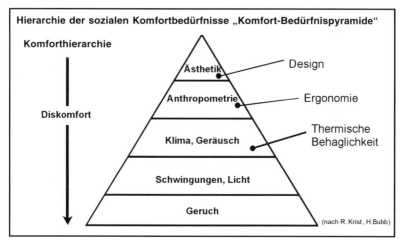

Bild 4.4.4: Komfort-Bedürfnispyramide

4.4.2 Bedienoberfläche

Von der im Fahrzeug installierten Klimatechnik sehen der Benutzer nur die Luftausströmer sowie die Bedien- und Anzeigeelemente.

Die Bedien- und Anzeigeoberfläche, kurz HMI (= Human Machine Interface) genannt, sind prägende Gestaltungsmerkmale des Fahrzeuginterieurs.

4.4.2.1 Bedienteil und Klimasystem

Die Gestaltung und Funktionalität der Bedienteile lässt bei klassischen Bedieneinheiten meist auch einen Schluss auf den Funktionsumfang der jeweils eingebauten Anlagentechnik zu.

Für die Bezeichnung der unterschiedlichen Klimatisierungssysteme gibt es keine einheitliche Nomenklatur.

Neben international üblichen, englischen Abkürzungen sind nationale und firmenspezifische Namen, aber auch divergierende Namensinterpretationen üblich.

Die unterschiedlichen Anlagen-Varianten lassen sich auf folgende *Klimasysteme* zurückführen:

- HZS = Heizungssteuerung
- HZR = Heizungsregelung
  = AHC = Automatik Heater Control
- KLS = Klimasteuerung

- KLR = Klimaregelung
   = ATC = Automatic Temperature Control
- KLA = Klimaautomatik
   = ACC = Automatic Climate Control

Die Tabelle 4.4.1 zeigt, wie die Basisfunktionen der unterschiedlichen Klimasysteme gesteuert werden:

Klimasystem	Steuerung der Basisfunktionen		
	Temperatur	Luftmenge	Luftverteilung
HZS	manuell	manuell	manuell
KLS	manuell	manuell	manuell
HZR (AHC)	autom.	manuell	manuell
KLR (ATC)	autom.	manuell	manuell
"Semi-Automatic"	autom.	autom./man.	manuell
KLA (ACC)	autom.	autom./(man.)	autom./(man.)

Tabelle 4.4.1: Steuerung der Basisfunktionen

4.4.2.2 Bedienelemente und Ergonomie

Die zunehmende Komplexität der Klimasysteme macht auch eine gezielte Entwicklung der Bedienoberflächen notwendig.

Für die Komplexität von HMIs (Human Machine Interface) gibt es einen allgemeinen Trend, der dem Reifegrad der Technologie und/oder der Leistungsklasse des Gerätes folgt (siehe Bild 4.4.5):

- Das „low end"-Gerät hat einen beschränkten Funktionsumfang und deshalb auch nur wenige Bedienelemente.
- Mit steigender Leistungsklasse steigt der Funktionsumfang. Die technischen Möglichkeiten werden dem Benutzer durch eine zunehmende Anzahl von Bedienelementen „präsentiert". (siehe Anstieg in Bild 4.4.5)
- Aus ergonomischen und vielen anderen Gründen muß die Vielzahl der Bedienelemente aber begrenzt werden.
  Ausgereifte Spitzengeräte zeichnen sich dadurch aus, dass viele Funktionen zufriedenstellend automatisiert sind. Das drückt sich in einer drastischen Reduzierung der Anzahl der noch notwendigen „primäre Bedienelemente" aus.

4.4.2.2.1 Gestaltung

Leitlinien für die Gestaltung und Optimierung von Bedien- und Anzeigeoberflächen sind
- die kognitiven Fähigkeiten des Menschen und
- eine an der Ergonomie ausgerichtete Ästhetik.

Die Gestaltung der Bedienoberflächen ist auch das Ergebnis von Kompromisslösungen im Umfeld konträrer oder konträr erscheinender Zielsetzungen:

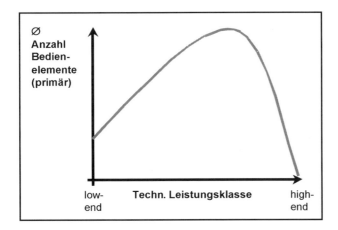

Bild 4.4.5: Bedienung technischer Geräte

- Griffgünstige Betätigungselemente und gut lesbare Symbolik
  Kontra – Kleine verfügbare Oberflächen
- Auch bei Dunkelheit unterscheidbare Symbolik
  Kontra – Blendwirkung und Spiegelung
- Kontinuierliche Evolution der Bedienungskonzepte zumindest innerhalb der Fahrzeugfamilie eines Herstellers
  Kontra – Neue oder auch nur andere Konzepte zur Steigerung des „Neuheitswertes"
- Reduzierung der Anzahl der Betätigungselemente (im Idealfall auf „Null")
  Kontra – Eine Vielzahl von Betätigungselementen suggeriert perfekte Einstellbarkeit und großen Funktionsumfang
- Blindbedienbarkeit
  Kontra – Stilistik und/oder Bauraum
- Ergonomische Gestaltung
  Kontra – Mode und Zeitgeist
- Multifunktionsknopf, Trackball-, Touchpanel- oder Touchscreen-Eingabesystem
  Kontra – Altersstruktur der Fahrerpopulation
- Spracheingabe
  Kontra – Kundenakzeptanz und Variantenvielfalt

Zur Optimierung der *„Mensch – Maschine – Schnittstelle"* sind die vorgenannten Zielsetzungen zu werten.

Erfolgversprechende Bewertungsmaßstäbe dürfen sich aber nicht nur an den persönlichen Maßstäben der Spezialisten in den Fachabteilungen orientieren. Sie orientieren sich am „Menschen" bzw. am Markt, aber auch am Selbstverständnis und Image des jeweiligen Fahrzeugherstellers und seiner Klientel.

4.4.2.2.2 Produktklinik

Mit aktuellen Serienfahrzeugen wurde Ende 1995 von BEHR unter Mitarbeit von GKR in Zusammenarbeit mit dem Institut von Prof. Dr. Joachim Knappe eine „Produktklinik Klimabedienteil" durchgeführt.

Auf Basis dieser Bestandsaufnahme sollen Ziele für die Entwicklung zukünftiger Bedienteilkonzepte abgeleitet werden.

In der Produktklinik bewerteten 278 Testpersonen (keine Fachleute) 12 Fahrzeuge vom Kleinwagen bis zur Oberklasse.

Das „ideale Bedienkonzept", das die Ansprüche der Probanden umfassend erfüllte, gab es in den getesteten PKWs nicht.

Als Schwächen wurden herausgestellt:
- Bedienlogik
- Benutzerfreundlichkeit/Bedienkomfort
- Ergonomische Gestaltung der Bedienelemente
- Die Lage der Bedienelemente; Bedienung ist nicht ohne Ablenkung vom Verkehrsgeschehen möglich.

Selbsterklärende Bedienoberfläche:
- Symbolik wurde nur eingeschränkt verstanden.
- Das Ein- und Ausschalten der Klimaanlage scheiterte teilweise schon am Verstehen der unterschiedlichen Symbole.
- Auch die Umluft-Schaltung konnte mangels Symbolverständnis nicht immer „erraten" werden.

Zur Art der Betätigungselemente gab es folgende Aussagen:
- Schiebe-Regler sind „out".
- Gut gestaltete Drehschalter sind beliebt.
- Tasten werden als „gut" charakterisiert, sofern sie nicht zu klein sind und ihre Anzahl „überschaubar" ist.
- Auch „Daumenräder zur Temperatureinstellung" werden gut beurteilt.

Folgerung:
- Die Bedienoberflächen müssen bei Neuentwicklungen vorab auf den Zielmärkten von „Normalkunden" getestet werden.

  Anmerkung:
  Auch simulierte Benutzeroberflächen (z. B. unter Waps, Statemate, ...) eignen sich, um die
  - Marktakzeptanz zu testen
  - Bedien- und Anzeigelogik zu überprüfen
  - Spezifikation auf Eindeutigkeit und Definitionslücken im Vorfeld zu verifizieren.
- Zumindest die Standardsymbole sollten in ihrer Grundform vereinheitlicht werden; der fahrzeugspezifische stilistische Feinschliff bleibt trotzdem möglich.

4.4.2.3 Bedienung in Fahrzeugen mit Zentral-Bildschirm

In Fahrzeugen mit Zentralbildschirm als Grundausstattung, können sekundäre Bedienfunktionen, z. B. für individuelles „Feintuning", in das Menü des Zentralbildschirms verlagert werden.

Wenige primäre Bedienfunktionen bleiben als direkt greifbare Klima-Betätigungselemente erhalten.

Eine sinnfällige räumliche Anordnung der primären Klima-Betätigungselemente ist z. B. eine Kombination mit den Lüftungsgittern.

Entwicklungsziel ist, möglichst alle Bedienfunktionen durch Perfektion von Regelung und Sensorik dem sekundären Bedienfunktionsbereich zuordnen zu können.

Das Klima-Steuergerät und die klimaspezifischen Sensoren und Aktuatoren sind direkt der Klimaanlage zugeordnet (siehe Bild 4.4.6).

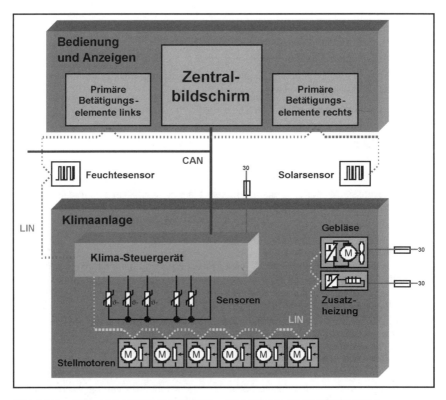

Bild 4.4.6: Klimaregelung Basisarchitektur für KFZ mit „Zentral-Bildschirm"

Zur Optimierung des Verkabelungsaufwandes kann auch *innerhalb* des *Klimasystems* ein kostenoptimierter Sub-Bus oder *Systembus*, z.b. *LIN* (= Local Interconnected Network) installiert sein.

Die dargestellte Architektur hat den Vorteil, daß alle vorhandenen alternativen *Eingabesysteme* wie

– Fernbedienung (z. B. am Lenkrad)
– Spracheingabe
– Multifunktions-Eingabeelemente

auch für *die Klimabetätigung nutzbar* sind.

4.4.3 Klimatisierungssystem

Die serienmäßige Ausstattung von PKWs mit Heizungen setzte in Europa erst ab 1948 ein.

Klimaanlagen wurden in Luxusfahrzeugen ab Ende der 60er Jahre in der Erstausrüstung als Sonderausstattung angeboten.

Die Basisfunktionen (siehe auch Tabelle 4.4.1) einer HVAC-Unit (= Heater Ventilation Air Conditioning-Unit) sind noch die gleichen, wie zu Beginn der Kraftfahrzeug-Klimatisierung.

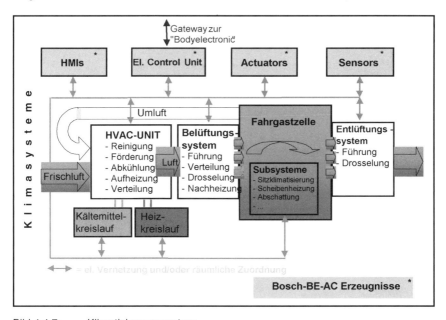

Bild 4.4.7: Klimatisierungssystem

Doch zunehmend bestimmen die Klimaregelung sowie die zugehörige Sensorik und Aktuatorik die komfortable und ökonomische Nutzung der leistungsfähigen Klimatisierungstechnik (siehe Bild 4.4.7)

4.4.4 Klimaregler

Die Produktklinik untersuchte die Verständlichkeit der Bedienoberflächen im „Trockenkurs".

Aus Feldversuch, Serviceberatungen und aus der Analyse von Kundenbeanstandungen sind weitere Schwachpunkte bekannt:

- *Der Fahrer ist oft nicht in der Lage*, den möglichen Klimakomfort unter allen Fahr- und Betriebsbedingungen zu nutzen.
- *Fehleinstellungen* und der Versuch diese zu korrigieren, führen zu Ablenkungen vom Verkehrsgeschehen und oft auch zu Resignation.
- Aus einem *unbehaglichen Innenraumklima* („Diskomfort") resultiert eine verminderte Konzentrations- und Leistungsfähigkeit des Fahrers und somit eine eigentlich vermeidbare Beeinträchtigung der Verkehrssicherheit

Zielsetzung für die Klimaregelung ist:
- Umfassende Vereinfachung der Bedienung
Minimierung der Betätigungselemente
 - Automatisierung von Betätigungsfunktionen
Minimieren der Anzahl der erforderlichen Betätigungen
Erschließung neuer Eingabekanäle
 - Spracheingabe
- Steigerung des Klimakomforts unter allen Betriebsbedingungen
- Reduzierung des Primärenergieeinsatzes und der Komponentengewichte durch intelligente Prozeßführung.
- Erhöhung der Zuverlässigkeit und Verfügbarkeit des Klimasystems durch Schutz- und Ersatzfunktion sowie durch Diagnose- und Wartungsfunktionen.

Als Benchmarktest zur Bewertung eines Klimaregelungssystems und der Bedienoberfläche kann die praktische Erfahrung eines Probanten in folgender Situation dienen:

- Ankunft am Flughafen um 22.00 Uhr, Spätherbst, Nieselregen, 8 °C
- Fahrt mit einem fremden Mietwagen, in einer fremden Stadt zu einem ca. 20 km entfernten Hotel
  - Sinnvolle Einstellung des Klimasystems?
  - Minderung der Verkehrssicherheit durch Scheibenbeschlag oder Ablenkung wegen der Betätigung des Klimasystems?
  - Klimakomfort?

4.4.4.1 Grundstruktur einer Regelung

Am Beispiel einer einfachen Temperaturregelung wird die Struktur und das Wirkungsprinzip einer klassischen Regelung aufgezeigt (siehe 4.4.8).

Die Struktur gilt sowohl für manuelle Regelungen als auch für automatische Regelungen.

Das Kennzeichen einer Regelung ist der geschlossene Regelkreis:
- Dir Regelgröße muss über einen Stellantrieb und ein Stellglied beeinflussbar, d. h. steuerbar sein.
- Die Auswirkung der Regelgröße auf die Regelstrecke, also der Istwert, muss fühlbar, d. h. messbar sein.
- Der Istwert wird mit einem festen oder einstellbaren Sollwert verglichen.
- In Abhängigkeit vom Soll-/Istwertvergleich wird über Stellantrieb und Stellglied die Regelgröße nach Betrag und Richtung gesteuert.

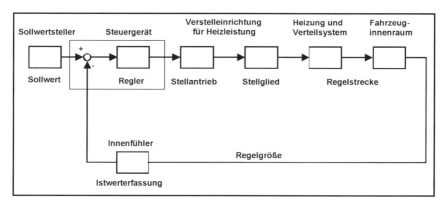

Bild 4.4.8: Grundstruktur eines Temperaturregelkreises

4.4.4.2 Der Mensch als Regler

Bei einer einfachen *manuellen Temperaturregelung* muss der Mensch folgende Regelungsfunktionen übernehmen (siehe Bild 4.4.9):
- *Istwerterfassung,*
  d. h. fühlen von Temperaturen.

- *Soll-/Istwertvergleich,*
  d. h. eine individuelle Wertung der gefühlten Temperaturen vornehmen:
  - behaglich
  - zu warm
  - zu kalt
  sowie aus dieser Wertung Entscheidungen treffen,

- ob nachgeregelt werden soll
- in welche Richtung nachgeregelt werden soll
- um wie viel nachgeregelt werden soll

– *Stellantrieb,*
  d. h. manuelle Betätigung des Stellgliedes und Entscheidung treffen,
  - in welche Richtung verstellt wird
  - um welchen Weg oder Drehwinkel verstellt wird

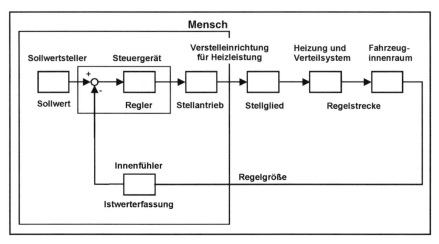

Bild 4.4.9: Der Mensch als Temperaturregler

Die Beschreibung der manuellen Regelungsvorgänge zeigt, dass selbst eine einfache Temperaturregelung komplexe Entscheidungen erfordert.

Ohne Training ist dieser Regelkreis vom Menschen nicht beherrschbar.

Erschwerend kommt für den *Menschen als Regler* hinzu, dass nach Verstellungen das Heizungssystem und der Fahrzeuginnenraum mit unterschiedlichen thermischen Zeitkonstanten verzögert reagieren.

Das thermisch Ergebnis einer Verstellung (Regelungsversuch) kann also erst nach einiger Zeit *gefühlt* werden (siehe Bild 4.4.10).

Es bleibt anzumerken, dass das Heizungssystem und der Fahrzeuginnenraum im Fahrbetrieb ständig wechselnden Randbedingungen (Störgrößen) unterliegen und dass deshalb ein ständiges Nachregeln erforderlich ist.

In der Praxis kann der Mensch ein solches System nur *durch* andauerndes *Probieren regeln;* und probieren heißt, durch kleine Verstellungen zu versuchen, die Soll-/Istwertabweichungen zu minimieren.

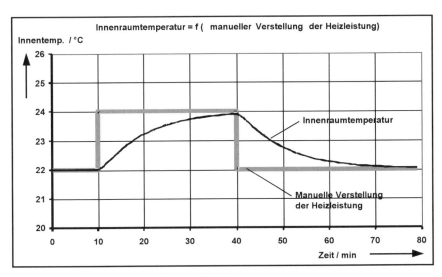

Bild 4.4.10: Sprungantwort bei manueller Steuerung

Ein „elektronischer Temperaturregler" bewältigt die Aufgabe sehr viel besser (siehe Bild 4.4.11).

Er übersteuert die Heiz- bzw. Kühlleistung, und erreicht viel schneller und exakter den gewünschten Endwert.

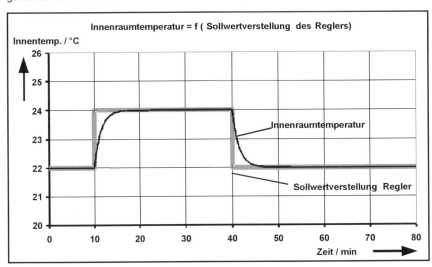

Bild 4.4.11: Sprungantwort bei Innenraumtemperaturregelung

Allerdings empfindet *der Mensch* im Fahrzeug ein zu großes und zu langes Übersteuern der Einblastemperaturen und/oder der Luftmengen als unbehaglich. Deshalb muss sich die Abstimmung der Klimaregelung am menschlichen Komfortempfinden orientieren; rein technische Regleroptimierungen führen zu Diskomfort.

Ein Vergleich mit dem Regelungsvorgang *„Lenken eines Fahrzeuges"* verdeutlicht, dass der Mensch als Regler durchaus gute Ergebnisse erzielen kann.

In diesem Regelungssystem sieht der Mensch unmittelbar den Istwert und den Sollwert (Richtung und Fahrweg).

Er fühlt und sieht direkt die Reaktionen auf eine Lenkradverstellung und kann den Wegverlauf absehen, der aufgrund der Lenkradverstellung eingeschlagen wurde.

Er sieht so den zukünftigen Istwert (Wegverlauf), so dass er in der Lage ist, sogar *vorausschauend zu lenken.*

Diese direkte und vorausschauende Betrachtung gelingt dem Menschen beim Temperaturregeln nicht:

- Sollwert- und Istwerttemperaturen stehen ihm nur als eine komplexe, unscharfe Empfindung zur Verfügung.
- Die Ergebnisse von Regelungsvorgängen wirken sich erst zeitzögert aus.
- Künftige Endtemperatur-Niveaus kann er nicht absehen, da der Mensch zeitliche Temperaturänderungen nicht quantifizieren kann.

Die primäre Aufgabe des Fahrers ist, die Richtung und die Geschwindigkeit des Fahrzeuges unter Beachtung des Verkehrsgeschehens, des Straßenzustandes, der Witterung und der Verkehrs- und Sicherheitsvorschriften zu steuern.

Versuche, nebenbei auch noch das Innenraumklima behaglich einzustellen, können zu gefährlichen Ablenkungen vom Verkehrsgeschehen und auch zu Frustrationen führen.

Aus einem unbehaglichen Innenraumklima resultiert auch eine verminderte Konzentrations- und Leistungsfähigkeit des Fahrers und somit Gefahr.

4.4.4.3 Regelungsphilosophie

Die funktionalen Zusammenhänge eines Klimasystems, wie es in Serienfahrzeugen der Ober- und Luxusklasse installiert ist, sind in Bild 4.4.12 vereinfacht dargestellt.
Daß ein solches System manuell nicht mehr steuerbar ist, zeigt schon der optische Eindruck der Komplexität.
Die Steuerungs- und Überwachungsfunktionen des „Primären- und Sekundären-Thermosystems (= Motorkühlungssystem und Heizungssystem) sowie die des Kältemittelkreislaufs sind hier nicht abgebildet.

Um die Spannweite der Klimatisierungseinrichtungen zu zeigen, ist in gleicher Systematik auch der funktionale Umfang einer Heizungsregelung dargestellt.

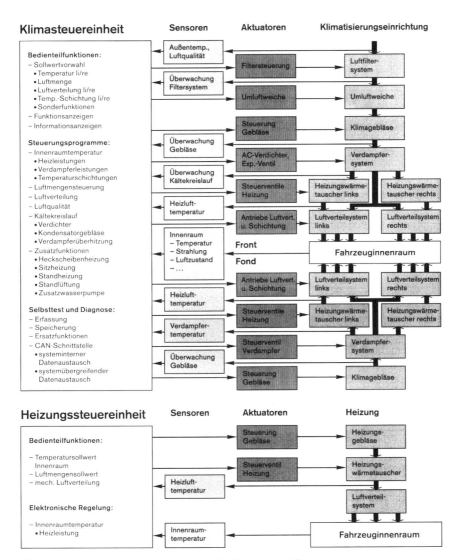

Bild 4.4.12: – Gesamtsystem „High End"-Klimaautomatik
– Gesamtsystem „Heizungsregelung"

So vielfältig wie die Gestaltung der Bedienoberflächen, so vielfältig sind auch die Regelungsphilosophien, welche die zuständigen Fachabteilungen der Fahrzeughersteller bevorzugen.

Die Mikrocomputertechnik hat hier neue Möglichkeiten eröffnet, die bei unreflektierter Nutzung nicht immer zur Verbesserung des vom „Normalverbraucher" empfundenen Klimakomforts beitragen.

Die klassische Lösung der regelungstechnischen Aufgaben einer Klimaregelung läßt sich auf folgenden Ansatz zurückführen:

- „Stetige" *Erfassung* von
  - Sollwert der Regelgröße
  - Istwert der Regelgröße
  - Istwert der Hilfsregelgrößen
  - Istwert der Störgrößen
- Erzeugung von Stellgrößen aus der mathematischen *Verknüpfung und Wichtung* obiger Funktionen nach Reglergleichungen und/oder *nach* Tabellenfunktionen bzw. Expertenmodellen.

Ist die *„meßbare Qualität"* einer Regelgröße nicht ausreichend oder ist eine *Regelgröße* nicht direkt meßbar, dann wird der „regelungstechnisch gültige Wert" aus einer *Simulationsrechnung* generiert.

Entsprechend den Randbedingungen liegen die Auslegungsschwerpunkte von Klimareglern zwischen den beiden Szenarien „A" und „B".

A – Die *Regelung* (Regelalgorithmus) *stützt* sich im wesentlichen *auf* die Messwerte der *Regelgrößen* (siehe Bild 4.4.13)

B – Die *Regelung stützt sich* primär *auf* ein *Simulationsmodell* das aus den gemessen Randbedingungen die Regelstrecke nachbildet, und so aus errechneten IST-Werten Stellgrößen generiert. Die Erfassung der Regelgröße wird u. U. nur als „Kaltstartwert" (Ausgangswert) genutzt (siehe Bild 4.4.14).

Ausgeführte Klimaregler folgen meist einem Konzept, das sowohl klassische Regelalgorithmen als auch Simulationsmodelle nutzt.
D. h., die Klimaregelung in Bild 4.4.14 stützt sich in unterschiedlicher Ausprägung auf das Simulationsmodell.

Anmerkungen zur Reglerauslegung:
- Aufgrund der Eigenschaften der Regelstrecke und den räumlichen Verhältnissen im Innenraum, ist ein *„sanft eingreifender Regler"* komfortabler, als ein auf geringste Abweichungen optimiertes System.
- *PI-Regler* für Innenraumtemperaturregelung benötigen umfangreiche Sondermaßnahmen (Überschwingen, Startwert, ...).
- *Fuzzy-Regler* sind geeignet, jedoch sind Vorteile gegenüber klassischen Verfahren nicht zwingend.
- *Adaptive Regler* können die Eigenschaften des Reglers nach dem individuellen Kundenwunsch anpassen.
  Achtung:
  Wenn die Optimierungsregeln nicht das individuelle Verhalten jedes Kunden (Bediener) vorsehen, kann das Ergebnis zum Chaos führen!

- *Neuronale Netze* können im Prinzip ein „selbstlernendes Optimierungskonzept" nachbilden.

  Geeignete Hardware und geeignete Software-Strategien stehen derzeit nur bedingt und nur für die Applikation zur Verfügung.

  Anmerkung:
  Aus der Evolution des Menschen kann abgeleitet werden, daß auch neuronale Netze nicht unfehlbar sind.

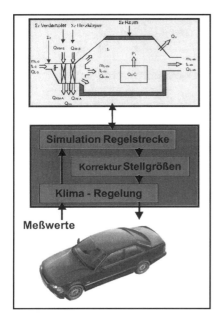

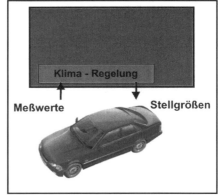

Bild 4.4.13: Klima-Reglermodell „A"

Bild 4.4.14: Klima-Reglermodell „B"

4.4.4.4 Klima- und Reglersimulation

Nur mit Hilfe der Simulationstechnik, lassen sich komplexe Aufgabenstellungen in engen Kosten- und Zeitrahmen lösen.

Die Simulationstechnik eröffnet und vertieft die Einblicke in das Systemverhalten. Sie treibt über das verbesserte Systemverständnis die Innovation und ist deshalb eine entscheidende Wettbewerbsgröße.

Kern der Klima-Systemsimulation ist das GKR-Klimasimulationsmodell (siehe Bild 4.4.15).

- Durch die Berechnung der Karosserie-Energiebilanz auf Basis der gemessenen Einflussfaktoren können z.B. die Mängel einer repräsentativen Innenraumtemperaturerfassung ausgeglichen werden.

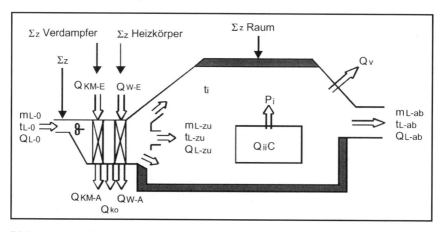

Bild 4.4.15: Klimasimulationsmodell

D. h. die Ansprüche an die Innenraumtemperatur-Erfassung werden reduziert und z. B. auf die „Erfassung eines Startwertes der Innenraumtemperatur" reduziert.

- Das GKR Klima-Simulationsmodell beinhaltet auch die Simulation der Fahrzeugdurchströmung. Es ist somit ein wichtiges Tool, um „Mehrzonenregelung" zu realisieren.
- Das Modell berücksichtigt auch Phasenübergänge (Kondensation), so dass auch das sogenannte „Feuchtemanagement" simuliert und bewertet werden kann.

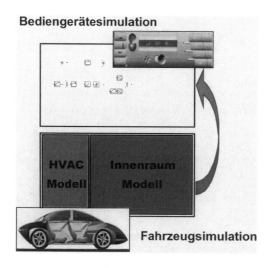

Bild 4.4.16:
Modelle als Entwicklungswerkzeug

Die Nutzung der Simulationstechnik hat zwei Hauptschwerpunkte:

a) Modelle als Entwicklungswerkzeug
Durch die Simulation eines Klimareglers und/oder die Fahrzeugsimulation (HVAC- und Innenraummodell) können die Designphasen und Applikationsphasen verkürzt werden (siehe Bild 4.4.16).

- „Software in the loop"
  - SW-Modell Klimaregler steuert reale HVAC-Unit und regelt das reale Innenraumklima.
  - SW-Modell Klimaregler wird am Klimamodell (HVAC + Innenraum) optimiert.

Im Einzelnen sind die verwendeten Tools in Bild 4.4.17 dargestellt.

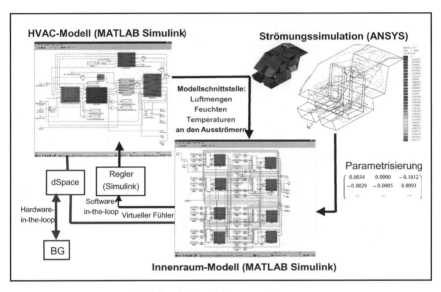

Bild 4.4.17:   Detaillierte Modelle als Entwicklungswerkzeug

b) „Modell als Produktkomponente"
Das in die reale Klimaregelung implemtierte Modell (siehe Bild 4.4.18) verbessert den Innenraumkomfort, in dem es z. B. die Nachteile realer Sensoren vermeidet.

Aktuelle Entwicklungen, die sich mit künftigen primären und sekundären Thermosystemen oder mit CO_2-Kältemittelkreisläufen befassen, sind ohne Simulationstechnik kaum beherrschbar.

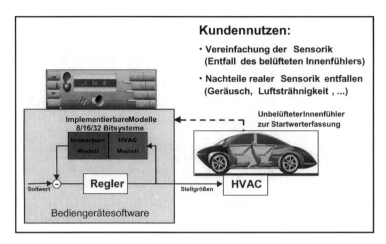

Bild 4.4.18: Modelle als Produktkomponenten

4.4.5 Ausblick

- *Auch in Kleinwagen- und in der Kompaktklasse* (A- und B-Klasse) werden *Klimaanlagen* zum *„Standard"*
- Auch in der *A- und B-Klasse* werden *Klimaregelung und Klimaautomatik* vom Markt angenommen
- Die CO_2-*Kälteanlagen* benötigen *neue Regelungs- und Steuerungsstrategien*
- Ausgehend von der Oberklasse werden in Verbindung mit Multimedia- und Navigationssystemen *neue Kanäle für die „Mensch-Maschine-Schnittstelle"* eingeführt, die auch für die Bedienung der Klimaanlage genutzt werden
- *Simulationsmodelle* sind *für die Entwicklung, Applikation, und Regelung* moderner Klimasysteme *unverzichtbar*

5 Kommunikation

5.1 Mobilität
G. Zacharias, G. Maurer

Nach wie vor boomt der Telekommunikationsmarkt und nach wie vor sind mobile Kommunikationsmittel und -dienste das attraktivste Segment dieses Marktes. Vor allem mit der Einführung der digitalen Funktelefonnetze D1 und D2 vor acht Jahren erlebte dieser Markt eine fast dramatisch zu nennende Entwicklung – und die Nachfrage nach Kommunikationsmitteln für die eigene Mobilität hält ungebrochen an.

Die hohe Attraktivität mobiler Kommunikation für immer breitere Bevölkerungsschichten gründet dabei sicherlich auch darin, daß Mobilfunk zwei wesentliche Grundbedürfnisse zu befriedigen vermag: mobil sein zu können und dabei doch jederzeit erreichbar und selbst kommunikationsfähig zu sein.

5.1.1 Mobilfunk im Überblick

Gab es bis vor wenigen Jahren in der Bundesrepublik noch eine ganze Anzahl von sehr unterschiedlichen Mobilfunksystemen, die sich in Reichweite, Kommunikationsinhalten und Kosten unterschieden, so konzentriert sich seit einiger Zeit Mobilfunk zunehmend auf die Funktelefone oder Handys. Im Laufe der letzten Jahre integrierten Funktelefone immer mehr Funktionalitäten bisheriger Einzelsysteme (Pager, Datenfunk, Satellitenfunk...). Wobei eigentlich „Funktelefon" heute und vor allem morgen als etwas veralteter Begriff gelten muß, längst haben sich die Geräte, die einmal zum reinen mobilen Telefonieren entwickelt wurden, zu alltäglichen mobilen Kommunikationsinstrumenten gemausert – was mit der Einführung der 3. Generation (UMTS) noch nachhaltiger unterstrichen werden wird.

Während langer Jahre war ja der Begriff „Autotelefon" im Volksmund ein Synonym für mobile Kommunikation. In der Zwischenzeit hat das „Handy" das „Autotelefon" verdrängt. Noch vor wenigen Jahren war das „Autotelefon" ein prestigeträchtiges Symbol für zahlungskräftige Gruppen – sehr teuer, viel Platz beanspruchend und schwer. In den vergangenen Jahren hat sich dies grundlegend verändert. Das Mobiltelefon ist sehr klein geworden, hat sich vom Fahrzeug gelöst und ist zum Konsumprodukt geworden. Immer weniger ist es aus dem gesellschaftlichen Leben wegzudenken. Gerade die Funktelefone haben mit der Eröffnung der digitalen Funknetze (beide D-Netze, beide E-Netze) eine ex-

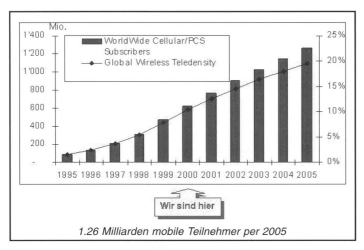

1.26 Milliarden mobile Teilnehmer per 2005

Bild 5.1.1: Teilnehmerentwicklung Mobildienste, Quelle: Alcatel Schweiz AG

plosionsartige Nachfrage erlebt. In beiden D-Netzen telefonieren heute ca. 30 Millionen Kunden, in beiden E-Netzen etwa 9 Millionen, das bedeutet, die digitalen Funknetze verzeichnen heute knapp 40 Millionen Kunden. Wie Bild 5.1.1 erkennen läßt, wird sich diese rasante Entwicklung auch in Zukunft fortsetzen.

Entsprechend ihrer Bedeutung und der Tatsache, daß sich Mobiltelefone zwar vom Fahrzeug „gelöst" haben, aber selbstverständlich nach wie vor auch im Fahrzeug Verwendung finden, sollen nach einem kurzen Blick auf die Entwicklung der Funktelefone der Aufbau und die Abläufe zellularer Funknetze zunächst exemplarisch anhand der GSM-Netze dargestellt werden. Anschließend betrachten wir den Übergang vom Heute (GSM) zum Morgen (UMTS).

5.1.2 Funktelefone – Entwicklung in Deutschland, Kurzcharakterisierung

Ende der 50er Jahre faßte die Deutsche Bundespost mehrere lokale Funktelefonnetze zum späteren A-Netz zusammen. Wenige verfügbare Funkkanäle, vor allem aber die damals noch notwendige Gesprächsvermittlung per Hand waren wesentliche Kennzeichen des A-Netzes. In der Fläche der damaligen Bundesrepublik fast vollständig verfügbar, konnte das A-Netz lediglich 10.000 bis 11.000 Teilnehmer bedienen (vgl. Bild 5.1.2). 1972 führte die Bundespost wegen starker Nachfrage und technischen Unzulänglichkeiten des A-Netzes unter dem Namen B-Netz ein neues Funktelefonsystem ein. Das damals revolutionierende Merkmal des B-Netzes bestand darin, daß der Teilnehmer ohne eine manuelle Vermittlungsstelle Gespräche im Selbstwählverkehr aufbauen und empfangen konnte. 38 Funkkanalpaare sowie weitere 37, die nach Schließung des A-Netzes zur Verfügung standen, ließen eine Gesamtkapazität von 26.000 Teilnehmern zu.

Mitte der Achtziger Jahre fand ein weiterer großer Techniksprung statt. Das C-Netz mit seiner einheitlichen Zugangsnummer (0161) und der Möglichkeit, unterbrechungsfrei während der Autofahrt zu telefonieren, wurde eröffnet. Nunmehr war es auch nicht mehr nötig, wenigstens ungefähr zu wissen, wo der mobile Teilnehmer sich gerade aufhält, um ihn erreichen zu können. Das C-Netz erlaubte es den Teilnehmern erstmals, sich vollkommen frei in der Bundesrepublik zu bewegen und überall unter ihrer C-Netz-Rufnummer erreichbar zu sein. Beim Wechseln der Funkzellen während der Fahrt brach nun auch ein bestehendes Gespräch nicht mehr ab, sondern die Verbindung wurde an die nächste Funkzelle übergeben; dieses Hand-Over der Verbindungen bot erstmals freie Mobilität bei gesicherter Kommunikationsfähigkeit und Erreichbarkeit.

Ursprünglich auf eine Kapazität von bis zu 500.000 Teilnehmern ausgelegt, erlebte das C-Netz Anfang der Neunziger durch Gebührensenkungen, die Wiedervereinigung und dem damit verbundenen wirtschaftlichen Auftrieb einen Nachfrageboom, der die Telekom veranlaßte, die Netzkapazität auf bis zu 850.000 Teilnehmer auszubauen. Diese Obergrenze war 1993 fast erreicht, seit der Einführung der D-Netze sank jedoch die Teilnehmerzahl im C-Netz beständig ab.

Mitte 1992 hielt nach dem analogen C-Netz mit Eröffnung der D-Netze die Digitalisierung beim Funktelefon ihren Einzug. Die beiden voll digitalen Funktelefonnetze basieren auf dem Standard GSM (Global System for Mobile Communication), eine europäische Entwicklung und der europäische Standard für digitalen Mobilfunk. Diesen Standard GSM haben alle europäischen Staaten (und auch Staaten auf der ganzen Welt) übernommen, so daß grenzüberschreitende Nutzung und Erreichbarkeit in ganz Europa (und in weiteren Teilen der Welt) möglich ist. Entsprechend der Notation der Funktelefonnetze in der Bundesrepublik werden die beiden bundesrepublikanischen GSM-Netze unter dem Namen D-Netze geführt.

Ein weiteres Novum war die Freigabe der D-Netze für den marktwirtschaftlichen Wettbewerb. Waren alle Vorgänger Monopolprodukte der Bundespost bzw. der Telekom, so wurden für die D-Netze erstmals zwei Lizenzen vergeben. Die Lizenz für das Netz D1 erhielt die Bundespost Telekom (heute T-Mobil), die Wettbewerberlizenz für das Netz D2 wurde an das Konsortium Mannesmann Mobilfunk (heute fusioniert mit Vodafone) vergeben. Beide Netze stehen flächendeckend in der Bundesrepublik zur Verfügung.

Mit dem Start der beiden D-Netze stellte das Bundespostministerium auch die Weichen für ein drittes digitales Funktelefonnetz. Die Lizenz für dieses E-Netz ging an das Konsortium E-Plus. Das E-Netz eröffnete 1994 in einigen Ballungsgebieten und wurde seither kontinuierlich in der Fläche ausgebaut. Es basiert auf einem erweiterten GSM-Standard und arbeitet dementsprechend ähnlich wie die D-Netze, wobei allerdings der Frequenzbereich doppelt so hoch wie bei GSM, bei 1,8 GHz liegt. Das E-Netz ist ein sehr kleinzelliges Netz, das kleinere Endgeräte und höhere Anschlußzahlen erlaubt. Einige Zeit später kam ein zweites E-Netz (Viag Interkom) noch dazu, so daß wir heute über vier digitale Netze verfügen.

Übersicht: Bisherige und zukünftige Mobiltelefonnetze in Deutschland

Netz	Zeitraum	Frequenzbereich in MHz	Teilnehmerkapazität	Wesentliche Merkmale
A-Netz	1958-1977	150	10.000	Handvermittlung
B-Netz	ab 1972	150	16.000	Selbstwählverkehr
B/B2-Netz	1980-1994	150	26.000	Selbstwählverkehr
Zellulare Systeme				
C-Netz	ab 1985 bis 2000	450	450.000 ausgebaut auf 850.000	einheitliche Zugangsnummer (0161) automatische Teilnehmersuche Weiterreichen der laufenden Gespräche in die nächste Funkzone (Hand-Over)
D-Netze (D1, D2) (GSM)	ab 1992	900	> 10 Millionen	Digital ISDN-kompatibel Non-voice-Dienste europa- bis fast weltweite Kompatibilität
E-Netze (GSM/ DCS 1800)	Ab 1994	1.800	> 15 Millionen	Digital (ähnlich D-Netze) Kleinzellennetz „Handynetz"
UMTS	Ab 2002	1.900	> 1 Milliarde	weltweit multimedial direkte Office- und Internetfunktionen Klein- bis Kleinstzellennetz

Bild 5.1.2: Entwicklung der Funktelefone

5.1.3 Netzinfrastruktur

GSM-Netze sind zellulare Funktelefonnetze. Zellulare Mobilsysteme sind zentral organisierte Netze. Der gesamte Versorgungsbereich unterteilt sich in kleine Zellen. Üblicherweise stellt sich ein zellulares Netz in Form dicht nebeneinander angeordneter bienenwabenförmiger Funkzellen dar (in Abhängigkeit von Topographie, Bebauung usw. kann es in Wirklichkeit natürlich eine ganz andere Form aufweisen). Die sich wabenartig aneinanderfügenden Funkzellen bilden dergestalt einen ununterbrochenen Funkteppich (Bild 5.1.3).

Normalerweise befindet sich im Zentrum jeder Funkzelle die Basisstation, die Sende- und Empfangsstation. Funktechnisch versorgt die Basisstation den Bereich der entsprechenden Funkzelle, stellt für die Zelle einen oder mehrere Kanäle (entsprechend der benötigten Kapazität) und die zugeordneten Trägerfrequenzen zur Verfügung. Die in einer Zelle verwendeten Funkfrequenzen können in einer anderen Zelle erneut eingesetzt werden – unter der Voraussetzung, daß die beiden Zellen geographisch so weit auseinanderliegen, daß Interferenzen ausgeschlossen sind (Bild 5.1.4).

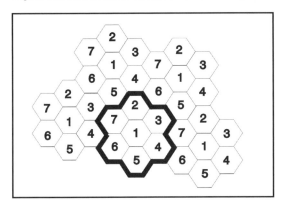

Bild 5.1.3:
Schematische Darstellung
Netzstruktur

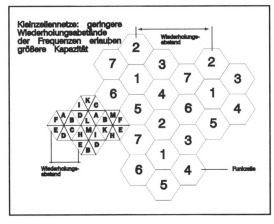

Bild 5.1.4:
Schematische Darstellung
Wiederholung von
Frequenzen

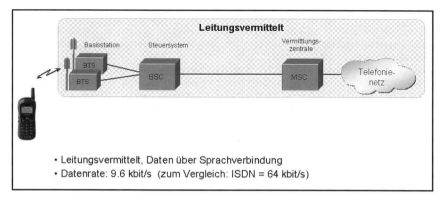

Bild 5.1.5: GSM-Netzstruktur, Quelle: Alcatel Schweiz AG

Die grundlegende Netzstruktur eines digitalen GSM-Netzes zeigt Bild 5.1.5. Aus der Abbildung ist ersichtlich, daß ein GSM-Netz dem Grunde nach aus zwei Komponenten besteht, dem eigentlichen Funknetz (BTS,BSC) und dem Vermittlungssystem (MSC). Das Funknetz setzt sich aus den Mobilstationen (Funktelefone), den Basisstationen (BTS, Base Transceiver Station) und der Basisstationssteuerung (BSC, Base Station Controler) zusammen. Dem Mobilvermittlungsnetz sind die Vermittlungsstelle (MSC, Mobile Switching Center) und die angegliederten Datenbanken (Register) zugeordnet (in der Abbildung nicht dargestellt).

Herzstück des zellularen Netzes ist die Vermittlungsstelle (MSC). Sie ist die Schaltzentrale für Verbindungen, die dem GSM-Netz entspringen oder dort enden. Aus diesem Grund bildet die MSC auch die Schnittstelle zu den öffentlichen Fernsprechnetzen oder zu anderen Datennetzen. Der Vermittlungsstelle obliegt die komplette Abwicklung eines Anrufes, dabei ist sie verantwortlich für den Verbindungsaufbau, die Weiterleitung, Steuerung und Beendigung des Anrufes. Gleichzeitig koordiniert sie die beteiligten Basisstationen bei einem stattfindenden Hand-Over innerhalb ihres Bereiches.

Verbindungen im GSM-Netz sind leitungsvermittelt; bei einem Telefonat wird den beiden Teilnehmern exklusiv eine 'Leitung' geschaltet – ob nun gesprochen wird oder nicht. Auch die Fax- und Datenübertragung erfolgt über eine geschaltete Sprachverbindung, wobei die maximale Übertragungsrate bei geringen 9,6 KBit/s liegt.

Das GSM-Vermittlungssystem beinhaltet mehrere Datenbanken (Register) zur Speicherung wichtiger Informationen für den Netzbetrieb und die Abwicklung der Gespräche. Für das Handling der Mobilität der Teilnehmer innerhalb des Netzes sind die wichtigsten Datenbanken das Heimatregister (HLR, Home Location Register) und das Besucherregister (VLR, Visitor Location Register). Über das Zusammenspiel dieser beiden Register 'weiß' das System jeweils zweifelsfrei, wo sich ein Angerufener gerade innerhalb der Netzabdeckung befindet und kann so ein Gespräch genau dorthin vermitteln, wo sich der mobile Teilnehmer aufhält. Die Autorisierungszentrale oder das Berechtigungszentrum (AC, Authentication Center) stellt Informationen für die Überprüfung der Zugangsberechtigung der Teilnehmer zum Netz bereit; dies dient dem Schutz vor unberechtigter Nutzung des

Funknetzes und seiner Dienstleistungen, außerdem wird durch die Autorisierung auch die Möglichkeit einer Fälschung der für den Netzzugang zwingend erforderlichen Telefonkarten (SIM-Karten) ausgeschlossen. In der Geräteidentifizierungsdatei (EIR, Equipment Identity Register) werden die international eindeutigen Kennzeichnungen aller GSM-Geräte abgespeichert; über diese Informationen ist es so z.B. möglich, einem als gestohlen gemeldeten Gerät das Einbuchen ins Netz zu verweigern (wirksamer Diebstahlschutz für die Telefone).

Das Basisstationssystem besteht aus einer oder mehreren Basisstationen (BTS) und einer Steuereinheit (BSC). Aufgabe der Controllereinheit BSC ist es, die zugeordneten Sende-/Empfangsstationen zu steuern und ihren Betrieb zu koordinieren (Verwaltung der Funkfrequenzen und Koordination der Zuweisung der Kanäle an die Mobilstationen). Die einzig wirklich mobile Komponente des Funknetzes stellt die Mobilstation dar (Mobilstation ist das eingeschaltete Funktelefon mit der gesteckten Teilnehmerkarte). Die Mobilstation kommuniziert per Funk mit der in ihrer Nähe befindlichen Basisstation. GSM nutzt beim Funkverkehr dabei die physikalischen Kanäle im Zeitmultiplex (TDMA), so daß pro Trägerfrequenz über die Zeitschlitze acht physikalische Kanäle realisiert sind. Bild 5.1.6 skizziert das Zeitmultiplexverfahren. Über einen Funkkanal lassen sich dergestalt acht Verkehrskanäle übertragen, was eine wesentlich effizientere Frequenznutzung sowie deutlich höhere Verkehrskapazität als in vorigen Systemen gestattet.

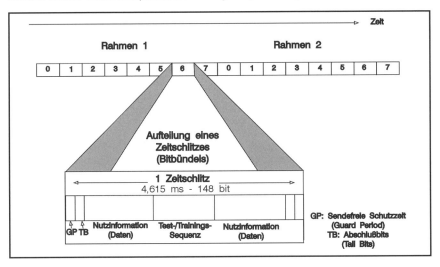

Bild 5.1.6: Zeitmultiplex (TDMA)

5.1.4 Wie entwickelt sich GSM zu UMTS?

Der Standard GSM wurde von vornherein kompatibel zu ISDN gehalten; strategisches Ziel des Standards war, dem mobilen Teilnehmer die 'volle' Funktionalität zur Verfügung zu stellen, wie er sie aus dem stationären Büro kennt.

Seit der Eröffnung der beiden D-Netze Mitte 1992 haben die Funktelefone (und die Netze) denn auch über die reine Telefonie hinaus eine Menge weiterer Funktionen 'dazugelernt'. Im Netz realisierte Anrufbeantworter für die Teilnehmer, verschiedene Rufumleitungen und Rufsperren, Identifizierung des Anrufenden über die Darstellung seiner Telefonnummer im angerufenen Gerät, Kurzmitteilungsübermittlung, Parken einer Verbindung und Makeln zwischen zwei Verbindungen bis hin zu Konferenzverbindungen mit bis zu sieben Teilnehmern skizzieren die heute wesentlich erweiterte Funktionalität der D-Netze. Vor allem aber die Möglichkeit der mobilen Fax- und Datenkommunikation bildet die Grundlage für die ansatzweise Realisierung des Mobilen Büros.

Aber eben zur Zeit nur ansatzweise – GSM-Endgeräte können heute lediglich eine Datenübertragungsrate von 9,6 KBit/s, das reicht für Telefonieren und Verschicken von SMS-Nachrichten. Für ein effizientes Übertragen von Daten oder für das Surfen im Internet über Notebook und Handy ist diese Übertragungsrate aber kaum geeignet – da kommt wenig Freude auf. Auch die Übertragung von (speziellen) Webseiten auf WAP-Handys ist meist zu träge. Dagegen haben aber zunehmend die Anwender das Verlangen, das Internet auch unterwegs sinnvoll nutzen zu können. Es geht dabei nicht nur um das Surfen, sondern z.B. um Bankgeschäfte, Onlineeinkauf oder Verschicken von Bildern, was der Anwender über sein Mobilgerät erledigen will.

Die neue, dritte Generation der Mobilsysteme (3G) soll exakt diese Bedürfnisse befriedigen. Mit Datenraten bis zu 2Mbits/s soll das Internet durch UMTS (Universal Mobile Telecommunication System) auch mobil schnell erreichbar sein. Geplant sind in UMTS neben Sprachübermittlung und Kurzmitteilungen auch Internetzugang am Mobilgerät, Bildübertragung, E-Banking und Zahlungsfunktionen an Automaten, E-Mail-Verkehr, Download von Filmen und Videos, Übertragung von Multimedia-Dateien (Video und Audio simultan), E-Commerce (elektronischer Handel, Einkauf), Videokonferenzen, drahtlose Telefonie und Fax, Rundfunk- und Fernsehnutzung, Mailbox-Nutzung. Darüberhinaus werden sicherlich speziellere Angebote auf diese breitbandigen Datendienste und Multimedia-Anwendungen, wie sie der UMTS-Standard vorsieht, aufsetzen.

Der Übergang zu UMTS wird in unseren GSM-Netzen nicht mit einem Schlag erfolgen, sondern in mehreren ineinander greifenden Schritten, die im folgenden skizziert sein sollen. (Die folgenden Ausführungen folgen einem Vortrag von Heinz Bürli, Alcatel Schweiz AG.)

Der nächste Schritt in der Weiterentwicklung von GSM ist GPRS (General Packet Radio System). GPRS führt einen paketvermittelten Datendienst in GSM-Netze ein. Im Unterschied zur bisherigen Leitungsvermittlung, bei der während der Übertragung exklusiv eine 'Leitung' reserviert wird (vgl. oben), wird bei GPRS nur dann Übertragungskapazität in Anspruch genommen, wenn tatsächlich auch Daten übertragen werde. Die Datenübertragung läuft dabei über ein separates Datennetz.

Will man GPRS nutzen, benötigt man einerseits neue Endgeräte, die diese neue Übertragungstechnik beherrschen, andererseits müssen die Basisstationen und Steuersysteme mit den entsprechenden Funktionen ausgestattet werden.

Das neue Datennetz besteht im wesentlichen aus zwei Servern, die ähnliche Funktionen übernehmen wie die MSC (Vermittlungszentralen) für die Sprachübertragungen: SGSN (Serving GPRS Support Node) und GGSN (Gateway GPRS Support Node). Über den

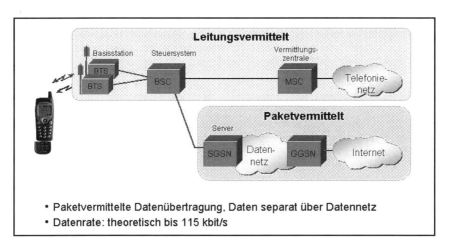

Bild 5.1.7: GSM und GPRS, Quelle: Alcatel Schweiz AG

GGSN ist zum Beispiel der Anschluß an andere Datennetze wie das Internet möglich. Da GPRS eine paketorientierte Technolgie ist, eignet sie sich auch gut für TCP/IP-Anwendungen.

Theoretisch bietet GPRS eine Datenrate bis 115 KBit/s, diese Übertragungsrate wird durch Zusammenfassen von bis zu acht GSM Funkkanälen erreicht (pro GSM Funkkanal beträgt die Rate 14,4 KBit/s). Zu Beginn – GPRS soll Ende 2000 in der Bundesrepublik verfügbar sein – dürfte die Rate wahrscheinlich bei etwa 50 KBit/s liegen.

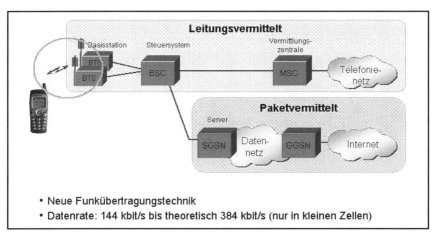

Bild 5.1.8: EDGE, Quelle: Alcatel Schweiz AG

343

Eine weitere mögliche GSM-Erweiterung ist EDGE (Enhanced Data for GSM Evolution). Diese Technologie nutzt ein neues Modulationsverfahren (8er-Phasenumtastung) zwischen Basisstation und Mobilgerät. Damit erreicht EDGE eine bessere Ausnutzung des Übertragungskanals und bietet eine höhere Datenübertragungsrate.

Für EDGE müssen wegen der neuen Übertragungstechnik sowohl die Basisstationen entsprechend angepaßt werden, als auch werden neue Endgeräte erforderlich.

Mit EDGE läßt sich die Datenrate eines GSM-Kanals auf 48 Kbit/s erhöhen. Schließt man drei oder bis acht Kanäle zusammen, erreicht man in einem größeren Gebiet für Mobilanwendungen 144 Kbit/s, für lokale Anwendungen (also in Kleinzellen) bis zu 384 Kbit/s. Es scheint allerdings, daß die Möglichkeiten der GSM-Technologie mit EDGE ausgereizt sind.

Die Übergangsschritte von GSM nach UMTS müssen nicht zwangsläufig in der hier vorgestellten Reihenfolge geschehen. Technische Konzepte und wirtschaftliche Interessen der im Wettbewerb stehenden Anbieter werden entscheidend sein.

UMTS bringt in den Mobilnetzen eine neue Technologie, die hohe Übertragungsraten mit Internet-Übertragungstechnik kombiniert. UMTS hebt mittel- bis langfristig die Grenzen zwischen Mobilfunk, dem Telefon-Festnetz und dem Internet auf. In einer kurz- bis mittelfristigen Perspektive wird UMTS zunächst ergänzend zu GSM zum Einsatz kommen – was bedeutet, daß Dualmode Endgeräte (GSM/GPRS und UMTS) notwendig sein werden.

Der Einsatz der neuen Technologie UMTS erfordert die Installation neuer Sende-/und Empfangsanlagen (Node B) und neuer Steuersysteme (RNC, Radio Network Controller). Im Datennetz sind entweder neue Server (SGSN, GGSN) erforderlich oder die vorhandenen Server aus dem GPRS-Datennetz müssen entsprechend hochgerüstet werden.

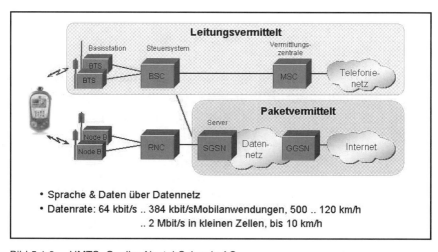

Bild 5.1.9: UMTS, Quelle: Alcatel Schweiz AG

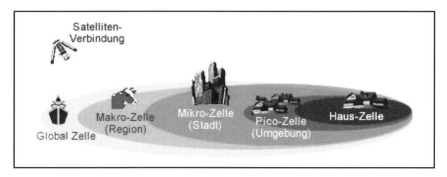

Bild 5.1.10: UMTS-Zellen, Quelle: tecchannel.de

Der neue Standard legt je nach Nutzungsvariante drei Übertragungsraten fest, die von der räumlichen Lage des Senders oder Empfängers abhängig sind; eine Übertragungsrate von 64 Kbit/s ist in jedem Fall garantiert.

Zu bewegten Fahrzeugen in jedem beliebigen Gebiet legt UMTS eine Übertragungsrate von 144KBit/s fest, in der Mikro- und Makro-Zelle bietet der Standard 384 Kbit/s. Die maximale Übertragungsrate von 2 Mbit/s ist nur bei stationären lokalen Anwendungen in der Pico-Zelle möglich (Haus des Teilnehmers und dessen nähere Umgebung oder bestimmte Bereiche in einem Flughafen oder Einkaufszentrum).

Ab 2002 soll UMTS in Europa eingeführt werden – wie erwähnt zunächst parallel zu GSM. 2 MBIT/s Übertragungsrate werden dann die vorgesehenen Multimedia-Anwendungen ermöglichen. Auf Endgeräteseite erfordert dies größere und leistungsfähigere Displays, was wiederum eine neue Generation von Mobil-Engeräten notwendig macht. Diese neue Generation von Mobilgeräten wird eine Mischung zwischen den heutigen Organizern und Handys sein. Die Hersteller arbeiten an der Entwicklung entsprechender Modelle. Es seien hier ergänzend noch drei Designstudien der Hersteller vorgestellt:

In etlichen Jahren wird jeder von uns mit einem UMTS-'Personal Communicator' ausgestattet sein, sagen die Fachleute. Eingeschaltet ist er ständig im UMTS-Netz eingebucht und empfängt laufend Telefonate oder Mails. Das Gerät ist weltweit unter einer Telefonnummer oder IP-Adresse zu erreichen und lädt laufend gewünschte Informationen aus dem Internet. Ähnlich der Computertechnik wird sich rund um UMTS auch die Kommunikationstechnik in den nächsten Jahren rasant weiterentwickeln. Zu den technischen Fortschritten parallel wird sich auch das Kommunikationsverhalten ändern. Weltweit wird der Nutzer jederzeit an jedem Ort erreichbar sein – per Wort, Bild, Schrift oder Datei.

Und was kann diese Entwicklung in der Mobilkommunikation für das Kraftfahrzeug bedeuten? Das soll abschließend ein kleiner Ausblick andeuten.

Bild 5.1.11:
Farbbildschirm, Spracheingabe, Kamera, integrierter Kartenleser für Finanztransaktionen, Studie von Alcatel

Bild 5.1.12:
Großes Display und Spracheingabe, Studie von Nokia

Bild 5.1.13:
Farbdisplay, Spracheingabe und Kamera; Studie für ein UMTS-Handy von Siemens

5.1.5 Ausblick

Wir reden und entwickeln heute und in der Zukunft an der technischen Evolution bei Fahrzeugen – PKW, LKW – wie Serviceintervalle, Fahrzeugdaten via Internet und SMS, im Grunde genommen eine transparente Fahrgastzelle, um dem schwächsten Glied in der Entwicklungsstufe, dem Menschen, die bestmöglichste Unterstützung zu bieten.

Dabei werden neue Technologien in Europa bei weiter steigendem Verkehrsaufkommen eine noch zentralere Rolle spielen. Sowohl in der Autoindustrie als auch in der Telekommunikationsbranche bewegen wir uns in einem Massenmarkt (Prognose Mobilfunk-Teilnehmer bis 2005: 270 Millionen europaweit, 1,26 Milliarden weltweit).

Zukünftig werden nicht nur Sicherheits-Standards wie ASR, ASP, ESP, DynAPS etc. weiter entwickelt, sondern das Fahrzeug wird zunehmend eine 'Dienstleistungsplattform' sein, die unter Umständen kaufentscheidend werden kann. Bereits heute haben Fahrzeuge der gehobenen Mittelklasse große Displays, die saubere und klare Darstellungen wie Routenplanung, Radio, Telefon und TV ermöglichen.

Daimler Chrysler entwickelt derzeit die Superelektronik 'vom denkenden' Automobil, die das Reaktionsverhalten des Fahrers bei unvorhergesehenen Situationen wie rote Ampel, Müdigkeit, Fußgänger und ähnliches unterstützen soll.

Im Hinblick auf die bevorstehende UMTS-Technologie bietet sich demzufolge eine weitere Palette sogenannter „based location Services" in einer weitaus komfortableren Form als auf einem kleinen Handy-Display.

Die „based location Services" beinhalten neben den heutigen Telematik-Angeboten auch Dienstleistungen aus den Bereichen Entertainment, Events, Infotainment, Fashion Restauranttips sowie Einkaufsmöglichkeiten mit Parkplatzfinder, auf die der Handy-Nutzer im Fahrzeug nicht verzichten möchte, und die er sicher über ein Multifunktions-Lenkrad bedienen kann (vgl. Bild 5.1.14).

BMW will in 2001 ein Web-Portal für die 7er-Reihe auf den Markt bringen, damit der BMW-Kunde zukünftig permanentZugriff auf sein mobiles Dienstleistungs-Portfolio hat. Dies ermöglicht darüber hinaus, Software-Updates und -Upgrades für das Motor-Management via Internet aufzuspielen, um z.B. Service-Intervalle flexibler und effizienter zu gestalten.

Um einen Teil dieser Services im Fahrzeug zu nutzen, muß der Autofahrer heute ein CD-Rom-Laufwerk für seine diversen Routenplanungen sowie ein Mobiltelefon mit Sende- und Empfangseinheit ordern, was zusätzlichen Platz erfordert. Darüber hinaus sind die Planungen einer Autobahngebühr auf den deutschen Strassen nicht vom Tisch und könnten in naher Zukunft realisiert werden. Das Fahrzeug, ausgestattet mit entsprechender Mobilfunktechnik (GSM/UMTS), bietet eine ideale Plattform für 'roadpricing'. Selbstverständlich müssen all diese Anforderungen den gesetzlichen Rahmenbedingungen des Datenschutzes unterliegen.

Sicher sind einige Aussagen aus heutiger Sicht noch nicht richtig greifbar, doch lassen sich die Mobilitätsträger Fahrzeug und Telekommunikation nicht mehr trennen.

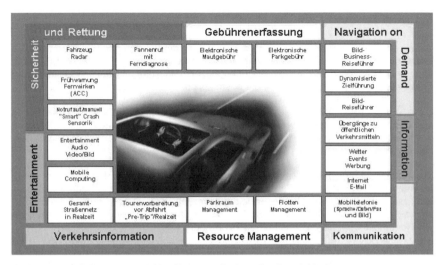

Bild 5.1.14: Fahrzeug- und Mobilkommunikation, Quelle: debitel

Die neue UMTS-Technik – auch 3. Generation genannt – startet zwar erst im Jahre 2002, doch darf ein Ausblick auf eine „4. Generation" erlaubt sein. Bei einem Fahrzeugbestand von ca. 50 Millionen wäre eine flächendeckende Infrastruktur vorhanden. Die Basisstationen könnten im Fahrzeug integriert werden und der Platzbedarf wäre nicht viel größer als bei einem heutigen Autoradio oder einem CD-Rom-Laufwerk. Die bisher geführten Diskussionen zum Thema ionisierte Abstrahlung von Funkwellen wären im Fahrzeug (Faradayischer Käfig) nicht mehr von Belang.

Für die Netzinfrastruktur-Lieferanten (Alcatel, Ericsson, Motorola, Nokia, Siemens) wäre das Management von mobilen Basisstationen zweifellos eine große, allerdings nicht unlösbare Herausforderung, zumal ein eher zäher Prozeß -Akquisition von Immobilien, Gebäuden usw. für die Netzplanung – entfallen könnte.

Ein sicher gewagter Ausblick auf die Zukunft, aber...

5.2 Verkehrstelematik
P. Konhäuser, I. Maiwald-Hiller, G. Nöcker

5.2.1 Einleitung

Schon am Anfang der automobilen Revolution stand eine der größten Fehleinschätzungen der Technikgeschichte. Damals meinten die Experten, dass der weltweite Bestand an Kraftfahrzeugen eine Million nie übersteigen werde. Es konnte sich niemand vorstellen, dass die Besitzer der Automobile selbst das Steuer in die Hand nehmen würden. Im weiteren Verlauf der Geschichte zeigte es sich, dass prognostizierte Steigerungsraten des Individualverkehrs (Bild 5.2.1) fast immer von der Realität überholt wurden.

Trotz dieser starken Zunahme des Verkehrs ist mit keiner signifikanten Steigerung der Netzlänge im Straßenverkehr in der Zukunft zu rechnen (Bild 5.2.2).

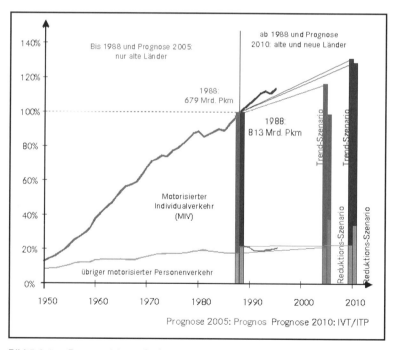

Bild 5.2.1: Prognostizierte Steigerungsraten des Individualverkehrs

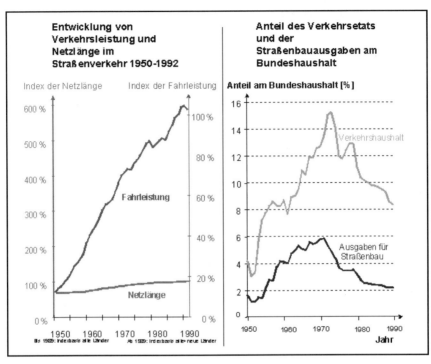

Bild 5.2.2: Verkehrsleistung, Netzlänge im Straßenverkehr und Bundesetat für Straßenbau

5.2.2 Verkehrstelematik

Mit Hilfe der Verkehrstelematik sollen alle Verkehrsteilnehmer – seien sie auf der Straße, auf der Schiene oder in der Luft – durch intelligente Informationsnetze miteinander verknüpft werden, um so mittels geeigneter Managementstrategien die Überlastung der einzelnen Verkehrsträgers zu vermeiden und eine zeitlich und räumlich optimale Verteilung des Verkehrsaufkommens zu erreichen.

5.2.2.1 Definition

Unter Verkehrstelematik versteht man die Nutzung von Telekommunikation und Informatik für die Realisierung von Kommunikations-, Leit-, Sicherungs- und Informationssystemen für Verkehr und Mobilität. Sie umfasst technische Systeme und Dienstleistungen. Gemäß dieser Definition ist Verkehrstelematik ein Werkzeug zur Umsetzung von Strategien und Methoden des Verkehrsmanagements und keine Strategie an sich.

5.2.2.2 Nutzen, Potenziale, Handlungsebenen

Dass im Verkehr Handlungsbedarf besteht, zeigt eine Untersuchung des ADAC (in /15/). Nach dieser werden Staus auf deutschen Autobahnen in 33 % durch Unfälle, in 31 % durch Baustellen und in 32 % durch zu hohes Verkehrsaufkommen verursacht. Der volkswirtschaftliche Schaden, der durch Staus entsteht, wird mit bis zu 100 Mrd € jährlich beziffert. Außerdem beruhen etwa 85 % aller Verkehrsunfälle auf Fehleinschätzungen, Ablenkung und Übermüdung von Autofahrern und führen zu einem weiteren volkswirtschaftlichen Schaden. Die von der Bundesanstalt für Straßenwesen (BASt) ermittelten volkswirtschaftlichen Unfallkosten betrugen im Jahr 1998 ca. 34 Mrd € /14/.

Mit Hilfe von Modellrechnungen und durch die Auswertung von Statistiken wurden Nutzen und Potenziale kollektiver Verkehrsleitsysteme im Straßenverkehr wie folgt abgeschätzt: Eine Verbesserung des Verkehrsflusses könnte bis zu 30 % weniger Staulänge, -anzahl, -zeit, und deshalb auch bis zu 20 % weniger Kraftstoffverbrauch bewirken. Auch eine bessere Nutzung vorhandener Verkehrskapazitäten kann mit 5 % bis 10 % zur Verbesserung beitragen. Durch die Optimierung des Verkehrsablaufes und der damit verbundenen Kraftstoffeinsparung werden gleichzeitig auch die Schadstoffemissionen reduziert. Nach Modellrechnungen liegen diese zwischen 15 % und 40 %.

Forschungsansätze basieren zum einen auf den Fahrer unterstützenden Systemen, zum anderen auf Technologien, die in der Pre-Crash-Phase, also Sekundenbruchteile vor einem möglichen Unfall, den Fahrer warnen und auch einschreiten, um einen Unfall abzuwenden, wenn der Mensch dazu nicht mehr in der Lage ist. Systeme, die zu diesem Zweck erforscht werden oder bereits auf dem Weg der Entwicklung sind, sind z.B. der Bremsassistent oder die „Lane Departure Warning". Eine Erhöhung der Verkehrssicherheit – also die Reduktion der Zahl der Unfälle um 20 % bis 30 %, könnte z.B. durch Assistenzsysteme erreicht werden, die rechtzeitig in Gefahrensituationen eingreifen oder frühzeitig den Fahrer warnen.

Durch mehr und aktuellere Verkehrsinformationen und unter Ausschöpfung aller Möglichkeiten, welche die Telematik bietet, ist also eine Verkehrsvermeidung, eine Umwelt-

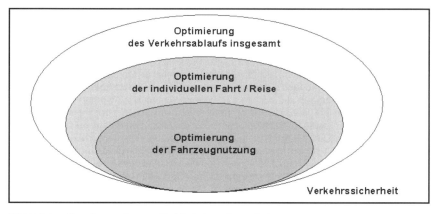

Bild 5.2.3: Handlungsebenen für Verkehrstelematik-Anwendungen

lastung und eine Erhöhung der Sicherheit möglich. Die Kosten von Telematik-Systemen werden heute in etwa durch einen drei- bis siebenfachen Nutzen im Verkehr aufgewogen.

In Bild 5.2.3 sind die Handlungsebenen für Verkehrstelematik-Anwendungen und die Hierarchie ihrer gegenseitigen Beeinflussung aufgezeigt.

5.2.2.3 Basis- und Schrittmachertechnologien

5.2.2.3.1 Basistechnologien

Die Basistechnologien der TELEMATIK sind die TELEkommunikation mit Technologien wie Global Systems for mobile Communications (GSM, GSM/SMS u.a.), Radio Data System (RDS) / Traffic Message Channel (TMC), Digital Audio Broadcasting (DAB), Dedicated Short Range Communication (DSRC), Universal Mobile Telecommunications Systems (UMTS), die WAP Spracherkennung, ... und die InforMATIK. Diese ist das Werkzeug und Bindeglied zwischen allen Technologien.

5.2.2.3.2 Schrittmachertechnologien

Die Schrittmachertechnologien für die TELEMATIK sind all jene Technologien, die zu marktfähigen Telematikanwendungen führen. Hierzu gehören u.a.:

Digitale Karten
mit deren Hilfe Streckenmerkmale wie Streckengeometrien- und Streckentopologiedaten abgefragt werden können.

Ortungs-und Lokalisierungstechnologien
Mittels Global Positioning System (GPS), Differential Global Positioning System (DGPS) ... und einem in der Zentrale durchgeführtem Mapmatching wird die gefahrene Strecke rekonstruiert. Bei diesem Zentralen-Mapmatching wird in der Zentrale aus den übertragenen Messpunkten und zugehörenden Richtungen durch Vergleich mit einer Digitalen Karte auf die gefahrene Strecke geschlossen.

Verkehrsmodelle, Datenveredlung
Zur Abbildung des Verkehrs existieren mittlerweile eine riesige Anzahl von Modellen (Helbing /3/) und Simulationstools. Es wird zwischen mikroskopischen und makroskopischen Modellansätzen unterschieden. Mikroskopische Modelle beschreiben den Verkehr als Summe der Wechselwirkungen zwischen einzelnen Verkehrsteilnehmern. Durch die Vielzahl der Wechselwirkungen und komplexer, rechenzeitintensiver Algorithmen können nur kleine Netze abgebildet werden. Für größere Netze müssen makroskopische Ansätze verwendet werden. Diese betrachten keine individuellen Verkehrsteilnehmer sondern beschreiben den Verkehr als Kontinuum. Deshalb kann man hier ähnliche Ansätze wie in der Strömungsmechanik mit den entsprechenden Differentialgleichungen anwenden. Dazwischen gibt es noch mesoskopische Modelle. Hier werden individuell modellierte Verkehrsteilnehmer nicht nach Fahrzeugfolge- und Spurwechselmodellen, sondern nach makroskopischen Gesetzmäßigkeiten bewegt.

Verkehrsdaten
Ihr Nutzen für Telematiksysteme ist um so höher, je besser und aktueller die spezifischen Daten sind. Verkehrsdaten können z.b. durch ortsfeste, stationäre Sensoren an Autobahnbrücken oder durch Induktionsschleifen in der Straße erfasst werden. Eine zweite Möglichkeit auch in der Fläche Daten zu sammeln stellt die Floating Car Data (FCD)-Methode dar. Dabei werden Fahrzeuge mit einem Sender ausgestattet, der über die Bewegung der Fahrzeuge die lokalen Verkehrszustände an eine Zentrale meldet. Diese kann dann eine Verkehrslage erstellen. Sehr häufig werden diese Rohdaten durch Modellrechnungen oder Simulationen ergänzt und verbessert. Diese Art der Vorgehensweise nennt man modellgestützte Datenveredelung. Mit diesen Methoden können aber nicht nur die Qualität und Zuverlässigkeit der Daten verbessert, sondern auch Prognosen erstellt werden.

Verkehrsinformationen
Die veredelten Daten und die darauf aufsetzenden Dienste werden als Verkehrsinformationen bezeichnet. Sie werden in individuelle und kollektiven Verkehrsinformationen eingeteilt und bilden die Basis für fast alle Verkehrstelematikdienstleistungen.

5.2.2.4 Verkehrszustände

In der heutigen Zeit werden sehr große Anstrengungen unternommen, um ein realistisches Abbild der Verkehrslage im Straßennetz zu erhalten. Man strebt sogar an, wie beim Wetter, zuverlässige Prognosen zu erstellen. Hierzu werden mathematische Modelle eingesetzt, mit deren Hilfe der Verkehr simuliert werden kann. Bild 5.2.4 zeigt das Zusammenwirken der benötigten Eingangsdaten und der Simulation (/3/, /9/ bis /11/).

Aufgrund der zeitlich-räumlichen Auswertung und Analyse von an Schleifen erfassten Verkehrsdaten konnte gezeigt werden, dass im Verkehr drei unterschiedliche Zustände

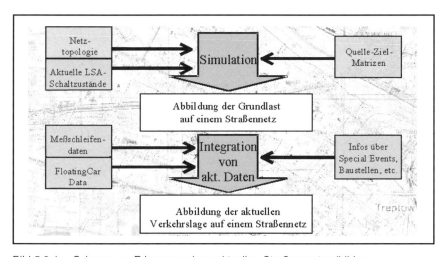

Bild 5.2.4:   Schema zur Erlangung eines aktuellen Straßenzustandbildes

oder Phasen mit charakteristischen Eigenschaften zu unterscheiden sind nämlich, der „Freie Verkehr", der „Synchronisierte Verkehr" und der „Breite Stau" (Kerner /4/). In Bild 5.2.5 ist zu diesem Sachverhalt ein Beispiel, dessen Daten an der A5 bei Frankfurt gemessen wurden, wiedergegeben.

In Bild 5.2.5 oben ist die Anordnung der Detektoren D1 bis D10 an der A5 (Fahrtrichtung – Nord) zu sehen. Darunter sind für die Detektoren D3 bzw. D7 die Geschwindigkeitsmessungen für verschiedene Tageszeiten aufgetragen. Es sind die charakteristischen Geschwindigkeitsverläufe für freien (linkes Bild), synchronisierten, zähfließenden (mittleres Bild) und gestauten Verkehr (rechtes Bild) zu erkennen. Darunter sind die entsprechenden Flüsse in der Fluss-Dichte-Ebene dargestellt. Man erkennt in diesen Abbildungen beim „Freien Verkehr" die nahezu lineare Beziehung zwischen Fluss und Dichte, die auf allen Fahrspuren nahezu gleichen Geschwindigkeiten – synchroner Verlauf – die den „Synchronisierten Verkehr" charakterisieren und den Geschwindigkeitseinbruch beim Stau, der sich in der Fluss-Dichte-Ebene als Gerade mit negativer Steigung darstellt. Man sieht auch sehr gut, dass der „Synchronnisierte Verkehr" ein Zustand ist, bei dem eine hohe Dichte und ein großer Fluss herrscht.

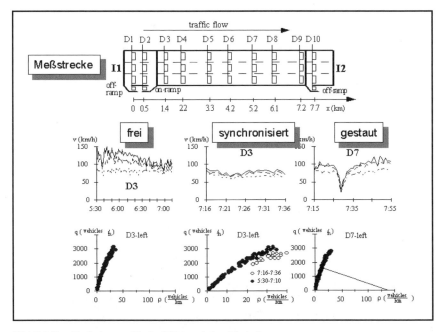

Bild 5.2.5: Verkehrszustände (Phasen) des Verkehrs

5.2.3 Anwendungsfelder

Laut Schätzungen wird sich der Umsatz mit Telematiksystemen und -diensten in Europa von etwa 500 Millionen Mark im Jahr 1998 auf bis zu zwölf Milliarden Mark im Jahr 2010 erhöhen /1/. In Bild 5.2.6 sind einige Anwendungsfelder für Telematiksysteme zusammengestellt. Diese Anwendungen, die primär auf Optimierung des Verkehrsablaufs, der individuellen Fahrt oder des Fahrzeugeinsatzes zielen, tragen letztendlich alle auch zu einer Erhöhung der Verkehrssicherheit bei.

Bild 5.2.6: Übersicht über mögliche Anwendungsfelder

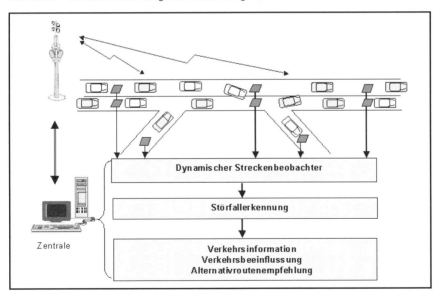

Bild 5.2.7: Ortsgenaue Erkennung von Störungen mit dynamischen Zustandsschätzern

355

Verkehrsmodelle und Methoden der Datenveredelung finden im Verkehr schon heute ihren praktischen Einsatz. Nachfolgend wird dies an zwei Beispielen aufgezeigt. Das erstes Beispiel (Bild 5.2.7) zeigt die Erkennung von Störungen mittels eines dynamischen Streckenbeobachters (Kronjäger / Konhäuser /10/).

Das zweite Beispiel (Bild 5.2.8) zeigt die Methoden ASDA (Automatische Staudynamikanalyse) /5/ und /6/ und FOTO (Forecasting of Traffic Objects) /7/ und /8/. ASDA und FOTO dienen der aktuellen Störungserkennung und -verfolgung. D.h. nach der Erkennung von verkehrlichen Objekten wie Stau bzw. des verkehrlichen Musters, das den Synchronisierter Verkehr charakterisiert, wird die weitere Entwicklung solcher Störungen berechnet und kann somit vorhergesagt werden. Diese Verfahren werden in Verkehrsrechnerzentralen eingesetzt, und man erhält mit ihnen ein realistisches Abbild der Verkehrssituation als Grundlage für alle Arten des Verkehrsmanagements oder für individuelle Dienste.

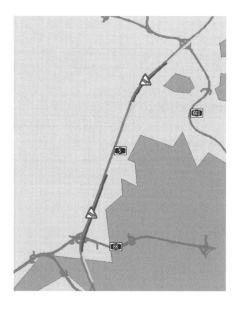

Bild 5.2.8:
Dynamische Prognose
mit den Methoden
ASDA und FOTO

Der Informationsbedarf des Autofahrers setzt sich aus folgenden Fragen zusammen:
1. Wo bin ich?
2. Welcher Weg führt zum Ziel?
3. Wie kann ich flexibel auf Verkehrsstörungen reagieren?
4. Wo erhalte ich reisespezifische Dienstleistungen?

Zur Klärung der Frage 1 „wo bin ich" genügt ein Ortungssystem wie GPS.

Das nächste Problem, „welcher Weg führt zum Ziel" kann mittels einer digitalen Karte und einem Navigations- und Zielführungssystem (Bild 5.2.9), wie sie seit 1995 auf dem Markt sind, gelöst werden.

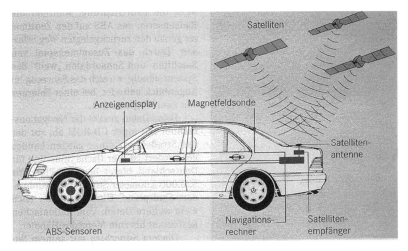

Bild 5.2.9: Autopilotsystem (APS)

Für die Lösung des Problems 3 „wie kann flexibel auf eine Verkehrsstörung reagiert werden" sind zusätzlich zum Navigations- und Zielführungssystem (GPS + Digitale Karte) noch aktuelle Verkehrsinformationen und die Datenkommunikation notwendig. Damit ist dann eine Dynamische Zielführung realisierbar. Die Informationsausgabe an den Fahrer erfolgt optisch (Displayanzeige) und/oder akustisch (Sprachausgabe). Bild 5.2.10 zeigt das Funktionsprinzip der zentralenbasierten Zielführung.

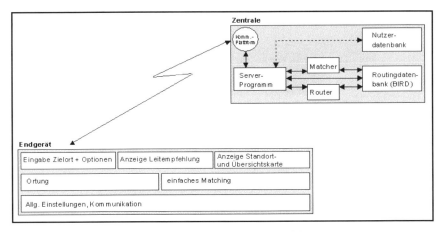

Bild 5.2.10: Funktionsprinzip der zentralenbasierten Zielführung

Nachfolgend sind zwei Beispiele für dynamische Zielführungssysteme aufgeführt:

Intelligent Traffic Guidance System (ITGS)
Mit diesem System sind nicht nur statische Routenberechnungen möglich, sondern es kann auch die von der Verkehrslage abhängige schnellste Route übermittelt werden. Das Intelligent Traffic Guidance System (ITGS) /2/ in Tokio wurde im Frühjahr 1997 als weltweit erstes dynamisches Zielführungssystem in Betrieb genommen. Es ist zentralengesteuert und arbeitet folgendermaßen: Auf Basis der Verkehrsdaten von ca.14.000 Sensoren und 200 Videokameras der Tokyoter Verkehrsleitzentrale wird in einer Servicezentrale mit Software, die das debis Systemhaus entwickelt hat, für jedes einzelne Fahrzeug der beste Weg berechnet. An neuralgischen Stellen wird der Verkehr auf weniger belastete Strecken gelenkt. Die errechnete Fahrtroute wird an das Endgerät im Fahrzeug zurückgesendet und dem Fahrer auf einem Display angezeigt.

Dynamisches Auto Pilot System
Das Dynamische Auto Pilot System (DynAPS) ist als elektronischer Pfadfinder zu betrachten. Es gibt es seit 1998 zu kaufen /2/. Bei dieser Telematikanwendung arbeiten Fahrzeughersteller, Lieferant der Navigationseinheit, Netzprovider und eine Datenerfassungsgesellschaft, zur Lieferung der aktuellen Verkehrslage, eng zusammen (Bild 5.2.11).

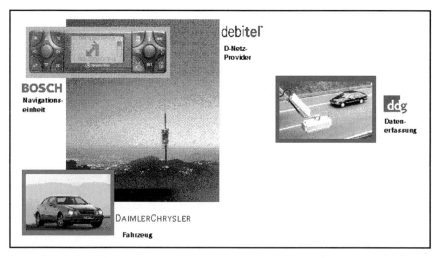

Bild 5.2.11: DynAPS

Das Zielführungssystem besitzt eine elektronische Straßenkarte von ganz Europa auf CD-ROM und berechnet ständig die Route, die am schnellsten zum Ziel führt. Ein steter Fluss aktueller Verkehrsdaten, der unhörbar über das Autotelefon erfolgt, wird dazu digital in das Auto geleitet und läßt erkennen, ob der gewählte Weg Verkehrsstörungen aufweist. Das DynAPS leitet dann um und kann sogar zum Wenden auffordern.

5.2.4 Trend: Von der Technologie zur Dienstleistung

Zukunftsträchtige Produkte und Märkte sind Technologien und Dienstleistungen, die dem mobilen Menschen praktisch an allen Orten, rund um die Uhr und in jeder Lebenslage umfassende Informations- und Kommunikationsmöglichkeiten bieten.

Die Allianzen der großen Fahrzeughersteller wie GM mit AOL, Ford mit Yahoo oder DaimlerChrysler mit T-Online zeigen, dass Internetdienste und Fahrzeugtechnologie eine Symbiose eingehen, um die Möglichkeiten des Mobile-Commerce, des Electronic Booking und des Electronic-Traveling-Systems nicht nur für die Fahrzeughersteller zur Abwicklung des Produktions- und Zulieferprozesses selbst, sondern auch für die Vernetzung der Kunden und Fahrzeuginsassen und zur Schaffung neuen Potenzials (Bild 5.2.12) daraus zu nutzen. (Kühne /11/)

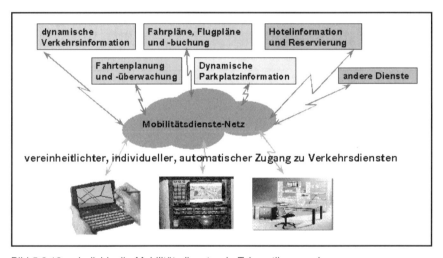

Bild 5.2.12: Individuelle Mobilitätsdienste als Telematikanwendungen

Das Projekt DANTE z. B. steht für rundfunkgestützte Verkehrstelematik und Informationsdienste auf Basis digitaler Hörfunktechnologie (DAB – Digital Audio Broadcast) und des Mobilfunknetzstandards GSM. Bei dem Gemeinschaftsprojekt von DaimlerChrysler, Deutscher Telekom, Sony und dem Telekommunikations-Unternehmen Tegaron geht es um eine neue Generation von Autoradios mit integrierten Mobilfunkfunktionen. DANTE bietet einerseits über das Digitalradio Informationen von allgemeinem Interesse; andererseits können die Autofahrer über den GSM-Mobilfunk auch individuelle Informationen abrufen und versenden, wie etwa Hotelreservierungen oder E-Mails. Mit DANTE hat der mobile Mensch außerdem Zugang zu Verkehrsinformationen und individuellen Telematikdiensten. Nicht zuletzt soll das System als eine neue Plattform für Infotainment (Information + Entertainment) dienen (Haubrich, Sony in /12/).

Im Projekt „Communication and Mobility by Cellular Advanced Radio" (COMCAR), das vom Bundesministerium für Forschung und Bildung unterstützt wird, wird an einer neuen Generation drahtloser mobiler Kommunikationssysteme gearbeitet. Diese sollen vom Auto oder vom Zug aus den interaktiven Zugriff aufs Internet ermöglichen.

Aus Gründen der Verkehrssicherheit müssen sich Informationstechnologien im Fahrzeug problemlos bedienen lassen. Deshalb sind die Entwickler von COMCAR darum bemüht, Input wie Output mit Hilfe von Sprachverarbeitung so zu gestalten, dass eine Bedienung ohne Handgriffe möglich ist.

Eine europäische Initiative, die sich auf alle Arten mobiler Kommunikationselektronik übertragen läßt, ist das Projekt BRAIN – „Broadband Radio Access for IP-Based Networks". Ziel des Projektes ist der Aufbau eines Netzwerks, das für schnellste Datenübertragungen tauglich und zugleich kompatibel mit bereits existierenden Mobilfunknetzen ist.

Der Weg führt zu einem „personalisierten" Bordsystem für Fahrzeuge, das sich individuell auf den Fahrer und seine Bedürfnisse abstimmen läßt.

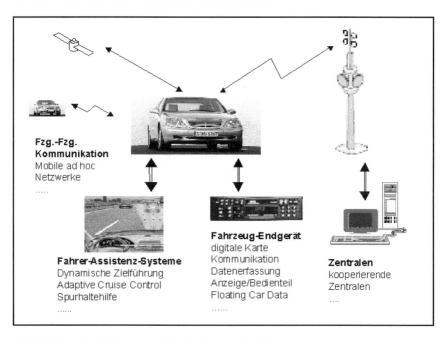

Bild 5.2.13: Das Fahrzeug als Basis für neue Funktionen

5.2.5 Ausblick: Der Weg zum „Telematischen Fahren"

Die Optimierung der Verkehrsabläufe bei gleichzeitiger Steigerung der Verkehrssicherheit wird die Entwicklungen der Zukunft bestimmen. Ausgehend von Assistenzsystemen zur Abstandshaltung und Spurführung in Verbindung mit fahrzeuggestützten Kommunikationssystemen (Bild 5.2.13) beschreitet man den Weg zum „telematischen oder kooperativen Fahren" (Nöcker u.a. /13/).

Die künftigen Systeme lassen sich in nachfolgende Funktionsklassen einteilen. Erstens können durch Datenerfassung im Fahrzeug und Übermittlung an andere Verkehrsteilnehmer die Vorwarnzeiten verkürzt und gefährliche Situationen entschärft werden. Darüber hinaus kann durch verkehrsadaptives und harmonisiertes Verhalten der Zielkonflikt zwischen Verkehrsleistung und Sicherheit gelöst und dichter Verkehr sicherer und effizienter abgewickelt werden. In der höchsten technischen Ausbaustufe können zuletzt durch den Austausch von Absichten komplexe Fahrmanöver in unübersichtlichen Situationen gefahrloser organisiert und durchgeführt werden.

Erste Schritte in diese Richtung werden im Rahmen des öffentlich geförderten Projektes INVENT (Intelligenter Verkehr und nutzergerechte Technik) unternommen, welches im Sommer 2001 gestartet wurde. Die Auseinandersetzung mit diesem wichtigen Thema steigert die technologische Kompetenz unserer Industrie und erbringt einen volkswirtschaftlichen Nutzen durch die Verbesserung der Verkehrsabläufe und durch die Steigerung der Verkehrssicherheit.

5.2.6 Fazit

Wenn es gelingt, durch Verbesserung des Verkehrsflusses und Verringerung von Unfällen, nur 5 % der Staus und 5 % der Unfälle mit Hilfe neuer Technologien zu verhindern, so könnten die volkswirtschaftlichen Schäden jährlich um 6.7 Mrd € vermindert werden.

Jede Reise beginnt mit dem ersten Schritt. Der erste Schritt hin zum „kooperativen Fahren" besteht darin zuerst Warn- und Verkehrsinformationen zu kommunizieren. Dabei werden Funksysteme mit unterschiedlichen Reichweiten genutzt. Am Anfang wird man auch auf zentralenbasierte Lösungen zurückgreifen. Bei steigendem Ausrüstungsgrad lassen sich dann Systeme zur Harmonisierung des dichten Verkehrs umsetzen. Um die Vorteile der Kommunikation bei der Manöverassistenz nutzen zu können wird jedoch eine sehr hohe Ausrüstungsdichte benötigt. Es werden dabei anfangs die informierenden Assistenzsysteme überwiegen. In Verbindung mit heutigen und zukünftigen bordautonomen Fahrerassistenzsystemen kann dann als Ziel in der Zukunft das „telematische Fahren" mit automatisierten Fahrfunktionen stehen. Damit stellt die Telematik auf dem Weg zur Vision des „unfallfreien Verkehrs" einen sehr wichtigen Baustein dar.

5.2.7 Literatur

1. H. Brunini; In: Mobile Zukunft 2001; Herausgeber; Wirtschaftsförderung Region Stuttgart GmbH
2. Daimler-Benz AG: Telematik für eine fortschrittliche Mobilität. Broschüre der Daimler-Benz AG, Kommunikation, Stuttgart(1997)
3. D. Helbing: Traffic and Related Self-Driven Many Particle Systems; arXiv:cond-mat/0012229v2 (23. Apr. 2001); to be published 2001 in Rev. Modern Pysics
4. B. S. Kerner: The Physics of Traffic. Physics World, 25-30, No. 8, 1999
5. B. S. Kerner, H. Rehborn, H. Kirschfink: Verfahren zur automatischen Verkehrsüberwachung mit Staudynamikanalyse. Patentschrift DE 196 47 127 C2 (Anmeldetag 14.11.1996);
6. B.S. Kerner, H. Rehborn: Verfahren zur Verkehrszustandssteuerung in einem Straßenverkehrsnetz. Offenlegungsschrift DE 198 35 979 A1 (Anmeldetag 8.8.1998)
7. B. Kerner: Verfahren zur Verkehrsüberwachung für ein Verkehrsnetz mit effektiven Engstellen. Offenlegungsschrift DE 199 44 075 A1 (Anmeldetag 14.9.1999)
8. B. Kerner, M. Aleksic, U. Denneler: Verfahren und Vorrichtung zur Verkehrszustansüberwachung. Offenlegungsschrift DE 199 44 077 A1 (Anmeldetag 14.9.1999)
9. P. Konhäuser, M. Glatz: Investigation of the Suitability of Different Highway Traffic Models. ITS, Turin, 2000
10. W. Kronjäger, P. Konhäuser: Applied Traffic Flow Simulation. 8th IFAC Symposium on Transportation Systems, Chania, June 1997
11. R. Kühne: Verkehrsinformationssysteme; In: Wechselwirkungen; Jahrbuch aus Forschung und Lehre der Universität Stuttgart 2000
12. Mobile Zukunft 2001; Herausgeber; Wirtschaftsförderung Region Stuttgart GmbH
13. G. Nöcker, D. Hermann, A. Hiller: Telematics Based Traffic Organisation. ITS Congress, Turin November 2000
14. www.bast.de; BAST-Info 12/00
15. Zeitschrift Auto Motor & Sport Heft 15/2000 S.148

6 Zukunftsentwicklung

6.1 Intelligente Sensorik
E. Schindler

6.1.1 Einleitung

Mit Sensoren werden physikalische Größen erfaßt, die zur Überwachung bzw. zur Regelung von Prozessen erforderlich sind. Meist handelt es sich dabei um Regelaufgaben, die online d.h. in Echtzeit ablaufen und deshalb hohe Anforderungen an die Meßkette stellen.

Die aus der Meßtechnik bekannte Definition eines Aufnehmers („Umsetzung einer meist nichtelektrischen Größe in ein elektrisches Signal") kann bei weitem nicht alle Anforderungen einer Regelung abdecken. Ein Aufnehmer in diesem Sinne kann daher bestenfalls als Basissensor [3] bezeichnet werden. Um die zusätzlichen Aufgaben, die im vorliegenden Beitrag betrachtet werden, zu erfüllen, muß der Aufnehmer um weitere Funktionalitäten ergänzt werden.

Für die Gesamtheit dieser Funktionen wird in der Literatur der Begriff des „Intelligenten Sensors" verwendet. Er ist nicht scharf umrissen, sondern wird aus unterschiedlichen Sichtweisen definiert, wie folgende Beispiele zeigen:

„Die Signalverarbeitung erfolgt in einem µC, der räumlich mit dem Aufnehmer zusammengefaßt ist" [3]
„Die anfallenden Meßwerte werden weiterverarbeitet, verdichtet, gefiltert und als korrigierte Meßinformation ausgegeben" [1]
„Störgrößen (z.B. die Temperatur) werden automatisch kompensiert"
„Im Betrieb erfolgt eine automatische Nachkalibrierung"
„Aus der Nutzinformation bzw. aus einer Vielzahl von Einzelinformationen werden höherwertige Informationen gewonnen"

Viele dieser Definitionen entstammen der industriellen Meßtechnik (Prozeßautomatisierung).

Der vorliegende Beitrag beschäftigt sich ausschließlich mit der „Intelligenten Sensorik" im Kfz. Betrachtet wird dabei der Sensoreinsatz in mechatronischen Systemen (Motorregelung, Triebstrang-, Fahrwerk- und Fahrsicherheitsregelsysteme).

Eine auf den Kfz-Einsatz bezogene Definition des „Intelligenten Sensors" wird zunächst zurückgestellt. Im Vordergrund stehen die Anforderungen, die an einen Sensor in einem mechatronischen System gestellt werden.

Die Ausarbeitung beginnt mit der Betrachtung einer Meßkette in der klassischen Meßgerätetechnik. Es zeigt sich, daß beim Übergang zur Online-Messung in einem mechatronischen System Anforderungen an den Sensor entstehen, die bereits den Einsatz von „Intelligenten Bausteinen" erforderlich machen.

Anschließend werden zusätzliche Anforderungen, die sich aus dem Fahrzeugeinsatz ergeben, behandelt. Dabei zeigt sich, daß weitere „Intelligente Bausteine" benötigt werden.

6.1.2 Die Meßkette in der Meßgerätetechnik

Bild 6.1.1 zeigt die Komponenten der Meßkette in der Meßgerätetechnik. Die zu messende physikalische Größe wird über ein geeignetes Meßprinzip im Meßfühler erfaßt, in der Anpassungsschaltung aufbereitet, meist noch analog übertragen und dann zur Ausgabe weiter aufbereitet.

Auf diesem Übertragungsweg entstehen durch Meß- und Übertragungsfehler Informationsverluste, Bild 6.1.2. Zu deren Kompensation muß die Meßkette vor der Messung kalibriert werden. Dabei gibt es prinzipiell zwei Vorgehensweisen. Die Meßkette wird entweder mit definierten Eingangsgrößen (Meßnormalen), Bild 6.1.3, beaufschlagt, oder parallel zur Meßkette wird ein Präzisionsmeßgerät eingesetzt, Bild 6.1.4. Damit werden die

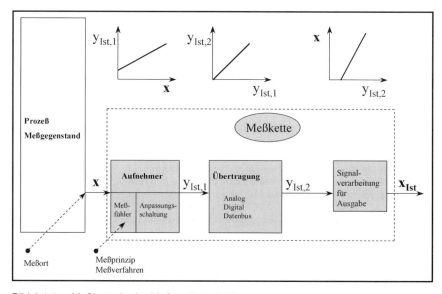

Bild 6.1.1: Meßkette in der Meßgerätetechnik

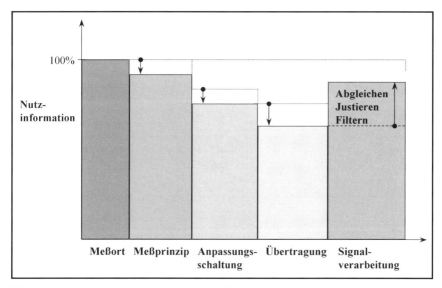

Bild 6.1.2: Informationsverluste ind der Meßkette

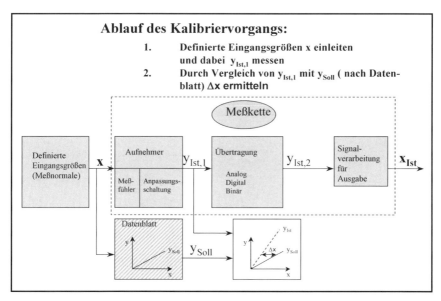

Bild 6.1.3: Kalibrieren mit derfinierten Eingangsgrößen

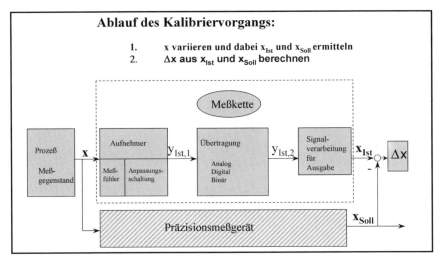

Bild 6.1.4: Kalibrieren mit Präzisionsmeßgerät

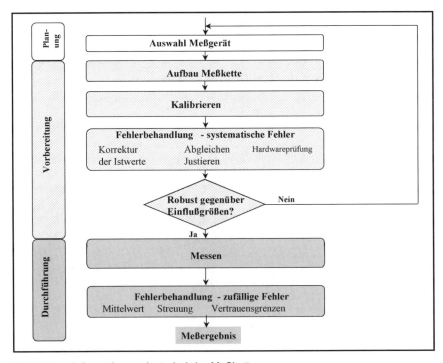

Bild 6.1.5: Informationsverluste ind der Meßkette

Abweichungen vom Sollverhalten erfaßt, eine Kompensation dieser systematischen Fehler erfolgt dann über einen Abgleich/Justierung bzw. über eine Korrektur der Meßwerte, Bild 6.1.5.

Bei sehr großen Abweichungen werden mittels einer Hardwareprüfung Defekte in der Meßkette wie beispielsweise Kabelbruch oder Kurzschluß erkannt und vor der Messung beseitigt. Anschließend ist noch eine Robustheitsprüfung erforderlich, um die Auswirkung von Einflußgrößen (Störgrößen) zu untersuchen und ggf. durch Modifikation der Meßkette zu unterdrücken.

Erst danach erfolgt die Messung. Die dabei auftretenden zufälligen Fehler können – wenn Wiederholmessungen möglich sind – mit statistischen Methoden erfaßt und minimiert werden.

6.1.3 Die Meßkette im mechatronischen System – Anforderungen an die Sensorik

Aufgabe eines mechatronischen Systems ist es, eine physikalische Größe (Druck, Temperatur, Geschwindigkeit, Drehmoment, ...) auf einen bestimmten Sollwert einzuregeln. Es besteht – in seiner einfachsten Form – aus einem Sensor, der den Istwert der Regelgröße erfaßt, einer Signalübertragung, einem Steuergerät mit Signalverarbeitung und der Reglerfunktion und einem Stellglied, welches auf die Regelstrecke einwirkt, Bild 6.1.6.

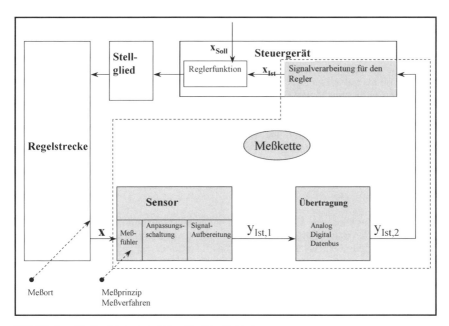

Bild 6.1.6: Meßkette im mechatronischen System

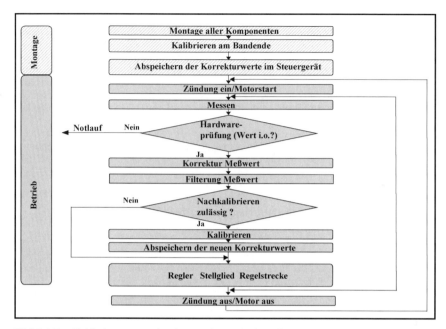

Bild 6.1.7: Fehlerkompensation im mechatronischen System

Im Gegensatz zur Meßgerätetechnik ist die Meßkette, bestehend aus Sensor, Signalübertragung und Signalverarbeitung im Steuergerät, Teil eines geschlossenen Regelkreises, der oft mit hoher Dynamik und immer unter Echtzeitbedingung arbeitet. Um die Regelfunktion mit hinreichender Qualität sicherzustellen, müssen die Informationsverluste in der Meßkette möglichst gut kompensiert werden.

Es muß also versucht werden, alle Methoden, die bei der Meßgerätetechnik eingesetzt werden, in modifizierter Weise beim mechatronischen System anzuwenden.

Ein Vorschlag für eine Realisierung im Kfz zeigt Bild 6.1.7. Er ist unterteilt in eine Montage- und eine Betriebsphase, die wiederum aus einer Vielzahl Einzelfahrten (Zündungsläufen) besteht.

Bei Montageende ist eine Kalibrierung der gesamten Meßkette mit anschließender Abspeicherung der entsprechenden Korrekturwerte vorgesehen. Damit ist sichergestellt, daß im Neuzustand das System unter optimalen Meßbedingungen arbeitet. Um auch im Reparaturfall, d.h. bei Austausch des Sensors oder einer Komponente der Meßkette die gleichen Voraussetzungen zu haben, muß im Werkstattbereich nach erfolgter Reparatur der gleiche Kalibriervorgang wie am Bandende durchgeführt werden. Wegen der erforderlichen Investitionen in den Werkstätten muß dieser möglichst einfach, schnell und kostengünstig ausgelegt werden.

Nach Diskussion des Verhaltens im Neuzustand müssen nun die Eigenschaften über die gesamte Fahrzeuglebensdauer betrachtet werden. Die Funktionalität im Neuzustand bleibt nur dann erhalten, wenn ein qualitativ hochwertiger Sensor mit minimalen Fehlergrenzen eingesetzt wird und wenn sich alle Toleranzen in der Meßkette über die Fahrzeuglebensdauer nicht ändern. Dies ist in den meisten Anwendungsfällen wegen der hohen Sensorkosten und wegen des Alterungsverhaltens vieler Bauteile (Verschleiß, Spiel, ...) nicht realisierbar.

Deshalb wird vorgeschlagen, einen „bezahlbaren" Sensor mit ausreichend guten und über die Lebensdauer garantierten Fehlergrenzen in Kombination mit einem automatisch arbeitendem Nachkalibrierverfahren einzusetzen. Mit dem Nachkalibrierverfahren werden die im Betrieb auftretenden Toleranzen und Sensorfehler kompensiert. Es wird verglichen mit der Bandendekalibrierung ungenauer arbeiten, weil im Fahrzeugbetrieb nur wenige definierte Eingangsgrößen (z.B Fahrzeugstillstand, Wählhebel des Automatgetriebes in N oder P) auftreten, bei denen ein Kalibriervorgang zulässig ist.

Um Defekte in der Meßkette zu entdecken, muß das Meßsignal einer automatischen Hardwareprüfung unterworfen werden.

Zusammenfassend ist festzustellen, daß an den Sensor und die gesamte Meßkette in einem mechatronischen System im Kfz hohe Anforderungen gestellt werden und daß es verglichen mit der Meßgerätetechnik schwieriger ist, die Informationsverluste der Meßkette zu kompensieren. „Intelligente Algorithmen" , die automatisch und zuverlässig arbeiten, sind für die Hardwareprüfung und das Nachkalibrieren erforderlich. Hinzu kommen die Anforderungen an den Sensor bezüglich der Fehlergrenzen, die über die ganze Fahrzeuglebensdauer einzuhalten sind.

6.1.4 Zusätzliche Anforderungen an die Sensorik im Kfz-Einsatz

Betrachtet werden bei den folgenden Überlegungen die weiteren Anforderungen, die an ein mechatronisches System in Kfz-Einsatz gestellt werden. Daraus werden dann die Anforderungen für den Sensor abgeleitet.

6.1.4.1 Funktionalität

Gefordert wird eine über die ganze Fahrzeuglebensdauer gleichbleibende optimale und störgrößenrobuste Reglerfunktion. Der Sensor spielt dabei eine ganz besondere Rolle. Er ist das „Auge" eines mechatronischen Systems und steht am Beginn des Regelkreises. Sind die Informationsverluste hier zu groß (ein „blinder" Sensor), dann kann dieses Defizit weder durch intelligente Signalverarbeitungs- und Reglerlalgorithmen noch durch verbesserte Stellglieder kompensiert werden.

Durch Nachkalibrieren können Nullpunkts- und Empfindlichkeitsschwankungen minimiert werden, weitaus schwieriger kompensierbar sind jedoch Informationsverluste, die durch ein ungeeignetes Meßprinzip verursacht werden. Das Meßprinzip bestimmt maßgeblich die Funktionalität und sollte deshalb mit großer Sorgfalt ausgewählt werden. Dazu ge-

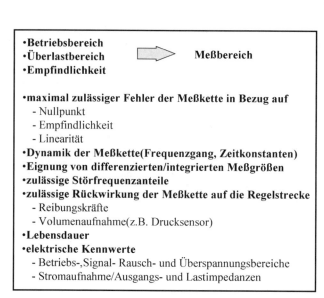

Bild 6.1.8: Anforderungen an die Funktionalität

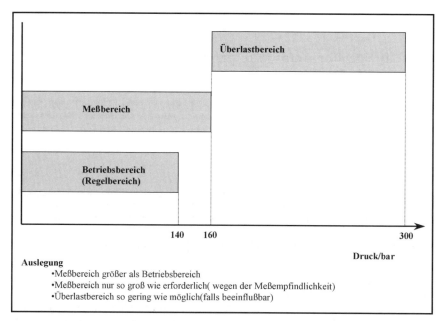

Bild 6.1.9: Einsatzbereich eines Sensors am Beispiel der Bremsdruckmessung

hört, daß die physikalische Meßgröße am richtigen Ort und möglichst direkt erfaßt und daraus die Regelgröße ohne dazwischengeschaltete Differentiation/Integration gewonnen wird.

Bild 6.1.8 zeigt die funktionalen Anforderungen, die an den Sensor gestellt werden. Bei der Festlegung des Meßbereichs ist zu beachten, daß er den Betriebsbereich abdeckt, aber wegen der Empfindlichkeit nur so groß wie gerade notwendig ausgelegt wird. Außerdem muß in vielen Kfz-Anwendungen auch der Überlastbereich, in dem der Sensor nicht geschädigt werden darf, bei der Auslegung berücksichtigt werden, Bild 6.1.9.

6.1.4.2 Umgebungsbedingungen

Tabelle 6.1.1 zeigt in Abhängigkeit von den jeweiligen Einbauorten die Umgebungsbedingungen, unter denen die Sensoren über eine Fahrzeuglebensdauer von ca. 4000 Betriebsstunden zuverlässig funktionieren müssen. Neben dem Temperaturbereich ist für viele Sensoren wegen der Drifteigenschaften auch der Temperaturgradient von Interesse.

	Karosserie Innenraum	Motor Triebstrang	Fahrwerk Bremsen
Temperaturbereich	-40 ... +85 °C	-40 ... +150 °C	-40 ... +125 °C (Bremsscheibe ca. +700 °C)
mechanische Beanspruchungen	5 g	40 g	50 g
Beanspruchung durch - Nässe - Schmutz - Staub	gering	mittel	hoch

Tabelle 6.1.1: Umgebungsbedingungen

Bei der Sensorauswahl spielt auch hier – wie bei der Funktionalität – das Meßprinzip eine entscheidende Rolle. Es muß bei den auftretenden mechanischen Beanspruchungen und unter Einwirkung von elektromagnetischen Störungen und Bordspannungsschwankungen im vorgegebenen Temperaturbereich reproduzierbar arbeiten. Es ist bekannt, daß einige Meßprinzipien (z. B. Hallgeber) für hohe Temperaturen nicht geeignet sind. Außerdem wird der Einsatz eines µC's und damit die Verwendung von „Intelligenten Bausteinen" im Sensor durch die Temperatur begrenzt.

Berücksichtigt werden müssen auch die mechanischen Beanspruchungen orthogonal zur Meßeinrichtung. Diese dürfen weder den Aufnehmer beschädigen noch zu einem zu starken Übersprechen beitragen.

Die Anforderungen bezüglich Nässe, Schmutz und Staub lassen sich durch eine entsprechend robuste Gehäuse- und Steckerausführungen lösen.

6.1.4.3 Sicherheit und Verfügbarkeit

Es gibt einen eindeutigen Trend in der Fahrzeugentwicklung hin zu mechatronischen Systemen. Einerseits werden Funktionalitäten, die bislang mit mechanischen-, elektrischen- und (oder) hydraulischen Bauteilen realisiert wurden, mittels mechatronischer Systeme dargestellt. Ein Beispiel ist der Bremskraftminderer, der durch eine elektronische Bremskraftverteilung, integriert im ABS, ersetzt wird. Anderseits lassen sich viele zusätzliche Funktionalitäten nur mit mechatronischen Systemen sinnvoll darstellen.

Eine Stärke dieser Systeme ist ohne Zweifel die verbesserte Funktionalität. Weitaus schwieriger ist es, die bei mechanischen Bauteilen bekannte Sicherheit gegen Ausfall und Verfügbarkeit mit vergleichbarer Güte zu realisieren.

Um dieses Ziel zu erreichen, muß die Sensorik die in Bild 6.1.10 aufgelisteten Anforderungen erfüllen. Minimale Ausfallraten sind nur mit einem qualitativ hochwertigen Sensor mit einer robusten Gehäuse-, Stecker- und Leitungsausführung machbar.

Verfügbarkeit

- geringe Einschaltverzugszeit
- minimale Ausfallraten
- zuverlässige Funktion unter allen Umgebungsbedingungen

Ausfallsicherheit

- sicheres Erkennen aller möglichen Einzelfehler bzw. einer Fehlfunktion (Eigensicherheit)
- sicherer und schneller Übergang in eine Notlauffunktion in Fehlerfall

Bild 6.1.10: Anforderungen an die Ausfallsicherheit und Verfügbarkeit

Bei der Ausfallsicherheit wird vorausgesetzt, daß das mechatronische System im Fehlerfall teilweise bzw. komplett abgeschaltet werden kann und eine Notlauffunktion durch ein mechanisches (hydraulisches) System realisiert werden kann. In diesem Fall genügt es, alle Einzelfehler sicher zu erkennen (Eigensicherheit).

Um dies sicherzustellen, sind neben der Hardwareprüfung weitere Maßnahmen erforderlich, Bild 6.1.11a. Bei einer einfachen Sensorausführung kann beispielsweise über eine Plausibilitätsprüfung, bei der die physikalisch möglichen Werte bzw. Gradienten der Meßgröße $x1$ überwacht werden, auf eine Fehlfunktion geschlossen werden. Zusätzlich kann der Sensor durch einen aktiven Selbsttest überwacht werden. Eine weitere Maßnahme besteht bekanntermaßen darin, den Sensor redundant auszuführen (Hardwareredundanz), Bild 6.1.11b. Mit einer Signalvergleichsstelle lassen sich dabei Fehlfunktionen sicher erkennen (Eigensicherheit). Um den Hardwareaufwand zu reduzieren ist weiterhin denkbar, mit anderen vorhandenen Meßgrößen xi einen Schätzwert für $x1$ zu ermitteln und über einen Vergleich von Schätz- und Meßwert Fehlfunktionen zu erkennen (Modellgestützte Redundanz).

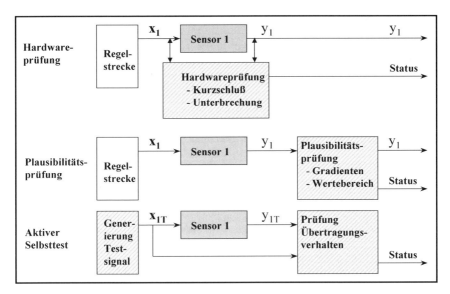

Bild 6.1.11a: Konzepte zur Ausfallsicherheit

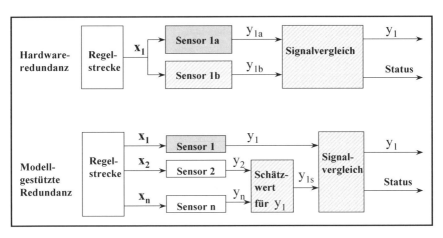

Bild 6.1.11b: Konzepte zur Ausfallsicherheit

Bei allen Verfahren besteht ein grundsätzlicher Zielkonflikt zwischen Ausfallsicherheit und Verfügbarkeit. Strenge Kriterien bei der Signalprüfung bzw. beim Signalvergleich führen immer zu einer Reduktion der Verfügbarkeit.

6.1.4.4 Diagnose

Zu Sicherstellung der Wartbarkeit von mechatronischen Systemen ist es notwendig, daß alle Fehler des Sensors online abgespeichert werden. Mit einem Werkstattdiagnosesystem muß es dann möglich sein, diese auszulesen, den Sensor zu kalibrieren und ihn bei der Fehlerdiagnose mit Testsignalen zu beaufschlagen und dabei die „Rohsignale" des Sensorelements auszulesen.

6.1.5 Definition „Intelligenter Sensor"

Die bisherigen Betrachtungen haben gezeigt, daß zur Erfüllung der Anforderungen, die an einen Sensor im Kfz-Einsatz gestellt werden, „Intelligente Bausteine" benötigt werden. In der folgenden Definition werden diese zusammengefaßt:

Ein „Intelligenter Sensor" besteht aus einem bzw. mehreren Aufnehmern (Basissensor) und zusätzlichen im Basissensor integrierten Hardware- und Softwarekomponenten, welche

- die Sensorhardware prüfen und grobe Fehler erkennen,
- den Sensor automatisch nachkalibrieren und justieren,
- alle auftretenden Einzelfehler erkennen (Eigensicherheit),
- alle auftretenden Einzelfehler abspeichern,
- über eine definierte Schnittstelle das aufbereitete Meßsignal zusammen mit einer Statusinformation (i.o./ nicht i.o.) ausgeben und
- offline zusammen mit einem Werkstattdiagnosesystem den Sensor kalibrieren, justieren und testen.

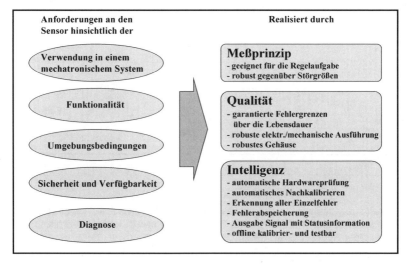

Bild 6.1.12: Merkmale eines für den Kfz-Einsatz geeigneten Sensors

Ein „Intelligenter Sensor" hat kein deterministisches Verhalten mehr. Die Güte des Sensorsignals hängt davon ab, wie lange die letzte automatische Nachkalibrierung zurückliegt und mit welcher Genauigkeit sie erfolgt ist. Das bedeutet auch, daß sich das Gesamtsystem auch nicht mehr deterministisch verhält.

Diese Eigenschaft hat auch Auswirkungen bei der Qualitätskontrolle. Um die Fehlergrenzen eines Sensors zu überprüfen, muß deshalb bei der Diagnose der Zugriff auf alle Rohdaten möglich sein.

Ein weiteres Merkmal eines „Intelligenten Sensors" ist, daß er fahrzeug- und reglerabhängige Parameter bei der Aufbereitung des Meßsignals verwendet. Diese müssen dann, wenn der Sensor für eine neue Anwendung vorgesehen wird, entsprechend modifiziert werden.

6.1.6 Zusammenfassung

In Bild 6.1.12 werden abschließend alle Merkmale aufgelistet, die ein Sensor im Kfz-Einsatz benötigt. Er muß mit einem Meßprinzip arbeiten, welches für die Regelaufgabe geeignet ist, ein qualitativ hochwertiges Sensorelement und robuste elektrische und mechanische Bauteile besitzen, über die Lebensdauer bestimmte Fehlergrenzen garantieren und über leistungsfähige „Intelligente Bausteine" verfügen. Nur mit einer Kombination von

„richtigem Meßprinzip"
„Qualität" und
„Intelligenz"

lassen sich also die derzeitigen und zukünftigen Anforderungen, die an einen Sensor gestellt werden, erfüllen.

6.1.7 Literatur

[1] Herold: Sensortechnik. Hüthig Buch Verlag Heidelberg, 1993
[2] Braun: Sensorik im Kfz. Übersichtsvortrag des 3. Esslinger Forums für Kfz-Mechatronik, 06.11.1997
[3] Bonfig: Intelligente Sensorik und Sensorsignalverarbeitung, in Sensoren und Mikroelektronik, Hrsg.: Bonfig, Reihe Sensorik, Expert Verlag, 1993

6.2 CARTRONIC als Ordnungskonzept für den Systemverbund – Analyse mechatronischer Systeme im Kraftfahrzeug

M. Walther, P. Torre Flores, T. Bertram

Zusammenfassung

Die Weiterentwicklung elektronischer Systeme im Kraftfahrzeug wird durch Forderungen nach wachsendem Funktionsumfang bei gleichzeitig anhaltendem Kostendruck bestimmt. Zur Lösung dieses Zielkonflikts kann die Vernetzung der bisher weitgehend unabhängig voneinander arbeitenden Einzelsysteme zu einem fahrzeugweiten Verbund (Car Wide Web) einen wesentlichen Beitrag leisten. Ein solches vernetztes System stellt hohe Anforderungen bezüglich Sicherheit, Zuverlässigkeit und Beherrschbarkeit durch den Fahrzeugnutzer. Um diese Kriterien bei stark gewachsener Komplexität erfüllen zu können, ist ein systematischer Aufbau des Systemverbunds unverzichtbar. Die Systematik muss zum einen geeignete Schnittstellen definieren und darüber hinaus das Zusammenwirken der Steuerungs- und Regelungssysteme koordinieren. Als Grundlage für eine Systemvernetzung im Kraftfahrzeug entwickelt Bosch eine solche Systematik unter dem Namen CARTRONIC.

Summary

The development of electronic systems in automobiles is determined by demands for improved functionality and at the same time the need to limit costs. For solving this conflict the interconnection of electronic systems which were so far essentially autonomous into a car wide web promises substantial progress. The engineering of such a new interconnected system poses high challenges – in particular for guaranteeing its safety, reliability and acceptance by the car user. In order to fulfill these demands considering the growth of complexity the organization of a network has to be set up systematically. Thus the cooperation does not only require well-defined interfaces, but also coordination of the control strategies in the individual participants. As a general basis for this task Bosch is developing an open structuring concept called CARTRONIC.

6.2.1 Einleitung

Die Weiterentwicklung elektronischer Systeme im Kraftfahrzeug wird bestimmt durch Forderungen nach wachsendem Leistungsumfang bezüglich Sicherheit, Komfort und Kraftstoffverbrauch. Weiterer Entwicklungsbedarf darüber hinaus entsteht beispielsweise durch verschärfte Gesetzesanforderungen oder die Integration von aus der Informations- und Unterhaltungstechnik bekannten Funktionen. All diese Forderungen gilt es zu erfüllen bei gleichzeitig anhaltendem Kostendruck.

Die mechatronischen Systeme im Kraftfahrzeug haben mittlerweile ein Stadium erreicht, in dem sie zu einem funktions- und wertbestimmenden Faktor geworden sind. Ihre Bedeutung wird in der Zukunft noch weiter zunehmen. Die Bilder 6.2.1 und 6.2.2 zeigen die

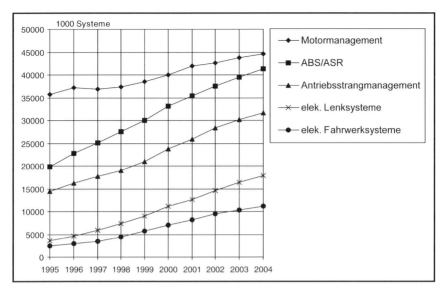

Bild 6.2.1: Weiterentwicklung klassischer Fahrzeugsysteme

Entwicklung des jährlichen Weltbedarfs an Sicherheits-, Komfort-, Kommunikations- und Informationssystemen im Personenkraftfahrzeugbereich von 1995 bis 2004 /1/. In diesem Zeitraum steigt die Anzahl der jährlich produzierten Personenkraftfahrzeuge von 37 Millionen im Jahr 1995 auf geschätzte 45 Millionen im Jahr 2004, was einem Zuwachs um 22 % entspricht. Der Bedarf an Sicherheits-, Komfort-, Kommunikations- und Informationssystemen im Personenkraftfahrzeugbereich steigt in dem gleichen Zeitraum zusätzlich mit größeren Werten an.

Einhergehend mit der wachsenden Anzahl an elektronischen Systemen im Fahrzeug steigt auch der Aufwand zur Entwicklung dieser Systeme überproportional an /2/. Darüber hinaus zeichnet sich eine Vielzahl von neuen Funktionen ab. Mit dieser wachsenden Anzahl an Funktionen steigt ebenfalls die Komplexität der Fahrzeugelektronikstrukturen.

Dem Ziel, verbesserte und neue Funktionalitäten zu realisieren, stehen der erforderliche Kosten- und Entwicklungsaufwand sowie die schwierige Beherrschbarkeit der entstehenden Komplexität der Fahrzeugstrukturen entgegen. Zur Lösung dieses Zielkonflikts können die Vernetzung der bisher weitgehend unabhängig voneinander arbeitenden Einzelsysteme zu einem fahrzeugweiten Verbund (Car Wide Web) und die Standardisierung der Verbundkomponenten (Module und Schnittstellen) einen wesentlichen Beitrag leisten. Hieraus ergeben sich in zunehmendem Maße Anforderungen an die Softwarestrukturierung und Entwicklung. Eine Strukturierung der Software muss vorsehen, dass eine verteilte Entwicklung und Testbarkeit der Einzelfunktionen in Form von Komponenten möglich ist. Der Austausch von standardisierten Informationen zwischen den Teilsystemen erleichtert sowohl die Realisierung weiterer und/oder verbesserter Funktionalitäten als auch eine Vereinfachung der derzeitigen Einzelsysteme.

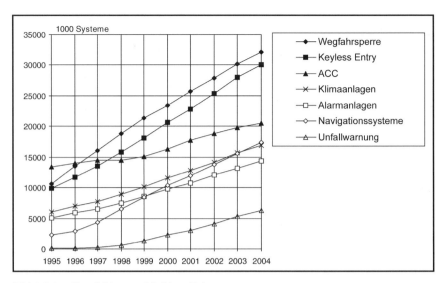

Bild 6.2.2: Entwicklung zukünftiger Fahrzeugsysteme

Ein bereits in heutigen Fahrzeugen existierendes Beispiel der Nutzung solcher Synergien im Bereich der aktiven Fahrsicherheit ist die Traktionsregelung (ASR). Diese wird erst durch die Kommunikation des ASR-Steuergeräts mit dem Motorsteuergerät zur Regelung des Antriebsmoments möglich. Ein weit komplexerer Informationsaustausch ist für die adaptive Fahrgeschwindigkeitsregelung (ACC) erforderlich. Auf längere Sicht werden Systeme aus den Bereichen Motor- und Getriebesteuerung, Fahrstabilitätsüberwachung, Sicherheit, Komfort und Kommunikation zusammenwachsen und so Sicherheit, Komfort, Kommunikations- und Informationsmöglichkeiten der Fahrzeugnutzer entscheidend verbessern.

Ein solches vernetztes System stellt hohe Anforderungen bezüglich Sicherheit, Zuverlässigkeit und Abstimmung seiner Subsysteme. Um diese Kriterien bei stark wachsender Komplexität erfüllen zu können, ist ein systematischer Aufbau des Systemverbunds unverzichtbar. Die Systematik muss zum einen geeignete Schnittstellen definieren und darüber hinaus das Zusammenwirken der Steuerungs- und Regelungssysteme koordinieren. Damit können einerseits Funktionalitäten realisiert werden, die über die reine Summe der Einzelsystemfunktionen hinausgehen, andererseits werden gegenseitige Auswirkungen der verkoppelten Systeme beherrschbar und unbeabsichtigte Negativeffekte vermieden.

Als Grundlage für eine Systemvernetzung im Kraftfahrzeug entwickelt Bosch eine solche Systematik unter dem Namen CARTRONIC. Diese offene Architektur wird die Strukturierung der drei Bereiche „Funktion", „Sicherheit" und „Realisierung" unterstützen. Unter Architektur ist dabei sowohl die Strukturierungssystematik zu verstehen als auch deren Umsetzung in eine konkrete Struktur.

Die Funktionsarchitektur umfasst sämtliche im Fahrzeug vorkommenden Steuerungs- und Regelungsaufgaben. Die Aufgaben des Systemverbunds werden logischen Komponenten zugeordnet, die Schnittstellen der Komponenten und ihr Zusammenwirken werden festgelegt. Die Sicherheitsarchitektur erweitert die Funktionsarchitektur um Elemente, die einen sicheren Betrieb des Systemverbunds garantieren. Schließlich wird für die Elektronik eine Systematik angegeben, wie der Systemverbund mit bedarfsgerecht optimierten Hardwaretopologien zu realisieren ist. Das CARTRONIC-Konzept insgesamt liefert eine konsistente Methode zur Beherrschung der Komplexität der sich aus dem „Zusammenwachsen" der bisher autarken Systeme ergebenden Wechselwirkungen und Schnittstellen.

Ein erster Schritt, um den Nutzen eines Systemverbunds unter technischen Gesichtspunkten herauszuarbeiten, ist die Funktionsanalyse der bisher autarken Einzelsysteme. Die Funktionsanalyse umfasst die Definition von logischen modularen Funktionskomponenten, ihren Aufgaben, ihren Schnittstellen sowie ihren Wechselwirkungen untereinander. Aus der Funktionsanalyse können anschließend Komponenten herauskristallisiert werden, die gleiche Aufgaben erledigen und bisher mehrfach in einem Fahrzeug existierten. In einem Systemverbund würde ausschließlich eine Komponente mit der entsprechenden Aufgabe realisiert und dann von den übrigen Systemen/Komponenten benutzt. Die Betrachtung der Funktionen auf einer derart abstrakten Ebene ist noch unabhängig von einer Implementierung mittels einer speziellen Hardwaretopologie und erlaubt daher genau eine Funktionsarchitektur für verschiedene Hardwaretopologien.

Im einzelnen umfasst der Beitrag in Abschnitt 2 die Beschreibung der formalen Strukturierungs- und Modellierungsregeln nach CARTRONIC für die Funktionsarchitektur. Ferner wird in diesem Abschnitt auf einer hohen Abstraktionsebene die Funktionsarchitektur des Gesamtfahrzeugs vorgestellt. Der Abschnitt 3 beschreibt konkrete Beispiele für die Erweiterung der Funktionsarchitektur auf tieferen Detaillierungsebenen des Gesamtfahrzeugs. Den Abschluss des Beitrags bildet eine Zusammenfassung und ein Ausblick auf künftige Funktionen und Entwicklungen im Abschnitt 4.

6.2.2 Strukturelemente der CARTRONIC Funktionsarchitektur

6.2.2.1 Stand der Technik

Der Fahrzeugnutzer erwartet mit der weiteren Zunahme von Elektronik im Fahrzeug für sich mehr erlebbare Vorteile und einen erweiterten Nutzen hinsichtlich Sicherheit, Komfort, Energieverbrauch und Bedienerfreundlichkeit. Neben den klassischen Funktionen werden auch zunehmend mehr Multimedia-Anwendungen im Fahrzeug erwartet. Dem steht eine bisher weitgehend unabhängige Entwicklung von Einzelfunktionen gegenüber.

Die Entwicklung von Einzelfunktionen oder deren Weiterentwicklung ohne Berücksichtigung der bereits vorhandenen Funktionen war in der Vergangenheit zulässig, da sich die Systeme gar nicht oder nur wenig beeinflusst haben. Komplexe Systeme beinhalten allerdings ein nicht zu vernachlässigendes Gefährdungspotenzial, wenn die auftretenden Wechselwirkungen nicht berücksichtigt werden. Als Beispiel ist hier die Integration einer Fahrwerksregelung ohne Berücksichtigung ihrer Auswirkungen auf ein Antiblockiersystem (ABS) zu nennen. Bei Nichtbeachtung könnte beispielsweise eine starke Abbremsung den Fahrzeugaufbau zu Schwingungen anregen, da die Fahrwerksregelung auf die durch das ABS verursachten Schwingungen im Sinne einer Regelung reagieren würde. Die bisher überwiegend praktizierte Vorgehensweise, um derartige Probleme zu lösen, ist eine Dämpfung der jeweiligen Systeme, so dass jedes System dann unabhängig voneinander und ohne gegenseitige Beeinflussung arbeiten kann. Eine Dämpfung der Systeme hat allerdings zur Folge, dass nicht das volle im System enthaltene Potenzial realisiert werden kann.

6.2.2.2 Definition CARTRONIC

Um den Erwartungen der Fahrzeugnutzer entsprechen zu können, sind die bereits vorhandenen und zukünftigen Funktionen im Rahmen einer fahrzeugweiten Vernetzung unter der Systematik CARTRONIC zu entwickeln. Diese Entwicklung ermöglicht für jede Funktion innerhalb des Systemverbunds einen Grad der Leistungsfähigkeit unter den genannten Gesichtspunkten zu erzielen, der ohne strukturierte Vorgehensweise nicht zu erreichen ist. Die Entwicklung eines derart komplexen vernetzten Systemverbunds erfordert die Vereinbarung von Standards für eine Strukturierung und die Unterstützung über eine durchgängige Werkzeugkette über alle Entwicklungsschritte. Diese Arbeiten werden unter dem Begriff CARTRONIC zusammengefasst.

CARTRONIC ist ein Ordnungskonzept für alle Steuerungs- und Regelungssysteme innerhalb einer offenen Architektur eines Fahrzeugs. Das Konzept enthält modulare erweiterbare Funktions- und Sicherheitsarchitekturen auf der Basis vereinbarter formaler Strukturierungs- und Modellierungsregeln. Darüber hinaus können aus den Funktions- und Sicherheitsarchitekturen Hinweise für die Realisierung und damit für die erforderliche Elektronik abgeleitet werden. Die Regeln der Funktionsarchitektur dienen der Organisation des Systemverbunds, der unabhängig von einer speziellen Hardwaretopologie ist und sich ausschließlich aus logischen und funktionalen Gesichtspunkten ergibt. Die Regeln definieren Komponenten, die ihnen erlaubten Wechselwirkungen über Kommunikationsbeziehungen und Modellierungsmuster für ähnliche sich wiederholende Aufgaben.

Über die Vereinbarung und Festschreibung von Regeln ist eine „allgemeinverständliche Sprache" für die Entwickler generiert worden. Diese ist von einer durchgängigen Werkzeugkette für den Entwicklungsprozess zu unterstützen. Die Berücksichtigung der CARTRONIC während der Entwicklung von Funktionen innerhalb des Systemverbunds liefert eine transparente Architektur mit vielfältigem Nutzen. Zu nennen sind die Beherrschung der Gesamtkomplexität, Wiederverwendbarkeit sowie Austauschbarkeit von Subsystemen, verteilte Entwicklung von Teilen des Systemverbunds und unabhängige Optimierbarkeit der Soft- und Hardware in unterschiedlichen Steuergerätetopologien ohne Beeinflussung der Funktionsarchitektur (Bild 6.2.3).

6.2.2.3 Strukturierungsregeln für die Funktionsarchitektur

Die Elemente der Funktionsarchitektur sind Systeme, Komponenten und Kommunikationsbeziehungen. In diesem Beitrag wird von einem System als einer Zusammenstellung von Komponenten zu einem Ganzen gesprochen, die über Kommunikationsbeziehungen miteinander in Wechselwirkungen stehen. Der Begriff Komponente meint nicht zwangs-

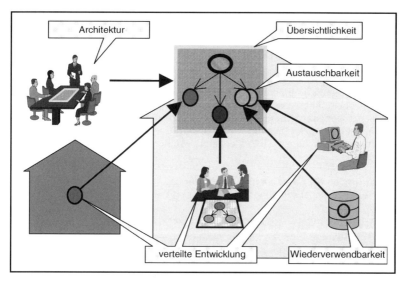

Bild 6.2.3: Nutzen für den Entwicklungsprozess

läufig eine physikalische Einheit im Sinne eines Bauteils, sondern wird als Funktionseinheit verstanden. Eine Komponente, die sich weiter verfeinern lässt, stellt somit ebenso ein System (Subsystem) dar.

Bei den Kommunikationsbeziehungen lassen sich drei orthogonale Kommunikationsbeziehungen – Aufträge, Abfragen und Anforderungen – unterscheiden. Ein Auftrag ist eine Vorgabe von Zielen und Randbedingungen, unter deren Berücksichtigung die Ziele zu erreichen sind. Die Auftragserteilung erfolgt durch genau einen Auftraggeber an genau einen Auftragnehmer. Mit der Erteilung des Auftrags ist die Pflicht zur Ausführung verbunden. Falls dies nicht möglich ist, muss eine Rückmeldung erfolgen. Eine Rückmeldung ist eine Information, die ein Auftragnehmer seinem Auftraggeber in Bezug auf einen konkreten Auftrag mitteilt. Bei Rückmeldungen kann es sich um Status-, Konflikt- oder Ergebnisrückmeldungen handeln, die neben einem Wert auch noch mit einem Hinweis zur Weiterverarbeitung versehen sein können.

Die zur Erledigung der gestellten Aufgaben benötigten Informationen beschafft sich jede Komponente selbständig. Als Informationsgeber existieren gleichberechtigt Bedienelemente, Sensoren, Schätzer, Speicher für Daten, usw., deren Kommunikation über Auskunftsabfragen oder Anforderungsbeziehungen erfolgt. Bei einer Auskunftsabfrage stellt die gefragte Komponente die Information zur Verfügung und interessiert sich für deren Auswertung. Für den Fall, dass eine Abfrage nicht beantwortet werden kann, erhält die anfragende Komponente einen Hinweis hierzu. Der Hinweis ist analog zur Rückmeldung beim Auftrag zu sehen. Bei einer Anforderungsbeziehung hat die fordernde Komponente ein wesentliches Interesse daran, dass ihre Information von einer anderen Komponente berücksichtigt wird. Eine Anforderung unterscheidet sich von einem Auftrag derart, dass mit einem Auftrag die Pflicht zur Ausführung verbunden ist. An eine Anforderung ist demgegenüber nur der

Wunsch zur Umsetzung gekoppelt. So werden beispielsweise die Kommunikationsbeziehungen von einem Fahrpedal, einem ACC und einer Fahrdynamikregelung (FDR) hinsichtlich des Fahrzeugvortriebs ausschließlich als Anforderungen formuliert, da diese nicht gleichzeitig über den Antrieb realisiert werden können (Abschnitt 3).

Die Strukturierungsregeln beschreiben erlaubte Kommunikationsbeziehungen (Auftrag, Abfrage und Anforderung) innerhalb der Architektur des Gesamtfahrzeugs. Es werden Strukturierungsregeln unterschieden, die die Kommunikationsbeziehungen auf der gleichen Detaillierungsebene[1] (Betrachtungsebene) und in höhere und tiefere Detaillierungsebenen unter Berücksichtigung angegebener Randbedingungen regeln. Ferner klären die Strukturierungsregeln die Weiterleitung von Kommunikationen von einem System in ein anderes.

Exemplarisch werden die Strukturierungsregeln für die Auftragsvergabe und für die Abfrage- sowie Anforderungsbeziehung ausführlicher im Beitrag diskutiert.

Strukturierte Auftragsvergabe in einem hierarchischen Auftragsfluss

Die strukturierte Auftragsvergabe in einem hierarchischen Auftragsfluss erlaubt eine koordinierte Beauftragung von mehreren Komponenten durch jeweils nur genau eine Komponente. Nur diese Komponente ist Auftraggeber der anderen Komponenten. Aufgrund des „Ein-Chef-Prinzips" entsteht innerhalb der Struktur des Gesamtfahrzeugs ausschließlich ein Auftragsbaum mit einer Wurzel. Die Beauftragung von jeder Komponente der Struktur durch genau eine andere Komponente vermeidet Auftragskonflikte und liefert eine klare Zuordnung von Kompetenzen und Verantwortungen. Die koordinierte Beauftragung von mehreren Komponenten durch eine zentrale Komponente schafft die Möglichkeit einer übergeordneten Optimierung des Betriebsverhaltens des Fahrzeugs unter Gesichtspunkten wie beispielsweise Sicherheit, Komfort, Kraftstoffverbrauch und Umweltverträglichkeit. Die Bild 6.2.4 zeigt eine abstrakte Struktur einer Auftragsvergabe auf der gleichen Detaillierungsebene und die Weiterleitung eines Auftrags in eine tiefere Detaillierungsebene. Die Komponente 1 ist der alleinige Auftraggeber der Komponenten 2 und 3, wobei die Komponente 3 ebenfalls Auftraggeber der Komponente 4 ist. Die Komponente 3 ist selbst wieder ein Subsystem. Der Auftrag von der Komponente 1 an die Komponente 3 wird intern an die Eingangskomponente 31 weitergeleitet. Sämtliche Aufträge an ein System werden an ihre Eingangskomponente weitergeleitet. Die Eingangskomponente bildet die Wurzel des sich entwickelnden Auftragsbaums in der Verfeinerung und trägt die Verantwortung für die Auftragsvergabe innerhalb des Systems 3.

Innerhalb eines Systems darf nur ein Auftragsbaum existieren. Jeder Auftrag innerhalb eines Systems muss Bestandteil des von der Eingangskomponente ausgehenden Auftragsflusses sein. Damit lassen sich Zyklen und zusätzliche entkoppelte Auftragsbäume vermeiden. Die Anwendung sämtlicher Strukturierungsregeln zur Auftragsvergabe führen zu einem zusammenhängenden Auftragsbaum.

Auszug aus den Strukturierungsregeln:

– Jede Komponente erhält mindestens einen Auftrag.
– Jede Komponente hat genau einen Auftraggeber.

---

[1] Unter einer Detaillierungsebene ist der Verfeinerungsgrad der Modellierung eines Systems (Sicht von oben nach unten) zu verstehen.

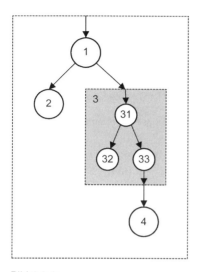
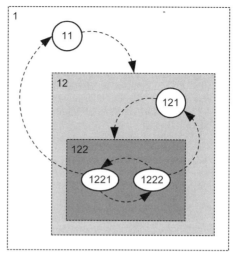

Bild 6.2.4:
Hierarchischer Auftragsfluss

Bild 6.2.5:
Abfragen und Anforderungen

- Genau eine Komponente ist Auftragnehmer der Aufträge an ihr System. Diese Komponente heißt Eingangskomponente und erhält keine weiteren Aufträge von Komponenten des Systems.

Strukturierte Abfrage- oder Anforderungsbeziehung innerhalb des Systemverbunds

Die Strukturierungsregeln zur Kommunikation gewährleisten beliebige Beziehungen (Abfrage und Anforderung) auf gleicher Detaillierungsebene und Kommunikationen von tieferen Detaillierungsebenen in höhere Detaillierungsebenen. Die Einschränkung der Informationsbeschaffung von höheren in tiefere Detaillierungsebenen gewährleistet eine Komponentenkapselung und unterstützt dadurch die Austauschbarkeit der Komponenten sowie eine Variantenbildung von Komponenten. Diese bleiben in ihrer Wechselwirkung auf gleicher oder in höhere Detaillierungsebenen durch die Konstanz von Anzahl und Art der Schnittstellen von einem Austausch gegen eine andere Variante unbeeinflusst (Bild 6.2.5).

Die Möglichkeit der Abfrage und Anforderung erhöht die Eigenständigkeit der Komponenten. Es soll nicht jede Kommunikation über den Auftraggeber der Komponente gehen, da dieser sonst überlastet ist und über zuviel Detailwissen verfügen müsste. Die Quellkomponente einer Abfrage oder Anforderung kennt die Verfeinerung der Zielkomponente auf tieferen Detaillierungsebenen nicht, sie kann nicht in deren Inneres hineinsehen. Damit wird eine Unabhängigkeit der Quellkomponente von der Zielkomponente erreicht sowie die Austauschbarkeit und Variantenbildung unterstützt.

Die beliebige Abfrage und Anforderung auf gleicher Ebene und von unten nach oben bewirkt eine gewisse Abhängigkeit der Komponenten voneinander. Jede Komponente besitzt einen bestimmten Informationsbedarf, der von konkreten anderen Komponenten abgedeckt wird. Damit eine derartige Komponente funktionieren und die an sie gerichteten Aufträge ausführen kann, ist die Existenz dieser anderen Komponenten sowie der dort abgefragten Information erforderlich.

Auszug aus den Strukturierungsregeln:
- Eine Auskunftsabfrage oder Anforderungsbeziehung ist von jeder Komponente zu jeder anderen Komponente innerhalb eines Systems möglich.
- Es gibt außerdem Auskunftsabfragen und Anforderungsbeziehungen nur in höhere Abstraktionsebenen[2] (überspringen mehrerer Ebenen möglich).

6.2.2.4 Modellierungsregeln für die Funktionsarchitektur

Die Modellierungsregeln beinhalten Muster, die Komponenten und Kommunikationsbeziehungen für die Lösung spezieller, mehrfach vorkommender Aufgaben zusammenfassen. Diese Muster können dann an verschiedenen Stellen innerhalb der Struktur des Gesamtfahrzeugs wiederverwendet werden.

Strukturiertes Ressourcenmanagement

Ein Beispiel für ein derartiges Muster liefert die abstrakte Betrachtung eines Ressourcenmanagements. Im Fahrzeug sind unter Ressourcen Leistungslieferanten zu verstehen. Beispielsweise bildet das System „Antrieb" mit den Komponenten „Motor", „Wandler" und „Getriebe" eine Quelle der Ressource mechanische Leistung für die Komponenten „Vortrieb", „Klimakompressor" und „Generator". Eine andere Quelle repräsentiert das „Elektrische Bordnetz", das die Ressource elektrische Leistung für die elektrischen Verbraucher im Fahrzeug zur Verfügung stellt. Ein Muster zur Ressourcenverwaltung, welches das Ressourcenmanagement allgemein beschreibt und nicht die spezielle Ressource in den Vordergrund stellt, kann innerhalb des Systemverbunds mehrfach verwendet werden.

In dem Muster zur Ressourcenverwaltung ist festgelegt, dass die Quelle einer Ressource und ihre Verbraucher in der Auftragshierarchie immer nur so hoch wie nötig und dabei so tief wie möglich modelliert werden. Die Notwendigkeit ergibt sich aus den Aufgaben der Komponenten. Die möglichst tiefe Anordnung der Komponenten in der Auftragshierarchie gewährt eine gute Austauschbarkeit der Komponenten.

Greifen mehrere Komponenten als Verbraucher auf eine oder mehrere gemeinsame Quellen einer Ressource zu, dann sind die Quellen auf der gleichen Detaillierungsebene zu modellieren, in der die Aufträge, welche zum Ressourcenverbrauch führen, koordiniert werden. Ein Koordinator zur Verwaltung und Verteilung der Ressource ist ebenfalls auf dieser Ebene zu modellieren. Der Koordinator hat für den Fall, dass zur Bereitstellung der Ressource mehrere Quellen zur Verfügung stehen, neben der Koordination der Verbraucher auch die Aufgabe, die verschiedenen Quellen der Ressource zu verwalten.

Die Bild 6.2.6 zeigt die Struktur für das Ressourcenmanagement in einer vereinfachten Form. Jede Komponente kann als Quelle oder Verbraucher einer Ressource fungieren.

---

[2] Unter einer Abstraktionsebene ist der Verfeinerungsgrad der Modellierung eines Systems (Sicht von unten nach oben) zu verstehen.

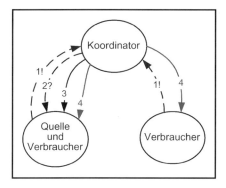

Bild 6.2.6:
Ressourcenmanagement

Eine Quelle kann gleichzeitig auch Verbraucher der von ihr zur Verfügung gestellten Ressource sein.

Das Muster zur Ressourcenverwaltung kann zusammenfassend wie folgt beschrieben werden:

1. Jeder Verbraucher einer Detaillierungsebene besitzt für jede Ressource (beispielsweise mechanische, elektrische, thermische, hydraulische, pneumatische Leistung usw.) einen eigenen Sammler, der den speziellen Ressourcenbedarf dieser Komponente ermittelt. Der Ressourcenbedarf wird erforderlichenfalls in mehreren unterschiedlich priorisierten Teilmengen aufsummiert. Jede Komponente der Detaillierungsebene stellt eine Anforderung bezüglich des Ressourcenbedarfs an den Koordinator.

2. Der Koordinator fragt die Quellen der Ressource nach dem verfügbaren Potenzial. Das Potenzial kann in mehrere Werte mit verschiedenen Gütemerkmalen aufgeteilt werden. Die Gütemerkmale geben den Charakter der Bereitstellung an, beispielsweise „optimal", „akzeptabel" und „maximal". Damit kann der Koordinator je nach Priorität des Ressourcenbedarfs bestimmte Betriebsbereiche der Ressourcenquellen zulassen oder vermeiden. Anschließend verteilt der Koordinator das verfügbare Potenzial der Quellen entsprechend dem priorisierten Ressourcenbedarf. Ein Konfliktfall liegt vor, wenn der aufsummierte Ressourcenbedarf der Verbraucher das Potenzial der Quellen übersteigt. In diesem Fall beschränkt der Koordinator entsprechend den Prioritäten und nach einer in der Spezifikation festgelegten Strategie die jeder Komponente zum Verbrauch verfügbaren Ressourcenbeträge. Die Entscheidungsstrategie ist im Koordinator abgelegt und kann situationsabhängig variiert werden.

3. Der Koordinator beauftragt die Quellen der Ressource, die Summe der zugeteilten Ressourcenbeträge bereitzustellen.

4. Der Koordinator teilt den Komponenten einen (gegebenenfalls eingeschränkten) Verbrauch der Ressource zu. Jede Komponente verteilt entsprechend der Prioritäten und der in der Spezifikation vorgegebenen Strategie die zugeteilte Ressource.

Das angegebene Muster für die Verwaltung und Verteilung einer Ressource ist unabhängig von der Art der Ressource. Jede Ressource erfordert allerdings einen eigenen Koordinator, der Aufträge im Rahmen der Ressourcenverwaltung und -verteilung an die Quellen und Verbraucher erteilt.

Für die Verwaltung von gekoppelten Ressourcen ist ein übergeordneter Koordinator notwendig. Der übergeordnete Koordinator greift dabei nur auf die Koordinatoren der jeweiligen Ressourcen über Aufträge zu und realisiert darüber in ihm abgelegte Strategien. Mit gekoppelten Ressourcen sind Ressourcen gemeint, die nicht unabhängig voneinander verwaltet werden können. Als Beispiel zu nennen ist hier die Kopplung zwischen der Ressource mechanische Leistung, die durch die Quelle „Motor", „Wandler" und „Getriebe" zur Verfügung gestellt wird, und einer Ressource elektrische Leistung, die vom „Generator" und der „Batterie" bereitgestellt wird. Der „Generator" benötigt zur Bereitstellung der elektrischen Leistung eine mechanische Leistung, die wiederum vom „Motor" produziert wird. Mit dem Konzept zur Verwaltung gekoppelter Ressourcen ergibt sich eine flexible Anpassbarkeit der Ressourcenverwaltung an die jeweilige Systemausprägung bei gleichzeitig klar eingegrenztem Änderungsaufwand.

Modellierung von Informationsgebern

Im Rahmen der Modellierung sind Informationsgeber immer der Detaillierungsebene zuzuordnen, die durch die Informationen beschrieben wird. Als Beispiel sei die Fahrzeugmasse genannt, die das gesamte Fahrzeug kennzeichnet und daher einem Informationsgeber auf einer sehr hohen Abstraktionsebene zugeordnet wird. Alle Subsysteme können auf diese Masse zugreifen, und es sind auch keine Betriebszustände denkbar, in denen verschiedene Systeme unterschiedliche Fahrzeugmassen benötigen. Allerdings kann dieser allen verfügbare Wert bei Erkennung von Beladungswechsel zeitlich verändert werden. Diese Information steht dann wiederum allen Subsystemen gleichermaßen zur Verfügung.

Dagegen ist die Information betreffend den Zustand des Schalters zur Betätigung des Schiebedachs einer tieferen Detaillierungsebene zuzuordnen, in der die Abläufe zur Betätigung des Schiebedachs strukturiert sind. Die Information ist für alle anderen Detaillierungsebenen irrelevant und daher erst in der tiefstmöglichen Verfeinerung zu berücksichtigen (Bild 6.2.7).

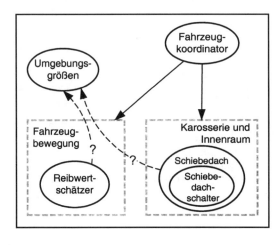

Bild 6.2.7:
Anordnung von Informationsgebern

Die Informationen stehen immer dort zur Verfügung, wo sie zur Formulierung oder Umsetzung von Aufträgen benötigt werden. Weiterhin wird erreicht, dass variantenspezifische Informationsgeber nur in den Varianten existieren, in denen sie gebraucht werden. Es ergibt sich, dass bestimmte Informationsgeber wie beispielsweise Bedienelemente für die Benutzer nicht generell einer Ebene zugeordnet werden. Als Beispiele sind hier ein Zündschloss und ein Schiebedachschalter zu nennen. Das Zündschloss ist auf einer hohen Abstraktionsebene wegen des Einflusses auf nahezu alle Komponenten zu modellieren. Dagegen findet sich der Schiebedachschalter auf einer tiefen Detaillierungsebene wieder und auch nur in den Varianten, in denen ein Schiebedach überhaupt vorhanden ist.

Demnach existieren Informationsgeber auf allen Detaillierungsebenen, die jeweils solche Informationen bereitstellen, die die betreffende Ebene beschreiben. Auf einer sehr hohen Abstraktionsebene sind dies beispielsweise:

- „Fahrzeuggrößen", hierunter sind Größen zu verstehen, die sich auf das Gesamtfahrzeug beziehen wie Fahrzeugmasse, Fahrzeuggeschwindigkeit, usw..
- „Umweltgrößen", hierunter sind Größen zu verstehen, die unabhängig vom Vorhandensein eines Fahrzeugs die Umwelt beschreiben wie Fahrbahnbelag, Fahrbahnneigung, Kurvenradius, usw..
- „Fahrzustandsgrößen", hierunter sind Größen zu verstehen, die das Zusammenwirken von Fahrzeug und Umwelt betreffende Größen darstellen wie Aquaplaning, µ-Splitt, Abstand zu vorausfahrendem Fahrzeug, usw..

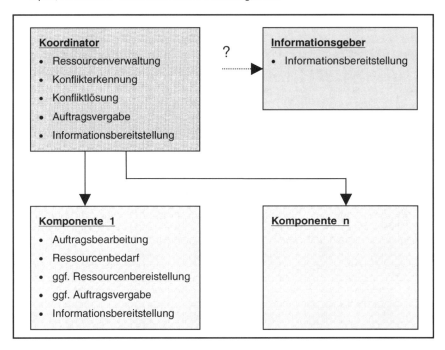

Bild 6.2.8: Strukturierungsprinzip

- „Benutzergrößen", hierunter sind Größen zu verstehen, die eine Benutzeridentifikation zur Einstellung von individuell beeinflussbaren Funktionen ermöglichen (Fahrertyp für Schaltstrategien, Sitzpositionseinstellung, Radiosender, usw.).

Unter Anwendung der Strukturierungs- und Modellierungsregeln lassen sich in einer Struktur drei verschiedene Typen von Komponenten identifizieren: Komponenten mit überwiegend koordinierenden Aufgaben, Komponenten mit hauptsächlich operativen Aufgaben und Komponenten, die mehrheitlich Informationen generieren und bereitstellen. Die Bild 6.2.8 zeigt das Zusammenwirken dieser Komponenten und gibt Beispiele für Aufgaben, die diese Komponenten erledigen.

Die Bild 6.2.9 zeigt die Fahrzeugstruktur auf einer sehr hohen Abstraktionsebene, der Fahrzeugebene. Der „Fahrzeugkoordinator" ist Auftraggeber der operativen Komponenten „Antrieb", „Fahrzeugbewegung", „Karosserie und Innenraum" sowie „Elektrisches Bordnetz". Ebenso finden sich auf dieser Abstraktionsebene die schon zuvor angesprochenen Informationsgeber, die zentrale Größen für den Systemverbund bereitstellen.

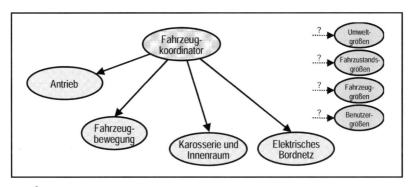

Bild 6.2.9: Fahrzeugebene

Die Struktur mit vier operativen Komponenten ergibt sich aus der Anwendung des Musters zur Ressourcenverwaltung, da der „Antrieb" und das „Elektrische Bordnetz" primär als Quelle einer Ressource im Fahrzeug fungieren. Die Zusammenfassung der weiteren Funktionen, die die Fahrzeugdynamik betreffen, zur Komponente „Fahrzeugbewegung" und die Funktionen wie beispielsweise Innenraumklimatisierung, Fahrzeugzugang, Rückhaltesysteme, usw. zur Komponente „Karosserie und Innenraum" zeigt eine Gruppierung von ähnlichen und teilweise wechselwirkenden Funktionen.

Damit wird die komplexe Gesamtfunktionalität des Fahrzeugs in eine begrenzte Anzahl von handhabbaren Komponenten partitioniert. Die Komplexität dieser Komponenten ist immer noch sehr hoch, so dass eine weitere Partitionierung im Sinne einer Top-down-Vorgehensweise die Komponenten weiter strukturiert.

6.2.3 Beispiele der Funktionsarchitektur

Im vorangegangenen Abschnitt wurde die Koordination der Systeme zur Steuerung und Regelung auf Fahrzeugebene eingeführt. Heute im Fahrzeug realisierte Systeme sind auf dieser hohen Abstraktionsebene noch nicht identifizierbar, sie zeigen sich erst in tieferen Detaillierungsebenen. Beispielhaft wird dies gezeigt für eine Motorsteuerung und ein ABS-System. Hierzu werden Verfeinerungen der Komponenten „Antrieb" beziehungsweise „Fahrzeugbewegung" aus der Fahrzeugebene Ausschnittsweise dargestellt (Abbildungen 10, 11, 12).

6.2.3.1 Beispiel 1: Verfeinerung der Komponente „Antrieb"

Bild 6.2.10 zeigt die Fahrzeugebene mit einer Verfeinerung der Komponente „Antrieb". Die Aufgabe der Komponente „Antrieb" ist die Bereitstellung von mechanischer Leistung für verschiedene Verbraucher. Ein entsprechender Auftrag wird erteilt vom „Fahrzeugkoordinator". Dabei ist zu unterscheiden nach der Stelle, an der die Leistung im Antriebsstrang abgegriffen wird. Die von den Nebenaggregaten aufgenommene Leistung wird bei Verbrennungsmotoren üblicherweise direkt an der Kurbelwelle abgegriffen, während die für den Vortriebszweck bereitgestellte Leistung über Wandler und Getriebe beeinflusst wird. Aufgrund dieser zweigeteilten Leistungsvorgabe kann die Komponente „Antrieb" nun selbständig die Art und Weise festlegen, wie der Auftrag zur Leistungsbereitstellung

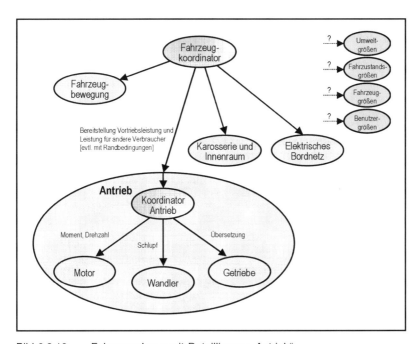

Bild 6.2.10: Fahrzeugebene mit Detaillierung „Antrieb".

am besten zu erfüllen ist. Hierunter zu verstehen ist die Auswahl einer geeigneten Momenten-Drehzahl-Kombination des Motors sowie der entsprechenden Getriebeübersetzung. Dabei können verschiedenste Strategien zur Anwendung kommen, wie etwa Optimierung nach Verbrauch, Geräusch, Fahrkomfort usw. oder Kombinationen der verschiedenen Kriterien.

Diese Strategieauswahl ist in der Detaillierung der Komponente „Antrieb" Aufgabe ihres internen Koordinators. Dieser beschafft sich durch Abfragen die benötigten Informationen, die je nach verwendeter Strategie unterschiedlich sein können. Damit bleibt die gesamte restliche Struktur unabhängig von der Strategie selbst. Es ist lediglich zu gewährleisten, dass die vom „Koordinator Antrieb" benötigten Informationen bereitgestellt werden. Diese Informationen können bei allen in Bild 6.2.10 gezeigten Komponenten abgefragt werden, also bei den Komponenten derselben Detaillierung („Motor", „Wandler", „Getriebe") oder aus übergeordneten Ebenen (im Beispiel sind dies alle Komponenten der Fahrzeugebene).

Nach Auswertung der abgefragten Informationen ermittelt der „Koordinator Antrieb" die passenden Aufträge für die operativen Komponenten „Motor", „Wandler", „Getriebe". Das „Getriebe" erhält den Auftrag, eine bestimmte Übersetzung zu realisieren, der „Wandler", einen bestimmten Schlupf einzustellen, sowie der „Motor", an seinem Ausgang ein bestimmtes Moment bei einer bestimmten Kurbelwellendrehzahl bereitzustellen.

Erst innerhalb der Komponente „Motor" wird festgelegt, auf welche Weise die Vorgaben erfüllt werden. Da dies beispielsweise bei Otto- und Dieselmotoren sehr unterschiedlich erfolgt, werden hierfür verschiedene Varianten der Komponente „Motor" erforderlich. Deren Struktur wird nach den jeweiligen Erfordernissen verfeinert, bis letztlich die Beauftragung der jeweils vorhandenen Steller erfolgen kann (Ottomotor: Luft- und Einspritzmenge sowie Zündwinkel; Dieselmotor: Einspritzmenge und -verlauf sowie in beiden Fällen evtl. weitere Größen wie Abgasrückführung, Ladedruck, usw.).

6.2.3.2 Beispiel 2: Verfeinerung der Komponente „Fahrzeugbewegung"

Als weiteres Beispiel der Struktur zeigt Bild 6.2.11 die Fahrzeugebene mit der Detaillierung der Komponente „Fahrzeugbewegung". Deren Aufgabe ist die Bewegung des Fahrzeuges gemäß den Wünschen des Fahrers bei gleichzeitiger Gewährleistung der Fahrstabilität. Dieser allgemeine Auftrag, der in der Spezifikation des Systems „Fahrzeugbewegung" beziehungsweise seiner Subsysteme detailliert wird, ist verbunden mit der konkreten Angabe der für den Fahrzeugvortrieb verfügbaren Leistung (siehe Abschnitt 2.4 und 3.1).

Der äußere Auftrag der Komponente „Fahrzeugbewegung" geht innerhalb der Verfeinerung an den internen Koordinator. Der „Koordinator Fahrzeugbewegung" beauftragt die zu koordinierenden operativen Komponenten „Vortrieb und Bremse", „Lenkung" und „Fahrwerk". Diese repräsentieren die drei Bewegungsfreiheitsgrade des Fahrzeugs, die zur Kontrolle der Gesamtbewegung abgestimmt zu beeinflussen sind. Der „Koordinator Fahrzeugbewegung" enthält somit alle Komponenten, die die Fahrzeugbewegung unter Berücksichtigung der Verkopplung der einzelnen Freiheitsgrade überwachen und steuern beziehungsweise regeln. Hierunter fallen beispielsweise große Teile einer Fahrdynamikregelung und die Teile eines ABS-Reglers, die Auswirkungen auf die Fahrzeugbewegung über die reine Längsdynamik hinaus haben. Dies sind unter anderem auch die für die Radregelung zuständigen Komponenten, da bereits ein Bremseneingriff an einem einzelnen Rad Einfluss auf die Bewegung in mehreren Freiheitsgraden haben kann.

Bisher realisierte Systeme greifen nur über Vortrieb oder Bremssytem ein, es erfolgt keine Beeinflussung von Lenkung oder Fahrwerk. Entsprechende Erweiterungen befinden sich jedoch in der Entwicklung. So wird es möglich, die Wirkung unterschiedlicher Bremskräfte auf ein Fahrzeug, wie sie beispielsweise bei einer µ-Splitt-Bremsung auftreten, durch aktives Gegenlenken zu kompensieren. Auf welche Art die Anbindung der Komponenten „Lenkung" und „Fahrwerk" erfolgen wird, ist im heutigen Entwicklungsstadium allerdings noch offen. Daher sind die entsprechenden Aufträge in Bild 6.2.11 nicht mit zu realisierenden Sollgrößen beschriftet.

Eine weitere Teilkomponente der „Fahrzeugbewegung" ist „Radgrößen", die es je Rad des Fahrzeugs einmal gibt. Dabei handelt es sich um Informationsgeber, die anderen Komponenten die Räder kennzeichnende Größen zur Verfügung stellen. Hier erfolgt beispielsweise die Auswertung der Raddrehzahlfühler und die Signalaufbereitung zu Raddrehzahl- und Radbeschleunigungswerten. Diese Größen spielen auf der übergeordneten Fahrzeugebene noch keine Rolle, sind für die „Fahrzeugbewegung" und die hier existierenden Komponenten aber von umfassender Bedeutung. Daher erfolgt die Anordnung der „Radgrößen" auf dieser Ebene der Struktur.

Der „Koordinator Fahrzeugbewegung" beauftragt „Vortrieb und Bremse" mit der Realisierung eines Sollmomentes an jedem Rad. Diese Momente führen entsprechend den vor-

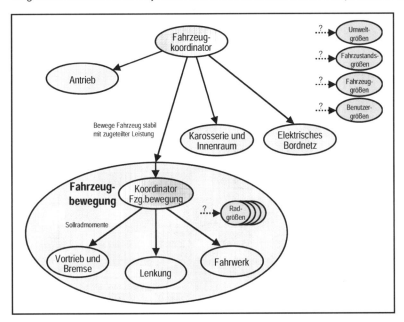

Bild 6.2.11: Fahrzeugebene mit Detaillierung „Fahrzeugbewegung"

genommenen Berechnungen zur gewünschten Fahrzeugbewegung. Die Umsetzung der Sollradmomente innerhalb der Komponente „Vortrieb und Bremse" zeigt Bild 6.2.12. Weiterhin soll hier verdeutlicht werden, wie der Fahrer sowie ihn unterstützende Assistenzsysteme – hier beispielhaft ACC – in das System eingebunden sind.

Die Detaillierung der Komponente „Vortrieb und Bremse" zeigt die enthaltenen operativen Systeme „Vortrieb" und „Bremssystem", das Assistenzsystem „ACC" sowie die beiden koordinierenden Komponenten „Momentenverteiler" und „Fahrerwunsch Längsbewegung". Der „Momentenverteiler" koordiniert die Verteilung des vom äußeren Auftrag ausgehenden Auftragsbaumes an „Vortrieb" und „Bremssystem", während die Komponente „Fahrerwunsch Längsbewegung" die vom Fahrer über die verschiedenen Bedieneinrichtungen vorgegebenen Wunschgrößen koordiniert und weiterleitet.

Dem Fahrer stehen zur Einwirkung auf die Fahrzeugbewegung verschiedene Bedieneinrichtungen zur Verfügung. Dies sind im allgemeinen Fahr- und Bremspedal sowie das Lenkrad. Jedes Bedienelement gehört in der Struktur zu dem Subsystem, zu dessen Betätigung es dient. So wird das „Fahrpedal" in der Komponente „Vortrieb", das „Bremspedal" im „Bremssystem" und das „Lenkrad" in der „Lenkung" angeordnet. Über jedes genannte Bedienelement äußert der Fahrer einen Wunsch hinsichtlich der Bewegung des Fahrzeugs. In Bild 6.2.12 sind dies das Fahrpedal im „Vortrieb" (Schnittstelle: Vortriebsmoment) sowie das Bremspedal im „Bremssystem" (Schnittstelle: Verzögerung, d.h. negative Beschleunigung). Hinzu kommt das Fahrerassistenzsystem „ACC", welches je

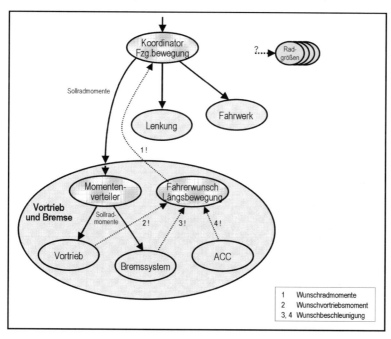

Bild 6.2.12: Ebene „Fahrzeugbewegung" mit Detaillierung „Vortrieb und Bremse"

nach Betriebsart die Fahrerwünsche von Fahr- beziehungsweise Bremspedal ersetzen kann (Schnittstelle: Beschleunigung, positiv oder negativ). Dies wird vom Fahrer über weitere Bedienelemente (Geschwindigkeits- beziehungsweise Abstandswählhebel, innerhalb „ACC" angeordnet) initiiert. So ergeben sich in Bild 6.2.12 bis zu drei Anforderungen des Fahrers bezüglich der gewünschten Längsdynamik, je eine vom „Vortrieb", eine vom „Bremssystem" und eine von „ACC".

Die Ermittlung der im aktuellen Betriebszustand relevanten Forderung ist Aufgabe der Komponente „Fahrerwunsch Längsbewegung". Diese fragt beispielsweise bei „ACC" ab, ob das System aktiviert ist. Bestehen keine weiteren Forderungen von „Vortrieb" oder „Bremssystem", wird eine Realisierung des „ACC"-Wunsches vom „Koordinator Fahrzeugbewegung" gefordert.

Werden Fahr- oder Bremspedal betätigt, haben diese üblicherweise Vorrang und der „ACC"-Wunsch wird übersteuert. Auch Algorithmen zum Systemverhalten bei gleichzeitiger Betätigung von Fahr- und Bremspedal (Zweifußfahrer) sind in „Fahrerwunsch Längsbewegung" anzuordnen. Weiterhin erfolgt die Umrechnung der geforderten Beschleunigungen in Momente.

Die Realisierung dieser konsolidierten Längsdynamik-Forderung wird beim „Koordinator Fahrzeugbewegung" angefordert. Dieser kontrolliert, ob der Wunsch bei stabiler Fahrt realisierbar ist, und gibt im Normalfall den Auftrag zur Realisierung der überprüften Radmomente zurück an „Vortrieb und Bremse". Stellt der „Koordinator Fahrzeugbewegung" durch Abfrage bei „Radgrößen" beziehungsweise „Fahrzeuggrößen" allerdings fest, dass die fahrdynamischen Grenzen erreicht sind, kann er beispielsweise die Wunschgrößen soweit ändern, dass keine kritische Fahrsituation eintreten wird oder die anderen verfügbaren Systeme zur Senkung des Risikos einsetzen. In diesen Fällen unterscheiden sich die geforderten Wunschgrößen von den zu realisierenden Sollgrößen.

Der Auftrag zur Realisierung der Sollradmomente geht innerhalb von „Vortrieb und Bremse" an den „Momentenverteiler". Dieser sorgt für die Verteilung der zu realisierenden Radmomente auf „Vortrieb" und „Bremssystem". Dabei werden positive Momente immer an die Antriebsräder weitergeleitet, bei negativen (d.h. verzögernd wirkenden) Momenten ist zu prüfen, inwieweit Schleppmomente des Antriebs nutzbar sind und welcher Anteil der Momente vom „Bremssystem" realisiert werden muss.

Die Komponente „Vortrieb" ermittelt ihrerseits die zur Realisierung der Radmomente erforderliche Leistung und fordert deren Bereitstellung vom Ressourcenmanagement im „Fahrzeugkoordinator". Das „Bremssystem" realisiert die Radbremsmomente durch entsprechende Ansteuerung der vorhandenen Stellglieder, welche je nach eingesetztem Konzept (d.h. Hydraulikaufbau, künftig eventuell auch elektrisch) unterschiedlich sein können.

Damit ergibt sich beispielhaft für den Beginn eines ABS-Eingriffes der in Bild 6.2.13 dargestellte Ablauf in der beschriebenen Struktur. Zu beachten ist, dass in der Darstellung nicht alle Komponenten und Systeme dargestellt sind, sondern aus Gründen der besseren Übersicht nur die am Ablauf beteiligten.

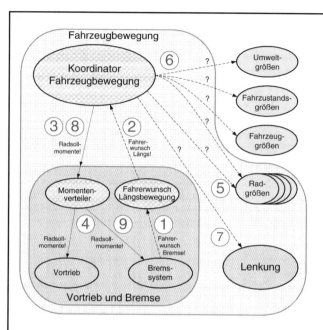

1. „Bremssystem" fordert Realisierung des per Bremspedal eingegebenen Fahrerwunsches.
2. „Fahrerwunsch Längsbewegung" erkennt Bremswunsch als relevant und richtet resultierende Forderung an den „Koordinator Fahrzeugbewegung".
3. „Koordinator Fahrzeugbewegung" überprüft Längsdynamikwunsch bezüglich Stabilitätsauswirkungen, erkennt keinen Eingriffsbedarf und beauftragt „Vortrieb und Bremse" mit der Realisierung.
4. „Momentenverteiler" beauftragt „Vortrieb" und „Bremssystem" mit der Umsetzung der aufgeteilten Radsollmomente Þ Annahme: es ergibt sich eine Blockierneigung der Räder!
5. „Koordinator Fahrzeugbewegung" erkennt Regelungsbedarf aus Beobachtung der Radgrößen.
6. „Koordinator Fahrzeugbewegung" bestimmt realisierbare Radmomente (Radregelung), ermittelt Fahrzeug-Istbewegung sowie ...
7. ... Fahrzeug-Sollbewegung und berücksichtigt Auswirkung der Radmomente auf die Fahrzeugbewegung.
8. „Koordinator Fahrzeugbewegung" beauftragt „Vortrieb und Bremse" mit Realisierung der angepassten Radsollmomente.
9. „Momentenverteiler" beauftragt „Bremssystem" mit Realisierung (gegenüber 4. reduzierter) Radmomente.

Bild 6.2.13: Beginn eines ABS-Eingriffes

6.2.4 Zusammenfassung und Ausblick

Als Anforderung an das Automobil von morgen steht fest: noch mehr Sicherheit, Benutzerfreundlichkeit, Fahrkomfort und Kommunikation, noch weniger Schadstoffemission und Verbrauch. Dies sind weltweite Forderungen, die nur durch den zunehmenden Einsatz von Fahrstabilitäts-, Sicherheits-, Komfort-, Informations-, Kommunikations- und Antriebsmanagementsystemen erfüllbar werden. Die Beherrschung der großen Anzahl von Systemen in einem Verbund und die Einführung von übergreifenden Koordinationsaufgaben erfordern eine Standardisierung von Strukturen und Schnittstellen sowie geeignete Elektronikplattformen für den Systemverbund.

Zur Organisation des Systemverbunds hat Bosch eine modulare erweiterbare Architektur mit dem Namen CARTRONIC entwickelt. Ihre Kernpunkte sind:

- vereinbarte, einheitliche Strukturierungsregeln und Modellierungsmuster,
- hierarchischer Auftragsfluss,
- hohe Eigenverantwortung der einzelnen Komponenten,
- Bedienelemente, Sensoren und Schätzer sind gleichwertige Informationsgeber und
- jede Komponente wird für die übrigen Komponenten so sichtbar wie nötig und so unsichtbar wie möglich dargestellt.

CARTRONIC schafft hiermit Voraussetzungen zur Beherrschung der Gesamtkomplexität, erlaubt die Wiederverwendung und den Austausch von Komponenten und unterstützt ein verteilte Entwicklungen.

Mittlerweile sind weitere Systeme serientauglich, die es gilt in den Systemverbund zu integrieren oder die ihr Potenzial für neue Funktionen erst aus diesem generieren. Die wachsende Anzahl an Funktionen und ihre gegenseitige Wechselwirkung machen einen strukturierten Entwicklungsprozess mit dem Ziel einer offenen und modularen Architektur notwendig.

Die folgenden Beispiele sollen aufzeigen, welche neuen Funktionen sich mit Hilfe eines Systemverbunds im Gesamtfahrzeug (Car Wide Web) in der Zukunft realisieren lassen, und damit einen Ausblick für den Systemverbund Gesamtfahrzeug geben.

Schon heute hat die Motorsteuerung nicht nur die Aufgabe, den Verbrennungsprozess zu steuern beziehungsweise zu regeln und die mechanische Leistung für den Vortrieb und die Nebenaggregate zur Verfügung zu stellen, sondern ist integraler Bestandteil einer Wegfahrsperre und einer Geschwindigkeitsregelung. In einem Systemverbund mit der Bremse, dem Fahrwerk, einem Navigations- und Kommunikationssystem könnte beispielsweise für den Fall, dass die Diagnose innerhalb des Systemverbunds einen Defekt an einem Stoßdämpfer detektiert, zunächst eine Warnung an den Fahrzeugbediener über eine Anzeige oder Sprachausgabe erfolgen. Gleichzeitig wäre es möglich, über eine geänderte Strategie beim Beschleunigen und Verzögern für eine stabile und sichere Fahrt insbesondere bei Kurvendurchfahrten zu sorgen. Mit Hilfe des Navigations- und Kommunikationssystems könnte die nächste Werkstatt ausfindig sowie dort ein Termin mit genauer Defektangabe gemacht und der Fahrzeugbediener in die Werkstatt geleitet werden. Die gesamte Reaktion des Systemverbunds zur Aufrechterhaltung eines sicheren Fahrzustands und die Abstimmung mit der Werkstatt könnten somit ohne „menschliches" Eingreifen erfolgen.

Eine Funktion in zukünftigen Fahrzeugen, die primär die Bedienerfreundlichkeit und den Komfort erhöhen, stellt die Personifizierung von Systemen über eine Smart-Card dar. Die Smart-Card ist Träger der personenbezogenen Daten. Diese Funktion unterstützt verschiedene Fahrzeugbediener bei der Benutzung des Fahrzeugs, indem das Fahrzeug in einen wohldefinierten und vom jeweiligen Benutzer erwarteten Bedienzustand vor Antritt der Fahrt gebracht wird. Hierzu zählen beispielsweise die Spiegel-, Sitz- und Lenkradeinstellung. Der Systemverbund bietet dann außerdem die Möglichkeit, die Innenraumklimatisierung, das Radio und einen Internetzugang entsprechend den Bedienerbedürfnissen abzustimmen, damit der Benutzer alle notwendigen Kommunikationen (Telefon, Fax, Internet, usw.) zu jeder Zeit durchführen kann. Darüber hinaus können Rückhaltesysteme (Sicherheitsgurt, Airbag, usw.) und beispielsweise der Bremsassistent an den Benutzer adaptiert werden. Eine Personifizierung bis hin zum Antrieb ist denkbar, bei der die Motor- und Schaltcharakteristik angepasst werden.

Der Ideenvielfalt bei der Personifizierung von Systemen und der Entwicklung von neuen Funktionen im Systemverbund sind keine Grenzen gesetzt. Bei ständig steigender Komplexität der Systeme und gleichzeitig immer kürzer werdenden Produktzyklen bleibt der Kosten- und Entwicklungsaufwand nur bei Einsatz eines durchgängigen, möglichst weit automatisierten, rechnerunterstützten Entwicklungsprozesses beherrschbar.

In der ersten Phase einer derartigen Prozesskette, der Analyse, ermöglicht das auf objektbasierenden Grundgedanken entwickelte Ordnungskonzept CARTRONIC die logische Zusammenfassung von Systemkomponenten zu funktionalen Einheiten mit standardisierten logischen Schnittstellen. Die Beschreibung der Vernetzung der bisher weitgehend unabhängig voneinander arbeitenden Einzelsysteme eines Kraftfahrzeugs zu einem fahrzeugweiten Verbundsystem stellt somit ein (Meta-) Modell für eine modular erweiterbare Funktions- und Sicherheitsarchitektur dar. Komponenten und Systeme als logische Funktionseinheiten sind die Elemente hierarchisch aufgebauter Strukturen von Kraftfahrzeugfunktionen. Aufträge, Abfragen und Anforderungen beschreiben die möglichen Kommunikationsbeziehungen zwischen den Funktionseinheiten. Ein wesentlicher Vorteil dieser automobilhersteller- und zulieferneutralen Spezifikationsmöglichkeit ist die nach kurzer Einarbeitungszeit allen am Entwicklungsprozess Beteiligten verständliche, logische Beschreibung der Anforderungen schon zu einem sehr frühen Entwicklungszeitpunkt.

Anschließender wesentlicher Schritt am Ende der Analyse- und zu Beginn der Designphase ist die Abbildung der in CARTRONIC entwickelten Metamodelle in eine der Software näher stehende Beschreibungssprache wie sie beispielsweise die Unified-Modeling-Language (UML) bietet. UML ist ein objektorientierter Sprachstandard, für den mehrere kommerzielle Entwicklungswerkzeuge mit durchgängiger Unterstützung von der Analysephase bis hin zur Implementierung verfügbar sind. Diese Abbildung trägt dann zur Erweiterung des semantischen Gehalts aufgestellter Modelle bei, definiert standardisierte Teilsysteme, erhöht die Transparenz des Gesamtsystems aus einer stärkeren Implementierungssicht. Im Rahmen dieser Abbildung werden die Funktionseinheiten einer logischen Sicht beispielsweise als Klassen mit Stereotypen dargestellt, deren hierarchische Struktur über Kompositionsbeziehungen abgebildet wird. Die logischen Kommunikationsbeziehungen gehen über in Operationen oder Klassenbeziehungen zwischen diesen. Operationen werden über Schnittstellen so gekapselt, dass Zugriffe nur auf Operationen gleicher und aller „höheren" Detaillierungsebenen erfolgen sowie Delegationen an „tiefere" Detaillierungsebenen möglich sind. Gleichzeitig kann zwischen Aufträgen mit

Pflichtausführung und Abfragen sowie Anforderungen mit Wunschausführung unterschieden werden.

Gegenstand aktueller und zukünftiger Arbeiten ist zum einen die Entwicklung der oben aufgezeigten Vorgehensweise bei der Umsetzung eines komplexen Beispiels mit Hilfe eines kommerziellen Entwicklungstools und zum anderen der Ausbau der Entwicklungsprozesskette mit dem Fernziel einer automatisierten Codegenerierung für die Hardware im Fahrzeug.

6.2.5 Literatur

/1/   N.N.: Market Report, Automotive System Demand 1995-2004. Automotive Electronics Service. Luton UK: Strategy Analytics Ltd, 1997.

/2/   Frickenstein, E., R. T. Hudi und M. Theissen: Universelle Entwicklungsumgebung für Elektroniksysteme im Automobil. ATZ Automobiltechnische Zeitschrift 98, 570 ff., 1996.

6.3 Entwicklung der Kfz-Elektronik – Schwerpunkt Software
J. Bortolazzi, S. Steinhauer, T. Weber

6.3.1 Einleitung

Die schnell wachsende Verfügbarkeit umfangreicher Rechnerkapazitäten sowie deren Vernetzung in aktuellen und zukünftigen Fahrzeugmodellen führt zu einem sich wandelnden Aufgabenspektrum im Bereich der Steuergeräte-Entwicklung. Mehr und mehr rückt die Software-Entwicklung in den Vordergrund des Interesses und bestimmt maßgeblich Kosten, Qualität und Termintreue. Darüberhinaus bietet die Softwareentwicklung aufgrund der relativ leichten Herstellbarkeit neuer logischer Verknüpfungen umfangreiche Möglichkeiten zur Entwicklung innovativer Funktionen. Die Komplexität der Software-Umfänge macht es hierbei aber zunehmend nötig, sowohl im Bereich der Software-Strukturen als auch der -Prozesse Vorkehrungen zur Beherrschbarkeit und zur Minimierung der Risiken vorzunehmen. Zudem müssen zur Sicherstellung wettbewerbsfähiger Kosten Maßnahmen zur Produktivitätssteigerung in der Software-Entwicklung umgesetzt werden. Nicht zuletzt müssen auch Rollen und Verantwortlichkeiten in der Hersteller-Zulieferer-Beziehung überdacht und neu definiert werden, um Optimierungspotentiale ausschöpfen zu können. Aus dieser Entwicklung heraus ergeben sich vier wesentliche Handlungsfelder (Bild 6.3.1):

- Entwicklung und Installation einer offenen Software-Architektur flächendeckend in allen Fahrzeug-Baureihen
- Definition und Umsetzung eines Software-Entwicklungsprozesses, der in den Steuergeräte-, Aggregate- und Fahrzeugentwicklungsprozeß integriert ist inklusive der nachhaltigen Steigerung der Software-Kompetenz und der Prozeßreifegrade bei Hersteller und Zulieferern
- Aufbau eines flächendeckenden Qualitäts- und Lieferantenmanagementsystems
- Bereitstellung effizienter Methoden und Werkzeuge zur Produktivitätssteigerung in der Software-Entwicklung.

Im Rahmen dieses Beitrags werden die wesentlichen Konzepte und Umsetzungsmaßnahmen in diesen Handlungsfeldern beschrieben. Dies umfaßt:

- Software-Architekturen, Gleichteilekonzepte und Standardisierung von Software
- Prozeßgestaltung auf Seiten des Herstellers und an der Schnittstelle zu den Lieferanten
- Das DC-SW-Qualitäts- und Lieferantenmanagementsystem für den Bereich Entwicklung PKW Mercedes-Benz
- Den aktuellen Stand sowie den weiteren Bedarf bei Software Engineering Methoden
- Die Maßnahmen zur Sicherstellung des Reifegrads bei Know-How und Prozessen.

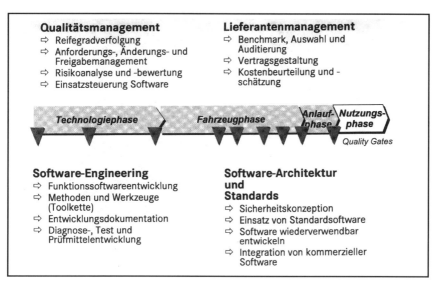

Bild 6.3.1: Handlungsfelder Fahrzeugsoftware im Umfeld des Fahrzeugentwicklungsprozesses

6.3.2 Software-Architekturen, Gleichteilekonzepte und Standardisierung von Software

Bei Wahl einer geeigneten Software-Architektur für Kfz-Steuergeräte kann ein großer Anteil (mehr als 50 %) der Software wiederverwendet werden. Bei konsequenten Umsetzung dieses Potentials ergeben sich einerseits enorme Steigerungsmöglichkeiten in der Qualität der Software, da aufgrund des breiteren Einsatzes der Software-Module können aufwendigere Qualitätsmanagement-Maßnahmen durchgeführt werden und die Wahrscheinlichkeit, noch verbliebene Fehler früh zu finden, steigt. Andererseits nehmen die Entwicklungszeiten ab, da auf bereits entwickelte und getestete Module zurückgegriffen werden kann. Nicht zuletzt ergibt sich hier auch ein Einsparungspotential bei den Kosten.

Im folgenden werden auf Basis einer Top-Level-Architektur die verschiedenen Bereiche einer Steuergeräte-Software und deren Potential zur Standardisierung beschrieben.

6.3.2.1 Standardisierung

In den Bereichen Betriebssystem, Kommunikation und Netzwerkmanagement ist durch den OSEK-Standard bereits eine Vereinheitlichung vorgenommen. Bei DaimlerChrysler Stuttgart werden alle neuen Entwicklungen auf OSEK aufgesetzt. Wünschenswerte Standardisierungen:

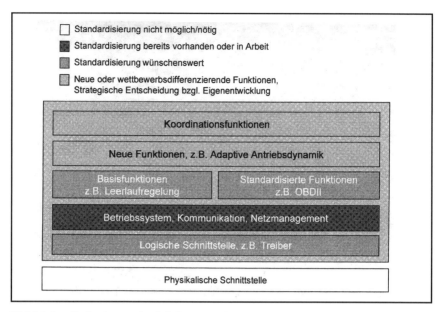

Bild 6.3.2: Grobschema der DC-Standard-SW-Architektur

Im Bereich weiterer Basismodule wie CAN-Treiber, Diagnosemodule usw. sind teilweise Quasi-Standards etabliert bzw. bilaterale Vereinheitlichungen vorhanden. Da in diesem Bereich keinerlei Wettbewerbsdifferenzierung möglich ist, ist hier eine Standardisierung absolut sinnvoll und notwendig. Dies gilt auch für den Bereich der nicht wettbewerbsdifferenzierenden Module in der Funktionssoftware. Hier werden Basisfunktionalitäten bereits heute schon von Zulieferern für verschiedene Hersteller gleich verwendet.

6.3.2.2 Wettbewerbsdifferenzierende Funktionen

Hierfür ist eine Standardisierung nicht möglich. Allerdings profitieren diese Funktionen enorm, wenn sie auf stabile, standardisierte Basis-Dienste und -Funktionen aufsetzen können. Die Architektur muß so modular sein, daß es den verschiedenen Herstellern und Zulieferern möglich ist, ihre wettbewerbsdifferenzierenden Funktionen einzubinden.

Ziel der DaimlerChrysler Entwicklung ist es, einen Markt für Software-Module zu schaffen, in dem verschiedene Software-Lieferanten (klassische Steuergerätezulieferer und reine Software-Lieferanten) ihre Module anbieten und der Systemintegrator Module verschiedener Entwicklungspartner und Zulieferer auf Basis einer klar definierten Software-Architektur integrieren kann.

6.3.3 Prozeßgestaltung an der Schnittstelle Hersteller/Zulieferer

Der steigenden Komplexität bei der automotiven Software-Entwicklung steht als weitere Herausforderung der Anspruch einer marktgerechten Entwicklungszeit entgegen. Dem kann nur begegnet werden, indem in den Fahrzeug- und Komponentenentwicklungsprozessen geeignete Software-Entwicklungsprozesse eingefügt werden, die in der Lage sind, diesen Herausforderungen wiederholbar Stand zu halten.

Da die Entwicklung zudem in einer engen Kooperation mit den Zulieferen erfolgt, muß auch diese Schnittstelle exakt definiert werden. Bei DaimlerChrysler Stuttgart wurden daher diese Prozesse identifiziert und entsprechend definiert.

Der elementare Grundbestandteil der DCS-Softwareprozeßgestaltung ist ein abgeleitetes V-Modell, das im Lauf einer Steuergeräteentwicklung mehrfach durchlaufen wird

Dieses abgeleitete V-Modell wird bei den Lieferanten in einer spezifischen Form realisiert. Wichtig ist in diesem Zusammenhang, daß die hieraus resultierenden Prozeßelemente in den jeweiligen Abbildungen bei den Lieferanten identifiziert werden können.

Die Einbettung der V-Zyklen in den Gesamtentwicklungsprozeß sowie den notwendigen Erprobungsphasen ist der nächste Schritt der Prozeßgestaltung. Jeder VZyklus bekommt

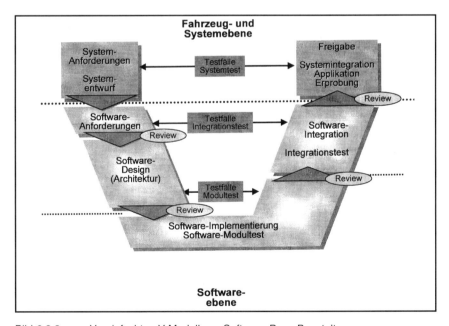

Bild 6.3.3:   Vereinfachtes V-Modell zur Software-Prozeßgestaltung

über das kontinuierliche Änderungsmanagement einen klar definierten Umfang an umzusetzender Funktionalität zugeordnet.

Zudem wird in meilensteinspezifischen Reviews kontinuierlich die Reife des Software-Produktes bestimmt und damit das weitere Fortgehen des Projekts abgeschätzt (Previews). Die Bestimmung der Prozeßqualität erfolgt über SW-Assessments (siehe auch Kapitel Softwarelieferantenmanagement), die die kontinuierliche Prozeßoptimierung der Lieferanten begleiten.

Um ein systematisches Eingrenzen der Änderungen abzusichern, wird über eine Änderungsstopp-Hierarchie systematisch die beschreibenden Elemente der Softwareentwicklung eingefroren.

Im Endergebnis hat der DaimlerChrysler-Softwareprozeß sowie die Schnittstelle zu den Lieferanten die in Bild 6.3.4 gezeigte Charakteristik.

Eine solche Prozeßgestaltung muß einer kontinuierlichen Weiterentwicklung unterliegen (siehe Kapitel Maßnahmen zur Sicherstellung von Reifegrad von Know-How und Prozessen).

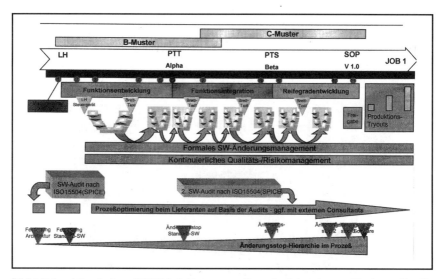

Bild 6.3.4: Integrierter SW-Entwicklungsprozeß mit fahrzeugspezifischen Quality Gates und begleitenden Aktivitäten

6.3.3.1 Aufbau des DaimlerChrysler Software-Qualitäts- und Lieferantenmanagementsystems

6.3.3.1.1 SW-Qualitätsmanagement

Für jedes neu startende Projekt werden standardmäßig neben den konventionell auf die Hardware bezogenen Qualitätsmaßnahmen nun auch speziell für die Software Qualitätsmanagement-Maßnahmen ergriffen. Hierbei wird zwischen drei verschiedenen Formen der Zusammenarbeit zwischen Hersteller und Zulieferer unterschieden:
- komplett beim Zulieferer erstellte Software (fremderstellte Software)
- komplett bei DaimlerChrysler erstellte Software (eigenerstellte Software)
- und gemeinsam in einem Projekthaus erstellte Software.

Die Anforderungen an das Softwarequalitätsmanagement für diese drei Möglichkeiten sind in einer internen Verfahrensanweisung verbindlich festgelegt und im Handbuch zum

Eigenerstellte Software	Fremderstellte Software		gemeinsam erstellte Software		3.1.1.1 3.1.1.2 **Elemente**
DCS	DCS	Zulieferer	DCS	Zulieferer	
X	X		X		Software–Handbuch
X	X		X		Qualitätssicherungsplan
X	X		X		Definition von Software-Qualitätszielen
X	X		X		Projektspezifische Anpassung des Software–Entwicklungsprozesses
X	X		X		Software-Requirementsmanagement
X		X	X		Software-Konfigurationsmanagement
X	X		X		Software-Änderungsmanagement
X	X		X		Review des Software–Entwicklungsprozesses
X	X		X		Software–Reifegradbewertung
X	X		X		Review der Anforderungsspezifikation
X	X		X		Designreview
X		X	X	X	Codereview
X		X	X	X	Software-Test

Tabelle 6.3.1: Auszug DC-SW-Qualitätsmanagementsystem

prozeßorientierten Softwarequalitätsmanagement detailliert beschrieben. In Tabelle 6.3.1 sind die Elemente wiedergegeben.

Die dargestellten Maßnahmen tragen der Tatsache Rechnung, daß eine effiziente und qualitativ hochwertige Softwareentwicklung nur dann funktionieren kann, wenn eine klar definierte Verzahnung zwischen den Prozessen von Auftraggeber und Auftragnehmer vorhanden ist. Ist diese Schnittstelle nicht bereits zu Beginn einer Entwicklung exakt definiert, erhöht sich unweigerlich das Risiko im Projekt. Um diese Schnittstelle möglichst optimal zu gestalten, wurde bei DaimlerChrysler Stuttgart gemeinsam mit Entwicklung und Einkauf ein standardisierter Prozess zum Software-Lieferantenmanagement entwickelt.

6.3.3.2 SW-Lieferantenmanagement

Da ein Großteil der Steuergeräte-Software heute und auch in der Zukunft von externen Softwarelieferanten erstellt wird, kommt dem SW-Lieferantenmanagement mit der wachsenden Bedeutung von Software ebenfalls eine höhere Bedeutung zu.

Die Hauptaufgaben des SW-Lieferantenmanagements sind in folgenden Feldern zu sehen:

- Schaffung von Know-How über die SW-Lieferantenlandschaft
- Qualitative Einschätzung der SW-Lieferanten
- Produktqualität (Funktionalität, Reifegrad, innere Produktqualität)
- Prozeßfähigkeit
- Identifikation von neuem Potential in der SW-Beschaffung
- Schaffung von Kosten-Transparenz für SW-Entwicklungumfänge
- Systematische Softwarevergabeprozesse

DaimlerChrysler Stuttgart hat hierbei den folgenden Stand erreicht und wird diesen sukzessive in die Fläche umsetzen:

- Die Software-Prozeßfähigkeit wird anhand internationaler Standards (ISO 15504, sog. SPICE (Software Process Improvement and Capability Determination) bewertet
- ISO 15504 ist kompatibel zu den kommenden CMM-(Capability Maturity Model)Erweiterungen und bildet den neusten Stand beim Thema SW-Prozeßbewertung
- die Prozeßfähigkeit des Software-Lieferanten wird gemäß den ISO 15504Kriterien bestimmt
- es wird ein sogenanntes Ziel-Prozeßprofil definiert, das jeder Software-Lieferant erreichen muß
- der DaimlerChryslerProzeß-Audit (DCPA) wird in Kürze mit dieser Methodik ergänzt, um der Bedeutung von Software in der Zukunft hinreichend gerecht zu werden. (VDA-Bewertungskompatibilität). Dies kann im Einzelfall zu einer Herabstufung eines Lieferanten bei nicht hinreichender Software-Prozeßkompetenz führen
- es werden die in ISO 15504 möglichen domänenspezifischen Ergänzungen genutzt, um automotive spezifische Ergänzungen zu schaffen und die Assessment noch zielorientierter zu gestalten.

Von besonderer Bedeutung bei dem Entwurf des SoftwareLieferantenmanagements ist die enge Verzahnung mit den Bereichen Software Engineering Methoden und Softwarequalitätsmanagement.

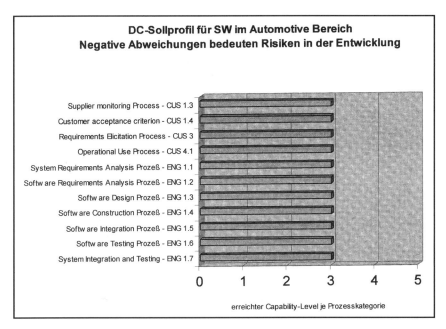

Bild 6.3.5: DC-SW-Lieferantenaudit nach DIN ISO 15504 mit Prozeßkategorien und Sollprofil

6.3.4 Aktuelle Software Engineering Methoden

6.3.4.1 Prozesse, Methoden und Tools zur Entwicklung verteilter Funktionen

Viele Fahrzeugfunktionen werden durch kommunizierende Software-Prozesse auf vernetzten Steuergeräten realisiert. Der Entwurf dieser Funktionen erfolgt heute auf der Basis steuergeräteorientierter Lastenhefte in einem zuliefererspezifischen Entwicklungsprozeß. Der Fahrzeughersteller übernimmt typischerweise den Part der Vernetzung durch Erstellung der Kommunikationsmatrix sowie der Integration im Fahrzeug. Probleme hierbei sind die unflexible Funktionsverteilung, der unterschiedliche Reifegrad der Implementierung von Teilfunktionen sowie die späte Identifikation und Behebung von steuergeräteübergreifenden Problemen in der System- bzw. Fahrzeugintegrationsphase. Bereits die Erstellung funktionsorientierter, steuergeräteübergreifender Testumgebungen zur Prüfung der Muster ist für den Hersteller heute nur mit großem Aufwand und sehr viel Knowhow machbar. Mit zunehmender Komplexität und kürzeren Entwicklungszeiten ergibt sich für den Hersteller die Notwendigkeit, die funktionale Verträglichkeit der Einzelfunktionen und Teilfunktionen sowie die Integrierbarkeit möglichst von vornherein sicherzustellen und eine vernünftige Basis zur Erstellung von Funktions- und Steuergerätetests zu entwickeln.

Bei zukünftigen Softwaresystemen muß eine differenzierte Betrachtung der einzelnen Module herangezogen werden (Tabelle 6.3.2). Wurde früher ein Steuergerät auf Systemebene vom Hersteller spezifiziert und vom Lieferanten in HW und SW umgesetzt, so stellt sich schon heute die Situation deutlich komplizierter dar:

- Der Hersteller beauftragt Systemlieferenten,
- schreibt Standard-Module vor,
- will Prozeßreifegrad prüfen,
- verlangt Einbindung von Funktionsmodulen anderer Firmen
- und will zusätzlich eigene SW entwickeln und intergrieren.

SW-Modulbereich	Vorgehensweise
Hardwarenahe Funktionen, I/O-Schnittstellen	Individuelle Entwicklung und Optimierung
Basisdienste (Betriebssystem, Netzmanagement, Kommunikationsfunktionen)	Standardisierung, Referenzimplementierungen, Absicherung über Entwurfsregeln und Conformance Tests
Höherwertige Dienste (z.B. TITUS-Middleware)	Eigene Spezifikation, Entwicklung mit strategischen Partnern, Entwurfsregeln und Conformance Tests, Einbringen in Standardisierungsaktivitäten
Höherwertige Dienste (Diagnose)	Standardisierung der Schnittstellen (Protokolle), parametrierbare Module
Funktionssoftware (Commodity)	Fremdentwicklung mit Wiederverwendungsanspruch
Funktionssoftware (wettbewerbsdifferenzierende Funktionen)	Eigenentwicklung unter Verwendung effizienter Prozesse und Tools

Tabelle 6.3.2: SW-Modulbereiche und prinzipielle Vorgehensweisen

Im Projekt TITUS wurde ein Konzept entwickelt, das diesen Anforderungen durch seinen modularen Aufbau gerecht wird:

- ein Top-Down-Verfahren zur modellbasierten Entwicklung verteilter Funktionen in Form kommunizierender Prozesse, deren Schnittstellen und Verhalten spezifiziert durch Simulation abgesichert werden. Die Abbildung auf das Zielsystem erfolgt durch das Mapping der Prozesse auf Steuergeräte
- Eine zugrundeliegende SW-Architektur, die die für die Kommunikation und die Abarbeitung der Echtzeitfunktionen notwendigen Dienste zur Verfügung stellt.

Folgende Lösungsansätze hierzu werden im Projekt TITUS verfolgt, das die Basis für die Softwareentwicklung zukünftiger Mercedes-Baureihen darstellt:

1. Sicherstellung der Vollständigkeit der Funktionsspezifikation und der funktionalen Verträglichkeit durch modulare, ausführbare Funktionsmodelle
2. Sicherstellung der konsistenten Abbildung von Teilfunktionen auf eine Steuergerätetopologie durch Verteilung unter Wahrung der Schnittstellen
3. Automatische Erzeugung der Software für Schnittstellen und Funktion

4. Logische Integration der Software in einem simulierten Fahrzeugnetz
5. Sukzessive Inbetriebnahme der Steuergeräte durch Ersetzen der simulierten Knoten durch reale Hardware/Software.

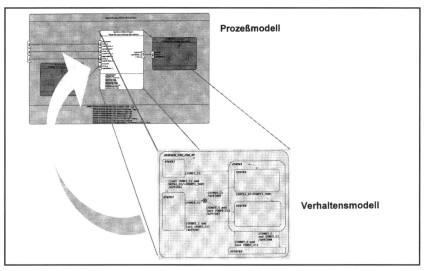

Bild 6.3.6: TITUS-Prozeßmodell und Verhaltensmodell

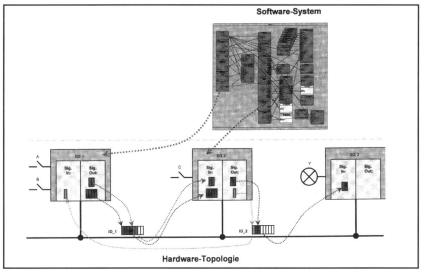

Bild 6.3.7: Abbildung des Software-Systems auf die fahrzeugspezifische Steuergerätetopologie

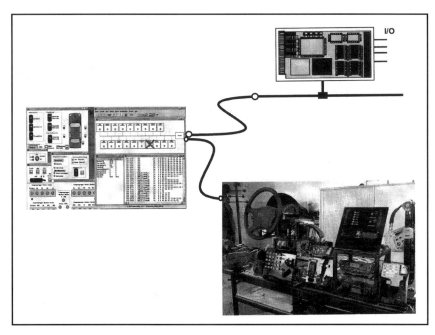

Bild 6.3.8: Sukzessive Inbetriebnahme der Steuergeräte am Hardware-in-the-Loop Simulator

Hinzu kommt das Potenzial der gezielten Wiederverwendung von Funktionsmodellen sowie die Flexibilität bei der Abbildung auf fahrzeugspezifische Hardwarertopologien

Ein weiterer wichtiger Aspekt ist das Potenzial des TITUS-Ansatzes zur optimalen Kombination von eigener mit fremdentwickelter Software. Software unterscheidet sich von der Hardwareentwicklung in der Form, daß eine direkte Umsetzung von System-Knowhow und innovativen Konzepten in Fahrzeugkomponenten möglich wird, ohne das hierfür Fertigungs-Knowkow notwendig wird. Im Extremfall kann übergreifendes System-Knowhow zu 100% durch eine logische Verknüpfung existierender Funktionen in eine Software-Funktion umgesetzt werden, ohne daß Hardwareänderungen erforderlich sind. Beispiele hierfür sind Anzeigefunktionen oder Komfortfunktionen, deren logisch verknüpfte Einwirkung auf existierende Stellglieder einen Mehrwert für den Kunden bringen ohne neue Stellglieder integrieren zu müssen.

Die Vorgehensweise ermöglicht es dem Fahrzeughersteller, in der Wertschöpfungskette durch eigene SW-Entwicklungsaktivitäten Mehrwert, d.h. „Added Value" einzubringen. Grundlage hierfür ist sein Know-How über die kundenwirksame Verknüpfung von existierenden Funktionen bzw. die Integration neuer Funktionen, deren Inhalte ein Zulieferer aufgrund seines spezifischen Systemfokus nicht hervorbringen kann. Eine reine Beschränkung des Fahrzeugherstellers auf die Integration von Systemen, die von First-Tier-Zulieferern bereitgestellt werden, hindern ihn an der aktiven Nutzung von "Added-Value"-

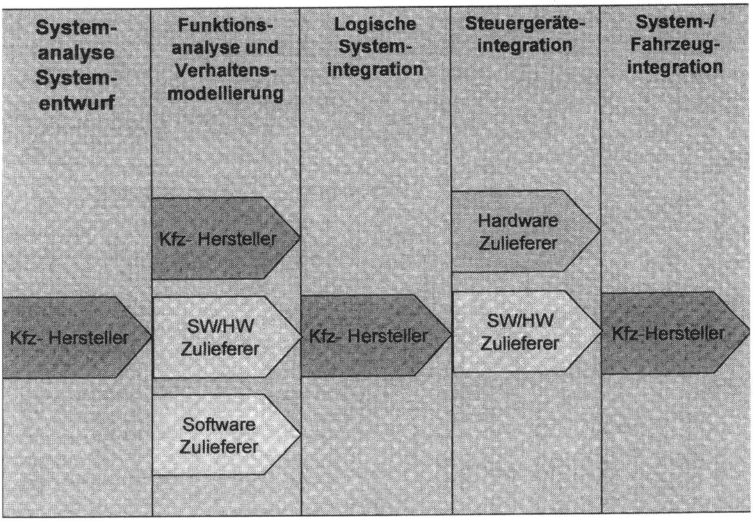

Systemanalyse Systementwurf	Funktionsanalyse und Verhaltensmodellierung	Logische Systemintegration	Steuergeräteintegration	System-/ Fahrzeugintegration
	Kfz- Hersteller		Hardware Zulieferer	
Kfz- Hersteller	SW/HW Zulieferer	Kfz- Hersteller	SW/HW Zulieferer	Kfz-Hersteller
	Software Zulieferer			

Bild 6.3.9: Prozeßphasen und mögliche Entwicklungsaktivitäten im TITUS-Prozeß

Potenzialen. Wichtige Bereiche für eine mehrwerttorientierte SW-Entwicklung beim Kfz-Hersteller sind

– Bedien-/Anzeigekonzepte
– Fahrzeugseitige Koordinationsfunktionen
– Wettbewerbsdifferenzierende Steuer-und Regelfunktionen.

Bild 6.3.9 zeigt die Optionen der Aufgabenteilung in den verschiedenen Entwicklungsphasen des TITUS-Prozesses. Die eigenständige Entwicklung von Funktionssoftware wird zur Option in einem gut beherrschten Prozeß. Weiterhin ergeben sich neue Modelle der Zusammenarbeit mit Steuergeräte- und Softwarelieferanten.

Die wesentlichen Elemente der zukünftigen Softwareentwicklung für Mercedes-Benz PKW auf Basis der TITUS-Ergebnisse sind:

– Sicherstellung der Vollständigkeit der Funktionsspezifikation und der funktionalen Verträglichkeit durch modulare, ausführbare Funktionsmodelle
– Sicherstellung der konsistenten Abbildung von Teilfunktionen auf eine Steuergerätetopologie durch Verteilung unter Wahrung der Schnittstellen
– Automatische Erzeugung der Software für Schnittstellen und Funktion
– Logische Integration der Software in einem simulierten Fahrzeugnetz
– Sukzessive Inbetriebnahme der Steuergeräte durch Ersetzen der simulierten Knoten durch reale Hardware/Software.

Hinzu kommt das Potenzial der gezielten Wiederverwendung von Funktionsmodellen sowie die Flexibilität bei der Abbildung auf fahrzeugspezifische Hardwaretopologien.

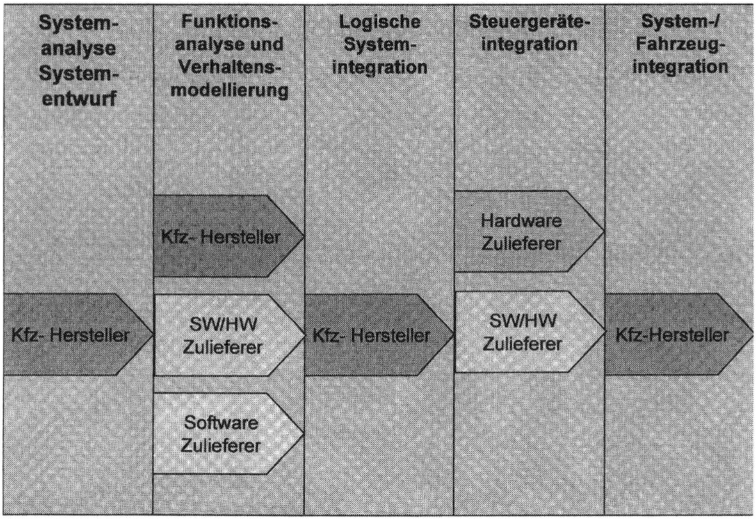

System- analyse System- entwurf	Funktions- analyse und Verhaltens- modellierung	Logische System- integration	Steuergeräte- integration	System-/ Fahrzeug- integration
	Kfz-Hersteller		Hardware Zulieferer	
Kfz-Hersteller	SW/HW Zulieferer	Kfz-Hersteller	SW/HW Zulieferer	Kfz-Hersteller
	Software Zulieferer			

Bild 6.3.10:   Prozeßphasen und mögliche Entwicklungsaktivitäten im TITUS-Prozeß

Bild 6.3.10 zeigt die Optionen der Aufgabenteilung in den verschiedenen Entwicklungsphasen des TITUS-Prozesses. Die eigenständige Entwicklung von Funktionssoftware wird zur Option in einem gut beherrschten Prozeß. Weiterhin ergeben sich neue Modelle der Zusammenarbeit mit Steuergeräte- und Softwarelieferanten.

Der TITUS-Prozeß und die zugehörige Entwicklungsumgebung stellen sicher, daß diese Varianten der kooperativen Softwareentwicklung mit hoher Prozeßsicherheit genutzt werden können.

6.3.4.2 Autocodegenerierung für Regelsysteme

Im Bereich der Regelsysteme können Funktionalitäten mit Hilfe von Simulationswerkzeugen bereits in sehr frühen Phasen der Entwicklung erprobt werden. Die Simulationswerkzeuge verfügen in der Regel über Codegeneratoren, die das simulierbare Modell in C-Code umsetzen, der dann auf entsprechenden Rechnern ablauffähig ist. Dies ist gängige Praxis für A-Muster-Steuergeräte, mit denen man frühzeitig das Verhalten der Regelung im Fahrzeug überprüfen kann.

In der Vergangenheit waren die erwähnten Codegeneratoren leider zu ineffizient um für Seriensteuergeräte automatisch generierten Code zu liefern. Dies verändert sich derzeit sehr stark. Mittlerweile sind leistungsfähige Codegeneratoren auch für Fixed Piont-Prozessoren am Markt verfügbar. Damit ist eine radikale Änderung der Entwicklungsabläufe vorprogrammiert. Der Schritt der C-Code-Implementierung wird mittelfristig, zumindest im Bereich der Funktionssoftware wegfallen und durch automatische Codegenerierung ersetzt werden. Das heißt insbesondere auch für den Entwickler, daß er künftig mehr und mehr auf der Ebene des Modells „programmieren" wird und weniger auf der Ebene des C-Codes.

In der Entwicklung ergeben sich zwei wesentliche Vorteile bezüglich Qualität und Effizienz: durch den Entfall der C-Code-Implementierung entfällt einerseits eine nicht unerhebliche Fehlerquelle, andererseits kann die Entwicklungszeit exakt um den Zeitraum der C-Code-Implementierung verkürzt werden.

Um sicherzustellen, daß durch den Codegenerator optimaler Code erzeugt wird, sind allerdings auf Modellebene bestimmte Designpattern zu berücksichtigen. Ein sogenanntes physikalisches Modell muß in ein sogenanntes Implementationsmodell überführt werden.

Modelle eignen sich einerseits sehr gut, exakte Spezifikationen, sogenannte ausführbare Lastenhefte, auszutauschen. Anderseits bietet das Modell auch eine denkbare Integrationsebene, um Teile verschiedener Entwicklungspartner zusammenzuführen. Da

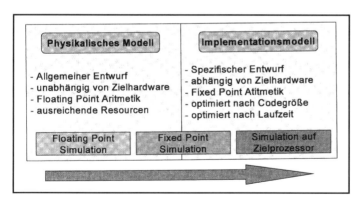

Bild 6.3.11: Modellierungsprozeß zur automatischen Erzeugung von Code für Regelsysteme

allerdings teilweise unterschiedliche Simulationstools einsetzen, ist es von enormer Wichtigkeit, daß die Tools mit offenen Schnittstellen ausgestattet sind, die den Modellaustausch von einem ins andere Tool erlauben. Diese Anforderung wird derzeit noch nicht in zufriedenstellendem Maß erfüllt. Für die DaimlerChrysler Entwicklung ist diese Anforderung absolut elementar, da künftig mehr und mehr eigenentwickelte Funktionalität in die Software von Steuergeräten eingebracht werden wird.

In einer Übergangsphase, in der Codegeneratoren noch nicht sehr stark verbreitet sind, werden allerdings die Vorteile in Bezug auf Qualität und Effizienz noch nicht voll zum Tragen kommen. Um sicherzustellen, daß der Codegenerator jederzeit korrekten Code erzeugt, werden im ersten Schritt die gleichen Maßnahmen wie bei von Hand erzeugtem Code durchgeführt werden müssen. Erst über einen breiten Einsatz von Codegeneratoren laßt sich dann von einer Betrlebsbewahrthelt sprechen. Parallel dazu wird zu diskutieren sein, ob Codegeneratoren für bestimmte Einsatzbereiche zertifiziert oder qualifiziert sein müssen.

6.3.4.3 Maßnahmen zur Sicherstellung des Reifegrads bei Know-How und Prozessen

Die stetig steigenden Herausforderungen im Thema Software bedingen einen ständigen Anpassungs- und Optimierungsprozeß bei KnowHow und Prozeß.

Um diesen Prozeß sowohl erfahrungsbasiert als auch normativ zu gestalten, wurde bei DaimlerChrysler ein sog. „Handbuch für das prozeßorientierte SoftwareQualitätsmanagement" geschaffen, das als Basis für den aktuellen und zukünftigen Umgang mit Software dient und für alle Projekte verbindlich ist.

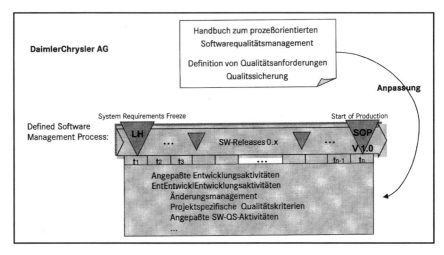

Bild 6.3.12: Modellierungsprozeß zur automatischen Erzeugung von Code für Regelsysteme

Die darin enthaltenen Verfahren sind in Piloten erprobt und die gewonnene Erfahrung im Handbuch dokumentiert. Um den kontinuierlichen Rückfluß und Erfahrung sicherzustellen werden im Rahmen einer praktischen Umsetzung einer sog. Experience Factory systematisch generierten Erfahrung aus den Serienprojekten wieder in das Handbuch zurückgekoppelt.

Zukünftige Technologie werden in gemeinsamen Projekten mit der DaimlerChrysler Forschung sowie assoziierten Partnern systematisch verfolgt und weiterentwickelt. Nach erfolgreicher Erprobung in Piloten werden auch diese Umfänge in das Handbuch übernommen und im Serieneinsatz eingeführt.

6.3.5 Weiteres Vorgehen

Die weiter steigenden Anforderungen an Reife und Effizienz der Entwicklungsprozesse für Kfz-Software erfordern nachhaltige Maßnahmen in den Bereichen

- Flächendeckende Prozeßreifegradverbesserung bei Herstellern, Systemlieferanten und Software-Lieferanten
- Systematischer Ausbau der Qualifikation im Bereich SoftwareProjektmanagement.

Der Nachweis eines ausreichenden Prozeßreifegrads wird in wenigen Jahren zur Markteintrittsbedingung für die Lieferanten auf System-, Steuergeräte- und Softwareebene werden.

Die weitere Entwicklung ist eng mit der Frage der Klärung rechtlicher Fragen in den Bereichen Haftung und Knowhow-Schutz (Intellectual Property) und der Entwicklung neuer Geschäftsmodelle verknüpft. Hierbei stehen aus Sicht der DCAG keine unlösbaren Probleme im Raum, sondern es muss zwischen allen Partnern über geeignete Lösungen diskutiert werden, die leistungsfähige Softwaresysteme mit hohem Reifegrad zu vertretbaren Kosten in den Fahrzeugen ermögliche.

6.3.6 Literatur

/1/ A way to comprehensive process model for software acquisition from the Viewpoint of the orderer; Weber, Gantner, 6. Europäische Konferenz über Software Qualität, Wien 1999
/2/ Stufenweiser Aufbau eines Software-Vergabeprozesses am Beispiel der KfzSteuergeräteentwicklung, Weber, Gantner, 4. Kongreß SoftwareQualitätsmanagement, Köln 1999
/3/ Expierences an lean techniques to manage software suppliers; Gantner, Vullinghs, Steinhauer, Weber; Profes2000, Oulu 2000
/4/ SPICE, IS09001 und Software in der Zukunft, Sommer, bhv Verlag, ISBN 38287-6048-1, 1998
/5/ IS015504, Technical Report, International Organization for Standardization, 1998
/6/ Interface basierter Entwurf von verteilten KFZ-Steuergerätesystemen mittels der TITUS Methodik, U. Freund, K. Werfther, Dr. P. Lanchés, M. Hempprich, T. Riegraf VDI-Tagung Elektronik im Kfz Baden-Baden 2000

Sachregister

ABC-Reglerstruktur 314
ABC-System 125
Abgasreinigung 181
Abgasrückführung 199
Abgasvorschriften 145
Abgleich 367
ABS 230
ABS-Bremsregelung 235
Abschaltung induktiver Lasten 78
Abstandsregelfunktion 25
Abstraktionsebene 388
AC (Authentication Center) 340
Achsschwingungen 111
Active Body Control (ABC) 304
Adaptive Dämpfersteuerung 120
Adaptive Regler 330
AKTAKON 127, 306
Aktive Fahrzeugfederung 304
Aktive Federung 123, 124
Aktive Hydropneumatik 307
Aktive Lenkungen 45
Aktiver Selbsttest 372
Antrieb 389
Antriebsschlupfregelsysteme 238
Antriebsschlupfregelung 258
Antriebssteuerung 145
Antriebsstrang 277
Anwendersoftware 243
ASIC 74
ASR 231
ASR-Regelung 240
Assistenzsysteme 134
Aufbaudämpfung kA 117
Aufbaufedersteifigkeit cA 116
Aufbaufrequenz 118
Aufbauresonanz 115
Aufbauschwingungen 111
Aufnehmer 363
Auftragsfluss 382
Auftragsvergabe 382
Automatgetriebe 204
Automatikgetriebe 292
Automatisiertes Schaltgetriebe 302

Basic-CAN 90
Basismodule 400
Bedienlogik 321
Bedienoberfläche 319

Benchmarktest 324
Beschleunigungssensor 240
Betätigungselemente 320
Betriebssicherheit 215
Betriebssystem (OSEK/VDX OS) 99
Bewegungsfreiheitgrade 104
Blinkcode 266
Bremsanlage 252
Bremskraftbeiwert 232
Bremsregelung 234
Bremssystem 392
BSC (Base Station Controler) 340
BTS (Base Transceiver Station) 340
Buszuteilung 88

CAN 228
CAN (Controller Area Network) 137
CAN-Bus 220
Car Wide Web 376
CARTRONIC 380, 395
Cartronic 376
CDC (Continious Damping Control) 122
Clustering 31
CO_2-Kältemittelkreisläufe 333
Codegeneratoren 411
Common Rail Einspritzsystem 189
Controller Area Network (CAN) 86

D-Jetronic 168
Diagnosesoftware 242
Diagnosesteckdose 270
Diagnosesystematik 146
Dieselmotoren 189
Diversitäre Software 208
Drehzahlfühler 237
Drehzahlsensor 255
Druckluftbremsanlage 260
Druckmodulation 238
Druckregelventil 198
Drucksensor 240
Dualmode Endgeräte 344
Düse 192
Düsennadel 192
Dynamic Drive 132

EDC-System (Electronic Damper Control) 121
EDGE (Enhanced Data for GSM Evolution) 344
EGAS 180

Eigendiagnose 244, 266
Eigenlenkeffekte 108
Eigensicherheit 372
Einlernvorgang 215
Einspritzsysteme 189
Einspritzventile 190
EIR (Equipment Identity Register) 341
Elastokinematik 105
Elektromagnetische Verträglichkeit (EMV) 147
Elektronisch-pneumatische Schaltung EPS 212
Elektronische Antriebssteuerung 220
Elektronische Dieselregelung 190
Entwicklungsstrategien 161
Entwicklungsumgebung 410
EOBD 146
Ergonomie 319
ESD 77
ESP 231, 240

Fahrbahnreibmoment MR 234
Fahrdynamikregler 240
Fahrerassistenzsystem 25, 110
Fahrkomfort 111
Fahrkomfortschaubild 119
Fahrprogramme 206
Fahrsicherheitsschaubild 119
Fahrsicherheitssysteme 229
Fahrspurbestimmung 26
Fahrspurprädiktion 26
Fahrtrajektorie 33
Fahrwerksregelung 110, 128
Fahrwerktechnik 104
Fahrzeugbewegung 390
Fahrzeugebene 388
Fahrzeugklimatisierung 316
Fahrzeugmodell 142
Fahrzeugstruktur 388
Fahrzeugumfeld 25
Fehlercode 215, 266
Fehlererkennung 90, 258
Fehlerkorrektur 212
Fehlerreaktionen 202
Fehlersimulation 144
Fehlerspeicher 272
Fehlersuche 202
Fehlertoleranz 212
Feuchtemanagement 332
Floating Car Data 353
Full-CAN 90
Funktionsabsicherungen 211
Funktionsanalyse 379
Funktionsarchitektur 379, 389
Funktionsentwicklung 143
Funktionsmodule 218
Funktionssicherheit 207
Funktionsverteilung 405
Fuzzy-Regler 330

Gangwechselsteuerung 211
Gehäusetechnologien 157
Gekoppelte Ressourcen 386
Getriebesteuerung 145, 292
GGSN (Gateway GPRS Support Node) 342
Giergeschwindigkeitssensor 240
GPRS 343
GSM 336
GSM (Global System for Mobile Communication) 337

Handbuch 403
Hardware-in-the-Loop 142
Hardwareredundanz 372
Haupteinspritzung 197
HLR (Home Location Register) 340
Hochdruckpumpe 190
Hochdruckregelung 198
Hochtemperaturelektronik 156
Hot Spots 156
Hybridbauweise 245
Hydroaggregat 237

IC-Schaltungstechnik 84
Implementationsmodell 411
Informationsgeber 386
Injektor 191
Innovisia 306
Integration 245
Integrationstest 144
Integriertes Chassis Management 134
Intelligenter Sensor 374
Istwert 272, 325

Justierung 367

K-Jetronic 171
Kalibrierung 368
Kamm'scher Reibungskreis 230
Kennfelddämpfer 12
Kennungswandler 278
Kinematik 105
Klassen 396
Klimakomfort 316
Klimaregelung 324
Klimasimulationsmodell 332
Klimatisierungssysteme 318
Komfort-Bedürfnispyramide 318
Kommunikation (OSEK/VDX COM) 98
Kommunikationsbeziehungen 381
Kommunikationsmatrix 405
Konfliktschaubild 119
Kooperatives Fahren 361
Koordinator Antrieb 390
Koordinator Fahrzeugbewegung 391, 393
Korrektur 367

Kraftschluß 254
Kraftschlußbeiwert µB(l) 234
Kraftstoffverbrauch 282
Kugelfischer-Einspritzanlage 168
Kupplungsbetätigung 216
Kupplungsregelung 221
Kurshaltung 128

L-Jetronic 169
Ladedruckregelung 199
Längsdynamik 27
Laufruheregelung 200
Leerlaufregler 196
Leistungs-SMD-Gehäuse 85
Leistungsdichte 81
Leistungsverbrauch moderner Systeme 155
Lenkbarkeit 257
Lenkwinkelsensor 240
Lieferkennfeld 281
LIN (Local Interconnected Network) 92
LTCC Substrat 160
Luftmengensensor 199

Magnetventil 191, 237
Makroskopische Modellansätze 352
Mechanische Integration 151
Meilensteine 5
Mengenausgleichsregelung 200
Mensch – Maschine – Schnittstelle 320
Meßkette 364
Meßnormale 364
Meßprinzip 369
Metamodelle 396
Mikroskopische Modelle 352
Modellaustausch 412
Modellierungsregeln 384
Module 182
Momentenverteiler 392, 393
Momentregelung 225
Mono-Jetronic 172
MOST (Media Oriented Systems Transport) 97
Motoreingriff 298
Motorschleppmoment MMOT 234
Motorsteuerung 145
Motorsteuerungssysteme 165
Motortester 269
MSC (Mobile Switching Center) 340
µ-Schlupf-Kurve 234
Multimedia-Vernetzung 96

Nacheinspritzung 197
Nachrichtenformate 88
Navigationssystem 357
Netzmanagement (OSEK/VDX NM) 99
Neuronale Netze 331
Notbetätigung 227

OBD II 146
Offene Schnittstellen 412
Onboard-Diagnose 182
Operationen 396
Ordnungskonzept 380
OSEK 399
OSEK/VDX 98
OSEK/VDX Architekturmodell 98
OSEK/VDX Implementation Language (OIL) 100
OSEKTime 100
Ottomotoren 164

Parasitäre Elemente 83
PDC (Pneumatic Damping Control) 121
Physikalische Ankopplung 91
PI-Regler 330
Planetengetriebe 286
Plausibilitätsvergleiche 244
Potenzialmatrix 7
Powertrain-Steuerung 149
Primäre Bedienfunktionen 322
Physikalisches Modell 411

Qualität 140

Radar 30
Raddrehzahlen 237
Radeigenfrequenz 118
Radlastschwankungen 9
Radmasse 115
Radresonanz 115
Radschlupf 231
Radwinkelbeschleunigung 234
Raildruck 198
Rechnerarchitektur 136
Rechnerkern 195
Redundanz 241
Referenzgeschwindigkeit 235
Regelgröße 325
Regelstrecke 325
Regelsysteme 134, 411
Regelungsphilosophie 328
Reifegrad 404
Reifenfedersteifigkeit 116
Ressourcenmanagement 384
Ressourcenverwaltung 384
RNC (Radio Network Controller) 344
Ruckeldämpfung 200
Rückförderpumpe 237

S-Klasse Coupé 306
SBU (Sequential Build Up) 159
Schaltablaufsteuerung 207
Schaltdrehzahlen 207
Schaltelemente 290
Schaltgetriebe 212

Schaltkennlinien 295
Schaltstrategie 299
Schaltungsintegration 152
Schichtladung 187
Schlupf 233
Schlupfregelsysteme 39
Schlupfschaltschwelle 236
Schräglaufwinkel 233
Schwellwertregelung 122
Seitenkraftbeiwert 231
Select-low-Prinzip 237
Semiaktive Dämpferregelung 122
Sensoren 363
SGSN (Serving GPRS Support Node) 342
Sicherheitskonzept 213, 227
Sicherheitskonzepte 144
Sicherheitslogik 208
Sicherheitsrechner 2 211
Sicherheitssoftware 241, 243
SIM-Karten 341
Simulations-Bus 141
Simulationsrechnung 330
Simulationstechnik 331
SKYHOOK 127
Skyhook-Regelung 10, 122
Software in the loop 141, 333
Software-Entwicklungsprozesse 401
Software-Lieferantenmanagement 404
Software-Qualitätsmanagement 403
Softwarevergabeprozesse 404
Spektrale Leistungsdichte 124
SPICE (Software Process Improvement and Capability Determination) 404
Sprungantwort 327
Spurprädiktion 34
Spurzuordnung 26
Stabilitätsregelsysteme 39
Steckertechnologien 161
Steer-by-wire System 131
Stellglieder 272
Steuergerät 137, 195, 237
Störaussendung 147
Störfestigkeit 147
Strömungswandler 284
Strukturelemente 379
Strukturierungsregeln 380, 382
Strukturierungssystematik 378
Stufenloses Getriebe 302
Subnetze 92
Substrattechnologien 159
Symbolik 321
Systembus 323
Systementwurf 139
Systemsoftware 242
Systemverbund 395

TCP/IP-Anwendungen 343
Temperaturänderungen 328
Temperaturanforderungen an Bauelemente 76
Temperaturregelkreis 325
Temperaturregelung 325
Testbereich 136
Thermische Behaglichkeit 316
Thermische Zeitkonstante 326
Time Division Multiple Access (TDMA) 93
Time Triggered Protocol TTP/C 94
Tiptronic 299
TITUS 406
Trockenkupplung 216
Tracking 31
TTCAN (Time Triggered CAN) 95

Überlagerungslenkung (ÜLL) 130
Überlagerungslenkwinkel 130
Überwachung 201
UMTS 335, 336
Unified-Modeling-Language 396

V-Modell 401
Verfahrensanweisung 403
Vergaser 165
Verkehrsmanagement 350
Verkehrssicherheit 251
Vernetzung 134
Verstelldämpfersysteme 8
VLR (Visitor Location Register) 340
Vollautomatische Betriebsweise 221
Vorderradlenksysteme 130
Voreinspritzung 197
Vortrieb `392

Wandlerkupplung 297
Wandlerüberbrückungskupplung 286
Wankstabilisierungssystem 132
Wankverhalten 20
Wankwinkel 23
Wärmeabfuhrkonzepte 155
Werkzeuge 138
Wettbewerbsdifferenzierung 400
Wiederverwendung 408
Winkelbestimmung 30

x-by-wire Systeme 86

Zahnradpumpe 193
Zentralbildschirm 322
Zielführungssystem 357
Zth-Kurve 79
Zumesseinheit 193
Zwei-Massen-Schwingungsmodell 113

417

Autorenverzeichnis

em. Prof. Dipl.-Ing. Prof. h.c. (YU)
Gerhard Walliser
FH Esslingen –
Hochschule für Technik
Esslingen

Dipl.-Ing. Fritz Bärnthol
BMW AG
München

Dipl.-Ing. Rüdiger Bartz
BMW AG
München

Dr. Torsten Betram
Gerhard-Mercator-Universität
Duisburg

Dipl.-Ing. Stephan Bolz
Siemens AG Automotive Systems
Regensburg

Dr.-Ing. Jürgen Bortolazzi
DaimlerChrysler AG
Sindelfingen

Dipl.-Ing. Hartmut Bruns
BMW AG
München

Dipl.-Ing. (FH) Rolf Endermann
Robert Bosch GmbH
Plochingen

Dipl.-Ing. Reidar Fleck
BMW AG
München

Dipl.-Ing. Gerhard Frey
DaimlerChrysler AG
Stuttgart

Dr.-Ing. Frank Frühauf
DaimlerChrysler AG
Stuttgart

Dipl.-Ing. Otto Glöckler
Robert Bosch GmbH
Schwieberdingen

Dipl.-Ing. Wilhelm Goldbrunner
BMW AG
München

Dipl.-Ing. (TU) Uwe Günther
Robert Bosch GmbH
Stuttgart

Dipl.-Ing. Reinhold Jurr
BMW AG
München

Dipl.-Ing Andreas Kellner
Robert Bosch GmbH K5/EAC
Stuttgart

Dipl.-Ing. Heinz-Jürgen Koch-Dücker
Robert Bosch GmbH
Stuttgart

Dr.-Ing. Peter Konhäuser
DaimlerChrysler AG
Stuttgart

Dipl.-Ing. Karl Kühner
Robert Bosch GmbH
Stuttgart

Dr. Günter Lugert
Siemens AG Automotive Systems
Regensburg

Dipl.-Ing. Ines Maiwald-Hiller
DaimlerChrysler AG
Stuttgart

Dr.-Ing. Hans-Jörg Mathony
Robert Bosch GmbH
Leonberg

Dipl.-Päd. Georg Maurer
Alcatel SEL AG
Stuttgart

Dipl.-Ing. Rudi Müller
BMW AG
München

Dipl.-Ing. Dieter Nemec
Robert Bosch GmbH
Plochingen

Dipl.-Ing. Gerhard Nöcker
DaimlerChrysler AG
Stuttgart

Prof. Dipl.-Ing. Mathias Oberhauser
Fachhochschule Esslingen

Dr.-Ing. Lutz Paulsen
DaimlerChrysler AG
Stuttgart

Dr.-Ing. Axel Pauly
BMW AG
München

Dr.-Ing. Willibald Prestl
BMW AG
München

Gerhard P. Rist
DEKRA AG
Stuttgart

Dr.-Ing. Thomas Sauer
BMW AG
München

Prof. Dipl.-Ing. Erich Schindler
FH Esslingen –
Hochschule für Technik
Weissach im Tal

Dipl.-Ing. Thomas Schrüllkamp
IKA Institut für Kraftfahrwesen
RWTH Aachen

Dr.-Ing. Michael Spielmann
BMW AG
München

Dipl.-Ing. Stephan Steinhauer
DaimlerChrysler AG
Sindelfingen

Dr. Pio Torre Flores
Robert Bosch GmbH
Stuttgart

Dipl.-Ing. Oliver Tschernoster
BMW AG
München

Prof. Dipl.-Ing. Hermann Vetter
FH Esslingen –
Hochschule für Technik
Esslingen

Prof. Dr.-Ing. Henning Wallentowitz
Institut für Kraftfahrwesen
RWTH Aachen

Dr. Michael Walther
Robert Bosch GmbH
Stuttgart

Dipl.-Inf. Thomas Weber
DaimlerChrysler AG
Sindelfingen

Ing. (grad.) Reinhold Weible
GKR
Ges. f. Fahrzeugklimaregelung mbH
Leonberg

Dipl.-Ing. Markus Wimmer
BMW AG
München

Gerhard Zacharias
Alcatel SEL AG
Stuttgart

Prof. Dipl.-Ing. Mathias Oberhauser, Prof. Dipl.-Ing. Hermann Vetter
und 20 Mitautoren

Mechatronische Getriebesysteme

Mechatronik und Design moderner Kfz-Getriebe

2., aktualisierte Auflage 2003, 261 S., € 48,00, ca. SFR 83,00
Kontakt & Studium, 595
ISBN 3-8169-2239-2

Das Buch gibt einen Überblick über moderne Automatikgetriebe, stufenlose Getriebe und automatisierte Getriebe in Fahrzeugen und über mechatronische Systeme im Antriebsstrang. Es werden der mechanische Aufbau und die Wirkungsweise dieser Getriebe beschrieben und das Zusammenwirken mit der Elektronik aufgezeigt. Die einzelnen Funktionen werden vorgestellt und Auswirkungen auf Komfort und Kraftstoffverbrauch aufgezeigt. Die Integration von Elektronik in Mechanik und die Prinzipien von Sensoren und Aktuatoren für Getriebesteuerungen sind weitere Themen dieses Buches.

Inhalt:
Aufbau von mechanischen und hydraulischen Kennungswandlern – Automatikgetriebe – Bauweisen und Funktionen – CVT-Getriebe – Automatisierte Schaltgetriebe – Mechatronische Systeme – Aktuatoren und Sensoren – Integration Mechanik/Elektronik

Die Interessenten:
– Entwickler von Getrieben bei Fahrzeug- und Getriebeherstellern
– Entwickler von mechatronischen Systemen
  bei Fahrzeugherstellern und Zulieferern
– Ingenieure und Techniker im Prüfstands- und Fahrversuch
– Fachkräfte für Getriebewartung und -diagnose
– Hochschulen und Behörden

Die Autoren kommen aus der Fahrzeugindustrie und arbeiten in der Entwicklung von Getrieben, elektronischen Steuergeräten und Komponenten. Grundlagen werden von Hochschulprofessoren vermittelt, die auf dem Gebiet der Getriebesteuerung gearbeitet haben.

Fordern Sie unsere Fachverzeichnisse an!
Tel. 07159/9265-0, FAX 07159/9265-20
e-mail: expert @ expertverlag.de
Internet: www.expertverlag.de

expert verlag GmbH · Postfach 2020 · D-71268 Renningen

Dipl.-Ing. Hans-Rolf Reichel

Elektronische Bremssysteme

Vom ABS zum Brake-by-Wire

2. Aufl. 2003, 225 S., 91 Abb., ca. € 34,00, ca. SFR 59,00
Reihe Technik
ISBN 3-8169-2220-1

Mit dem ABS drang die Elektronik in den sicherheitskritischen Bereich der Bremsen vor. Erstmals traute man einen Rechner zu, das Fahrzeugverhalten besser als ein Fahrer einschätzen zu können. Der rasante Fortschritt der allgemeinen Computertechnik erlaubte es später, das dynamische Fahrzeugverhalten in Modellen in Echtzeit nachzubilden und die einzelnen Radbremsen zum »Lenken« zu nutzen: das ESP war geboren. Als »Abfallprodukte« entstanden weitere Regelsysteme.
Dieses Buch vermittelt einen Einblick in elektronische Fahrzeugbremsen. Es informiert über Grundlagen der Fahrzeugdynamik, unterschiedliche Regelanlagen und ihre Konzepte, ausgeführte Bremsanlagen verschiedener Firmen sowie über die Endstufe der Entwicklung: das künftige Brake-by-Wire.
Auf mathematische Formeln ist bei der Darstellung verzichtet worden; die praktischen Ergebnisse stehen im Vordergrund.

Inhalt:
Die konventionelle Bremsanlage – Verhalten von Rad und Reifen – Der Weg zum modernen Antiblockiersystem – Antiblockiersysteme – Komponenten des ABS – Regellogik – Hydraulische Bremskreisläufe für ABS – Antriebs-Schlupf-Regelung (ASR) – Hergestellte Antiblockier- und Antriebsschlupfsysteme – ABS für Druckluftbremsanlagen – Der Bremsassistent – Fahrdynamikregelung (ESP) – Zum Problem Datenübertragung – Zukunft: Die elektronische Bremse (Brake-by-Wire)

Die Interessenten:
– Ingenieure aller Fachrichtungen
– Alle technisch interessierten Personen

Fordern Sie unsere Fachverzeichnisse an!
Tel. 07159/9265-0, FAX 07159/9265-20
e-mail: expert @ expertverlag.de
Internet: www.expertverlag.de

expert verlag GmbH · Postfach 2020 · D-71268 Renningen

Dr.-Ing. Alfons Graf (Ed.) and 67 co-authors

The New Automotive 42V PowerNet Becomes Reality

Stepping into Mass Production

2003, 332 pp., 255 ill., 34 tab., € 49,--, SFR 84,--
H.d.T., 21
ISBN 3-8169-2170-1

The vision of a 42V on-board network has finally become a reality and is being successfully deployed in cars for the first time. In addition to an overview of the first series of vehicles with a partial 42V Power-Net, the book provides information on the state of the art in components and possible system accessories for subsystems without a 12V power supply. It also reviews individual vehicles and assesses the resulting customer benefits.

Practice reports on ongoing projects conducted by leading international car manufacturers and suppliers give readers an insight into the introduction of the 42V on-board network as well as the solutions implemented for problems which occurred during transition to mass production and the structural options or activities for the company.

Contents:
The book provides information on the following topics from the engineer's and the entrepreneur's perspective: Motivation and realization of the first series of vehicles with 42V applications – Proposed solutions for subsystems without a 12V power supply – Assessments of systems, such as intelligent energy management – Proposals for realization and customer benefits of mild hybrid concepts – Proposed solutions for detail problems, for example, short circuits and arcing – Component realization, such as semiconductor devices – Current international standardization status

Target Audience:
- Management and technical staff in the car electrics/electronics sector
- Operation, production and development managers in the car and supplier industry
- Engineers and technicians in the car electrics/electronics sector
- Specialists in the car service and maintenance sector
- Consultants, journalists and financial service providers in the car industry

Fordern Sie unsere Fachverzeichnisse an!
Tel. 07159/9265-0, FAX 07159/9265-20
e-mail: expert @ expertverlag.de
Internet: www.expertverlag.de

expert verlag GmbH · Postfach 2020 · D-71268 Renningen